化学工业出版社"十四五"普通高等教育本科规划教材

高等学校教材

Analytical Chemistry
分析化学

白玲 崔凤娟 郭明 卢丽敏 主编

化学工业出版社

·北京·

内容简介

《分析化学》共十二章，内容包括分析化学概论、定量分析的误差及分析结果的数据处理、滴定分析法概述、酸碱滴定法、配位滴定法、氧化还原滴定法、沉淀滴定法和滴定分析小结、重量分析法、电位分析法、分光光度法、定量分析中常用的分离和富集方法、仪器分析方法简介。编写时注重引入"思政案例"，微课视频、分析化学名人简介、知识点总结、知识结构树、单元自测题、方法应用典型案例等内容以二维码呈现，以利于学生拓宽知识面，也顺应分析化学教材立体化的发展趋势。

《分析化学》可作为高等院校化学类及相关专业本科生的教材，同时也可供相关专业人员参考。

图书在版编目（CIP）数据

分析化学/白玲等主编．—北京：化学工业出版社，2023.2 （2024.7重印）
高等学校教材
ISBN 978-7-122-42579-9

Ⅰ.①分… Ⅱ.①白… Ⅲ.①分析化学-高等学校-教材 Ⅳ.①O65

中国版本图书馆 CIP 数据核字（2022）第 230568 号

责任编辑：宋林青 　　　　　　　　　　文字编辑：刘志茹
责任校对：宋　夏 　　　　　　　　　　装帧设计：史利平

出版发行：化学工业出版社（北京市东城区青年湖南街13号　邮政编码100011）
印　　装：河北延风印务有限公司
787mm×1092mm　1/16　印张 18¾　字数 465 千字　2024 年 7 月北京第 1 版第 2 次印刷

购书咨询：010-64518888 　　　　　　　　售后服务：010-64518899
网　　址：http://www.cip.com.cn

凡购买本书，如有缺损质量问题，本社销售中心负责调换。

定　　价：49.80 元 　　　　　　　　　　　　　　　　　版权所有　违者必究

《分析化学》编写组

主　编	白　玲	崔凤娟	郭　明	卢丽敏
副主编	汪小强	李铭芳	吴东平	廖晓宁

编　者　江西农业大学　　白　玲　汪小强　卢丽敏
　　　　　　　　　　　　李铭芳　吴东平　廖晓宁
　　　　　　　　　　　　侯　丹　高艳莎
　　　　齐齐哈尔大学　　崔凤娟
　　　　浙江农林大学　　郭　明　吴荣晖

微信扫码
视频讲解
拓展内容

前言

本书为化学工业出版社"十四五"普通高等教育本科规划教材,是结合编者多年的教学经验,广泛参考并吸取了近年来国内分析化学教材的优点编写而成的。书中列有分析化学符号及缩写和中英文或中希文对照,章标题用英文进行了标注。为了方便学习,书中各章设有"学习要点",注意引入"思政案例",在沉淀滴定法中设置"滴定分析小结"内容。本书为新形态教材,微课视频、分析化学名人简介、章节小结、知识结构树、单元自测题及答案、方法应用典型案例和课外资料等内容以二维码呈现,以适应教材立体化的发展要求和分析科学的飞速发展,同时达到提高学生的学习兴趣和水平及提高教学质量的目的。本教材力求体现教材的科学性、先进性与实用性;同时本教材语言简练、概念准确、深入浅出、图文并茂、便于阅读。书中标注"※"的章节,供教师根据具体情况选用或供学生自学参考。

分析化学的主要任务是测定物质中有关成分的相对含量,是一门实践性很强的学科,是培养学生严谨求实的科学态度、观察问题、分析问题和解决问题能力极为重要的环节,也是高等院校的生物工程、环境工程、食品工程、化学工程、轻化工程、药学、农学、动物科学、林学、化学、应用化学和材料化学等本科专业开设的一门重要的专业基础课。本教材涵盖了分析化学的主要内容:分析化学概论、定量分析的误差及分析结果的数据处理、滴定分析法概述、酸碱滴定法、配位滴定法、氧化还原滴定法、沉淀滴定法和滴定分析小结、重量分析法、电位分析法、分光光度法、定量分析中常用的分离和富集方法、仪器分析方法简介,共十二章。

本书由江西农业大学、齐齐哈尔大学、浙江农林大学三所高等院校共同编写。由白玲、崔凤娟、郭明、卢丽敏担任主编,由汪小强、李铭芳、吴东平和廖晓宁担任副主编,参加编写的有侯丹、高艳莎和吴荣晖。具体编写内容为:白玲(第1章、第2章、第6章、第7章、附录1~7)、卢丽敏(第3章)、李铭芳(第4章、第11章)、汪小强(第10章、第12章)、吴东平(第5章、第9章)、廖晓宁(附录8~11)、崔凤娟(第8章)。二维码资料由白玲(第1章、第7章部分)、李铭芳(第2章)、卢丽敏(第3章)、汪小强(第6章)、高艳莎(第7章部分)、郭明和吴荣晖(第4章、第5章)、崔凤娟(第8章、第10章)等共同收集整理而成;微课视频的主讲老师有:白玲(第1章、第2章)、卢丽敏(第3章)、侯丹(第4章)、吴东平和高艳莎(第5章)、高艳莎(第7章)。全书由主编审稿、修改、定稿。

本书在编写过程中得到了江西农业大学、齐齐哈尔大学、浙江农林大学和化学工业出版社的大力支持、帮助和关心,在此一并致谢。由于编者水平有限,书中不足之处在所难免,恳请读者批评指正。

编者
2022 年 5 月

符号及缩写符号表

1. 英文

a	1. activity	活度
	2. titration fraction	滴定分数
a	acid	酸
A	absorbance	吸光度
A_r	relative atomic mass	原子量
AR	analytical reagent	分析（纯）试剂
b	base	碱
$[B]$	equilibrium concentration of species B	型体 B 的平衡浓度
c_B	analytical concentration of substance B	物质 B 的分析浓度
CV	coefficient of variation	变异系数（相对标准偏差）
CBE	charge balance equation	电荷平衡方程
D	distribution ratio	分配比
d	deviation	偏差
e	electron	电子
E	1. extraction rate	萃取率
	2. electromotive force of cell	电池电动势
E	absolute error	绝对误差
E_r	relative error	相对误差
ep	end point	终点
EBT	eriochrome black T	铬黑 T
EDTA	ethylenediamine tetraacetic acid	乙二胺四乙酸
f	degree of freedom	自由度
F	stoichiometric factor	化学因数（换算因数）
GR	guaranteed reagent	保证（纯）试剂
I	1. ionic strength	离子强度
	2. electric current	电流
	3. luminous intensity	光强度
In	indicator	指示剂
K	equilibrium constant	平衡常数
K'	conditional equilibrium constant	条件平衡常数
K_D	distribution coefficient	分配系数
M	molar mass	摩尔质量
M_r	relative molecular mass	分子量
m_B	mass of substance B	物质 B 的质量
MO	methyl orange	甲基橙
MR	methyl red	甲基红
MBE	material balance equation	物料平衡方程
n	1. amount of substance	物质的量
	2. sample capacity	样本容量
Ox	oxidation state	氧化态

P	1. probability	概率
	2. confidence level	置信水平
PP	phenolphthalein	酚酞
PBE	proton balance equation	质子平衡方程
R	range	极差
Red	reduced state	还原态
Redox	reduction-oxidation	氧化还原
RSD	relative standard deviation	相对标准偏差
RMD	relative mean deviation	相对平均偏差
s	sample	试样
s	1. standard deviation	标准偏差
	2. solubility	溶解度
sp	stoichiometric point	化学计量点
t	1. time	时间
	2. student distribution	t 分布
T	1. thermodynamic temperature	热力学温度
	2. transmittance	透射比
E_t	1. end point error	终点误差
	2. titration error	滴定误差
V	volt	伏特
V	volume	体积
w	mass fraction	质量分数
XO	xylenol orange	二甲酚橙
$\bar{x}$	mean (average)	平均值
x_T	true value	真值
x_M	median	中位数

2. 希文

α	1. side reaction coefficient	副反应系数
	2. significance level	显著性水平
β	1. buffer capacity	缓冲容量
	2. cumulative stability constant	累积稳定常数
γ	activity coefficient	活度系数
δ	1. distribution fraction	分布系数
	2. population mean deviation	总体平均偏差
ε	molar absorption coefficient	摩尔吸光系数
λ	wavelength	波长
μ	population mean	总体平均值
μ	micro-(gram, molar)	微(克,摩尔)
ρ	mass concentration	质量浓度
σ	population standard deviation	总体标准偏差
φ	electrode potential	电极电位
$\varphi^{\ominus}$	standard electrode potential	标准电极电位
φ'	conditional electrode potential	条件电位

目 录

第1章 分析化学概论 —— 1
- 1.1 分析化学的定义、任务和作用 …… 1
- 1.2 分析方法的分类 …… 3
  - 1.2.1 定性分析、定量分析和结构分析 …… 3
  - 1.2.2 无机分析和有机分析 …… 3
  - 1.2.3 常量分析、半微量分析和微量分析 …… 3
  - 1.2.4 常量组分分析、微量组分分析和痕量组分分析 …… 3
  - 1.2.5 化学分析和仪器分析 …… 4
  - 1.2.6 例行分析、标准分析、快速分析和仲裁分析 …… 5
- 1.3 分析化学的发展历程与发展趋势 …… 5
  - 1.3.1 分析化学的发展历程 …… 5
  - 1.3.2 分析化学发展趋势 …… 6
  - 1.3.3 分析化学前沿 …… 7
- 1.4 定量分析的过程 …… 9
  - 1.4.1 试样的采取和制备 …… 9
  - 1.4.2 试样的称取和分解 …… 10
  - 1.4.3 干扰组分的处理 …… 10
  - 1.4.4 测定方法的选择及样品测定 …… 10
  - 1.4.5 分析结果的计算和评价 …… 11
- 思政案例 …… 11
- 思考题 …… 12

第2章 定量分析的误差和分析结果的数据处理 —— 13
- 2.1 定量分析误差的来源及误差的表示方法 …… 13
  - 2.1.1 误差的来源和分类 …… 13
  - 2.1.2 准确度与误差 …… 14
  - 2.1.3 精密度与偏差 …… 15
  - 2.1.4 准确度和精密度的关系 …… 18
- 2.2 随机误差的正态分布 …… 19
  - 2.2.1 正态分布 …… 19

  2.2.2 随机误差的区间概率 ·· 20
 2.3 有限数据的统计处理 ··· 20
  2.3.1 t 分布曲线 ··· 21
  2.3.2 平均值的置信区间 ·· 22
  2.3.3 显著性检验 ·· 22
  2.3.4 离群值的取舍 ·· 24
 2.4 提高分析结果准确度的途径 ··· 26
  2.4.1 选择合适的分析方法 ·· 26
  2.4.2 减小测量误差 ·· 27
  2.4.3 减小随机误差 ·· 27
  2.4.4 检验和消除系统误差 ·· 27
 2.5 有效数字及其运算规则 ··· 28
  2.5.1 有效数字 ·· 28
  2.5.2 数字修约规则 ·· 29
  2.5.3 计算规则 ·· 30
  2.5.4 几点说明 ·· 30
思政案例 ··· 31
思考题 ··· 32
习题 ··· 32

第3章 滴定分析法概述   34

 3.1 滴定分析法分类及对化学反应的要求 ··· 34
  3.1.1 滴定分析法的分类 ·· 34
  3.1.2 滴定分析法对化学反应的要求 ·· 35
 3.2 滴定分析法中的滴定方式 ··· 35
  3.2.1 直接滴定法 ·· 35
  3.2.2 返滴定法 ·· 35
  3.2.3 置换滴定法 ·· 35
  3.2.4 间接滴定法 ·· 35
 3.3 基准物质和标准溶液 ··· 36
  3.3.1 基准物质 ·· 36
  3.3.2 标准溶液的配制 ·· 36
  3.3.3 标准溶液浓度的表示方法 ·· 36
 3.4 浓度、活度与活度系数 ··· 37
 3.5 滴定分析法中的计算 ··· 38
  3.5.1 滴定分析计算的依据和基本公式 ·· 38
  3.5.2 滴定分析计算示例 ·· 39
思政案例 ··· 42
思考题 ··· 43

习题 ······ 43

第4章 酸碱滴定法　45

4.1 水溶液中的酸碱平衡 ······ 46
4.1.1 酸碱反应及平衡常数 ······ 46
4.1.2 酸度对溶液中酸（或碱）的各存在型体分布的影响 ······ 47
4.1.3 一元弱酸溶液中各种型体的分布 ······ 47
4.1.4 多元酸溶液中各种型体的分布 ······ 48
4.1.5 水溶液中酸碱平衡的处理方法 ······ 50
4.1.6 水溶液中 pH 的计算 ······ 51

4.2 酸碱指示剂 ······ 55
4.2.1 指示剂的变色原理 ······ 55
4.2.2 指示剂变色范围 ······ 56
4.2.3 影响指示剂变色范围的因素 ······ 57
4.2.4 混合指示剂 ······ 58

4.3 酸碱滴定法的基本原理 ······ 59
4.3.1 强酸强碱的滴定 ······ 59
4.3.2 一元弱酸（碱）的滴定 ······ 61
4.3.3 多元酸的滴定 ······ 65
4.3.4 多元碱的滴定 ······ 67
4.3.5 混合酸（碱）的滴定 ······ 68
4.3.6 酸碱滴定中 CO_2 的影响 ······ 68

4.4 酸碱滴定法的应用 ······ 69
4.4.1 酸碱标准溶液的配制和标定 ······ 69
4.4.2 应用实例 ······ 70

思政案例 ······ 74
思考题 ······ 75
习题 ······ 76

第5章 配位滴定法　78

5.1 乙二胺四乙酸及其配合物 ······ 79
5.1.1 乙二胺四乙酸（EDTA） ······ 79
5.1.2 EDTA 与金属离子形成螯合物的特点 ······ 80

5.2 配位平衡 ······ 82
5.2.1 配合物的稳定常数 ······ 82
5.2.2 溶液中 ML_n 型配合物的各级配合物分布 ······ 82

5.3 影响配位平衡的主要因素 ······ 83
5.3.1 酸效应和酸效应系数 ······ 84
5.3.2 配位效应与配位效应的系数 ······ 85

    5.3.3 条件稳定常数 ………………………………………………………… 86
  5.4 金属离子指示剂 …………………………………………………………… 87
    5.4.1 金属离子指示剂的作用原理 …………………………………………… 87
    5.4.2 金属离子指示剂的选择 ………………………………………………… 88
    5.4.3 金属离子指示剂的封闭、僵化及氧化变质现象 ……………………… 89
    5.4.4 常用的金属离子指示剂 ………………………………………………… 89
  5.5 配位滴定法的基本原理 …………………………………………………… 91
    5.5.1 配位滴定曲线 …………………………………………………………… 91
    5.5.2 准确滴定金属离子的条件 ……………………………………………… 93
    5.5.3 配位滴定中酸度的控制 ………………………………………………… 94
  5.6 提高配位滴定选择性的途径 ……………………………………………… 96
    5.6.1 控制溶液的酸度 ………………………………………………………… 97
    5.6.2 利用掩蔽和解蔽作用 …………………………………………………… 97
    5.6.3 预先分离干扰离子 ……………………………………………………… 98
    5.6.4 使用其他配位剂滴定 …………………………………………………… 99
  5.7 配位滴定法的应用 ………………………………………………………… 99
    5.7.1 EDTA 标准溶液的配制和标定 ………………………………………… 99
    5.7.2 应用实例 ………………………………………………………………… 99
  思政案例 …………………………………………………………………………… 101
  思考题 ……………………………………………………………………………… 102
  习题 ………………………………………………………………………………… 103

第6章 氧化还原滴定法 105

  6.1 氧化还原反应平衡和反应速率 …………………………………………… 105
    6.1.1 概述 ……………………………………………………………………… 105
    6.1.2 条件电位 ………………………………………………………………… 106
    6.1.3 氧化还原平衡常数 ……………………………………………………… 111
    6.1.4 化学计量点时反应进行的程度 ………………………………………… 112
    6.1.5 影响氧化还原反应速率的因素 ………………………………………… 113
  6.2 氧化还原滴定法的指示剂 ………………………………………………… 114
    6.2.1 自身指示剂 ……………………………………………………………… 114
    6.2.2 专属指示剂 ……………………………………………………………… 114
    6.2.3 氧化还原指示剂 ………………………………………………………… 114
  6.3 氧化还原滴定法基本原理 ………………………………………………… 116
    6.3.1 氧化还原滴定曲线的绘制 ……………………………………………… 116
    6.3.2 影响氧化还原滴定突跃的因素 ………………………………………… 118
  6.4 氧化还原滴定的预处理 …………………………………………………… 120
  6.5 常用氧化还原滴定法 ……………………………………………………… 121
    6.5.1 高锰酸钾法 ……………………………………………………………… 122
    6.5.2 重铬酸钾法 ……………………………………………………………… 125

6.5.3　碘量法 ·· 127
　　　6.5.4　其他氧化还原滴定法 ·· 131
　思政案例 ·· 132
　思考题 ·· 134
　习题 ··· 134

第7章　沉淀滴定法和滴定分析小结　　136

7.1　沉淀滴定法 ·· 136
　　7.1.1　沉淀滴定法的基本原理 ·· 136
　　7.1.2　莫尔法 ·· 138
　　7.1.3　佛尔哈德法 ·· 140
　　7.1.4　法扬司法 ··· 142
　　7.1.5　银量法的应用 ··· 143
7.2　滴定分析小结 ··· 144
　　7.2.1　滴定分析方法的知识体系 ··· 145
　　7.2.2　四大滴定法的共同点 ··· 145
　　7.2.3　四大滴定法的不同点 ··· 145
　　7.2.4　滴定分析中的化学平衡小结 ·· 145
　　7.2.5　滴定曲线和指示剂小结 ·· 146
思政案例 ·· 148
思考题 ·· 150
习题 ··· 150

第8章　重量分析法　　151

8.1　重量分析法概述 ·· 151
　　8.1.1　重量分析法的分类和特点 ··· 151
　　8.1.2　重量分析法对沉淀的要求 ··· 152
　　8.1.3　沉淀剂的选择 ··· 153
8.2　沉淀的溶解度及其影响因素 ··· 153
　　8.2.1　溶解度、溶度积和条件溶度积 ······································· 154
　　8.2.2　影响沉淀溶解度的因素 ·· 155
8.3　影响沉淀纯度的因素 ·· 157
　　8.3.1　共沉淀和后沉淀 ··· 157
　　8.3.2　提高沉淀纯度的方法 ··· 159
8.4　沉淀的形成过程与沉淀条件的选择 ··· 160
　　8.4.1　沉淀的类型和沉淀的形成过程 ······································· 160
　　8.4.2　沉淀条件的选择 ··· 161
8.5　沉淀后的处理 ··· 162

  8.5.1 沉淀的过滤和洗涤 ·················· 162
  8.5.2 沉淀的烘干或灼烧 ·················· 163
 8.6 重量分析的计算与应用 ···················· 163
  8.6.1 换算因数 ························ 163
  8.6.2 重量分析结果的计算 ················ 164
  8.6.3 沉淀重量法应用实例 ················ 164
思政案例 ··································· 165
思考题 ···································· 166
习题 ····································· 167

第 9 章 电位分析法   168

 9.1 电位分析法概述 ························ 168
 9.2 电位分析法的基本原理 ···················· 169
  9.2.1 参比电极 ························ 169
  9.2.2 指示电极 ························ 170
 9.3 离子选择性电极 ························ 171
  9.3.1 离子选择性电极的构造及分类 ············ 172
  9.3.2 离子选择性电极的响应机理 ············· 173
  9.3.3 离子选择性电极的性能 ··············· 176
 9.4 直接电位法 ·························· 177
  9.4.1 直接电位法测定溶液 pH 值 ············· 177
  9.4.2 氟离子选择性电极测定 F^- 含量 ··········· 179
  9.4.3 直接电位法的定量方法 ··············· 179
  9.4.4 直接电位法的应用 ················· 180
 9.5 电位滴定法 ·························· 181
  9.5.1 电位滴定方法的原理及特点 ············· 181
  9.5.2 电位滴定法常用仪器 ················ 181
  9.5.3 电位滴定终点的确定方法 ·············· 183
  9.5.4 电位滴定法的应用 ················· 184
思考题 ···································· 185
习题 ····································· 185

第 10 章 分光光度法   187

 10.1 物质对光的选择性吸收 ··················· 188
  10.1.1 光的基本性质 ···················· 188
  10.1.2 光吸收曲线 ····················· 188
  10.1.3 吸收光谱产生的原理 ················ 190
 10.2 光吸收的基本定律 ····················· 191

     10.2.1　朗伯-比耳定律 ………………………………………………………… 191
     10.2.2　吸光系数和摩尔吸光系数 …………………………………………… 192
     10.2.3　偏离朗伯-比耳定律的原因 …………………………………………… 193
10.3　比色法和分光光度法及其仪器 …………………………………………………… 194
     10.3.1　目视比色法 …………………………………………………………… 194
     10.3.2　光电比色法 …………………………………………………………… 194
     10.3.3　分光光度法 …………………………………………………………… 195
     10.3.4　分光光度计及其基本部件 …………………………………………… 196
10.4　显色反应与反应条件 ……………………………………………………………… 197
     10.4.1　显色反应 ……………………………………………………………… 197
     10.4.2　显色反应条件的选择 ………………………………………………… 200
10.5　仪器测量误差和测量条件的选择 ………………………………………………… 202
     10.5.1　吸光度测量的误差 …………………………………………………… 202
     10.5.2　测量条件的选择 ……………………………………………………… 204
10.6　可见分光光度法的应用 …………………………………………………………… 205
     10.6.1　示差分光光度法 ……………………………………………………… 205
     10.6.2　双波长分光光度法 …………………………………………………… 206
     10.6.3　多组分的分析 ………………………………………………………… 208
思政案例 ……………………………………………………………………………………… 208
思考题 ………………………………………………………………………………………… 209
习题 …………………………………………………………………………………………… 210

第11章　定量分析中常用的分离与富集方法※ ——— 212

11.1　概述 ………………………………………………………………………………… 212
11.2　沉淀分离法 ………………………………………………………………………… 213
     11.2.1　无机沉淀分离法 ……………………………………………………… 213
     11.2.2　有机沉淀分离法 ……………………………………………………… 215
     11.2.3　微、痕量组分的分离和富集 ………………………………………… 216
11.3　萃取分离法 ………………………………………………………………………… 217
     11.3.1　溶剂萃取的基本原理 ………………………………………………… 217
     11.3.2　重要的萃取体系 ……………………………………………………… 220
     11.3.3　萃取分离操作方式 …………………………………………………… 222
11.4　色谱分离法 ………………………………………………………………………… 223
     11.4.1　纸色谱法 ……………………………………………………………… 223
     11.4.2　薄层色谱法 …………………………………………………………… 224
11.5　离子交换分离法 …………………………………………………………………… 225
     11.5.1　离子交换剂的类型、结构和性能 …………………………………… 225
     11.5.2　离子交换平衡和选择性 ……………………………………………… 227
     11.5.3　离子交换操作方法 …………………………………………………… 228
     11.5.4　离子交换分离法的应用 ……………………………………………… 229

11.6 现代分离与富集方法简介 ……………………………………………………… 230
思考题 ………………………………………………………………………………… 231
习题 …………………………………………………………………………………… 231

第 12 章 仪器分析方法简介※　　233

12.1 原子发射光谱分析法 …………………………………………………………… 233
　12.1.1 发射光谱分析原理 ………………………………………………………… 233
　12.1.2 发射光谱仪 ………………………………………………………………… 234
　12.1.3 光谱定性分析 ……………………………………………………………… 235
　12.1.4 光谱定量分析 ……………………………………………………………… 236
12.2 原子吸收分光光度法 …………………………………………………………… 237
　12.2.1 原子吸收光谱分析的基本原理 …………………………………………… 238
　12.2.2 原子吸收分光光度计 ……………………………………………………… 240
　12.2.3 定量分析方法 ……………………………………………………………… 242
　12.2.4 干扰及消除 ………………………………………………………………… 242
　12.2.5 测试条件的选择原则 ……………………………………………………… 243
12.3 气相色谱分析法 ………………………………………………………………… 244
　12.3.1 色谱法的原理 ……………………………………………………………… 245
　12.3.2 气相色谱仪 ………………………………………………………………… 247
　12.3.3 气相色谱操作条件的选择 ………………………………………………… 248
　12.3.4 气相色谱的定性分析 ……………………………………………………… 249
　12.3.5 气相色谱的定量分析 ……………………………………………………… 250
12.4 高效液相色谱分析法 …………………………………………………………… 251
　12.4.1 HPLC 法的主要特点 ……………………………………………………… 251
　12.4.2 HPLC 与 GC 的比较 ……………………………………………………… 251
　12.4.3 高效液相色谱仪 …………………………………………………………… 252
　12.4.4 液-固色谱与液-液分配色谱 ……………………………………………… 253
　12.4.5 化学键合相色谱法 ………………………………………………………… 254
　12.4.6 HPLC 分析方法的一般步骤 ……………………………………………… 256
12.5 毛细管电泳 ……………………………………………………………………… 258
　12.5.1 毛细管区带电泳 …………………………………………………………… 258
　12.5.2 毛细管电泳仪的检测器 …………………………………………………… 259
　12.5.3 毛细管电泳的应用 ………………………………………………………… 260
12.6 极谱和伏安分析法 ……………………………………………………………… 260
　12.6.1 极谱分析法的基本原理 …………………………………………………… 261
　12.6.2 极谱分析的定量分析方法 ………………………………………………… 262
　12.6.3 极谱和伏安法的发展 ……………………………………………………… 263
　12.6.4 极谱和伏安法的应用 ……………………………………………………… 264
思考题 ………………………………………………………………………………… 265

附录

- 附录1　常用浓酸浓碱的密度和浓度 ·· 266
- 附录2　常用基准物质的干燥条件和应用 ·· 266
- 附录3　常用弱酸、弱碱在水中的解离常数（25℃，$I=0$） ························ 267
- 附录4　配合物的稳定常数（18～25℃） ··· 268
- 附录5　氨羧配位剂类配合物的稳定常数（18～25℃，$I=0.1\,\mathrm{mol\cdot L^{-1}}$） ········ 273
- 附录6　标准电极电位表（18～25℃） ·· 274
- 附录7　部分氧化还原电对的条件电极电位 ·· 277
- 附录8　微溶化合物的溶度积（18～25℃，$I=0$） ································· 278
- 附录9　常见化合物的分子量 ·· 280
- 附录10　元素的原子量 ··· 282
- 附录11　几种常用缓冲溶液的配制 ·· 283

参考文献　284

第1章 分析化学概论
(Introduction to Analytical Chemistry)

【学习要点】
① 理解分析化学的课程内涵、任务和作用。
② 掌握分析化学方法的分类。
③ 理解分析化学在各领域中的应用。
④ 理解分析化学的应用前景。
⑤ 掌握定量分析的过程。

分析化学的
定义、任务和作用

1.1 分析化学的定义、任务和作用

分析化学是化学学科的一个重要分支，按照国际纯粹与应用化学联合会（IUPAC）的定义：分析化学是一门发展并运用各种理论、方法、仪器和策略以获得有关物质在相对时空内的组成和性质信息的一门科学。具体可定义为：分析化学是一门研究物质的组成、含量、结构和形态等化学信息的分析方法及理论的科学。分析化学是化学中的信息科学，是研究分析方法的科学。每一个完整的具体的分析方法都包括两个部分：测定的对象和测定的方法。所谓对象是指生产实践和科学实验对分析化学提出的问题和要求；所谓方法是指解决这些问题的手段。

分析化学的任务是进行定性、定量和结构分析。定性分析是鉴定物质的化学组成（或成分），如元素、离子、原子团和化合物等，研究是什么的问题；定量分析是测定物质中有关成分的含量，研究有多少的问题；结构分析是确定物质的化学结构和形态，如分子结构、晶体结构和综合形态等，研究结构形态问题。它们是分析化学中的三大主要分支，它们既有区别又紧密联系。分析化学是化学、应用化学等化学类专业和农学、动物科学、林学、药学、环境科学与工程、食品科学与工程和生物科学与工程等非化学类专业的重要专业基础课，将

为后续课程及研究生的学习和今后从事生产及科学研究打下必要的基础。

分析化学具有四个特点：一突出"量"的概念，如测定的数据不可随意取舍，数据准确度、偏差大小与采用的分析方法有关等；二实践性强，以实验为基础，它是马克思主义理论联系实际思想应用的典范，强调动手能力、实验操作能力和分析解决实际问题的能力；三综合性强，它是一门涉及化学、生物、电学、光学、计算机等的综合性学科，体现了能力与素质的培养；四应用性强，可应用于生物学、环境、食品、材料、医药、天文、地质、矿物、海洋、国防科学以及考古等众多领域，并参与解决实际问题。因此，分析化学工作者应具有很强的责任心。

分析化学的作用主要表现在提供信息（定性定量和结构信息）、质量检验（安全质量检测和工艺过程质量控制等）和尖端科学研究［如超纯物质、原子能材料、纳米材料的可控组装和表征，单分子、单细胞分析及实时活体分析，重大疾病的预警和快速检测（如新冠病毒的鉴定和检测）等］三个方面。分析化学对于化学学科的研究和发展、国民经济的发展和科技的进步等都起着举足轻重的作用。例如：在科学研究方面，只要涉及化学现象和研究课题，都需要运用分析测试来解释和解决科学研究中的具体问题，如新物质鉴定、遗传密码、物质结构分析等；在工业生产方面，从资源勘探、矿山开采、工业原料选择、化工工艺流程质量控制、新技术研究到新产品的试制和产品质量的检验都必须依赖分析化学提供的分析结果；在农业生产方面，如食品和农产品安全质量检测，土壤的普查，化肥、饲料、农药及农副产品品质的评定，作物生长过程中营养、病毒的控制和研究，以及家禽、家畜的临床诊断等都要用到分析化学的方法和技术；在其他学科领域，如国防、公安部门中的武器装备研究、刑侦破案，考古中的文物鉴定与保护，国际贸易中进出口商品的检验，体育竞技中兴奋剂的检测，医药卫生部门的病理化验和药物检验，环境污染物分析和监测，废液、废气和废渣即"三废"的处理和利用，都要借助分析化学为之提供重要的依据；在国民经济建设方面，国内外均设置有各种类型的分析测试、人才培养和研究机构，如高校均设有分析化学专业或分析科学系，担负着培养分析化学人才的任务，还有国家级、部级、省级和市级的分析测试中心、环境监测机构、进出口商品检验室和产品质量监督检验中心等。这些分析机构在国民经济各领域都发挥着不可或缺的重要作用。在科技进步中的作用主要表现在分析化学中的重大突破（如诺贝尔奖），反映了分析化学（主要是仪器分析）发展中里程碑式科学发明和技术进步。例如：近100年来与分析化学有关的诺贝尔奖就有30项（其中化学奖20项、物理学奖9项、生理学或医学奖1项）之多；而且诺贝尔物理学、化学奖、生理学或医学奖中，有四分之一的项目与分析化学紧密有关。所以分析化学有工农业生产的"眼睛"、科学研究的"参谋"之称。可以说现代分析化学在促进其他学科的发展和直接为国民经济、国防建设服务方面，不仅影响着人们物质文明和社会财富的创造，而且还影响解决有关人类生存（如环境、生态等）和政治决策（如资源、能源开发）等重大社会问题，成为衡量一个国家科技水平的标志之一。

通过本课程的学习，不仅要掌握分析化学的有关基础理论，学会分析方法，掌握分析技术，树立准确的"量"的概念；还要注重理论联系实际，在分析化学实验中加强基本操作训练，培养严谨求实的科学精神，提高分析问题、解决问题的能力；并与时俱进，充分利用现代"新形态"教材和"在线开放一流课程"中的数字化教学资源，线上线下紧密结合，培养学习兴趣，扩大知识面，巩固所学知识。这样才能学好分析化学，在今后的工作中才能够很好地解决科学技术和国民经济中存在的问题，为国家的分析化学事业贡献力量。

1.2 分析方法的分类

分析方法的分类

根据分析任务、对象、试样用量、测定原理和工作要求的不同,可分为许多种类。

1.2.1 定性分析、定量分析和结构分析

根据分析任务的不同,分析方法可分为定性分析、定量分析和结构分析三类。前已述及,定性分析鉴定物质的化学组成,定量分析测定物质中有关组分的含量,结构分析确定物质的化学结构和形态。

一般来说,对于未知试样的分析时,首先要进行定性分析,然后进行定量分析,再根据实际需要与否进行结构分析。

1.2.2 无机分析和有机分析

根据分析对象的不同,分析方法可分为无机分析和有机分析两大类。

无机分析的对象是无机物。在无机分析中,组成无机物的元素种类繁多,通常要求进行定性分析和定量分析。如土壤中微量元素(铅、铜、镉等)的鉴定和含量的测定及形态分析等。

有机分析的对象是有机物。在有机分析中,组成有机物的元素种类不多,但结构相当复杂,通常要求进行结构分析和定量分析。如废水中有机磷农药的测定,茶叶中咖啡碱含量的测定和结构分析等。

1.2.3 常量分析、半微量分析和微量分析

根据试样用量(试样质量或试液体积)的不同,可分为常量分析、半微量分析、微量分析和超微量分析,通常按表1-1所示分类。在某些稀有珍贵样品的分析中,微量和超微量分析具有重要的意义。

表 1-1 各种分析方法的试样用量

方法	试样质量	试液体积
常量分析	>0.1g	>10mL
半微量分析	0.01~0.1g	1~10mL
微量分析	0.1~10mg	0.01~1mL
超微量分析	<0.1mg	0.01mL

1.2.4 常量组分分析、微量组分分析和痕量组分分析

根据试样中待测组分相对含量的不同,可把分析方法粗略分为常量组分分析(>1%)、微量组分分析(0.01%~1%)、痕量组分分析(<0.01%),还可以进一步细分为超痕量组分分析($<10^{-6}$%)等。

痕量成分的分析不一定是微量分析,为了测定痕量成分,取样往往超过0.1g。应该指出,上述分类方法的标准并不是绝对的。不同时期,不同国家或不同部门可能有不同的划分。

1.2.5 化学分析和仪器分析

根据测定原理和测定方法不同，定量分析方法可分为化学分析和仪器分析两大类。

1.2.5.1 化学分析

以物质的化学反应为基础的分析方法称为化学分析方法。化学分析法具有悠久的历史，是分析化学的基础，故又称为经典分析法，适用于常量分析。主要有重量分析法、滴定分析法和气体分析法。

（1）重量分析法　重量分析法是将待测组分与试样中的其他组分分离后，转化为一定的称量形式，用称重方法测定该组分的含量。根据分离方法不同，重量分析法又分为沉淀重量法、气化法和电解重量法等。

（2）滴定分析法　滴定分析法又称容量分析法，这种方法是将一种已知准确浓度的标准溶液，通过滴定管滴加到待测组分的溶液中，或者是将待测组分的溶液滴加到标准溶液中，直到标准溶液与被滴组分发生的化学反应恰好进行完全，根据标准溶液的浓度和消耗体积计算待测组分的含量，此法是当今最常用且应用最为广泛的化学分析法。

根据化学反应的类型不同，滴定分析法又分为酸碱滴定法、沉淀滴定法、配位滴定法和氧化还原滴定法。

（3）气体分析法　在一定温度、一定压力下，依据反应中产生气体或气体试样在反应前后体积的变化来测定待测组分的含量。

1.2.5.2 仪器分析

仪器分析是以物质的物理或物理化学性质为基础，使用较特殊仪器进行分析的方法。又称现代分析法，适用于痕量组分和微量组分的分析。它具有操作简便、快速、灵敏度高、准确度好等优点，应用十分广泛。主要有以下几类：

（1）光学分析法　光学分析法是利用物质的光学性质所建立的一类分析方法。主要有紫外-可见分光光度法、红外分光光谱法、原子吸收光谱法、发射光谱法、火焰光度法、荧光分析法等。

（2）电化学分析法　电化学分析法是利用物质的电学及电化学性质而建立的一类分析方法。它主要包括电位分析法、电导分析法、电解分析法、库仑分析法、伏安分析法等。

（3）色谱分析法　利用物质在两相中的吸附、溶解或其他亲和作用性能的差异来进行物质分离与测定的方法称为色谱分析法。主要有气相色谱法、液相色谱法。

（4）其他仪器分析法　除上述三大类外，仪器分析法还包括质谱分析法、核磁共振波谱分析法、电子探针和离子探针微区分析法、放射分析法、差热分析法、光声光谱分析法以及各种联用技术分析等。

化学分析和仪器分析的方法各有特点，也都具有一定的局限性，它们之间的比较如表1-2 所示。

表1-2　化学分析法和仪器分析法的比较

项目	化学分析法	仪器分析法
物理性质	化学性质	物理、物理化学性质
测量参数	体积、质量	吸光度、电位、发射强度等
误差	0.1%～0.2%	1%～2%或更高
组分含量	1%～100%	1%～单分子、单原子
理论基础	化学、物理化学(溶液四大平衡理论)	化学、物理、数学、电子学、生物学、计算机等
解决问题	定性、定量信息	定性、定量、结构、形态、能态、动力学等全面信息

由表 1-2 可知，化学分析和仪器分析在物理性质、测量参数、误差、组分含量、理论基础、解决问题等方面均不相同。可根据待测组分的性质、组成、含量、对分析结果准确度（误差）的要求和解决的问题（是否需要定性、定量、结构、形态等全面信息或部分信息）等进行选择。因此，化学分析和仪器分析是相辅相成的，缺一不可，在使用时应根据具体情况，取长补短，相互配合。

1.2.6 例行分析、标准分析、快速分析和仲裁分析

根据分析工作要求的不同，分析方法还可分为例行分析、标准分析、快速分析和仲裁分析等。一般实验室对日常生产流程中产品质量指标进行检查的分析，称为例行分析，又叫常规分析。为控制产品的规格由国家主管部门制定的具有法规或权威性质的分析方法称为标准分析。要求快速简易、在短时间内获得结果的分析工作称为快速分析，主要用于生产过程的控制，如炼钢厂的炉前分析、土壤速测等。快速分析的误差要求较宽。当不同单位对分析结果有争论时，请权威的单位进行裁判的分析工作，称为仲裁分析。

1.3 分析化学的发展历程与发展趋势

1.3.1 分析化学的发展历程

分析化学的发展趋势及定量分析的过程

分析化学的创立历程如表 1-3 所示。

表 1-3 分析化学的创立历程

时间	分析化学成就
16 世纪	出现了第一次使用天平的试金实验室
1666 年	牛顿：光谱分析，论文《光和色的新理论》
18 世纪	Lavoisier（拉瓦锡，法国）：燃烧氧化学说、定量测定、质量守恒定律，标志着"分析化学"的诞生
1825 年	Talbot（包特，英国）：发明光谱仪测碱金属
1829 年	Rose（罗斯，德国）：《分析化学教程》出版
1841 年	Fresenius（弗雷泽纽斯，德国）：定性分析导论、定量分析导论
1861 年	Bunsen（本生，德国）与 Kirchhoff（基尔霍夫，德国）：发明本生灯，标志着"光谱学"的诞生
1862 年	Fresenius "Zeitschrift fur analystische Chemie"——第一本分析化学杂志问世
1874 年	英国《Analyst》期刊出版
1885～1886 年	Mohr（莫尔，土耳其）：化学分析滴定法专论
1887 年	美国《Analytical Chemistry》杂志问世
1894 年	《分析化学科学基础》出版，奠定经典分析的科学基础

分析化学最早可以追溯到 16 世纪出现了第一次使用天平的试金实验室，历经分析化学理论（燃烧氧化学说、定量测定、定性分析和定量分析导论、分析化学教程和化学分析滴定法专论等）的发展，以及分析化学杂志（Analyst、Analytical Chemistry 等）的相继问世。1894 年，《分析化学科学基础》的出版，标志着分析化学学科的创立。

在定性分析方面，1829 年德国化学家罗斯（Hoinrich Rose）编写了《分析化学教程》，首次提出了系统定性分析方法，这与目前通用的分析方法已经基本相同。19 世纪末，酸碱滴定的各种形式和原则也基本确定。

随着科学技术的不断发展，分析化学在 20 世纪发展迅速，经历了三次重大变革。

（1）第一次变革 发生在 20 世纪 20～30 年代，由于物理化学的发展，为分析技术提供了理论基础，建立了溶液中四大平衡的理论，使分析化学从一门技术发展成为一个学科，这

也可以说是分析化学和物理化学结合的时代。这一时期分析化学以化学分析为主,定量测定到 0.1%~0.2%的组分。

(2) 第二次变革　发生在 20 世纪 40~60 年代。由于物理学、电子学、半导体及原子能工业等的发展,促进了各种仪器分析方法的建立和发展。分析化学突破了以经典化学分析为主的局面,开创了仪器分析的新时代,发展了以光谱分析为代表的仪器分析法,进入痕量分析(含量小于 0.01%)时代。使分析化学发展到了以仪器分析为主的现代分析化学阶段。

(3) 第三次变革　发生在 20 世纪 70 年代末至今。以计算机应用的信息时代的到来,以及生命、环境、材料、医药科学等的需要,促使分析化学能提供组成、含量、结构、形态等全面信息,使之发展到了具有综合性和交叉性特征的分析科学阶段。分析化学正在成长为一门建立在化学、物理学、数学、计算机科学,精密仪器制造科学等学科基础上的综合性边缘科学。

工农业生产的发展和新兴科学技术的发展,为分析化学提出了一系列难题和挑战,促进了分析化学的发展也促进了相关学科的发展。例如,20 世纪 40~50 年代材料科学的发展促进了材料分析化学的产生;20 世纪 60~70 年代环境科学的发展促进了环境分析化学的产生;20 世纪 80~90 年代生命科学的发展促进了生命过程有关的分析化学的产生。另一方面,新兴科学技术的发展也为分析化学的发展提供了理论基础和技术条件,使分析化学得到了迅速发展。

分析化学的发展历程已由最初的化学定性定量分析,发展到仪器分析,再发展到现代的分析科学阶段。分析化学已发展成为分析科学主要表现在以下几个方面。

(1) 现代分析化学已经突破了纯化学领域,它将化学与数学、物理学、电子学、信息科学和生物学紧密地结合起来,发展成为一门多学科性的综合科学即分析科学。其应用范围也大大拓宽。

(2) 从单纯的提供数据上升到解决生产和科研中的实际问题。一是从大量的分析数据中获取有用的信息和知识,成为生产和科研中实际问题的解决者;二是建立以化学计量学为基础的过程分析化学。通过在线分析仪器进行产品质量控制。过程分析化学已由工业过程控制发展到系列化及生态过程控制,甚至生命过程控制。

(3) 从一般简单体系分析到各种特定复杂体系分析。

(4) 从提供高选择性、高灵敏度的分析方法到不经分离的复杂样品的多组分分析。

1.3.2　分析化学发展趋势

随着现代分析化学的迅速发展,在所有分析化学的方法学研究中,都是以提高分析方法或仪器的灵敏度、准确度、选择性、自动化或智能化为目标。未来的分析化学发展趋势主要表现在下面几个方面:

(1) 从分析对象看　从无机分析到有机分析再到生物活性物质分析。

(2) 从组分含量看　从常量到微量到痕量再到分子水平分析。

(3) 从仪器发展看　从手工操作到仪器化到自动化到全自动直至智能化仪器。

(4) 从分析形式上看　从组成分析到形态分析;从宏观到微观分析;从总体到微区分析;从静态到动态追踪分析;从破坏性到无损分析;从离线到在线到线内分析。

(5) 从学科发展看

① 向测量准确度、灵敏度、选择性更高的方向纵深发展。

② 向多种分析方法相互结合即仪器分析联用技术的发展,如分离和分析方法的联用,

合成和分离方法的联用，合成、分离和分析方法的三联用等。

③ 与生物、环境、材料及食品等领域进行深度交叉融合，以解决生产和科研中的实际问题。

1.3.3 分析化学前沿

分析化学是目前化学中最活跃的领域之一。分析化学中活跃的领域又在什么地方？从对象来看，与生命科学、环境科学、高技术材料科学有关的分析化学是目前分析化学中最热门的课题。从方法来看，计算机在分析化学中的应用和化学计量学是分析化学中最活跃的领域。分析化学的特点是新方法层出不穷，旧方法不断更新。

下面主要从光谱分析、电化学分析、色谱分析、质谱及核磁共振、化学计量学与计算机应用五个方面对分析化学的前沿进行阐述。

(1) 光谱分析

光谱分析一直是分析化学中最富活力的领域。随着电感耦合等离子体-原子发射光谱 (ICP-AES)、傅里叶变换红外光谱 (FT-IR)、激光光谱、电感耦合等离子体-质谱 (ICP-MS)、全反射 X 射线荧光光谱、表面增强拉曼光谱或激光共振拉曼光谱等一系列新方法的出现，使光谱分析的灵敏度达到了极限。检出限可达到 $10^{-9} \sim 10^{-15}$ g，并可作 μg/g 级多元素微区分布分析，已达到检测单个原子和单分子的水平。

光谱检测从传统的光电倍增管，过渡到光二极管阵列检测器，又迅速出现了新一代的电荷耦合阵列检测器 (CCD)。CCD 具有量子效率高、暗电流小、噪声低、灵敏度高等优良性能，并可获得多个化合物的三维荧光光谱图。CCD 检测器已装配到商品仪器，如荧光光度计、拉曼光谱仪、发射光谱仪、高效液相色谱仪及毛细管电泳仪等中，成了光谱分析的重大革新。

(2) 色谱分析

现代色谱分析将分离和连续测定结合，也可以浓缩、分离、测定联用。对复杂体系中组分、价态、状态、化学性质相近的元素或化合物的分析，20 世纪 50 年代兴起的气相色谱，20 世纪 60 年代发展的色质 (GC-MS) 联用技术，20 世纪 70 年代崛起的高效液相色谱，20 世纪 80 年代初出现的超临界流体色谱，20 世纪 80 年代末迅速发展的毛细管区带电泳，使色谱分析一直充满活力，迅速发展。

由于各种分析方法都有一定的适用范围、测定对象和局限性，实际工作中必须结合具体的情况选择合适的分析方法。色谱联用技术经常联合了两种或是更多技术，两种技术或三种技术取长补短，互相补充，能够大大提高分离分析效能，解决更多的实际问题和复杂成分样品的分析问题。如气相色谱与其他仪器联用（如 GC-MS 及 GC-NMR 等），已成为分离、鉴定、剖析复杂挥发性有机物最有效的手段之一。常见的有下列几种类型：

a. 色谱-色谱联用，如 2D-LC、2D-GC、LC-CE 等。

b. 色谱-质谱联用，如 GC-MS、LC-MS^n、CE-MS、CEC-MS 等。

c. 色谱-光谱联用，如 GC-FTIR、GC-AAS、LC-AAS、LC-AFS 等。

d. 色谱-核磁联用，如 LC-NMR 等。

e. 色谱-光谱-质谱，如 GC-FTIR-MS 等。

毛细管区带电泳（简称毛细管电泳）是近年来迅猛发展起来的一种新的分离技术，兼有高压电泳的高速、高分辨率及高效液相色谱的高效率优点。毛细管电泳具有试样体积小 (1~10nL)、分离效率高（柱效达 100 万理论塔板数，比高效液相色谱约高一个数量级）、分离速度快（10～20min）、灵敏度高（检出限 10^{-15}～10^{-20} mol·L^{-1}）等特点，特别适用于离子型生物大分子如氨基酸、肽、蛋白质及核酸等的快速分析。

（3）电化学分析

电化学分析中传感器的研究已成为电分析化学中活跃的研究领域之一。如光导纤维化学传感器又称光极，由激光器、光导纤维、探头（含固定化试剂）及半导体探测器组成。目前已有80多种传感器探头设计用于临床分析、环境监测、生物分析及生命科学等领域。如pH、CO_2、O_2、碱金属、非碱金属、代谢产物和酶、免疫传感器等。新的血气分析仪装配有pH、CO_2及O_2三个传感器，可进行活体分析，已成功用于心肺外科手术的临床连续监测；生物传感器及化学修饰电极的研究已步入人们向往已久的分子设计及分子工程学研究阶段，成为电化学及电分析化学中最活跃的前沿领域之一。

光谱电化学也是电化学及电分析化学研究中一项新的突破。它将光谱（包括波谱）和电化学研究方法相结合，同时测试电化学反应过程的变化，形成了现场光谱电化学，使得光谱电化学将电化学及电分析化学的研究从宏观深入到微观，进入分子水平的新时代。

微电极伏安技术（简称微电极技术）也是一种新的电化学测试技术。微电极的优异性能表现在电极响应速度快、扫描速度高、极化电流小，已应用于生物分析及生命科学，如在活体分析中，微电极用作电化学微探针，检测动物脑神经传递物质的扩散过程。

（4）质谱

20世纪70年代末到80年代初发展起来的串联质谱（MS-MS、LC-MS）及软电离技术，使质谱应用扩大到生物大分子，成为这方面研究的前沿。LC-MS-MS串联质谱采用大气压电离源，质量范围扩大到分子量为10万的生物大分子，灵敏度达到10^{-12}～10^{-15} mol·L^{-1}，应用于生物医学、药物、生物工程领域。核磁共振波谱是测定生物大分子结构的有力手段。

自2002年诺贝尔化学奖获得者约翰·芬恩（John B. Fenn）和田中耕一（Koichi Tanaka）发明了对生物大分子进行确认和结构分析的方法及发明了对生物大分子的质谱分析法以来，随着生命科学及生物技术的迅速发展，生物质谱目前已成为有机质谱中最活跃、最富生命力的前沿研究领域之一。它的发展强有力地推动了人类基因组计划及其后基因组计划的提前完成和有力实施。质谱法已成为研究生物大分子，特别是蛋白质研究的主要支撑技术之一，在对蛋白质结构分析的研究中占据了重要地位。近年来涌现出较成功地用于生物大分子质谱分析的软电离技术主要有下列几种：

① 电喷雾电离质谱；

② 基质辅助激光解吸电离质谱；

③ 快原子轰击质谱；

④ 离子喷雾电离质谱；

⑤ 大气压电离质谱。

（5）核磁共振波谱法

二维及三维核磁共振波谱可测定溶液中蛋白质三维结构，应用于生物工程领域。500～600MHz二维及三维共振波谱仪，采用微处理机控制仪器操作、数据处理及显示，通过光导纤维可以和其他计算机形成网络。傅里叶变换核磁共振波谱已应用于工业质量控制。

超导核磁共振波谱法是当今世界频率最高的仪器，其频率已达800MHz，仪器的分辨率与检测灵敏度大大提高，使复杂的核间高级偶合简化为一级光谱。还可以从事多核、多种二维核磁共振技术的测定，使有机化合物的结构确定变得容易。

（6）化学计量学与计算机应用

化学计量学是一门新兴的科学，按1981年国际化学计量学会的最初定义："化学计量学是一门化学分支，它应用数学来选择最优的测量程序和实验方法，并通过解析化学数据而获得最大限度的信息。在分析化学领域，化学计量学是用数学和统计方法以最佳方式获得关于物质系统的有关信息"。即它以统计学、数学与计算机科学为工具，发展了新的分析采样理论、校正理论及其他各种理论与方法。例如，化学模式识别与专家系统能协助分析工作者将原始分析数据转化为有用的信息与知识，为进行判别决策及解决实际生产科研课题提供依据。

计算机广泛用于分析仪器，已成为分析仪器的重要组成部分，不仅为实现仪器的自动化提供了条件，而且为向智能化发展提供了基础。极大提高了分析仪器提供信息的功能，使分析仪器进入过去传统分析技术无法涉足的许多领域。例如用航天器运载分析仪器探测火星上有无标志生命的化学物质存在，不需运送分析试样，而是直接将分析信息送回地球等。

总之，分析化学正在利用物质一切可以利用的性质，建立表征测量的新技术，不断开拓新领域，正在走向一个更新的境界。

1.4 定量分析的过程

定量分析的过程一般分为试样的采取和制备、试样的称取和分解、干扰组分的处理、测定方法的选择及样品测定、分析结果的计算和评价五个步骤。

1.4.1 试样的采取和制备

试样的采取和制备是指从大批量物料中采取原始样品，然后再制备成供分析用的试样。分析试样的组成必须能代表全体物料的平均组成，即要求试样具有高度的代表性，否则进行分析工作便是毫无意义的，甚至导致错误的结论，造成巨大的损失。因此，在进行分析工作之前，了解试样的来源，明确分析的目的，做好试样的采取和制备工作是非常重要的。试样的采取和制备过程也可称为采样和缩分过程。

采样的具体方法依分析对象的形态、均匀程度、数量以及分析项目的不同而异，在各类物质（如土壤、肥料、水质、饲料、食品等）的专门分析书籍和分析检测规程中均有规定。但总的原则是要多点采取原始样品，采集的样品必须要有代表性。

固体试样的制备包括风干、破碎、过筛、混匀和缩分。

缩分可用手工或机械（分样器）进行，常用的手工缩分方法为"四分法"，其操作过程如图 1-1 所示。

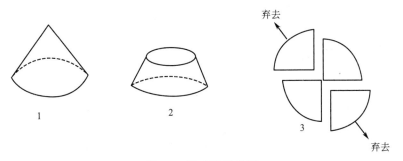

图 1-1 四分法示意图

1—堆成锥形；2—稍抹平，经中心分割为十字形四等份；3—弃去相对的两份

将样品粉碎之后混合均匀，堆成锥形，然后略加抹平，通过中心分为四等份，把任一对角的两份弃去，留下的两份混匀，这样样品便缩减了一半，称为缩分一次。连续进行多次缩分直至所剩样品稍大于所需试样质量为止。然后再进行粉碎、缩分，最后制备成 100～300g 的分析试样，装入瓶中，贴上标签备用。

1.4.2 试样的称取和分解

称取试样的过程又叫称样，称样量的多少应根据待测组分的含量、测定方法的准确度、仪器的精密度及分析的目的要求等来确定。

将试样分解制成试液是分析工作的重要步骤之一。在分解试样时必须注意：a. 试样分解必须完全，处理后的溶液中不应留有原试样的残渣或粉末；b. 试样分解过程中待测组分不应有损失；c. 试样分解过程中不应引入待测组分和干扰物质。由于试样的性质不同，采用的分解试样方法也有所不同。

（1）溶解分解法　溶解分解法是采用适当的溶剂将试样溶解制成溶液的一种较为简便的方法。常用的溶剂有水、酸、碱和混合酸等。对于不溶于水的试样，则可采用酸或碱作溶剂的酸溶法和碱溶法来进行溶解。常用的酸溶剂有盐酸、硫酸、硝酸、高氯酸、氢氟酸、磷酸和一些混酸等；碱溶剂主要有氢氧化钠和氢氧化钾溶液。

（2）熔融分解法　熔融分解法是将试样与固体熔剂混合，在高温下加热使试样的全部组分转化成易溶于水或酸的化合物。根据所用熔剂的化学性质不同，可分为酸性熔融法和碱性熔融法。常用的酸性熔剂有焦硫酸钾（$K_2S_2O_7$）、硫酸氢钾和铵盐混合物等；碱性熔剂有碳酸钠、碳酸钾、氢氧化钠、氢氧化钾和过氧化钠等。

具体试样的分解方法可参考有关分析资料。

1.4.3 干扰组分的处理

分析样品一般较为复杂，在对某种组分进行分析测定时，共存的其他组分会干扰其测定，必须用一定的方式消除其干扰，这一过程称为样品预处理。其目的是使样品的状态和浓度适应所选择的分析方案，其原则是防止待测组分的损失及避免引入干扰，其依据是干扰情况（是否需要分离）、样品性质（是否需要富集）等。

消除干扰的方法有很多，通常按如下思路考虑：首先应考虑采用选择性高、干扰少的分析方法，再考虑用掩蔽的方法（配位掩蔽法、沉淀掩蔽法和氧化还原掩蔽法等）消除干扰组分的影响，上述方法仍不能消除干扰的话，则需要采用各种分离方法（沉淀分离法、萃取分离法和色谱分离法等）进行分离处理以消除干扰。此外，随着计算机技术和化学计量学方法的发展，很多干扰问题可在仪器测试中通过计算机处理来解决，也可以通过计算分析将干扰组分同时测定来达到消除干扰的目的。

1.4.4 测定方法的选择及样品测定

对某种组分的测定往往有多种分析方法，这时应根据被测组分的性质、被测组分的含量、对测定的具体要求以及实验室的具体条件来选择合适的化学分析或仪器分析方法进行测定。具体选择如表 1-4 所示。

因此，在学习中应掌握各种分析方法的原理、特点及适用范围，以便能正确地选择合适的分析方法，以达到分析结果的误差最小、准确度最高的目标。

表 1-4　分析方法的选择

物质	方法性质	用户	成本
物质性质	准确度（精密度）	用户对分析结果的要求	时间
组分含量	选择性	对分析费用的承受度	人力
干扰情况	适用范围	实验室条件	设备和消耗品

1.4.5　分析结果的计算和评价

分析测试完毕，需根据试样的用量、测量所得数据、分析过程中有关反应的计量关系和定量公式等进行分析结果的计算。固体试样通常以质量分数 w 表示，液体试样通常用质量浓度 ρ 表示，气体试样以体积分数表示。分析结果以待测组分实际存在形式的含量表示。如果待测组分实际存在形式不清楚或有多种形式存在时，则分析结果最好以元素形式或氧化物形式的含量表示。

正确计算出分析结果后，要评价分析结果是否可靠，可靠的分析才有意义。评价方法详见第 2 章。

思政案例

【案例一】分析化学的应用

案例描述	分析化学的任务是进行定性、定量和结构及形态分析，分析化学已经应用到了我们衣食住行的方方面面，如，水质监测、空气质量监测、工农业生产过程和产品质量检测、个人健康生化指标检测、医药生产、出行安全、国防安全和新冠病毒检测等。某些定量分析的具体应用案例如下： 1. 应用于新冠病毒的检测 2019 年底至 2020 年初新冠疫情在全球范围内迅速爆发，对人类健康和经济发展产生了巨大的影响。由于容易发生社区传播，感染人数会急剧增加。为应对这种快速传播，需迅速识别出被感染者，因此能在早期阶段准确检测发现新冠病毒至关重要。众多分析化学工作者迅速展开核酸现场快速检测设备及试剂研发工作。2020 年初，湖南大学谭蔚泓院士牵头，分析化学青年教师积极参与的新型冠状病毒（2019-nCoV）核酸现场快速检测设备及试剂研发就是其中一个代表。目前有逆转录-聚合酶链反应（RT-PCR）、环介导等温扩增（RT-LAMP）、利用微阵列进行核酸杂交和基于扩增子和宏基因测序四种新冠病毒核酸分子检测方法。最常用的为 RT-PCR 法，分析化学为新冠肺炎疫情防控提供科技支持，在抗疫和防疫中发挥了重要作用。 2. 应用于蔬菜农药残留检测 蔬菜从生产到走上我们的餐桌，中间经历了多级安全检测，蔬菜生产基地是重点监测的地方，各地都设有流动检测车，农产品有质检中心，各级蔬菜市场、超市，包括食堂都设有农残检测室，层层把关。分析化学就是检测农药残留的"眼睛"，有了分析化学的"火眼金睛"，我们的食品安全才有保障。 3. 在科技进步中的作用 科技的重大突破（如"诺贝尔奖""两弹一星""人工合成结晶牛胰岛素"等）离不开分析化学的支撑。一是近 100 多年来与分析化学相关的诺贝尔奖就有 30 项之多。如 2002 年诺贝尔化学奖授予了美国科学家约翰·芬恩、日本科学家田中耕一和瑞士科学家库尔特·维特里希，以表彰他们在生物大分子研究领域的贡献。其中约翰·芬恩与田中耕一的贡献是"发明了对生物大分子进行确认和结构分析的方法"和"发明了对生物大分子的质谱分析法"；库尔特·维特里希的贡献是"发明了利用核磁共振技术测定溶液中生物大分子三维结构的方法"；二是"两弹一星"研究中核燃料产品的质量控制分析，也离不开分析化学；三是"人工合成结晶牛胰岛素"研究中通过 51 个氨基酸经历 200 多步化学合成牛胰岛素，必须通过氨基酸的定量和结构分析对每一步的结构鉴定严格把关。 由此可见，分析化学在现代科技和工农业生产中的"眼睛"之美誉，是实至名归。因此，一个国家的分析化学水平，从某种程度上反映出了这个国家的科技水平。
案例启示	1. 理解分析化学课程的意义和重要性。 2. 科技工作者应具有勇攀科学高峰的精神和科技报国的家国情怀。

【案例二】分析化学家高鸿院士

案例描述	高鸿院士是我国著名分析化学家,1948年他放弃美国伊利诺伊大学的优厚条件,毅然回国,在写给未婚妻的信上说:"我知道国内硝烟弥漫,生活艰苦,工作条件差,但我宁愿回国后英雄无用武之地,也不愿有国不能回"。他说:"梁园虽好,并非久留之地","我应该为我的祖国和同胞服务,我的事业在祖国。"回国后他编写了中国第一部《仪器分析》教科书(1956年),开创了我国仪器分析的先河。他一生为中国的科学事业奋斗,汇编出版了《分析化学前沿》一书。在编写《仪器分析》时,书中收录的每一个实验,他都亲自动手做过,即使条件非常艰苦,他也要经过实践验证才编入教材。极谱分析一直被看作是"高深莫测"的理论研究,如"球形电极扩散电流公式",曾被极谱学权威学者断言是无法验证的。高鸿院士经过系列深入的研究,创造性地提出了19个电化学理论公式,并通过实验验证了"球形电极扩散电流公式"的理论,首创了电滴定分析领域新技术——示波滴定分析。
案例启示	1. 科研工作者应具备报国热忱、严谨求实、开拓创新等优良品质。 2. 不论是学习还是工作中,都应具备孜孜不倦、追求科学的精神。

思考题

1. 简述分析化学的定义、任务和作用。
2. 简述定量分析化学方法的分类。
3. 简述一般试样的定量分析过程。

拓展内容

第 2 章 定量分析的误差和分析结果的数据处理
(Errors of Quantitative Analysis and Data Treatment of Analytical Result)

【学习要点】

① 了解误差的特点、产生的原因及减免的方法；掌握提高分析结果准确度的办法。

② 掌握测定值的准确度与精密度的表示方法及其相互关系，掌握误差、偏差、平均偏差、相对平均偏差、标准偏差、相对标准偏差等的计算。

③ 了解随机误差的正态分布的概念及其相关计算。

④ 掌握可疑值的取舍方法，理解显著性检验方法。

⑤ 掌握有效数字及其运算规则，会合理地使用有效数字进行记录和计算。

定量分析的目的是通过一系列的分析步骤来获得被测组分的准确含量。不准确的分析结果会导致产品报废，资源浪费，甚至在科学上得出错误的结论。但是，在实际测定过程中即使采用最可靠的分析方法和最精密的分析仪器，由技术很熟练的分析人员进行测定，也难以得到绝对准确的结果，即测定值和真实值不可能完全一致。而且，在相同的条件下，同一人对同一试样进行多次测定，也不可能得到完全一致的分析结果。这就是说分析过程中的误差是客观存在的。因此，在进行定量测定时，必须对分析结果作出评价，判断它的准确性和可靠程度，检查产生误差的原因，并采取有效的措施减小误差，使测定结果尽量接近真实值。

2.1 定量分析误差的来源及误差的表示方法

2.1.1 误差的来源和分类

是什么原因导致测定值和真实值不相符或测定值之间互不相符呢？在定量分析中，对于各种原因导致的误差，根据其性质的不同，可以分为系统误差和随机误差两大类。

定量分析误差的
来源及误差的表示方法

2.1.1.1 系统误差

系统误差又称可测误差,是由某些固定的原因造成的。具有单向性和重复性。因此,系统误差的大小、正负,在理论上说是可以测定的。我们可以设法测定并加以消除、减小或校正。产生系统误差的主要原因有以下几种。

(1) 方法误差 指由分析方法本身所造成的误差。例如,在滴定分析中,反应进行不完全、化学计量点和滴定终点不相符及发生副反应、干扰离子的影响等;在沉淀重量法中,沉淀的溶解、共沉淀、灼烧时沉淀的分解或挥发等,都将导致测定结果系统偏高或偏低。

(2) 仪器和试剂误差 仪器误差来源于仪器本身不够精确,如天平两臂不等长、砝码质量、容量器皿刻度和仪表刻度不准确等。试剂误差来源于试剂不纯,如试剂和蒸馏水中含有被测物质或干扰物质等,将导致测定结果系统偏高或偏低。

(3) 操作误差 是由分析人员所掌握的分析操作与正确的分析操作有差别所引起的。例如,滴定条件控制不当,在辨别滴定终点颜色时敏感性不同,读数时有习惯性偏向,称取试样时未注意防止试样吸湿等。

2.1.1.2 随机误差

随机误差又称偶然误差,它是由一些难以控制的、随机的、偶然的原因造成的。例如,测量时环境温度、湿度和气压的微小波动,仪器性能的微小变化,分析人员在平行测定时操作上的微小差别等,都将使测定结果在一定范围内波动而引起随机误差。随机误差是可变的,有时大、有时小、有时正、有时负,故而又称为不定误差。随机误差的产生,难以找出确定的原因,似乎没有规律性,但如果进行多次重复测定,便会发现随机误差的分布符合一般的统计规律,可以用数理统计的方法进行处理,以便减小随机误差。

由此可见,系统误差和随机误差性质不同,但两者并无严格的界限,经常同时存在,有时也难以分清,而且还可以相互转化。我们讨论误差的目的在于揭示误差的规律性,便于"对症下药",尽量减小或消除误差。

应该指出,除系统误差和随机误差外,还有一类"过失误差"。过失误差是指工作中的差错,是工作中的粗枝大叶,不按操作规程办事等原因造成的。例如,器皿不洁净、溶液溅失、加错试剂、读错刻度、记错数据和计算错误等,这些都属于不应有的过失,不属于误差范畴,会对测定结果带来严重影响,必须注意避免。对有错误的测定结果,应予以剔除。通常只要加强责任心,认真细致地操作,过失误差是完全可以避免的。

2.1.2 准确度与误差

分析结果的准确度是指测定值 (x) 与真实值❶ (x_T) 之间的符合程度。误差是指测定结果 (x) 和真实值 (x_T) 之间的差值。误差越小,测定结果的准确度越高;反之,误差越大,准确度越低。因此,误差的大小是衡量准确度的尺度。

误差可用绝对误差 (E) 和相对误差 (E_r) 来表示:

绝对误差
$$E = x - x_T \tag{2-1}$$

相对误差
$$E_r = \frac{E}{x_T} = \frac{x - x_T}{x_T} \times 100\% \tag{2-2}$$

---

❶ 真实值简称真值。任何物质的真实含量是不知道的,但人们设法采用各种可靠的分析方法,经过不同实验室、不同人员反复分析,用数理统计方法,确定一组分相对准确的含量,此值称为标准值,一般用以代表该组分的真实含量。这类试样称为标准试样,简称标样。

绝对误差和相对误差都有正值和负值。正值表示测定结果偏高；负值表示测定结果偏低。绝对误差以测量单位为单位，而相对误差表示误差在真值中所占的百分率，没有量纲。

例如，用分析天平称量两试样的质量分别为 1.4380g 和 0.1437g，假定两者的真值分别为 1.4381g 和 0.1438g，则两者称量的绝对误差分别为：

$$1.4380g - 1.4381g = -0.0001g$$
$$0.1437g - 0.1438g = -0.0001g$$

两者称量的相对误差分别为：

$$\frac{-0.0001g}{1.4381g} \times 100\% = -0.007\%$$

$$\frac{-0.0001g}{0.1438g} \times 100\% = -0.07\%$$

由此可见，绝对误差相等，相对误差并不一定相等。同样的绝对误差，当被测定的真值结果较大时，相对误差就比较小，测定的准确度也就比较高，因此，用相对误差来表示各种情况下测定结果的准确度更为确切些。

2.1.3 精密度与偏差

精密度是指在相同条件下各次平行测定结果之间相互接近的程度。如果各次平行测定结果比较接近，表示测定结果的精密度高，反之则低。有时用重复性和再现性表示不同情况下分析结果的精密度，前者表示同一分析人员在同一条件下所得结果的精密度，后者表示不同分析人员或不同实验室之间在各自的条件下所得结果的精密度。用偏差来衡量所得分析结果的精密度。

2.1.3.1 平均值（$\bar{x}$）

n 次测量数据的算术平均值（$\bar{x}$）为：

$$\bar{x} = \frac{x_1 + x_2 + \cdots + x_n}{n} = \frac{1}{n}\sum_{i=1}^{n} x_i \tag{2-3}$$

测定结果一般用平均值来表示。近年来，分析化学中愈来愈广泛地采用统计学方法来处理各种分析数据。在统计学中，对于所考察的对象的全体，称为总体（或母体）。自总体中随机抽出的一组测量值，称为样本（或子样）。样本中所含测量值的数目，称为样本大小（或样本容量）。例如，对某一土壤试样中的有机质含量进行分析，经取样、细碎、缩分后，得到一定数量的试样供分析用，即为总体。如果从中称取 6 份试样进行平行测定，得到 6 个测定结果（样本），样本容量为 6，则根据式(2-3)，样本平均值：

$$\bar{x} = \frac{1}{6}\sum_{i=1}^{6} x_i$$

当测定次数无限增多时，所得平均值即为总体平均值 μ：

$$\mu = \frac{1}{n}\lim_{n\to\infty}\sum_{i=1}^{n} x_i \tag{2-4}$$

若没有系统误差，则总体平均值即为真值 x_T。此时，$\bar{x}$ 是 μ 的最佳估计值。

2.1.3.2 中位数（x_M）

一组测量数据按大小顺序排列，中间那个数据即为中位数 x_M。当测量的个数为偶数时，中位数为中间相邻两个测量值的平均值。它的优点是能简便直观地说明一组测量值的结果,且不受两端具有过大误差的数据的影响,缺点是不能充分利用数据。当测定次数较少并有异常值时,可用中位数代替平均值表示分析结果,目前已很少使用。

2.1.3.3 偏差

偏差（d）表示测定结果（x）与平均值（$\bar{x}$）之间的差值。通常用绝对偏差和相对偏差表示。

（1）绝对偏差（d_i）和相对偏差（d_r）

$$d_i = x_i - \bar{x} \tag{2-5}$$

$$d_r = \frac{d_i}{\bar{x}} \times 100\% \tag{2-6}$$

一组测量数据中的偏差,必然有正有负,有时还有一些为零。如果将各单次测定值的偏差相加,其和为零。

（2）平均偏差（$\bar{d}$）和相对平均偏差（$\bar{d}_r$）

样本的平均偏差为单次测量偏差的绝对值的平均值,可用来表示精密度的高低。一般来说,平均偏差越小,精密度越高,反之亦然。其表示方法如下:

$$\bar{d} = \frac{1}{n} \sum_{i=1}^{n} |x_i - \bar{x}| \tag{2-7}$$

相对平均偏差表示平均偏差占平均值的百分率,也可用来衡量精密度的高低。单次测定结果的相对平均偏差 $\bar{d}_r$ 为:

$$\bar{d}_r = \frac{\bar{d}}{\bar{x}} \times 100\% \tag{2-8}$$

若进行无限次测量,则总体平均偏差（δ）和总体相对平均偏差（δ_r）为:

$$\delta = \frac{1}{n} \sum_{i=1}^{n} |x_i - \mu| \tag{2-9}$$

$$\delta_r = \frac{\delta}{\mu} \times 100\% \tag{2-10}$$

2.1.3.4 标准偏差

（1）总体标准偏差（σ） 也称为均方根偏差,它是指测量值对总体平均值 μ 的偏离,当测量次数 $n \to \infty$ 时,其表示式为:

$$\sigma = \sqrt{\frac{\sum_{i=1}^{n}(x_i - \mu)^2}{n}} \tag{2-11}$$

由上式可以看出,计算标准偏差时,对单次测量偏差加以平方,这样做不仅能避免单次测量偏差相加时正负抵消,更重要的是大偏差能更显著地反映出来,因而可以更好地说明数据的离散程度,即能较好地反映测定结果的精密度。

（2）样本标准偏差（s） 当测定次数不多,总体平均值又不知道时,用样本的标准偏差来衡量一组数据的离散程度。在实际分析工作中,标准偏差的应用最为广泛。其数学表达式为:

$$s = \sqrt{\frac{\sum_{i=1}^{n}(x_i - \bar{x})^2}{n-1}} \tag{2-12}$$

上式中（n-1）称为自由度，指独立偏差的个数，以 f 表示。引入（n-1）的目的，主要是为了校正以 $\bar{x}$ 代替 μ 所引起的误差。很明显，当测量次数非常多时，测量次数 n 与自由度（n-1）的区别就很小了，此时 $\bar{x} \to \mu$，即：

$$\lim_{n\to\infty} \frac{\sum\limits_{i=1}^{n}(x_i-\bar{x})^2}{n-1} = \frac{\sum\limits_{i=1}^{n}(x_i-\mu)^2}{n} \tag{2-13}$$

同时 $s \to \sigma$

（3）相对标准偏差（s_r） 又称变异系数（CV），s_r 也可写成 RSD。样本的相对标准偏差为：

$$s_r = \frac{s}{\bar{x}} \times 100\% \tag{2-14}$$

一般来说，用标准偏差来衡量一组数据的离散程度即精密度，比平均偏差更为恰当。

（4）平均值的标准偏差 用统计学方法可以证明，一组样本的平均值 $\bar{x}$ 的标准偏差 $\sigma_{\bar{x}}$ 与单次测定结果的标准偏差 σ 之间有下列关系：

$$\sigma_{\bar{x}} = \frac{\sigma}{\sqrt{n}} \tag{2-15}$$

对于有限次测量，则为：

$$s_{\bar{x}} = \frac{s}{\sqrt{n}} \tag{2-16}$$

由此可见，平均值的标准偏差与测定次数的平方根成反比。

2.1.3.5　相差（D）和相对相差（D_r）

对于只进行两次平行测定的结果，精密度通常用相差和相对相差表示：

$$D = x_1 - x_2 \tag{2-17}$$

$$D_r = \frac{|x_1 - x_2|}{\bar{x}} \times 100\% \tag{2-18}$$

2.1.3.6　极差（R）

极差又称全距或范围，是指一组测量数据中最大值和最小值之差：

$$R = x_{\max} - x_{\min} \tag{2-19}$$

它是衡量精密度最简单、最粗放的古老方法。缺点是没有充分利用所有的数据。

例 2-1　甲乙两人分别测定同一试样中氯的含量，10 次平行测定结果如下：

（甲）35.20%，35.50%，35.10%，34.80%，35.30%，34.80%，35.30%，34.90%，34.70%，35.40%

（乙）35.00%，34.90%，36.00%，35.10%，35.20%，35.20%，35.10%，35.20%，34.40%，35.30%

分别计算两人测定数据的平均偏差和相对平均偏差，标准偏差和相对标准偏差，并比较二者测定结果精密度的优劣。

解
$$\bar{x}(甲) = \frac{1}{10}\sum_{i=1}^{10} x_i(甲) = 35.10\%$$

$$\bar{x}(乙) = \frac{1}{10}\sum_{i=1}^{10} x_i(乙) = 35.10\%$$

$$\overline{d}(甲) = \frac{1}{n}\sum_{i=1}^{10}|d_i(甲)|$$
$$= \frac{0.10\% + 0.40\% + 0.00\% + 0.30\% + 0.20\% + 0.30\% + 0.20\% + 0.20\% + 0.40\% + 0.30\%}{10}$$
$$= 0.24\%$$

同理可得：$\overline{d}(乙) = 0.24\%$

$$\overline{d}_r(甲) = \frac{\overline{d}(甲)}{\overline{x}(甲)} \times 100\% = \frac{0.24\%}{35.10\%} \times 100\% = 0.68\%$$

$$\overline{d}_r(乙) = \frac{\overline{d}(乙)}{\overline{x}(乙)} \times 100\% = \frac{0.24\%}{35.10\%} \times 100\% = 0.68\%$$

$$s(甲) = \sqrt{\frac{\sum_{i=1}^{n} d_i^2(甲)}{n-1}} = \sqrt{\frac{2\times(0.40\%)^2 + 3\times(0.30\%)^2 + 3\times(0.20\%)^2 + (0.10\%)^2}{10-1}}$$
$$= 0.28\%$$

同理 $s(乙) = 0.40\%$

$$s_r(甲) = \frac{s(甲)}{\overline{x}(甲)} \times 100\% = \frac{0.28\%}{35.10\%} \times 100\% = 0.80\%$$

$$s_r(乙) = \frac{s(乙)}{\overline{x}(乙)} \times 100\% = \frac{0.40\%}{35.10\%} \times 100\% = 1.1\%$$

从平均偏差和相对平均偏差来看，甲和乙的数值相等。用 $\overline{d}$ 或 $\overline{d}_r$ 来衡量精密度，二者的精密度相同。但实际上，甲乙两人所测数据的离散程度大不相同，甲的数据比较集中，乙的数据中有两个偏离较远的测定值，所以二者的精密度显然有所区别，可是此时用 $\overline{x}$ 和 $\overline{d}_r$ 都不能充分体现，而标准偏差和相对标准偏差则能正确地反映两者数据精密度的优劣。显然 $s(甲) < s(乙)$，$s_r(甲) < s_r(乙)$，甲的测定精密度优于乙。

2.1.4 准确度和精密度的关系

准确度和精密度是衡量分析结果的两个重要且相关的概念。两者既有区别又有联系，从上面的讨论可知，精密度只检验平行测定值之间的符合程度，与真值无关，因为精密度只能反映测量的随机误差的大小。而准确度能反映测量的系统误差和随机误差两种误差的大小。因此，只有在消除了系统误差之后，精密度好，准确度才高。两者的关系可用下例说明。

图 2-1 表示了甲、乙、丙、丁四人测定同一试样时所得的结果。由图可见，甲所得结果的准确度和精密度均高，结果可靠；乙的分析结果的精密度虽然很高，但准确度较低，可能测量中存在系统误差；丙的精密度和准确度都很低；丁的平均值虽然接近真值，但几个数值彼此相差甚远，而仅是由于大的正负误差相互抵消才使结果接近真值。如只取 2 次或 3 次来平均，结果就会与真值相差很大，因此这个结果是凑巧得来的，因而也是不可靠的。

综上所述，可得到下述结论：

① 准确度高，一定要精密度高；精密度是保证准确度的先决条件，精密度差，所得结果不可靠，就失去了衡量准确度的前提；

② 精密度高，准确度不一定高，测量中可能存在系统误差；

③ 一个好的分析结果，同时要有高的精密度和准确度。

在实际分析工作中，对准确度和精密度的要求应视具体情况而定。例如，对于滴定分

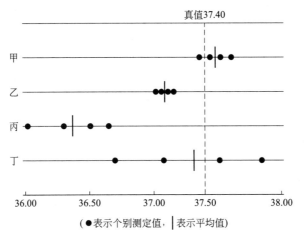

图 2-1　不同工作者分析同一试样的结果

析,一般要求相对误差小于 0.2%;对于某些微量组分(仪器分析),一般要求相对误差小于 8%。分析工作者应根据分析要求,分析对象,样品中被测组分含量、组成、性质、分析方法、仪器设备等情况,并参照有关部门对各类分析所能允许的最大误差范围的具体规定进行工作。

2.2　随机误差的正态分布

随机误差是由一些偶然因素造成的,它的大小和正负具有随机性。当进行大量次数测定时,就会发现随机误差服从一定的统计规律,即符合正态分布规律。

2.2.1　正态分布

若以概率密度(y)对测定值(x)与总体平均值(μ)的差值 ξ($x-\mu$)作图,便可得到随机误差的正态分布曲线,也称为高斯分布曲线(C. F. Gauss,1809 年),见图 2-2。

由图 2-2 可以看出随机误差的分布具有如下规律性。

(1) 单峰性　当 $x=\mu$ 时,y 值最大,即分布曲线的最高点,它体现了测定值的集中趋势,即测定值出现在平均值 μ 附近的概率最大,并呈现一个峰值,故称之为单峰性。

(2) 对称性(相消性)　曲线以通过 $x=\mu$ 这一点的垂直线为对称轴,说明正误差和负误差出现的概率相等,即为"对称性"。由此,随机误差又具有"相消性"。

(3) 有界性　当 x 趋近于 $-\infty$ 或 $+\infty$ 时,曲线以 x 轴为渐近线,说明小误差出现的概率大,大误差出现的概率小,特大误差出现的概率极小,趋近于零。因此,随机误差的分布具有有限的范围。

(4) 精密度与分布曲线的关系　由图 2-2 可见,σ 越大,即精密度越差,测定值落在 μ 附近的概率越小,正态分布曲线就越平坦。反之 σ 越小,正态分布曲线就越尖锐。

因此,μ 和 σ 是随机误差的正态分布的两个重要的基本参数。前者反映测定值分布的集中趋势,后者反映测定值分布的离散程度。这种正态分布曲线以 $N(\mu, \sigma^2)$ 表示。因为不同的总体有不同的 μ 和 σ,曲线的位置和形状就会相应改变。为方便起见,常将正态分布曲

---

❶ 有人把 $E(=x-x_T)$ 称为真误差,$\xi(=x-\mu)$ 称为误差,$d(=x-\bar{x})$ 称为偏差。若测定中不存在系统误差,则 $E=\xi$。

线的横坐标改为以 u 为单位表示。则可将正态分布曲线标准化，即为 u 分布。u 定义为：

$$u = \frac{x-\mu}{\sigma} \tag{2-20}$$

标准正态分布以 $N(0,1)$ 表示。正态分布曲线的纵坐标的最高位置总是位于 $u=0$ 处，最高点的数值为一恒定值，其形状与 σ 无关。标准正态分布曲线见图 2-3。

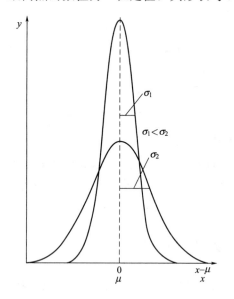

图 2-2　正态分布曲线（μ 同，σ 不同）　　图 2-3　随机误差的标准正态分布曲线

2.2.2　随机误差的区间概率

随机误差的正态分布曲线（见图 2-2 和图 2-3）与横坐标 $-\infty \sim +\infty$ 之间所夹的面积，代表所有数据出现概率的总和，其值为 1。通过计算或查表可求出横坐标值不同范围内正态分布曲线下的面积，从而就可得知随机误差（或测定值）在不同区间范围内出现的概率，简称区间概率。常见的区间概率如下：

随机误差出现的区间（以 σ 为单位）	测定值出现的区间	概率
$u = \pm 1$	$x = \mu \pm 1\sigma$	68.3%
$u = \pm 2$	$x = \mu \pm 2\sigma$	95.5%
$u = \pm 3$	$x = \mu \pm 3\sigma$	99.7%

由此可见，随机误差超过 $\pm 3\sigma$ 的测定值出现的概率是很小的，仅占 0.3%，因此，如果进行多次重复测定中个别数据的误差的绝对值大于 3σ，则这些测定值可以舍去。

2.3　有限数据的统计处理

随机误差分布的规律给数据处理提供了理论基础，但它是对无限多次而言。而实际测定只能是有限次。数据处理的任务是通过对有限次测量数据合理的分析，对总体作出科学的论断，其中包括对总体参数的估计和对它的统计检验。

2.3.1 t 分布曲线

在实际工作中,测定次数一般不多,总体标准偏差 σ 是不知道的,仅知道它的估计值 s。因此,只能用样本标准偏差 s 代替总体标准偏差 σ,这必然引起正态分布的偏离。为补偿这一误差,可用 t 分布来处理。t 分布是英国统计学家兼化学家 Gosset 提出来的,他当时用笔名"Student"发表论文,故称其为 t 分布。t 定义为:

$$t = \frac{\overline{x} - \mu}{s} \sqrt{n} \tag{2-21}$$

此时随机误差不是正态分布,而是 t 分布。t 分布曲线的纵坐标是概率密度,横坐标是 t。图 2-4 为 t 分布曲线。

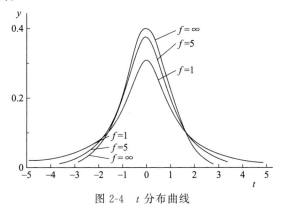

图 2-4 t 分布曲线

由图可见,t 分布曲线与正态分布曲线相似,即 t 分布的横坐标用统计量 t 代替 u。t 分布曲线随自由度 f 而改变。当 f 趋于 ∞ 时,t 分布就趋近于正态分布,t 分布曲线下一定区间内的面积,就是某区间内的测量值或随机误差出现的概率。此概率称为置信度,用 P 表示,它表示在某一 t 值时,测定值落在 ($\mu \pm ts$) 范围内的概率。落在此范围之外的概率为 (1-P),称为显著性水平,用 α 表示。

t 分布曲线形状随 t 值而改变,还与 f 值有关。不同 f 值及概率所对应的 t 值已由统计学家计算出来。常用的 t 统计值如表 2-1 所示。由于 t 值与置信度及自由度有关,故一般表示为 $t_{\alpha, f}$。

表 2-1 $t_{\alpha,f}$ 分布表

$f=n-1$	$t_{\alpha,f}$		
	$P=0.90, \alpha=0.10$	$P=0.95, \alpha=0.05$	$P=0.99, \alpha=0.01$
1	6.31	12.71	63.66
2	2.92	4.30	9.92
3	2.35	3.18	5.84
4	2.13	2.78	4.60
5	2.02	2.57	4.03
6	1.94	2.45	3.71
7	1.90	2.36	3.50
8	1.86	2.31	3.35
9	1.83	2.26	3.25
10	1.81	2.23	3.17
20	1.72	2.09	2.84
30	1.70	2.04	2.75
60	1.67	2.00	2.66
120	1.66	1.98	2.62
∞	1.64	1.96	2.58

由表可见，当 $f \to \infty$ 时，$s \to \sigma$，t 即 u。实际上，$f=20$ 时，t 与 u 已很接近。

2.3.2 平均值的置信区间

平均值的置信区间，是指在一定置信度下，以平均值 $\bar{x}$ 为中心，包括总体平均值 μ 的范围。用样本平均值来表示的置信区间，可按 t 的定义式给出：

$$\mu = \bar{x} \pm t s_{\bar{x}} = \bar{x} \pm \frac{ts}{\sqrt{n}} \tag{2-22}$$

样本平均值的置信区间一般就称为平均值的置信区间。

对于置信区间的概念应正确理解。例如，$\mu = 57.50\% \pm 0.10\%$（置信度为 95%），它表示在 $57.50\% \pm 0.10\%$ 的区间内包括总体平均值 μ 的概率为 95%，不能说 μ 落在某一区间的概率为多少，因为 μ 是客观存在的，没有随机性。一般将置信度定在 95% 或 90%。置信度越高，置信区间就越大，即所估计的区间包括真值的可能性就越大，可由下例看出。

例 2-2 对某未知试样中 Cl^- 的质量分数进行测定，5 次测定结果为：1.11%，1.12%，1.16%，1.12%，1.15%。计算置信度为 90%、95% 和 99% 时，总体平均值 μ 的置信区间。

解 计算得 $\bar{x} = 1.13\%$，$s = 0.022\%$，$f = n - 1 = 4$

查表 2-1 得，当 $P = 90\%$ 时，$t_{0.10,4} = 2.13$

$$\mu = \bar{x} \pm \frac{t_{\alpha,f} s}{\sqrt{n}} = 1.13\% \pm \frac{2.13 \times 0.022\%}{\sqrt{5}} = 1.13\% \pm 0.021\%$$

同理，当 $P = 95\%$ 时，$t_{0.05,4} = 2.78$，$\mu = 1.13\% \pm 0.027\%$

当 $P = 99\%$ 时，$t_{0.01,4} = 4.60$，$\mu = 1.13\% \pm 0.045\%$

从本例可以看出，置信度越高，置信区间就越大。

2.3.3 显著性检验

在定量分析中，经常会遇到这样一些问题：同一分析人员对标准试样进行多次测定后其平均值与标准值不完全一致；当采用不同的分析方法对同一试样进行分析测定得到的结果不完全相符；或不同分析人员或不同实验室对同一试样进行分析时，得到的结果存在较大的差异。这就需要我们判断这些差异（误差）是由系统误差引起的，还是由随机误差引起的，从而消除或减小误差，提高分析结果的准确度。如果分析结果之间存在明显的系统误差，则认为它们之间存在"显著性差异"，反之，就认为没有"显著性差异"，而是由随机误差引起的，认为是正常的误差。因此，显著性检验就是利用数理统计方法来检验分析结果之间是否存在显著性差异。其最常用、最重要的方法是 t 检验法和 F 检验法。

2.3.3.1 t 检验法

（1）平均值和标准值比较 在定量分析中，为了检验分析方法或操作过程中是否存在较大的系统误差，可计算出一定置信度下的 t 值，并与表 2-1 中的统计值 t 进行比较，即可作出判断，分析结果的平均值与标准试样的标准值是否存在显著性差异，故称为 t 检验法。其检验方法如下。

① 在一定置信度下，平均值的置信区间为：

$$\mu = \bar{x} \pm \frac{ts}{\sqrt{n}}$$

则有：

$$t = \frac{|\bar{x} - \mu|}{s} \sqrt{n} \tag{2-23}$$

② 根据上式计算出 t 值，并与表 2-1 中的 t 值（$t_{表}$）进行比较：

当 $t > t_表$ 时，存在显著性差异；当 $t < t_表$ 时，不存在显著性差异。

在分析化学中，常采用 95％的置信度。

例 2-3 现采用某种新方法测定胆矾中铜的质量分数，得到 7 次分析结果，分别为：25.43％，25.45％，25.46％，25.47％，25.50％，25.46％，25.52％。已知胆矾中铜含量的标准值为 25.46％。试判断此新方法是否存在系统误差（置信度为 95％）。

解 已知：$n=7$，$f=7-1=6$

$$\overline{x}=25.47\%, s=0.033\%$$

则

$$t=\frac{|\overline{x}-\mu|}{s}\sqrt{n}=\frac{|25.47\%-25.46\%|}{0.033\%}\sqrt{7}=0.80$$

当 $P=0.95$，$f=6$ 时，查表得 $t_表=2.45$，$t < t_表$，故 $\overline{x}$ 与 μ 之间不存在显著性差异，此新方法没有引起明显的系统误差。

(2) 两组平均值的比较 同一分析人员采用不同分析方法或不同分析人员分析同一试样时，所得到的平均值常常是不完全相同，当遇到此种情况时，也可采用 t 检验法判断其平均值之间是否存在显著性差异，其检验方法如下。

设有两组分析数据分别为：n_1，s_1，$\overline{x}_1$ 和 n_2，s_2，$\overline{x}_2$。它们之间是否存在系统误差，可用下式判断。

$$t=\frac{|\overline{x}_1-\overline{x}_2|}{s}\sqrt{\frac{n_1 n_2}{n_1+n_2}} \tag{2-24}$$

上式中 s 称为合并标准偏差。可由下式求出：

$$s=\sqrt{\frac{\sum(x_{1i}-\overline{x}_1)^2+\sum(x_{2i}-\overline{x}_2)^2}{(n_1-1)+(n_2-1)}} \tag{2-25}$$

在一定置信度下，总自由度 $f=n_1+n_2-2$ 时，查出表 2-1 的 $t_表$ 值，当 $t > t_表$ 时，两组平均值存在显著性差异；$t < t_表$ 时，则不存在显著性差异。

2.3.3.2 F 检验法

F 检验法是通过比较两组数据的方差（s^2）之比来判断两组数据的精密度是否存在显著性差异的方法。

统计量 F 定义为：

$$F=\frac{s_大^2}{s_小^2} \tag{2-26}$$

式中，$s_大^2$ 为大的方差；$s_小^2$ 为小的方差。一般来说，如果两组数据的精密度相差很小，则 F 值趋近于 1；若两组数据的精密度相差较大时，F 值就较大。置信度为 95％时的 F 值见表 2-2。

表 2-2 置信度 95％时的 F 值

$f_小$ \ $f_大$	2	3	4	5	6	7	8	9	10	∞
2	19.00	19.16	19.25	19.30	19.33	19.36	19.37	19.38	19.39	19.50
3	9.55	9.28	9.12	9.01	8.94	8.88	8.84	8.81	8.78	8.53
4	6.94	6.59	6.39	6.26	6.16	6.09	6.04	6.00	5.96	5.63
5	5.79	5.41	5.19	5.05	4.95	4.88	4.82	4.87	4.74	4.36
6	5.14	4.76	4.53	4.39	4.28	4.21	4.15	4.10	4.06	3.67
7	4.74	4.35	4.12	3.97	3.87	3.97	3.37	3.68	3.63	3.23
8	4.46	4.07	3.84	3.69	3.58	3.50	3.44	3.39	3.34	2.93
9	4.26	3.86	3.63	3.48	3.37	3.29	3.23	3.18	3.13	2.71
10	4.10	3.71	3.48	3.33	3.22	3.14	3.07	3.02	2.97	2.54
∞	3.00	2.60	2.37	2.21	2.10	2.01	1.94	1.88	1.83	1.00

注：$f_大$ 表示大方差数据的自由度；$f_小$ 表示小方差数据的自由度。

可将计算的 F 值与表 2-2 所列的 F 值（$F_表$）进行比较。即在一定置信度下，当 $F>F_表$ 时，则认为它们之间存在显著性差异；反之，不存在显著性差异。

例 2-4 用两种不同的方法测定亚铁盐中铁的质量分数，所得结果如下。

第一种方法：14.23%　14.26%　14.24%

第二种方法：14.10%　14.12%　14.08%　14.06%

问在置信度为 95% 时，两种方法是否存在显著性差异？

解 先进行 F 检验：

$$n_1=3, \overline{x}_1=14.25\%, s_1=0.017\%$$
$$n_2=4, \overline{x}_2=14.09\%, s_2=0.026\%$$

则

$$F=\frac{(0.026)^2}{(0.017)^2}=2.34$$

查表 2-2，$f_大=3$，$f_小=2$，$F_表=19.16$，$F<F_表$。故此两种数据的精密度之间不存在显著性差异。再用 t 检验法检验。

$$s=\sqrt{\frac{\sum(x_{1i}-\overline{x}_1)^2+\sum(x_{2i}-\overline{x}_2)^2}{(n_1-1)+(n_2-1)}}=0.023\%$$

$$t=\frac{|\overline{x}_1-\overline{x}_2|}{s}\sqrt{\frac{n_1 n_2}{n_1+n_2}}=\frac{|14.25\%-14.09\%|}{0.023\%}\times\sqrt{\frac{3\times 4}{3+4}}=7.97$$

查表 2-1，$f=n_1+n_2-2=5$ 时，$t_表=2.57$，$t>t_表$。故此两种方法之间存在显著性差异，即存在系统误差。必须找出原因，加以解决。

注意，在进行显著性检验之前，对一组测定数据首先必须剔除离群值，才能对一组或多组数据进行显著性检验。通过 t 检验和 F 检验，不存在显著的系统误差和随机误差之后的一组测定数据或分析结果，才具有一定的可靠性。下面就离群值的取舍方法进行简单介绍。

2.3.4　离群值的取舍

在进行多次平行测定时，往往有个别数据离群较远，这种数据称为离群值（outlier），又称可疑值。对离群值不能随意取舍，特别是在测定次数较少时，对结果影响较大。取舍时应考虑两个方面的问题：一方面，如果是由于过失造成的误差，此离群值应舍去；另一方面，离群值若并非由"过失误差"引起，则应按一定的统计学方法进行处理。统计学处理离群值的方法很多，下面介绍处理方法较简单的 $4\overline{d'}$ 法、Q 检验法和效果较好的格鲁布斯（Grubbs）法。

2.3.4.1　$4\overline{d'}$ 法（四倍法）

根据随机误差的正态分布规律，偏差超过 3σ 的个别测定值的概率小于 0.3%，故这一测定值通常可以舍去。而统计学可以证明，当测定次数非常多时，$3\sigma\approx 4\delta$，即偏差超过 4δ 的个别测定值可以舍去。对于少量实验数据，只能用 s 代替 σ，用 $\overline{d}$ 代替 δ，故可粗略地认为，偏差大于 $4\overline{d}$ 的个别测定值可以舍去。此法较为简单，不必查表，但误差较大。当 $4\overline{d'}$ 法与其他检验法相矛盾时，应以其他法则为准。

用 $4\overline{d'}$ 法判断离群值的取舍的方法步骤如下：

① 求离群值 x_D 之外的其余数据的平均值 $\overline{x'}$ 和平均偏差 $\overline{d'}$；

② 计算偏差 $|x_D-\overline{x'}|$ 和 $4\overline{d'}$ 的值；

③ 按下式判断离群值 x_D 的取舍。

$$|x_D - \overline{x'}| > 4\overline{d'} \quad \text{舍去} \tag{2-27}$$

$$|x_D - \overline{x'}| < 4\overline{d'} \quad \text{保留} \tag{2-27a}$$

2.3.4.2 Q 检验法

离群值的取舍的方法步骤如下：

① 将一组数据从小到大排列起来：$x_1, x_2, \cdots, x_{n-1}, x_n$。

② 按下式计算舍弃商 Q。Q 为统计量，定义为：

$$Q = \frac{\text{邻差}}{\text{极差}} \tag{2-28}$$

设 x_n 为离群值时，则

$$Q = \frac{x_n - x_{n-1}}{x_n - x_1} \tag{2-28a}$$

设 x_1 为离群值时，则

$$Q = \frac{x_1 - x_2}{x_n - x_1} \tag{2-28b}$$

③ 将计算出的 Q 值与表 2-3 中 $Q_{P,n}$ 统计值相比较，若 $Q > Q_{P,n}$，则该离群值应舍去，否则应保留。

表 2-3 舍弃商 Q 值表

n（测定次数）	3	4	5	6	7	8	9	10
$Q_{0.90}$	0.94	0.76	0.64	0.56	0.51	0.47	0.44	0.41
$Q_{0.95}$	0.97	0.84	0.73	0.64	0.59	0.54	0.51	0.49

例 2-5 测定某药物中钴的含量（$\mu g \cdot g^{-1}$），4 次平行测定结果数据如下：1.25，1.27，1.31，1.40，试问用 $4\overline{d'}$ 法和 Q 检验法（置信度为 95%），判断 1.40 这个数据是否应该保留？

解 （1）用 $4\overline{d'}$ 法

首先求离群值 $x_D = 1.40$ 之外的其余数据的平均值 $\overline{x'}$ 和平均偏差 $\overline{d'}$：

$$\overline{x'} = 1.28, \quad \overline{d'} = 0.023$$

则 $|x_D - \overline{x'}| = |1.40 - 1.28| = 0.12 > 4\overline{d'} = 0.092$

故 1.40 这个数据应舍去。

（2）Q 检验法

$$Q = \frac{1.40 - 1.31}{1.40 - 1.25} = 0.60$$

已知，$n = 4$，查表 2-3，$Q_{0.90} = 0.76$，$Q < Q_{0.90}$，故 1.40 这个数据应予保留。

在此例中，$4\overline{d'}$ 法和 Q 检验法所得的结论不同。这时一般应以 Grubbs 法进行核准。要求不高时可直接采用 Q 检验法的结果，因为 Q 检验法比 $4\overline{d'}$ 法更具有统计意义。

2.3.4.3 格鲁布斯（Grubbs）法

该法的具体步骤如下。

① 先将测定的所有数据按照从小到大顺序排列：$x_1, x_2, \cdots, x_{n-1}, x_n$。其中 x_1 或 x_n 可能是离群值。

② 计算出该组数据的平均值 $\overline{x}$ 及标准偏差 s。

③ 计算统计量 $T_\text{计}$：

$$T_{计} = \frac{|x_{离群} - \bar{x}|}{s}$$

④ 根据测定次数 n 和所要求的置信度，查表 2-4 T 值表，若 $T_{计} > T_{表}$，说明离群值相对平均值偏离较大，则离群值舍去，否则离群值保留。

表 2-4　T 值表

n	置信度	
	0.95	0.99
3	1.15	1.15
4	1.46	1.49
5	1.67	1.75
6	1.82	1.94
7	1.94	2.10
8	2.03	2.22
9	2.11	2.32
10	2.18	2.41

格鲁布斯法最大的优点是在判断离群值的过程中，引入了正态分布中两个最重要的样本参数平均值 $\bar{x}$ 及标准偏差 s，故方法的准确度较好。这种方法的缺点是需要计算 $\bar{x}$ 及 s，手续稍麻烦。

例 2-6　例 2-5 中的实验数据用格鲁布斯法判断 1.40 这个数据是否应保留（置信度 95%）？

解　$\bar{x} = 1.31$，$s = 0.066$

$$T_{计} = \frac{|x_{离群} - \bar{x}|}{s} = \frac{|1.40 - 1.31|}{0.066} = 1.36$$

查表 2-4，$T_{0.95} = 1.46$，$T_{计} < T_{表}$，故 1.40 这个数据应该保留。此结论与例 2-5 中用 $4\bar{d}$ 法判断所得结论不同。在这种情况下，一般取格鲁布斯法的结论，因这种方法的可靠性较高。

2.4　提高分析结果准确度的途径

学习掌握了误差的产生及规律后，便可以根据实际情况，考虑如何减少分析过程中的误差，以提高分析结果的准确度。

2.4.1　选择合适的分析方法

提高分析结果准确度的途径

各种分析方法的准确度和灵敏度是不相同的，应根据分析工作的要求、组分含量的高低、分析试样的组成和实验室所具备的条件等，选择合适的分析方法。

一般来说，对于常量组分的测定，常选用滴定分析法和沉淀重量法，其灵敏度虽不高，但能获得比较准确的结果，其方法的相对误差 ≤0.2%；对于微量或痕量组分的测定，常选择仪器分析方法进行测定。因为仪器分析法一般来说灵敏度较高，其相对误差比较大，如 $E_r = 2\% \sim 8\%$，但对于低含量组分的测定，引入的绝对误差并不大，因此，这样大的误差是允许的；对于组分较为复杂的试样，应尽量选用共存组分不会干扰即选择性较好的分析方法。

2.4.2 减小测量误差

通过减小测量误差,可以提高分析结果的准确度。例如,一般分析天平的称量误差为 ±0.0001g,若采用差减法进行称量,一份样品需称两次,可能引起的称量误差为±0.0002g。为了使测量时的相对误差在0.1%以下,称样量就必须≥0.2g,其计算方法如下:

$$E_r = \frac{E}{m(s)} \times 100\%$$

式中,$m(s)$为试样质量。

$$m(s) = \frac{E}{E_r} = \frac{0.0002\text{g}}{0.1\%} = 0.2\text{g}$$

同理,在滴定分析中,滴定管读数常有±0.01mL的误差,记录一次体积需要读数两次,可造成±0.02mL的误差。所以为了使测量时的相对误差在0.1%以下,消耗滴定剂的体积必须在20mL以上,最好控制滴定体积在20mL至30mL范围内,以减小体积误差。

对于微量组分的测定,一般允许较大的相对误差。例如,用分光光度法测量微量铜时,设方法的相对误差为2%,则在称取0.5g试样时,试样的称量误差小于0.5g×2%=0.01g就行,没有必要称准至±0.0001g。为了提高称量的准确度,可提高约一个数量级,本例中,宜称准至±0.001g左右。如果强调称准至±0.0001g,不仅徒劳,而且说明操作者对误差的概念不清楚。

2.4.3 减小随机误差

由前面的讨论可知,随机误差符合正态分布规律,并且具有相消性。从式(2-16)可知,平均值的标准偏差($s_{\bar{x}}$)与测定次数的平方根成反比($s_{\bar{x}} = s/\sqrt{n}$),如图2-5所示。

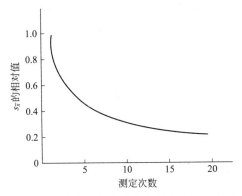

图2-5 平均值的标准偏差与测定次数的关系

由图2-5可知,增加平行测定次数,可使平均值的标准偏差减小。因此,在消除了系统误差的前提下,平行测定次数越多,平均值越接近真值。故而可以通过增加平行测定次数和取平均值的办法来减小随机误差。一般来说,对于同一试样,通常要求平行测定2~4次。因为由图2-5可知,测定次数超过10次的意义不大,而且无限增加平行测定次数还会造成试剂和时间的浪费。

2.4.4 检验和消除系统误差

由于系统误差是由某些固定的原因造成的,因而可以检验和消除系统误差,以提高分析结果的准确度，通常采用以下方法。

2.4.4.1 对照试验

（1）与标准试样的标准结果对照　标准试样可以是管理样和合成试样。管理样是指事先经过很多有经验的分析人员用多种方法反复多次分析，结果比较可靠的未经权威机构认可的试样；合成试样是指用纯化合物配制成的与分析样品组成相近，含量已知的试样。因此，标准试样的结果比较可靠，可供对照试验选用。一般应尽量选择与试样组成相近的标准试样进行对照分析，将测定结果与标准值进行比较，用统计方法进行检验，确定有无系统误差。

（2）与标准方法进行对照　一般选用国家颁布的标准分析方法或公认的经典分析方法进行对照试验。对测定结果用统计方法进行检验以判断有否系统误差。

（3）回收试验　如果对试样组成不完全清楚，则可采用回收试验法。它是指先向试样中加入已知量的待测组分，与未加的另一份同量试样进行平行测定，进行对照试验，然后计算加入的待测组分是否被定量回收，以此判断是否存在系统误差。

（4）"内检"和"外检"　"内检"是安排本单位不同分析人员对同一试样进行对照试验；"外检"是在不同单位之间对同一试样进行对照试验。"内检"和"外检"可以检验分析人员之间、实验室之间是否存在系统误差和其他问题。

2.4.4.2 空白试验

由蒸馏水、试剂和器皿等带进杂质所造成的系统误差，可以做空白试验加以扣除。空白试验是指在不加入待测试样的情况下，按照试样分析同样的操作步骤和条件进行的试验。试验所得的结果为空白值，从试样分析结果中扣除空白值，就可得到较可靠的分析结果。当空白值较大时，应找出原因并加以消除。如：提纯试剂或改用其他适当的器皿等。

2.4.4.3 校准仪器

通过校准仪器的方法可以减小仪器不够精确引起的误差。例如：在滴定分析中，用于校准滴定管、移液管、容量瓶等的刻度不准和分析天平的砝码不准等引起的系统误差，并在测定结果中引用校正值。

2.5　有效数字及其运算规则

在定量分析中，为了得到准确的分析结果，不仅要克服实验过程中可能产生的各种误差，还要注意正确地记录测量数据和进行运算。分析结果的数据不仅表示分析对象的量，而且能反映测量的准确度。因此，必须掌握有效数字的意义和运算规则。

有效数字及其运算规则

2.5.1　有效数字

有效数字是实际能测到的数字，它包括所有的确定数字和其后一位不确定数字（估读数字），记录数据和计算结果时，究竟应该保留几位有效数字，必须根据测定方法和使用仪器的精确程度来确定。

对于任一物理量的测定，其准确度都是有一定限度的。例如，读取滴定管的刻度，甲得到 26.43mL，乙得到 26.42mL，这些 4 位数字中，前 3 位是准确数字，第 4 位数字是在最小刻度线之间估计出来的，稍有差别。这 4 位数字都是有效数字，应记录下来。

关于有效数字的位数，请看下例：

0.3100	25.40%	4位有效数字
2.06	2.25×10^{-6}	3位有效数字
1.0	0.0020	2位有效数字
pH=12.68	pM=0.20	2位有效数字
0.06	3×10^3	1位有效数字
3800	100	有效数字位数较含糊

从以上数据可以看出：

① 非零数字都是有效数字。

② "0"具有双重意义，是否为有效数字取决于它在数字中的作用和位置。例如，在 2.06 中，"0"是有效数字；在 0.06 中，"0"只起定位作用，不是有效数字。如果将单位缩小 100 倍，则 0.06 就变成了 6；在 0.0020 中，前面 3 个"0"不是有效数字，后面 1 个"0"是有效数字；像 3800，一般可看成 4 位有效数字，但它可能是 2 位或 3 位有效数字，其有效数字位数较含糊，对于这种情况，应根据实际的有效数字位数，分别写成 3.8×10^3 和 3.80×10^3 较好。

③ 对数值，如 pH、pM、lg$c$、lg$K$ 等，它们的有效数字位数仅取决于小数部分（尾数）数字的位数，因整数部分只代表该数的方次。如 pH=12.68，换算为 H^+ 浓度时，$c(H^+)=2.1\times10^{-13}\,\text{mol}\cdot L^{-1}$，为 2 位有效数字，而不是 4 位。

④ 计算式中的系数、常数（如 π、e 等）、倍数或分数和自然数，可视为无限多位有效数字，其位数的多少视具体情况而定。因为这些数据不是测量所得到的。

例如，对于常用称量（m）的天平和量取体积（V）的量器的有效数字的位数为（括弧内为有效数字的位数）：

m　　分析天平（称至 0.1mg）：12.8228g（6），0.2348g（4），0.0600g（3）

　　　　千分之一天平（称至 0.001g）：0.235g（3）

　　　　1%天平（称至 0.01g）：4.03g（3），0.23g（2）

　　　　台秤（称至 0.1g）：4.0g（2），0.2g（1）

V　　滴定管（量至 0.01mL）：26.32mL（4），3.97mL（3）

　　　　容量瓶：100.0mL（4），250.0mL（4）

　　　　移液管：25.00mL（4）；

　　　　量筒（量至 1mL 或 0.1mL）：25mL（2），4.0mL（2）

2.5.2　数字修约规则

在运算数据的过程中，往往遇到各测量值的有效数字位数不相同，必须舍弃一些多余的数字，以便于运算，这种舍弃多余数字的过程称为"数字修约过程"。它所遵循的规则称为"数字修约规则"，目前，一般采用"四舍六入五留双"的规则。在应用此规则时应注意以下两点。

① 当测量值中被修约的那个数字等于或小于 4 时，该数字应舍去；等于或大于 6 时则进位。

② 当测量值中被修约的那个数字等于 5 时，当 5 后面没有数字或全为零时，5 前面是偶数则舍，是奇数则入；当 5 后面有不为零的任何数时，则无论 5 前面是偶数还是奇数皆进一位。

例如，将下列测量值修约为 3 位有效数字：

0.235499→0.235；11.55→11.6；8.385→8.38
38.85000→38.8；2.045001→2.05。

注意，在修约数字时，只允许一次修约到所需位数，不能分步修约。例如，0.235499修约为3位有效数字时，不能先修约为0.2355，再修约为0.236。

2.5.3 计算规则

2.5.3.1 加减规则

几个数据相加或相减时，有效数字位数的保留，应以小数点后位数最少的数字为根据。因为加减法中误差按绝对误差的方式传递，运算结果的误差应与各数中绝对误差最大者相对应。

例如： $0.254+22.2+2.2345=?$

修约： $0.3+22.2+2.2$

计算： $0.3+22.2+2.2=24.7$

因为在上例中22.2的绝对误差最大，为±0.1，它决定了总和的绝对误差也应为±0.1。所以，在计算过程中，各数应以22.2为准，先进行修约，再进行加和，保留3位有效数字，此后的各位数字都不是有效数字，多保留没有意义。

2.5.3.2 乘除规则

在乘除法运算中，有效数字的位数应与各个数中相对误差最大的数相对应，即是根据有效数字位数最少的数来进行修约，与小数点的位置无关。

例如： $0.254\times22.2\div2.2345=?$

修约： $0.254\times22.2\div2.23$

计算： $0.254\times22.2\div2.23=2.53$

2.5.4 几点说明

① 在乘除运算中，有时会遇到首位数为9以上的大数，如，9.05、99.6等，它们的相对误差约为0.1%，与10.06和100.6这些4位有效数字的数值的相对误差接近，通常将它们当作4位有效数字进行处理。

② 在计算过程中，可以暂时多保留1位数字，得到最后结果时，再根据"四舍六入五留双"的规则，弃去多余的数字。

③ 正确表达分析结果。对于组分含量>10%的测定，分析结果一般要求4位有效数字；组分含量为1%~10%的测定，一般要求3位有效数字；对于组分含量<1%的测定，一般要求2位有效数字即可。

④ 记录测量结果时，只需保留1位可疑数字。测量的仪器不同，测量的误差也就不同，应根据具体实验方法和试验情况，正确记录测量数据。例如，用分析天平称量时记为 $m=23.5568g$，滴定管读数记为 $V=25.43mL$，吸光度记为 $A=0.434$ 等。

⑤ 有关化学平衡的计算结果（如求平衡状态下某离子的浓度），一般应保留2位或3位有效数字。

⑥ 大多数情况下，表示误差和偏差时，取1位有效数字即可，最多取2位有效数字。如，相对误差 $D_r=0.1\%$ 或 $D_r=0.15\%$ 都可。

⑦ 在使用计算器进行多步运算时，过程中不必对每一步的计算结果进行修约，但应根据其准确度的要求，正确保留最后结果的有效数字。

思政案例

【案例一】长生生物"疫苗造假事件"

案例描述

定量分析的目的是获得准确及可靠的分析结果。只有在分析和检测的过程中按操作流程和标准进行,每一步都进行质量控制,实事求是地获取数据,尽量减小误差,才能取得最为可靠的分析结果。

2018年7月15日,国家药品监督管理局发布通告指出,长春长生生物科技有限公司生产人用冻干狂犬病疫苗过程中,存在严重违反国家药品标准和药品生产质量管理规范、擅自变更生产工艺、编造生产和检验记录、销毁证据等违法行为。按照有关规定,疫苗生产应当按批准的工艺流程在一个连续的生产过程内进行。但该企业为降低成本、提高狂犬病疫苗生产成功率,违反批准的生产工艺组织生产,包括使用不同批次原液勾兑进行产品分装,对原液勾兑后进行二次浓缩和纯化处理,个别批次产品使用超过规定有效期的原液生产成品制剂,虚假标注制剂产品生产日期,生产结束后的小鼠攻毒试验改为在原液生产阶段进行。疫苗关系人民群众健康,关系公共卫生安全和国家安全。这起问题疫苗案件是一起严重违规违法生产疫苗的重大案件,情节严重,性质恶劣,造成严重不良影响;由于数据造假,对国家和社会及人体健康带来了重要危害和损失,也把企业推向绝境。因此,我们要深刻吸取教训,举一反三,重典治乱,去疴除弊,加快完善疫苗药品监管长效机制,坚决守住公共安全底线,坚决维护广大人民身体健康。

案例启示

1. 数据的真实可靠、清晰准确是无比严肃的一件事情,需要认真对待数据。不准确的分析结果会导致产品报废,资源浪费,甚至得出错误的结论;
2. 不论是生活中还是工作和实验中,都应遵守诚信的原则,保持严谨与细致及实事求是的科学态度;
3. 正确处理与汇报数据。数据的记录不能随意涂改,不能为了获得好的成绩篡改数据。

【案例二】氩气的发现历史

案例描述

数据的有效数字不仅表示分析对象的量,而且能反映测量的准确度。因此,在记录数据和计算结果时,究竟应该保留几位有效数字,必须根据测定方法和使用仪器的精确程度来确定。下面以氩气的发现历史为例阐明有效数字的重要性。

自19世纪中期门捷列夫提出元素周期表后,世界各国的科学家都积极寻找新元素来填补周期表上的空缺。英国科学家瑞利也不甘落后,投入到研究气体的大军中。瑞利是个很执着的人,从1880年开始精确测量各种气体的密度,一干就是12年。他的实验室里,有当时最精密的天平,灵敏度达1/10000g。

十九世纪末,人们以为对空气的了解已很透彻,但是瑞利却发现空气中含量最高的惰性气体是氩气。有一次,瑞利测量空气中各种气体的密度,他先将空气中的氧气用燃烧的方法除去,测量剩余气体的密度后,发现每升质量为1.2572g,当时认为这就是氮气的密度。后来,他采用别的方法提取纯氮气,结果发现每升质量为1.2508g。两次的结果相差0.0064g,他没放过这一点点差错,紧接着又做了几次实验,但每次的结果都相差0.006g左右。瑞利百思不得其解。无奈之下,他求助于《自然》杂志,希望有人一起解答这个难题。可是,两年过去了,一封信也没收到。直到1894年3月,瑞利在英国皇家科学研究会上介绍了关于氮气密度的实验,并分享了自己的困惑。会议结束后,苏格兰化学家威廉·拉姆齐找到他,兴奋地说:"您好,一年前我也遇到过这事,还在研究呢。我敢说,空气中得到的氮气一定含有较重的杂质,可能是未知的气体。""有道理,要不我们一起解决这个科学难题吧?"瑞利发出邀请。拉姆齐点头表示赞同。此次皇家科学研究会还送给瑞利一份"重礼":一位物理学家说,若干年前有科学家做过瑞利的类似实验。瑞利回家后立刻查阅古老的档案。果然,早在1785年,英国科学家卡文迪许在实验中得知,从空气中把氮、氧、二氧化碳除尽后,还有少量杂质;这些杂质总量不超过空气的1/120,即使在放电条件下也不和氧气化合。

瑞利在实验室重新做了100余年前卡文迪许的实验。他利用一个大圆底烧瓶倒竖在碱水槽里,烧瓶内通入两根金属导线,两线尖端相距只有几厘米。然后通电发生电火花,使瓶内空气中的氧气和氮气化合成二氧化氮。然后,他将苛性钠溶液经玻璃管通向瓶内,把生成的二氧化氮吸收掉,瑞利终于得到足够的未知气体。接下来,瑞利找来拉姆齐,两人一起研究。拉姆齐把这种未知气体封装在两端焊有电极的玻璃管中,通电后,玻璃管中的气体闪闪发光。用分光镜检查,发现光谱中有橙色和绿色的谱线。这是已知元素所没有的谱线。"这是一种新元素!"两人几乎异口同声说了出来。一段时间后,通过其他实验,他们终于弄清了这种未知气体的特性:它跟氢、氯、氟及各种金属都不发生化学作用,跟碳、硫也不发生反应;不管加温、加压或用电火花,即使用铂做催化剂,它还是没发生变化。他们初步建议,把这种"不工作"的气体称为argon(希腊文意思是懒惰),元素符号是A(1957年后改为Ar,并沿用至今),后来翻译成中文就是"氩气"。

命名氩气的次年,执着的拉姆齐与另一位科学家合作,发现了与氩气相似的气体:氦气。他把这类气体称为"惰性气体",又称"稀有气体"。1902年,门捷列夫接受了氩和氦元素,并把它们纳入元素周期表内,分类为第零族。稀有气体的发现,有助于对原子结构的深入研究。氩气的发现,震惊了当时的科学界。1904年,瑞利和拉姆齐分别获得诺贝尔物理学奖和化学奖,以表彰他们在稀有气体领域的重大贡献。瑞典皇家科学院主席西德布洛姆致辞说:"即使前人未能确认该族中任何一个元素,却依然能发现一个新的元素族,这在化学历史上独一无二,对科学发展有本质上的特殊意义。"氩气的发现也被称为"小数点后第三位的胜利"。

案例启示	1. 学习和掌握"有效数字"的意义和重要性； 2. 要重视分析数据的准确性，对数据的记录要一丝不苟，实验过程中要胆大心细，仔细观察，细致解决实验中出现的各种问题； 3. 要养成精益求精、求真务实、勇于创新、勤于学习、敢于质疑的科研精神和坚韧不拔的拼搏精神。

思考题

1. 试区别准确度和精密度，误差和偏差。

2. 下列情况各引起什么误差？如果是系统误差，应如何消除？

（1）称量时，试样吸收了空气中的水分；

（2）天平零点稍有变动；

（3）试剂中含有微量待测组分；

（4）用于标定 EDTA 溶液的金属不纯；

（5）读取滴定管读数时最后一位数字估计不准。

3. 微量分析天平可称准至 $\pm 0.1 \text{mg}$，要使称量误差不大于 0.2%，至少应称取多少试样？

4. 常量滴定管可估计到 $\pm 0.01 \text{mL}$，若要求滴定的体积相对误差小于 0.2%，在滴定时，耗用体积应控制为多少？

5. 误差既然可用绝对误差表示，为什么还要引入相对误差？何谓平均偏差和标准偏差？为什么还要引入标准偏差？

习 题

1. 用氧化还原滴定法测得 $FeSO_4 \cdot 7H_2O$ 中铁的质量分数 20.01%、20.03%、20.04%、20.05%。计算：(1) 平均值；(2) 中位数；(3) 单次测定值的平均偏差；(4) 相对平均偏差；(5) 极差。

2. 有一铜矿试样，经两次测定，得知铜的质量分数为 24.87%、24.93%，而铜的真实含量为 25.05%，求分析结果的绝对误差和相对误差，相差和相对相差。

3. 某样品中铝的质量分数的 9 次平行测定结果为：35.10%，34.86%，34.92%，35.36%，35.11%，35.01%，34.77%，35.19%，34.98%。

（1）分别用 $4\overline{d}$ 法和 Q 检验法（置信度为 90%）检验 35.36% 能否舍弃？

（2）根据 Q 检验法的结果，计算平均值、中位数、极差、平均偏差和相对平均偏差、标准偏差和相对标准偏差。

4. 分析血清中钾的质量浓度，6 次测定结果分别为 $0.160 \text{mg} \cdot \text{mL}^{-1}$，$0.152 \text{mg} \cdot \text{mL}^{-1}$，$0.155 \text{mg} \cdot \text{mL}^{-1}$，$0.154 \text{mg} \cdot \text{mL}^{-1}$，$0.153 \text{mg} \cdot \text{mL}^{-1}$，$0.156 \text{mg} \cdot \text{mL}^{-1}$。计算置信度为 95% 时，平均值的置信区间。

5. 标定盐酸溶液时，得到下列数据：

$0.1011 \text{mol} \cdot \text{L}^{-1}$，$0.1010 \text{mol} \cdot \text{L}^{-1}$，$0.1012 \text{mol} \cdot \text{L}^{-1}$，$0.1016 \text{mol} \cdot \text{L}^{-1}$。用 Q 检验法检

验 0.1016mol·L^{-1} 是否应该舍去？设置信度为 90%。

6. 如果用台秤和分析天平分别称取分析纯 NaCl 35.8g 和 4.5162g，然后合并在一起溶解，并稀释至 1L，试计算其物质的量浓度。

7. 采用某种新方法测定基准明矾中铝的质量分数，得到下列 9 个分析结果：10.74%，10.77%，10.77%，10.77%，10.81%，10.82%，10.73%，10.86%，10.81%。已知明矾中铝的含量的标准值为 10.77%。试问采用该新方法后，是否引起系统误差（置信度为 95%）？

8. 在分光光度分析中，用一台旧仪器测定溶液的吸光度 6 次，得标准偏差 $s_1=0.055$；再用一台性能较好的新仪器测定 4 次，得标准偏差 $s_2=0.022$。试问新仪器的精密度是否显著地优于旧仪器的精密度？

9. 下列数值各有几位有效数字？
0.072，36.080，4.4×10^{-3}，6.023×10^{23}，998，1.0×10^{-3}，pH=5.2 时的 $c(H^+)$。

10. 按有效数字修约规则修约下列答案：

(1) $4.1374\times\dfrac{0.841}{297.2}=0.0117077$

(2) $4.1374+2.81+0.063=7.0077$

(3) $\dfrac{4.178+0.0037}{60.4}=0.0692334$

(4) $\dfrac{4.178\times0.0037}{60.4}=0.000255937$

(5) $\dfrac{1.500\times10^{-5}\times6.10\times10^{-8}}{3.3\times10^{-5}}=2.7727273\times10^{-8}$

(6) pH=11.02　　$c(H^+)=9.5499259\times10^{-12}$ mol·L^{-1}

11. 按照有效数字运算规则，计算下列算式：

(1) $213.64+4.402+0.3244$；

(2) $\dfrac{0.1000\times(25.00-1.52)\times246.47}{1.0000\times1000}$；

(3) $\dfrac{1.5\times10^{-5}\times6.12\times10^{-8}}{3.2\times10^{-5}}$；

(4) pH=1.03，求 H$^+$ 浓度。

拓展内容

第3章 滴定分析法概述
(Summary of Titrmetric Analysis)

【学习要点】
① 掌握滴定分析法的基本概念、方法分类和滴定方式。
② 掌握用于滴定分析的化学反应的条件。
③ 重点掌握标准溶液的配制、标定及其浓度的表示方法。
④ 能够根据不同的滴定方式熟练进行滴定分析结果的计算。

滴定分析法简介

滴定分析法又称为容量分析法。这种方法是采用滴定的方式,将一种已知准确浓度的溶液(称为标准溶液),滴加到被测物质的溶液中(或者将被测物质的溶液滴加到标准溶液中),直到所滴加的标准溶液与被测物质按一定的化学计量关系定量反应为止,然后根据标准溶液的浓度和用量,计算出被测物质的含量。

通常将标准溶液通过滴定管滴加到被测物质溶液中的过程称为滴定。此时,滴加的标准溶液称为滴定剂,被滴定的试液称为滴定液。滴加的标准溶液与待测组分按一定的化学计量关系恰好定量反应完全的这一点,称为化学计量点(简称计量点 sp)。在滴定中,一般利用指示剂颜色的变化等方法来判断化学计量点的到达,指示剂颜色发生突变而终止滴定的这一点称为滴定终点(简称终点 ep)。滴定终点与化学计量点不一定恰好吻合,由此造成的误差称为终点误差或滴定误差。

滴定分析法是化学分析中重要的分析方法,主要用于常量组分分析,其应用十分广泛。它具有较高的准确度,一般情况下,测定的相对误差小于 0.2%,常作为标准方法使用,且操作简便、快捷。

3.1 滴定分析法分类及对化学反应的要求

3.1.1 滴定分析法的分类

基于化学反应类型的不同,滴定分析法可分为酸碱滴定法、配位滴定法、氧化还原滴定法和沉淀滴定法四种，它们的基本原理将分别在 4、5、6 和 7 章中讨论。

3.1.2 滴定分析法对化学反应的要求

不是任何化学反应都能用于滴定分析，用于滴定分析的化学反应必须符合下列条件。

① 反应必须定量进行，这是定量计算的基础。它包含双重含义：一是反应必须具有确定的化学计量关系，即反应按一定的反应方程式进行；二是反应要进行到实际上完全，通常要求转化率达到 99.9% 以上。

② 反应必须具有较快的反应速率。对于反应速率较慢的反应，有时可通过加热或加入催化剂来加速反应的进行。

③ 必须有适当简便的方法确定滴定终点。

3.2 滴定分析法中的滴定方式

常用的四种滴定方式介绍如下。

3.2.1 直接滴定法

凡能满足上述条件的化学反应，都可采用直接滴定法进行。即选用适当的标准溶液直接滴定被测物质。直接滴定法是滴定分析法中最常用和最基本的滴定方法。如果反应不能完全满足上述条件，或者被测物质不能与标准溶液直接起作用时，可视情况不同采用下述三种方式进行滴定。

3.2.2 返滴定法

当试液中待测组分与滴定剂反应很慢（如 Al^{3+} 与 EDTA 的反应），或滴定的是固体试样（如用 HCl 滴定 $CaCO_3$ 固体），或滴定的物质不稳定（如滴定 $NH_3 \cdot H_2O$）等可采用返滴定法。即先准确地加入已知过量的标准溶液，使之与试液中的被测物质或固体试样进行反应，待反应完成后，再用另一种标准溶液滴定反应后剩余的标准溶液。例如，不能用 HCl 标准溶液直接滴定 $CaCO_3$ 固体，可先加入已知并过量的 HCl 标准溶液与 $CaCO_3$ 固体反应，反应后剩余的 HCl 用 NaOH 标准溶液返滴定。

3.2.3 置换滴定法

当待测组分所参与的反应不能定量进行时，则可采用置换滴定法。即先选用适当的试剂与待测组分反应，使其定量地置换出另一种物质，再用标准溶液滴定这种物质。例如 $Na_2S_2O_3$ 不能直接滴定 $K_2Cr_2O_7$ 或其他强氧化剂。因为在酸性溶液中 $K_2Cr_2O_7$ 可将 $S_2O_3^{2-}$ 氧化为 $S_4O_6^{2-}$ 及 SO_4^{2-} 等混合物，反应没有定量关系。如果在 $K_2Cr_2O_7$ 的酸性溶液中加入过量的 KI，使 $K_2Cr_2O_7$ 还原并定量地生成 I_2，再用 $Na_2S_2O_3$ 标准溶液滴定 I_2，从而测定 $K_2Cr_2O_7$。

3.2.4 间接滴定法

有些不能与滴定剂直接起反应的物质，可以通过另外的化学反应定量转化为可被滴定的物质，再用标准溶液进行滴定，即以间接滴定方式进行测定。例如，Ca^{2+} 在溶液中没有可变价态，不能用氧化还原法直接滴定。但若先将 Ca^{2+} 沉淀为 CaC_2O_4，过滤洗净后，用

H_2SO_4 溶解,再用 $KMnO_4$ 标准溶液滴定 $C_2O_4^{2-}$,从而可间接测定 Ca^{2+} 的含量。

由于不同滴定方式的应用,大大扩展了滴定分析法的应用范围。

3.3 基准物质和标准溶液

3.3.1 基准物质

滴定分析中离不开标准溶液,能用于直接配制或标定标准溶液的物质称为基准物质。基准物质应符合下列要求。

① 纯度要足够高(质量分数在99.9%以上)。
② 组成恒定。试剂的实际组成与它的化学式完全相符(包括结晶水)。
③ 性质稳定。不易与空气中的 O_2 及 CO_2 反应,亦不吸收空气中的水分。
④ 有较大的摩尔质量,以降低称量时的相对误差。

一些常用的基准物质的干燥条件和应用见附录2。

3.3.2 标准溶液的配制

标准溶液的配制方法有直接法和标定法两种。

标准溶液的
配制和
浓度的标定

(1) 直接法 凡符合基准物质条件的试剂,可用直接法进行配制。其步骤为:准确称取一定量基准物质,溶解后定量转入一定体积的容量瓶中定容,然后根据基准物质的质量和溶液的体积,计算出该标准溶液的准确浓度。例如,准确称取 4.9039g 基准物质 $K_2Cr_2O_7$,用水溶解后,置于 1L 容量瓶中定容,即得 $0.01667\,mol \cdot L^{-1}$ $K_2Cr_2O_7$ 标准溶液。

(2) 标定法(又称间接法) 有很多试剂不符合基准物质的条件,就不能用直接法配制标准溶液。这时,可采用标定法配制。其步骤为:先配制成近似于所需浓度的溶液,然后用基准物质(或已经用基准物质标定过的标准溶液)通过滴定来确定它的准确浓度,这一过程称为标定。例如,欲配制 $0.1\,mol \cdot L^{-1}$ NaOH 标准溶液,可先配成近似浓度的 $0.1\,mol \cdot L^{-1}$ 的 NaOH 溶液,然后称取一定量的基准物质如 $H_2C_2O_4 \cdot 2H_2O$ 进行标定,或者用已知准确浓度的 HCl 标准溶液进行标定,便可求得 NaOH 标准溶液的准确浓度。

在实际工作中,有时选用与被分析试样组成相似的"标准试样"来标定标准溶液,以消除共存元素的影响。注意,标准溶液配好后,应视标准溶液的性质而在细口玻璃瓶或聚乙烯塑料瓶中保存,防止水分蒸发和灰尘落入。

3.3.3 标准溶液浓度的表示方法

3.3.3.1 物质的量浓度

标准溶液的浓度常用物质的量浓度(简称浓度)来表示。物质B的物质的量浓度 $c(B)$,是指溶液中所含溶质B的物质的量 n,除以溶液的体积 V。表示式如下:

$$c(B) = n(B)/V \tag{3-1}$$

式中,n 的单位为 mol 或 mmol;V 的单位可以为 m^3、dm^3 等,分析化学中最常用的体积单位为 L 或 mL。浓度 $c(B)$ 的常用单位为 $mol \cdot L^{-1}$。$c(B)$ 也可用 c_B 表示。

例如,每升溶液中含 0.1mol NaOH,其浓度表示为 $c(NaOH) = 0.1\,mol \cdot L^{-1}$;也可表示为

$c_{\text{NaOH}} = 0.1 \text{mol} \cdot \text{L}^{-1}$。表示物质的量浓度时，必须指明基本单元。如某硫酸溶液的浓度，由于选择不同的基本单元，其摩尔质量就不同，浓度亦不相同：$c(\text{H}_2\text{SO}_4) = 0.1 \text{mol} \cdot \text{L}^{-1}$，$c(\frac{1}{2}\text{H}_2\text{SO}_4) = 0.2 \text{mol} \cdot \text{L}^{-1}$，$c(2\text{H}_2\text{SO}_4) = 0.05 \text{mol} \cdot \text{L}^{-1}$，由此可见：

$$c(\text{B}) = \frac{1}{2} c(\frac{1}{2}\text{B}) = 2c(2\text{B})$$

其通式为：
$$c(\frac{b}{a}\text{B}) = \frac{a}{b} c(\text{B}) \tag{3-2}$$

基本单元的选择，一般以化学反应的计量关系为依据。

3.3.3.2 滴定度

在生产单位的例行分析中，为了简化计算，常用滴定度（T）表示标准溶液的浓度。滴定度是指每毫升滴定剂溶液相当于被测物质的质量（g 或 mg）或质量分数。例如，采用 $\text{K}_2\text{Cr}_2\text{O}_7$ 标准溶液滴定 Fe^{2+} 溶液，滴定度为 $T(\text{Fe}/\text{K}_2\text{Cr}_2\text{O}_7) = 0.005000 \text{g} \cdot \text{mL}^{-1}$，即表示每毫升 $\text{K}_2\text{Cr}_2\text{O}_7$ 溶液恰好能与 0.005000g Fe^{2+} 反应。如果在滴定中消耗该 $\text{K}_2\text{Cr}_2\text{O}_7$ 标准溶液 23.50mL，则被滴定溶液中铁的质量为：

$$m(\text{Fe}) = 0.005000 \text{g} \cdot \text{mL}^{-1} \times 23.50 \text{mL} = 0.1175 \text{g}$$

一般来说，滴定剂写在括号内的右边，被测物写在括号内的左边，中间的斜线只表示"相当于"的意思，并不表示分数关系。

滴定度与物质的量浓度可以换算。上例中 $\text{K}_2\text{Cr}_2\text{O}_7$ 的物质的量浓度为：

$$c(\text{K}_2\text{Cr}_2\text{O}_7) = \frac{T(\text{Fe}/\text{K}_2\text{Cr}_2\text{O}_7) \times 10^3 \text{mL} \cdot \text{L}^{-1}}{M(\text{Fe}) \times 6} = 0.01492 \text{mol} \cdot \text{L}^{-1}$$

如果固定试样用量，滴定度也可直接表示 1mL 滴定剂溶液相当于被测物质的质量分数，例如 $T[w(\text{Fe})/\text{K}_2\text{Cr}_2\text{O}_7] = 5.00\%/\text{mL}$，表示固定试样用量为某一质量时，1mL $\text{K}_2\text{Cr}_2\text{O}_7$ 标准溶液相当于试样中铁的含量为 5.00%，这对批量样品及例行分析的计算很方便。

3.3.3.3 质量浓度

在微量或痕量组分分析中，常用质量浓度表示标准溶液的浓度。质量浓度是指溶质 B 的质量除以溶液的体积，用符号 $\rho(\text{B})$ 表示：

$$\rho(\text{B}) = m(\text{B})/V \tag{3-3}$$

式中，$m(\text{B})$ 为溶液中溶质 B 的质量，单位可以为 kg、g、mg 或 μg 等；V 为溶液的体积，其单位为 L、mL 等；$\rho(\text{B})$ 的单位为 $\text{kg} \cdot \text{L}^{-1}$、$\text{g} \cdot \text{L}^{-1}$、$\text{mg} \cdot \text{mL}^{-1}$ 或 $\mu\text{g} \cdot \text{mL}^{-1}$ 等，$\rho(\text{B})$ 也可用 ρ_B 表示。

例如：浓度为 $0.1000 \text{g} \cdot \text{L}^{-1}$ 的铜标准溶液，可表示为 $\rho(\text{Cu}^{2+}) = 0.1000 \text{g} \cdot \text{L}^{-1}$。

3.4 浓度、活度与活度系数

活度可以认为是离子在化学反应中起作用的有效浓度。如果 c 表示离子 i 的浓度，a 代表活度，则它们之间的关系为：

$$a_i = \gamma_i c_i \tag{3-4}$$

比例系数 γ_i 称为离子 i 的活度系数，它用来表达实际溶液和理想溶液之间偏差的大小。对于强电解质溶液，当溶液的浓度极稀时，离子之间的距离变得相当大，以致离子之间的相互作用力小到可以忽略不计，这时，活度系数就可以视为 1，即 $a = c$。

由于活度系数代表离子间力影响的大小，因此活度系数的大小与溶液的离子强度有关。离子强度 I 与溶液中各种离子的浓度及电荷有关，其计算式为：

$$I = \frac{1}{2}\sum_{i} c_i Z_i^2 \tag{3-5}$$

式中，c_i、Z_i 分别为溶液中第 i 种离子的浓度和电荷。

对于 AB 型电解质稀溶液（$<0.1\,\text{mol}\cdot\text{L}^{-1}$），当离子强度较小时，可以不考虑水化离子的大小，活度系数可按德拜-休克尔（Debye-Hückel）极限公式计算：

$$-\lg\gamma_i = 0.5 Z_i^2 \sqrt{I} \tag{3-6}$$

显然，溶液中的离子强度越大，活度系数就越小。表 3-1 列出了不同离子强度时各种同价离子的平均活度系数。

表 3-1　不同离子强度时相同价离子的平均活度系数

离子强度 $I/\text{mol}\cdot\text{L}^{-1}$	平均活度系数 γ			
	一价离子	二价离子	三价离子	四价离子
0.001	0.96	0.86	0.72	0.54
0.005	0.95	0.74	0.62	0.43
0.01	0.93	0.65	0.52	0.32
0.05	0.85	0.56	0.28	0.11
0.1	0.80	0.46	0.20	0.06

可见，同样的离子强度对高价离子的活度系数影响要大得多。

对于中性分子的活度系数，当溶液的离子强度改变时，会有所变化，不过这种变化很小，可以认为中性分子的活度系数近似地等于 1。

从上述讨论可知，在讨论溶液中的化学平衡时，如果以有关物质的浓度代入各种平衡常数公式进行计算，所得结果与实验结果就会产生偏差。对于较浓的强电解质溶液，这种偏差更为明显。为了校正离子强度的影响，就必须用活度来进行计算。因此，在实际工作中，应在标定及相应的测定过程中尽量采用相近的溶液条件，从而克服由于离子强度的改变对测定结果准确度和精密度的影响。

3.5　滴定分析法中的计算

在滴定分析法中，常涉及标准溶液的配制和标定、滴定剂和被滴定物质之间的计量关系、待测组分含量的计算等一系列的计算问题，下面分别加以讨论。

3.5.1　滴定分析计算的依据和基本公式

3.5.1.1　滴定剂与被滴定物质之间的计量关系

设滴定剂 A 与被滴物质 B 有下列关系：

$$a\text{A} + b\text{B} \Longrightarrow c\text{C} + d\text{D}$$

当滴定恰好到达化学计量点时，滴定剂 A 的物质的量 $n(\text{A})$ 与被滴物质 B 的物质的量有下列关系：

$$n(\text{A}) : n(\text{B}) = a : b$$

故有 $$n(A)=\frac{a}{b}n(B) \quad 或 \quad n(B)=\frac{b}{a}n(A) \tag{3-7}$$

上式中 $\frac{a}{b}$ 或 $\frac{b}{a}$ 称为化学计量数比❶。

若被滴定物质的浓度为 $c(B)$、体积为 $V(B)$；到达化学计量点时用去滴定剂的浓度为 $c(A)$、体积为 $V(A)$，则：

$$c(B)V(B)=\frac{b}{a}c(A)V(A) \tag{3-8}$$

若已知物质 B 的摩尔质量 $M(B)$，则被滴定物质的质量 $m(B)$ 为：

$$\begin{aligned}m(B)&=n(B)M(B)\\&=c(B)V(B)M(B) \tag{3-9a}\\&=\frac{b}{a}c(A)V(A)M(B) \tag{3-9b}\end{aligned}$$

若采用非直接滴定的方式，则涉及两个或两个以上反应，此时应从总的反应中找出实际参加反应的物质的量之间的关系。

例如，在酸性溶液中以 $K_2Cr_2O_7$ 为基准物标定 $Na_2S_2O_3$ 溶液的浓度时，包括下列两个反应：

$$Cr_2O_7^{2-}+6I^-+14H^+ =\!=\!= 2Cr^{3+}+3I_2+7H_2O \quad ①$$
$$I_2+2S_2O_3^{2-} =\!=\!= 2I^-+S_4O_6^{2-} \quad ②$$

反应①中，1mol $K_2Cr_2O_7$ 产生 3mol I_2，而反应②中，1mol I_2 和 2mol $Na_2S_2O_3$ 反应，结合①与②，$K_2Cr_2O_7$ 与 $Na_2S_2O_3$ 之间的数量关系是 1∶6，即 $n(Na_2S_2O_3)=6n(K_2Cr_2O_7)$。

3.5.1.2 待测组分含量的计算

设试样的质量为 m_s，测得其中待测组分 B 的质量为 $m(B)$，则待测组分在试样中的质量分数 $w(B)$ 为：

$$w(B)=m(B)/m_s \tag{3-10}$$

由式(3-9b) 代上式

$$w(B)=\frac{\frac{b}{a}c(A)V(A)M(B)}{m_s} \tag{3-11}$$

在进行滴定分析计算时应注意，滴定体积 $V(A)$ 一般以 mL 为单位，而浓度 $c(A)$ 的单位为 $mol \cdot L^{-1}$，因此必须将 $V(A)$ 的单位由 mL 换算为 L，即乘以 10^{-3}。$w(B)$ 可表示为小数或百分数，若用百分数表示质量分数，则将上式乘以 100% 即可。

3.5.2 滴定分析计算示例

3.5.2.1 标准溶液的配制、标定和浓度的计算

例 3-1 准确称取基准物质 $K_2Cr_2O_7$ 1.471g，溶解后定量转移到 250.0mL 容量瓶中。问此 $K_2Cr_2O_7$ 溶液的浓度为多少？

解 根据式(3-9a) $\quad m(K_2Cr_2O_7)=c(K_2Cr_2O_7)V(K_2Cr_2O_7)M(K_2Cr_2O_7)$

$$c(K_2Cr_2O_7)=\frac{m(K_2Cr_2O_7)}{V(K_2Cr_2O_7)M(K_2Cr_2O_7)}$$

已知 $M(K_2Cr_2O_7)=294.2 g\cdot mol^{-1}$，则：

$$c(K_2Cr_2O_7)=\frac{1.471g}{0.2500L\times 294.2g\cdot mol^{-1}}=0.02000 mol\cdot L^{-1}$$

---

❶ 化学计量数比也称为摩尔比。

例 3-2 称取硼砂（$Na_2B_4O_7 \cdot 10H_2O$）0.4710g，标定 HCl 溶液，用去 HCl 溶液 25.20mL。求 HCl 溶液的浓度。

解 滴定反应式为
$$Na_2B_4O_7 + 2HCl + 5H_2O = 4H_3BO_3 + 2NaCl$$
故 $n(HCl) = 2n(Na_2B_4O_7 \cdot 10H_2O)$

根据式(3-9b)，有：
$$m(Na_2B_4O_7 \cdot 10H_2O) = \frac{1}{2}c(HCl)V(HCl)M(Na_2B_4O_7 \cdot 10H_2O)$$

$$c(HCl) = \frac{2m(Na_2B_4O_7 \cdot 10H_2O)}{M(Na_2B_4O_7 \cdot 10H_2O)V(HCl)}$$

$$= \frac{2 \times 0.4710g}{381.36g \cdot mol^{-1} \times 25.20 \times 10^{-3}L} = 0.09802 mol \cdot L^{-1}$$

3.5.2.2 称量范围的估算

例 3-3 如果要标定浓度约为 $0.1 mol \cdot L^{-1}$ HCl 溶液，消耗的 HCl 溶液体积在 25~35mL 之间，硼砂（$Na_2B_4O_7 \cdot 10H_2O$）的称量范围是多少克？

解 根据上例
$$m(Na_2B_4O_7 \cdot 10H_2O) = \frac{1}{2}c(HCl)V(HCl)M(Na_2B_4O_7 \cdot 10H_2O)$$

由题意可得
$$m_1(Na_2B_4O_7 \cdot 10H_2O) = \frac{1}{2} \times 0.1 mol \cdot L^{-1} \times 0.025L \times 381.36 g \cdot mol^{-1} \approx 0.5g$$

$$m_2(Na_2B_4O_7 \cdot 10H_2O) = \frac{1}{2} \times 0.1 mol \cdot L^{-1} \times 0.035L \times 381.36 g \cdot mol^{-1} \approx 0.7g$$

故 $Na_2B_4O_7 \cdot 10H_2O$ 的质量称量范围是 0.5~0.7g。

例 3-4 称取铁矿石试样 0.3348g，将其溶解，加入 $SnCl_2$ 使全部 Fe^{3+} 还原成 Fe^{2+}，用 $0.02000 mol \cdot L^{-1}$ $K_2Cr_2O_7$ 标准溶液滴定至终点时，用去 $K_2Cr_2O_7$ 标准溶液 22.60mL，计算①$0.02000 mol \cdot L^{-1}$ $K_2Cr_2O_7$ 标准溶液对 Fe 和 Fe_2O_3 的滴定度？②试样中 Fe 和 Fe_2O_3 的质量分数各为多少？

解 ① 有关反应：
$$Fe_2O_3 + 6H^+ = 2Fe^{3+} + 3H_2O$$
$$2Fe^{3+} + Sn^{2+} = 2Fe^{2+} + Sn^{4+}$$
$$6Fe^{2+} + Cr_2O_7^{2-} + 14H^+ = 6Fe^{3+} + 2Cr^{3+} + 7H_2O$$

由以上反应可知：
$$n(Fe) = 6n(K_2Cr_2O_7)$$
$$n(Fe_2O_3) = \frac{1}{2}n(Fe^{3+}) = \frac{1}{2} \times 6n(K_2Cr_2O_7) = 3n(K_2Cr_2O_7)$$

则
$$T(Fe/K_2Cr_2O_7) = \frac{m(Fe)}{V(K_2Cr_2O_7)} = \frac{n(Fe)M(Fe)}{V(K_2Cr_2O_7)} = \frac{6n(K_2Cr_2O_7)M(Fe)}{V(K_2Cr_2O_7)}$$

$$= \frac{6c(K_2Cr_2O_7)M(Fe)}{1000 mL \cdot L^{-1}}$$

$$= \frac{6 \times 0.02000 mol \cdot L^{-1} \times 55.85 g \cdot mol^{-1}}{1000 mL \cdot L^{-1}}$$

$$=0.006702\text{g}\cdot\text{mL}^{-1}$$

同理
$$T(\text{Fe}_2\text{O}_3/\text{K}_2\text{Cr}_2\text{O}_7)=\frac{3c(\text{K}_2\text{Cr}_2\text{O}_7)M(\text{Fe}^{3+})}{1000\text{mL}\cdot\text{L}^{-1}}$$
$$=\frac{3\times0.02000\text{mol}\cdot\text{L}^{-1}\times159.7\text{g}\cdot\text{mol}^{-1}}{1000\text{mL}\cdot\text{L}^{-1}}$$
$$=0.009582\text{g}\cdot\text{mL}^{-1}$$

② Fe 和 Fe_2O_3 含量的计算

$$w(\text{Fe})=\frac{m_{\text{Fe}}}{m_s}\times100\%=\frac{T(\text{Fe}/\text{K}_2\text{Cr}_2\text{O}_7)V(\text{K}_2\text{Cr}_2\text{O}_7)}{m_s}\times100\%$$
$$=\frac{0.006702\text{g}\cdot\text{mL}^{-1}\times22.60\text{mL}}{0.3348\text{g}}\times100\%$$
$$=45.24\%$$

同理
$$w(\text{Fe}_2\text{O}_3)=\frac{T(\text{Fe}_2\text{O}_3/\text{K}_2\text{Cr}_2\text{O}_7)V(\text{K}_2\text{Cr}_2\text{O}_7)}{m_s}\times100\%$$
$$=\frac{0.009582\text{g}\cdot\text{mL}^{-1}\times22.60\text{mL}}{0.3348\text{g}}\times100\%$$
$$=64.68\%$$

如果已知 $w(\text{Fe})$，也可通过换算因数（也称化学因数）F 来求得 $w(\text{Fe}_2\text{O}_3)$。按下式计算换算因数：

$$F=\frac{kM(\text{换算形式})}{M(\text{已知形式})} \tag{3-12}$$

式中，k 为系数，其值为以使分子和分母中某一主要元素的原子数目相等。

$$F(\text{Fe}_2\text{O}_3/\text{Fe})=\frac{\frac{1}{2}M(\text{Fe}_2\text{O}_3)}{M(\text{Fe})}=\frac{\frac{1}{2}\times159.69\text{g}\cdot\text{mol}^{-1}}{55.85\text{g}\cdot\text{mol}^{-1}}=1.4296$$
$$w(\text{Fe}_2\text{O}_3)=F(\text{Fe}_2\text{O}_3/\text{Fe})w(\text{Fe})=1.4296\times45.24\%=64.68\%$$

例 3-5 称取含铝试样 0.2000g，溶解后加入 0.02082mol·L^{-1} EDTA 标准溶液 30.00mL，控制条件使 Al^{3+} 与 EDTA 配合完全。然后以 0.02012mol·L^{-1} 标准溶液返滴定，消耗 Zn^{2+} 溶液 7.20mL，计算试样中 Al_2O_3 的质量分数。已知 $M(\text{Al}_2\text{O}_3)=102.0\text{g}\cdot\text{mol}^{-1}$。

解 EDTA(H_2Y^{2-}) 滴定 Al^{3+} 的反应式为

$$\text{Al}^{3+}+\text{H}_2\text{Y}^{2-}=\text{AlY}^-+2\text{H}^+$$

故有
$$n(\text{Al}_2\text{O}_3)=\frac{1}{2}n(\text{Al})=\frac{1}{2}n(\text{EDTA})$$

$$w(\text{Al}_2\text{O}_3)=\frac{\frac{1}{2}(0.02802\times30.00\times10^{-3}-0.02012\times7.20\times10^{-3})\text{mol}\times102.0\text{g}\cdot\text{mol}^{-1}}{0.2000\text{g}}\times100\%$$
$$=12.23\%$$

例 3-6 吸取 25.00mL 钙离子溶液，加入适当过量的 $Na_2C_2O_4$ 溶液，使 Ca^{2+} 完全形成 CaC_2O_4 沉淀。将沉淀过滤洗净后，用 $6mol \cdot L^{-1}$ H_2SO_4 溶解，以 $0.1800mol \cdot L^{-1}$ $KMnO_4$ 标准溶液滴定至终点，耗去 25.50mL。求原始溶液中 Ca^{2+} 的质量浓度。

解 与测量有关的反应有：

$$Ca^{2+} + C_2O_4^{2-} = CaC_2O_4 \downarrow$$

$$CaC_2O_4 + 2H^+ = Ca^{2+} + H_2C_2O_4$$

$$2MnO_4^- + 5H_2C_2O_4 + 6H^+ = 2Mn^{2+} + 10CO_2 \uparrow + 8H_2O$$

由以上反应可知：

$$n(Ca^{2+}) = n(CaC_2O_4) = n(H_2C_2O_4) = \frac{5}{2}n(KMnO_4)$$

$$\rho(Ca) = \frac{\frac{5}{2}c(KMnO_4)V(KMnO_4)M(Ca^{2+})}{V_s}$$

$$= \frac{\frac{5}{2} \times 0.1800 mol \cdot L^{-1} \times 25.50 \times 10^{-3} L \times 40.08 g \cdot mol^{-1}}{25.00 mL}$$

$$= 0.01840 g \cdot mL^{-1}$$

思政案例

【案例一】标准溶液准确浓度的获得

案例描述

不论采用何种滴定方法，都离不开标准溶液。标准溶液浓度的准确度是分析结果准确度的重要保证，在进行样品测定前必须首先获知。因此，必须正确地配制标准溶液，确定其准确浓度，妥善地贮存标准溶液。那么标准溶液的准确浓度如何确定呢？

首先必须掌握标准溶液的配制方法。根据标准溶液是否为基准物质，其配制方法有直接配制法和间接配制法（或称标定法）两种。如标准溶液是基准物质，则采用直接配制法，即根据所需要的浓度，准确称取一定量的基准物质，经溶解后，定量转移至容量瓶中并稀释至刻度；再根据基准物质的质量和摩尔质量及定容的体积计算标准溶液的准确浓度。如标准溶液不是基准物质，则采用间接配制法。即第一步配制溶液：配制成近似所需浓度的溶液；第二步标定：选用合适基准物（直接标定法）或另一种已知浓度的标准溶液来滴定（比较标定法）。然后将选择的配制方法及步骤应用到实验室进行实验，根据实验的结果计算出标准溶液的准确浓度。

例如：NaOH 和盐酸溶液是酸碱滴定法常用的标准溶液，由于 NaOH 极易吸收空气中的二氧化碳和水分，纯度不高，而市售盐酸中 HCl 的准确含量难以确定，且易挥发。两者均不符合基准物质的条件，故只能用标定法配制。NaOH 标准溶液常用邻苯二甲酸氢钾和草酸等作基准物质进行标定；标定盐酸的基准物质有无水碳酸钠和硼砂等。具体可根据实验室条件进行选择。假设实验室只有草酸一种基准物时，可以考虑先用草酸标定出 NaOH 标准溶液的准确浓度，再采用盐酸和 NaOH 标液进行比较滴定（比较标定法），从而标定出盐酸标液的准确浓度。这种由一种基准物标定出两种标液浓度的方法更为简便和经济，但误差会略大于直接标定法。

为了提高标定的准确度，标定时应注意以下几点：
①标定应平行测定 3~4 次；②为了减少测量误差，称取基准物质的量不应太少，最少应称取 0.2g 以上；同样滴定到终点时消耗标准溶液的体积也不能太小，最好在 20mL 以上；③配制和标定溶液时使用的量器，如滴定管、容量瓶和移液管等，必要时应校正其体积，并考虑温度的影响；④标定好的标准溶液应选择对应的方法妥善保存。

案例启示

1. 只学好分析化学理论知识是不够的，只有将理论知识应用于实践，才能获得需要的结果；
2. 理论对实践具有指导作用，学好理论才能保证实践的正确性；
3. 科技工作者应具有理论联系实际、实事求是的科学精神。

【案例二】计算错误造成的损失

案例描述	在科学的世界里，哪怕一点点微小的计算错误，都可能导致严重的后果，甚至会对国家的经济发展和人们的生命安全带来重大损失。 案例1：大家都知道的哈勃望远镜，它是地球轨道上最大的光学望远镜。1990年发射后，传回的图像没有达到预期效果：哈勃望远镜对微弱天体成像不清晰，被戏称为"近视眼"。出现该问题的根本原因是主镜被打磨成了错误的形状。打磨要求形状误差为10nm，但主镜周边形状误差实际却为2200nm。主镜形状误差导致光的损失大，严重降低了望远镜的成像清晰度。1993～2009年，哈勃望远镜进行过5次太空维修升级，才满足了设计要求，变得更加精密。 案例2：第一颗发射的火星轨道气象卫星于1999年失事坠毁。这颗卫星设计运行轨道为火星轨道，高度应为226km，而发射后，其实际绕火星运行轨道为57km，由于计算导致的运行轨道错误，这颗价值1.25亿美元的探测器坠毁。
案例启示	1. 对待学习和工作应具有"工匠精神"，认真把事情做好。"认真"是"工匠精神"的核心内容之一。认真，就是不马虎、不苟且，以严肃的态度对待事情。认真，是做好任何事情的前提。即使再小的事情，也绝不可粗心大意。失之毫厘，谬以千里。只有认认真真，全心尽责，事故才可免，挫折才可避，成功才可握。因此，对于分析化学中分析结果的计算一定要仔细、认真和精益求精，力求准确无误； 2. 科研工作者应具有责任意识与担当精神。

思考题

1. 什么叫滴定分析？它的主要分析方法有哪些？
2. 能用于滴定分析的化学反应必须符合哪些条件？什么是化学计量点？什么是滴定终点？什么是终点误差？
3. 确定标准溶液浓度的方法有几种？各有何优缺点？
4. 基准物质条件之一是要具有较大的摩尔质量，对这个条件如何理解？
5. 什么叫滴定度？滴定度与物质的量浓度如何换算？试举例说明。
6. 什么是活度？它和浓度有什么不同？试说明活度与浓度及活度系数三者的关系。
7. 若将 $H_2C_2O_4 \cdot 2H_2O$ 基准物质不密封，长期置于放有干燥剂的干燥器中，用它标定 NaOH 溶液的浓度时，结果是偏高，偏低，还是无影响？
8. 标定酸溶液时，无水 Na_2CO_3 和硼砂（$Na_2B_4O_7 \cdot 10H_2O$）都可以作为基准物质，你认为选择哪一种更好？为什么？

习题

1. 已知浓硫酸的质量密度为 $1.84g \cdot mL^{-1}$，其中 H_2SO_4 含量约为 96%。如欲配制 1L $0.20 mol \cdot L^{-1}$ H_2SO_4 溶液，应取这种浓硫酸多少毫升？
2. 配制下列浓度的 $KMnO_4$ 溶液 500mL，需要多少克 $KMnO_4$？
   ① $c(\frac{1}{5}KMnO_4) = 0.10 mol \cdot L^{-1}$；② $c(KMnO_4) = 0.10 mol \cdot L^{-1}$
3. 计算下列溶液的滴定度
   ① 用 $0.2015 mol \cdot L^{-1}$ HCl 溶液测定 Na_2CO_3；
   ② 用 $0.1896 mol \cdot L^{-1}$ NaOH 溶液测定 CH_3COOH。

4. 要求在滴定时消耗 0.2000mol·L^{-1} NaOH 溶液 25～30mL。问应称取基准物质邻苯二甲酸氢钾多少克？如果改用 $H_2C_2O_4·2H_2O$ 作基准物质，其称量范围为多少？

5. 称取基准物质 $Na_2C_2O_4$ 0.2262g 来标定 $KMnO_4$ 溶液的浓度，结果用去 $KMnO_4$ 溶液 30.50mL。计算此 $KMnO_4$ 标准溶液的物质的量浓度以及对铁的滴定度。

6. 0.2500g 不纯 $CaCO_3$ 试样中不含干扰测定的组分。加入 25.00mL 0.2600mol·L^{-1} HCl 溶解，煮沸除去 CO_2，用 0.2450mol·L^{-1} NaOH 溶液返滴过量的酸，消耗 6.50mL。计算试样中 $CaCO_3$ 的质量分数，并换算成含 CaO 和 Ca 的质量分数。

7. 含 S 有机试样 0.4710g，在氧气中燃烧，使 S 氧化为 SO_2，用预先中和过的 H_2O_2 将 SO_2 吸收，全部转化为 H_2SO_4，以 0.1080mol·L^{-1} KOH 标准溶液滴定至化学计量点，消耗 28.20mL，求试样中 S 的质量分数。

8. 测定氮肥中 NH_3 的含量。称取试样 1.6160g，溶解后在 250mL 容量瓶中定容，移取 25.00mL，加入过量 NaOH 溶液，将产生的 NH_3 导入 40.00mL $c(1/2H_2SO_4)=0.1020$mol·L^{-1} 的 H_2SO_4 标准溶液中吸收，剩余的 H_2SO_4 需 17.00mL $c(NaOH)=0.09600$mol·L^{-1} NaOH 溶液中和。计算氮肥中 NH_3 的质量分数。

9. 已知在酸性溶液中，Fe^{2+} 与 $KMnO_4$ 反应时，1.00mL $KMnO_4$ 溶液相当于 0.1117g Fe，而 1.00mL $KHC_2O_4·H_2C_2O_4$ 溶液在酸性介质中恰好与 0.20mL 上述 $KMnO_4$ 溶液完全反应。问需要多少毫升 0.2000mol·L^{-1} NaOH 溶液才能与上述 1.00mL $KHC_2O_4·H_2C_2O_4$ 溶液完全中和？

10. 下列各溶液中，离子强度分别等于多少 mol·L^{-1}？
① 0.10mol·L^{-1} KCl 溶液；
② 0.20mol·L^{-1} K_2SO_4 溶液；
③ 0.10mol·L^{-1} $AlCl_3$ 溶液。

拓展内容

第 4 章

酸碱滴定法
(Acid-Base Titrimetry)

【学习要点】

① 掌握酸碱平衡体系中各型体的分布分数的计算、各类酸碱水溶液中氢离子浓度的计算方法（近似式和最简式）。

② 掌握酸碱滴定法的基本原理，滴定过程中氢离子浓度的变化规律、化学计量点和滴定突跃 pH 值的计算，了解滴定曲线的特点。

③ 重点掌握弱酸弱碱能够被直接滴定的条件；多元酸碱能够分步滴定的条件。

④ 了解酸碱指示剂的变色原理，掌握选择指示剂的原则及常见的酸碱指示剂的变色范围。

⑤ 了解酸碱滴定法的应用。

酸碱滴定法是以酸碱反应为基础的滴定分析方法，是四种基本滴定分析方法（酸碱滴定、配位滴定、氧化还原滴定及沉淀滴定）的基础，是重要的滴定分析方法之一。

酸碱滴定法不仅可以测定一般的酸、碱以及能与酸、碱发生反应的物质，还能测定一些能与酸、碱间接发生反应的非酸、非碱性的物质，已广泛地应用于测定土壤、肥料、果品等试样的酸度、氮、磷的含量及某些农药的含量。

在酸碱滴定中，溶液的 pH 值是如何随滴定剂的加入而发生变化，如何选择一个合适的指示剂使其变色点与化学计量点接近，这些问题都与溶液 pH 值的计算有关。酸碱平衡是四大化学平衡的基础，溶液的酸度决定物质存在的型体，因此酸碱平衡的处理不仅是酸碱滴定的基础，也是其他分析方法所必需的。本章在介绍水溶液中酸碱平衡的基础上，讨论各类酸碱溶液 pH 值的计算，酸碱滴定法的基本原理，酸碱滴定的典型应用示例等。

4.1 水溶液中的酸碱平衡

4.1.1 酸碱反应及平衡常数

4.1.1.1 酸碱反应

根据酸碱质子理论定义,凡能给出质子(H^+)的物质是酸,例如 HCl、HAc、NH_4^+ 等;凡能接受质子的物质是碱,例如 NaOH、NH_3、Ac^-;既能给出质子又能接受质子的物质叫两性物质,例如 HCO_3^-、$H_2PO_4^-$、H_2O 等。从以上给出的例子中可以看到,酸给出质子后变成了碱,碱接受质子后变成了酸,酸和碱之间的这种关系呈共轭关系,HAc 与 Ac^- 之间、NH_4^+ 与 NH_3 之间互为共轭酸碱关系,HAc 是 Ac^- 的共轭酸,Ac^- 是 HAc 的共轭碱,它们互为共轭酸碱对。共轭酸碱对之间的共轭关系可用下式表示:

$$HA(酸) \rightleftharpoons A^-(碱) + H^+(质子)$$

以上反应称作酸碱半反应,半反应都不能单独发生,酸给出质子必须有另一方能接受质子,碱要接受质子则必须有一方给出质子,酸碱反应是两个共轭酸碱对共同作用的结果,其实质是两个不同的共轭酸碱对之间的质子传递反应。

例如,水的解离是 H_2O 分子之间发生了质子转移作用,这个酸碱反应称为水的质子自递反应。又如酸、碱在水中的解离反应、中和反应等也属于质子传递反应。如:

$$\begin{array}{cccc} 酸_1 & 碱_2 & 酸_2 & 碱_1 \end{array}$$
$$H_2O + H_2O \rightleftharpoons H_3O^+ + OH^-$$
$$HAc + H_2O \rightleftharpoons H_3O^+ + Ac^-$$
$$H_2O + NH_3 \rightleftharpoons NH_4^+ + OH^-$$

4.1.1.2 酸碱反应的平衡常数

酸碱反应进行的程度取决于参加质子传递反应双方给出和接受质子的能力大小,即取决于酸碱的强弱。酸碱的强弱可以用反应的标准平衡常数来衡量,给出或接受质子的能力越强,酸碱就越强,反之则越弱。下面分别进行讨论:

一元弱酸(HA)在水溶液中的解离反应及平衡常数为

$$HA + H_2O \rightleftharpoons H_3O^{+●} + A^-$$

$$K_a = \frac{[H_3O^+][A^-]}{[HA]} = \frac{[H^+][A^-]}{[HA]} \tag{4-1}$$

上式中"[ ]"表示平衡浓度;溶剂 H_2O 的浓度为 1;K_a 为酸的解离常数,此值越大,表示该酸越强。平衡常数 K_a 仅随温度变化。

弱碱 A^- 在水溶液中的解离反应及平衡常数为:

$$A^- + H_2O \rightleftharpoons OH^- + HA$$

$$K_b = \frac{[HA][OH^-]}{[A^-]} \tag{4-2}$$

上式中 K_b 是衡量碱强弱的尺度,称为碱度常数(或称碱的解离常数)。

水的质子自递反应及平衡常数为:

---

❶ H_3O^+ 通常简写为 H^+。在解离常数表达式中,$[H_3O^+]$ 通常简写为 $[H^+]$。

$$H_2O + H_2O \rightleftharpoons H_3O^+ + OH^-$$

$$K_w = [H_3O^+][OH^-] = [H^+][OH^-] \quad 1.0 \times 10^{-14} \quad (25℃) \tag{4-3}$$

上式中 K_w 称为水的质子自递常数，或称水的活度积。

就共轭酸碱对 HA-A$^-$ 来说，若酸 HA 的酸性很强，其共轭碱 A$^-$ 的碱性必弱。共轭酸碱对的 K_a 和 K_b 间的关系可由式(4-1)、式(4-2) 和式(4-3) 导出：

$$K_a K_b = \frac{[H^+][A^-]}{[HA]} \times \frac{[HA][OH^-]}{[A^-]}$$

$$= [H^+][OH^-] = K_w \tag{4-4}$$

或写成

$$pK_a + pK_b = pK_w = 14$$

因此，由酸的解离常数 K_a 可求出其共轭碱的 K_b，反之亦然。正像溶液的酸、碱度统一用 pH 表示一样，酸和碱的强度完全可以统一用 pK_a 表示。近年来在化学书籍与文献中常常只给出酸的 pK_a，其共轭碱的 pK_b 可通过式(4-4)计算出来。

同理，对于多元弱酸（碱），存在多步电离及多个共轭酸碱对，其 K_a 和 K_b 间的关系如下：

二元弱酸（H$_2$A）： $\quad K_{a_1} K_{b_2} = K_{a_2} K_{b_1} = K_w \tag{4-5}$

三元弱酸（H$_3$A）： $\quad K_{a_1} K_{b_3} = K_{a_2} K_{b_2} = K_{a_3} K_{b_1} = K_w$

例 4-1 查得 NH$_4^+$ 的 pK_a 为 9.26，求 NH$_3$ 的 pK_b。

解 NH$_4^+$-NH$_3$ 为共轭酸碱对，故：

$$pK_b = 14.00 - pK_a = 14.00 - 9.26 = 4.74$$

4.1.2 酸度对溶液中酸（或碱）的各存在型体分布的影响

分析化学中所使用的试剂（如沉淀剂、配位剂等）大多是弱酸（碱）。在弱酸（碱）平衡体系中，往往存在多种存在型体，在分析化学中非常重要。了解酸度对溶液中酸或碱的各种存在型体分布的影响规律，对于掌握与控制分析条件有重要的指导意义。

为使反应进行完全，必须控制有关型体的浓度，它们的浓度分布是由溶液中的氢离子浓度所决定的，因此酸度是影响各类化学反应的重要因素。例如以 CaC$_2$O$_4$ 型体沉淀 Ca^{2+} 时，沉淀的完全度与 C$_2$O$_4^{2-}$ 浓度有关，而后者又取决于溶液的 H$^+$ 浓度。

4.1.3 一元弱酸溶液中各种型体的分布

在计算时应注意区分平衡浓度和分析浓度两个概念。平衡浓度是共轭酸碱处于平衡状态时的浓度，用 [ ] 表示；分析浓度是各种存在形式的平衡浓度的总和，用 c 表示。例如，一元弱酸（HA）在溶液中以 HA 和 A$^-$ 两种型体存在，其总浓度（c）与两种型体 [HA] 和 [A$^-$] 的平衡浓度的关系为：

$$c = [HA] + [A^-]$$

由平衡式可知

$$[A^-] = \frac{[HA]K_a}{[H^+]}$$

故

$$c = [HA]\left(1 + \frac{K_a}{[H^+]}\right)$$

某种平衡浓度占总浓度的分数称为分布分数，用 δ 表示。例如，$\delta(HA)$ 表示 HA 的分布分数，则 $\delta(HA)$ 为：

$$\delta(HA) = \frac{[HA]}{c} = \frac{1}{1+\dfrac{K_a}{[H^+]}} = \frac{[H^+]}{[H^+]+K_a} \tag{4-6}$$

同样可导出 A^- 的分布分数 $\delta(A^-)$：

$$\delta(A^-) = \frac{[A^-]}{c} = \frac{K_a}{[H^+]+K_a} \tag{4-7}$$

且有
$$\delta(HA) + \delta(A^-) = 1$$

由弱酸的 K_a 和溶液的 pH 就可以计算两种型体的分布分数。对指定弱酸（碱）而言，分布分数是 $[H^+]$ 的函数，控制溶液 pH，就可以控制溶液中各型体的浓度。

例 4-2 计算 pH 4.0 和 8.0 时 HAc 和 Ac^- 的分布分数。

解 已知 HAc 的 $K_a = 1.8 \times 10^{-5}$。

pH=4.0 时
$$\delta(HAc) = \frac{[H^+]}{[H^+]+K_a} = \frac{1.0 \times 10^{-4}}{1.8 \times 10^{-5} + 1.0 \times 10^{-4}} = 0.85$$

$$\delta(Ac^-) = \frac{K_a}{[H^+]+K_a} = \frac{1.8 \times 10^{-5}}{1.8 \times 10^{-5} + 1.0 \times 10^{-4}} = 0.15$$

pH=8.0 时
$$\delta(HAc) = \frac{1.0 \times 10^{-8}}{1.8 \times 10^{-5} + 1.0 \times 10^{-8}} = 5.6 \times 10^{-4}$$

$$\delta(Ac^-) = 1.0 - 5.6 \times 10^{-4} \approx 1.0$$

图 4-1 为 HAc 溶液的型体分布图，也叫 HAc 的 δ-pH 曲线。

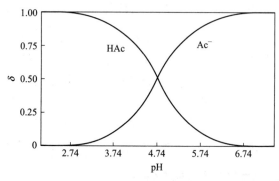

图 4-1 HAc 溶液的型体分布图

由图 4-1 可知　　　pH=pK_a(HAc)=4.74 时，　　　[HAc]=[Ac^-]
　　　　　　　　　　pH>4.74 时，　　　　　　　　　　[HAc]<[Ac^-]
　　　　　　　　　　pH<4.74 时，　　　　　　　　　　[HAc]>[Ac^-]

4.1.4 多元酸溶液中各种型体的分布

以二元弱酸 H_2A 为例，它在溶液中以 H_2A、HA^- 和 A^{2-} 三种型体存在。若分析浓度为 c，则有：

$$c = [H_2A] + [HA^-] + [A^{2-}]$$
$$= [H_2A]\left(1 + \frac{K_{a_1}}{[H^+]} + \frac{K_{a_1}K_{a_2}}{[H^+]^2}\right)$$

$$\delta(H_2A) = \frac{[H_2A]}{c} = \frac{1}{1 + \dfrac{K_{a_1}}{[H^+]} + \dfrac{K_{a_1}K_{a_2}}{[H^+]^2}}$$

$$= \frac{[H^+]^2}{[H^+]^2 + K_{a_1}[H^+] + K_{a_1}K_{a_2}} \tag{4-8}$$

同理可得：

$$\delta(HA^-) = \frac{[HA^-]}{c} = \frac{K_{a_1}[H^+]}{[H^+]^2 + K_{a_1}[H^+] + K_{a_1}K_{a_2}} \tag{4-9}$$

$$\delta(A^{2-}) = \frac{[A^{2-}]}{c} = \frac{K_{a_1}K_{a_2}}{[H^+]^2 + K_{a_1}[H^+] + K_{a_1}K_{a_2}} \tag{4-10}$$

且有 $\delta(H_2A) + \delta(HA^-) + \delta(A^{2-}) = 1$

例如，二元酸 $H_2C_2O_4$ 溶液的型体分布图如图 4-2 所示。

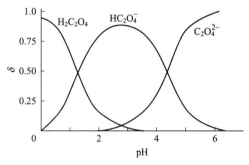

图 4-2 $H_2C_2O_4$ 溶液的型体分布图

在不同的酸度及酸度范围内，$H_2C_2O_4$ 各型体的特性总结如下：

pH<1.22 时，$H_2C_2O_4$ 为主要型体；

pH=pK_{a_1}=1.22 时，$[H_2C_2O_4] = [HC_2O_4^-]$；

1.22<pH<4.19 时，$HC_2O_4^-$ 为主要型体；

pH=4.19 时，$[HC_2O_4^-] = [C_2O_4^{2-}]$；

pH>4.19 时，$C_2O_4^{2-}$ 为主要型体。

对于一个任意的多元弱酸 H_nA（总浓度为 c），溶液中存在 $n+1$ 个型体，即 H_nA、$H_{n-1}A^-$、$H_{n-2}A^{2-}$、…、HA^{1-n} 及 A^{n-}，其中任一型体的分布分数都可以用下列通式表示：

$$\delta = \frac{[H_{n-m}A]}{c}$$

$$= \frac{[H^+]^{n-m}K_{a_1}K_{a_2}\cdots K_{a_m}}{[H^+]^n + [H^+]^{n-1}K_{a_1} + [H^+]^{n-2}K_{a_1}K_{a_2} + \cdots + K_{a_1}K_{a_2}\cdots K_{a_n}} \tag{4-11}$$

式中，n 为酸中氢原子的个数，取值为 1，2，…；m 为酸解离出的氢原子个数，取值为 0，1，2，…。

由上可知，分析浓度和平衡浓度是相互联系却又完全不同的概念，两者通过 δ 联系起来；对于任何酸碱性物质，满足：$\delta_1 + \delta_2 + \delta_3 + \cdots + \delta_n = 1$；$\delta$ 取决于 K_a、K_b 及 $[H^+]$ 的大小，与 c 无关；δ 大小能定量说明某型体在溶液中的分布，δ 可求某型体的平衡浓度。

4.1.5 水溶液中酸碱平衡的处理方法

水溶液中酸碱平衡处理的关键是水溶液的酸度问题。只要知道水溶液的pH，就很容易算得各型体的平衡浓度；如果知道酸碱各型体的平衡浓度，也很容易算得溶液的pH。若单凭酸碱平衡关系式来计算溶液的pH，会遇到一些困难，但是若将溶液中平衡型体之间的其他三大平衡关系，即物料平衡、电荷平衡和质子平衡三者结合起来考虑，问题就会迎刃而解。

在酸碱平衡处理中最简单而又最常用的方法是根据质子条件进行处理的方法，本书重点介绍这一种方法。

4.1.5.1 物料平衡式（MBE）

在平衡状态下某一组分的总浓度等于该组分各种型体的平衡浓度之和，其数学表达式叫做物料平衡式。例如浓度为 c 的 HAc 溶液的物料平衡式是

$$c=[\text{HAc}]+[\text{Ac}^-]$$

浓度为 c 的 Na_2CO_3 溶液的物料平衡式是

$$[\text{Na}^+]=2c$$

$$[\text{H}_2\text{CO}_3]+[\text{HCO}_3^-]+[\text{CO}_3^{2-}]=c$$

4.1.5.2 电荷平衡式（CBE）

化合物溶于水后，不论其在水中发生了什么变化，但当反应处于平衡态时，溶液中带正电荷的总量必定等于带负电荷的总量，即溶液总是电中性的。这一规律称电荷平衡，其数学表达式叫做电荷平衡式。

例如浓度为 c 的 HAc 溶液的电荷平衡式是

$$[\text{H}^+]=[\text{Ac}^-]+[\text{OH}^-]$$

对于多价阳（阴）离子，平衡浓度前必须乘以相应的系数（即该离子所带的电荷数），这样才能保持正负电荷浓度的平衡关系。例如，浓度为 c 的 $Na_2C_2O_4$ 水溶液，其电荷平衡式是

$$[\text{H}^+]+[\text{Na}^+]=[\text{HC}_2\text{O}_4^-]+2[\text{CO}_4^{2-}]+[\text{OH}^-]$$

$H_2C_2O_4$ 是中性分子，不包括在电荷平衡式中。

4.1.5.3 质子条件（质子平衡式）（PBE）

酸碱反应达到平衡时，酸失去的质子数与碱得到的质子数相等，酸与碱之间的这种质子平衡关系叫质子条件，也叫质子平衡式。

质子条件有两种写法，一是根据物料平衡式与电荷平衡式书写；二是通过选取零水准法书写。通常采用选取零水准法书写。

例 4-3 写出浓度为 c 的 $NaHCO_3$ 溶液的质子平衡式。

解 在 $NaHCO_3$ 溶液中存在如下解离平衡

$$\text{NaHCO}_3 \rightleftharpoons \text{Na}^+ + \text{HCO}_3^-$$

$$\text{HCO}_3^- + \text{H}_2\text{O} \rightleftharpoons \text{H}_2\text{CO}_3 + \text{OH}^-$$

$$\text{HCO}_3^- \rightleftharpoons \text{H}^+ + \text{CO}_3^{2-}$$

$$\text{H}_2\text{O} \rightleftharpoons \text{H}^+ + \text{OH}^-$$

该溶液的物料平衡式和电荷平衡式分别为：

$$c=[\text{H}_2\text{CO}_3]+[\text{HCO}_3^-]+[\text{CO}_3^{2-}]$$

$$c+[\text{H}^+]=[\text{OH}^-]+[\text{HCO}_3^-]+2[\text{CO}_3^{2-}]$$

联立二式解：

$$[\text{H}^+]=[\text{OH}^-]+[\text{CO}_3^{2-}]-[\text{H}_2\text{CO}_3]$$

在采用第二种方法书写质子平衡式时,最关键的是选择参考水准或零水准。通常选取在水溶液中大量存在并直接参与质子转移的原始酸碱组分为参考水准,将溶液中其他酸碱组分与质子参考水准进行比较,哪些得质子了,哪些失质子了,得失质子后转化为何种型体。根据得失质子的物质的量相等的原则,将所有得质子后组分的浓度相加并写在等式的一边,将所有失质子后组分的浓度相加并写在等式的另一边,这样就得到质子平衡式。习惯上,将质子平衡式整理为 H^+ 浓度与有关组分浓度的关系式,便于求算出 H^+ 浓度。

正确列出质子平衡式应注意以下几点:
① 所选的参考水准为参加了质子传递的大量物质;
② 对于水溶液,H_2O 为必选的参考水准;
③ 对于多元酸、碱,各型体前的系数为该型体与参考水准相比较得失的质子数;
④ 质子平衡式中不应出现参考水准及未参加质子传递的各种型体。

例 4-4 写出一元弱酸 HA 水溶液的质子平衡式。

解 HA 水溶液中,大量存在并参与质子转移的物质是 HA 和 H_2O,以它们为参考水准,质子转移反应为:

可见,得质子产物为 H_3O^+,失质子产物为 A^- 和 OH^-,得失质子数均为 1。根据得失质子数相等的原则,一元弱酸溶液的质子平衡式为

$$[H^+]=[A^-]+[OH^-]$$

例 4-5 写出 $(NH_4)_2HPO_4$ 的质子平衡式。

解 选择 H_2O、NH_4^+ 和 HPO_4^{2-} 为参考水准

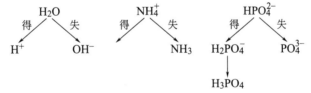

当体系达到平衡时,得失质子数相等,所以:

$$[H^+]=[OH^-]+[NH_3]+[PO_4^{3-}]-[H_2PO_4^-]-2[H_3PO_4]$$

4.1.6 水溶液中 pH 的计算

4.1.6.1 一元弱酸(碱)溶液 pH 的计算

一元弱酸(HA)溶液的质子条件式是:

$$[H^+]=[A^-]+[OH^-]$$

利用平衡常数式将各项变成 $[H^+]$ 的函数,即

$$[H^+]=\frac{K_a[HA]}{[H^+]}+\frac{K_w}{[H^+]}$$

则
$$[H^+]=\sqrt{K_a[HA]+K_w} \qquad (4-12)$$

这就是一元弱酸溶液 $[H^+]$ 的精确表达式。实际上,HA 的平衡浓度 $[HA]$ 是未知的,而其分析浓度 c 是已知的。若将 $[HA]=c\delta(HA)$ 代入上式,就会得到一元三次方程。

$$[H^+]^3+K_a[H^+]^2-(cK_a+K_w)[H^+]-K_aK_w=0 \qquad (4-13)$$

解此方程需用数学方法，比较麻烦，实际工作往往无需精确计算，可根据具体情况对式(4-12)作合理的近似处理。因为

$$[HA]=c-[A^-]=c-[H^+]+[OH^-]\approx c-[H^+]$$

又若酸不是太弱，可忽略水的酸性。当 $cK_a>20K_w$ 时（水的解离<5%），可略去 K_w 项。则式(4-12)简化为近似计算式：

$$[H^+]=\sqrt{K_a[HA]}=\sqrt{K_a(c-[H^+])} \tag{4-14}$$

即

$$[H^+]^2+K_a[H^+]-cK_a=0 \tag{4-15}$$

解此一元二次方程，即得 $[H^+]$。

如果酸的解离度很小（$\alpha<5\%$），对应于 $c/K_a>400$，此时 $[HA]=c-[H^+]\approx c$，则式(4-14)近似为最简计算式：

$$[H^+]=\sqrt{K_a c} \tag{4-16}$$

一般情况下，可按最简式计算弱酸溶液的 $[H^+]$，若这样算得的 $[H^+]<0.05c$，则计算结果正确，否则应按式(4-15)计算。

例 4-6 计算 $0.10\,\mathrm{mol\cdot L^{-1}}$ HAc（$pK_a=4.74$）溶液的 pH。

解 因为 $K_a c=0.10\times 10^{-4.74}=10^{-5.74}>20K_w$，所以水的酸性可忽略。又 $c/K_a=10^{-1.00}/10^{-4.74}=10^{3.74}>400$，故 $[HA]\approx c$，因此可用最简式计算

$$[H^+]=\sqrt{K_a c}=\sqrt{10^{-4.74-1.00}}=10^{-2.87}\,\mathrm{mol\cdot L^{-1}}$$
$$pH=2.87$$

例 4-7 计算 $0.20\,\mathrm{mol\cdot L^{-1}}$ 二氯乙酸（$pK_a=1.30$）溶液的 pH。

解 很明显 $K_a c>20K_w$，K_w 可略；$c/K_a=10^{-0.70}/10^{-1.30}=10^{0.60}<400$，故 $[HA]\neq c$，应用近似式(4-15)计算。

$$[H^+]^2+K_a[H^+]-cK_a=0$$
$$[H^+]=10^{-1.11}\,\mathrm{mol\cdot L^{-1}},\quad pH=1.11$$

对于一元弱碱 A^- 溶液，可作类似处理。由质子条件式：

$$[OH^-]=[H^+]+[HA]$$

利用平衡常数式 $[OH^-]$ 的精确表达式

$$[OH^-]=\frac{K_w}{[OH^-]}+\frac{K_b[A^-]}{[OH^-]}$$

$$[OH^-]^3+K_b[OH^-]^2-(cK_b+K_w)[OH^-]-K_bK_w=0 \tag{4-17}$$

若碱不是太弱，则可忽略水的碱性。当 $cK_b>20K_w$ 时（水的解离<5%），可略去 K_w 项。则式(4-17)简化为近似计算式：

$$[OH^-]^2+K_b[OH^-]-cK_b=0 \tag{4-18}$$

又若碱解离很少，$\alpha<5\%$（即 $c/K_b>400$），$[A^-]\approx c$，则由近似计算式(4-18)，可简化为最简计算式：

$$[OH^-]=\sqrt{K_b c} \tag{4-19}$$

4.1.6.2 多元酸（碱）溶液 pH 的计算

以二元弱酸 H_2A 为例，其质子条件式是：

$$[H^+]=[HA^-]+2[A^{2-}]+[OH^-]$$

溶液为酸性，$[OH^-]$ 项可略去。再结合有关平衡常数式，得：

$$[H^+] = \frac{K_{a_1}[H_2A]}{[H^+]} + 2\frac{K_{a_1}K_{a_2}[H_2A]}{[H^+]^2}$$

为便于作近似计算，进一步写作如下形式：

$$[H^+] = \frac{K_{a_1}[H_2A]}{[H^+]}(1 + \frac{2K_{a_2}}{[H^+]}) \tag{4-20}$$

若 $2K_{a_2}/[H^+] < 0.05$，式中 $2K_{a_2}/[H^+]$ 可略去，即忽略 H_2A 的第二步解离，得到：

$$[H^+] = \sqrt{K_{a_1}[H_2A]} \tag{4-21}$$

多元酸便简化成一元酸，以后的处理就同一元酸的计算完全相同了。

对于多元弱酸，在溶液中存在逐级解离，当第二级或第三级解离不能忽略时，其氢离子浓度的代数计算式较复杂，不便求解。在这种情况下，可采用迭代法求解出氢离子浓度。

对于多元弱碱可作类似处理。

例 4-8 计算 $0.10 \text{mol} \cdot \text{L}^{-1}$ 丁二酸溶液的 pH。

解 已知 $pK_{a_1} = 4.21$，$pK_{a_2} = 5.64$。先按一元酸处理，

因为 $c/K_{a_1} = 10^{3.21} > 400$，故采用最简式(4-16) 计算

$$[H^+] = \sqrt{K_{a_1}c} = \sqrt{10^{-4.21-1.00}} = 10^{-2.61} \text{mol} \cdot \text{L}^{-1}$$

此时 $2K_{a_2}/[H^+] = \frac{2 \times 10^{-5.64}}{10^{-2.61}} = 10^{-2.73} < 0.05$

因此按一元酸处理是合理的，该溶液的 pH 即为 2.61。

可见，即使像丁二酸，其 $\Delta(\lg K_a)$ 仅 1.43，仍可按一元酸简化处理。因此，一般多元酸，只要浓度不太稀，均可按一元酸处理。

4.1.6.3 两性物质溶液 pH 的计算

既能给出质子又能接受质子的物质都是两性物质。溶剂水就是两性物质，对生命有重要意义的氨基酸、蛋白质等都是两性物质。计算两性物质水溶液的 pH 具有特别的意义。

现以 NaHA 为例，讨论此类溶液的 pH 计算。NaHA 的质子条件式为：

$$[H^+] + [H_2A] = [A^{2-}] + [OH^-]$$

代入平衡关系：

$$[H^+] + \frac{[H^+][HA^-]}{K_{a_1}} = \frac{K_{a_2}[HA^-]}{[H^+]} + \frac{K_w}{[H^+]}$$

得到 $[H^+]$ 的精确表示式：

$$[H^+] = \sqrt{\frac{K_{a_2}[HA^-] + K_w}{1 + [HA^-]/K_{a_1}}} \tag{4-22}$$

此式中 $[HA^-]$ 未知，直接计算有困难，若 K_{a_1} 与 K_{a_2} 相差较大，则 $[HA^-] \approx c$；$cK_{a_2} > 20K_w$，则可忽略 K_w，即与 HA^- 的酸性相比，水的酸性太小，即得近似计算式：

$$[H^+] = \sqrt{\frac{K_{a_2}c}{1 + c/K_{a_1}}} \tag{4-23}$$

再若 $c/K_{a_1} > 20$，忽略分母中的 1。即 HA^- 碱性也不太弱，忽略水的碱性，这样得到最简式：

$$[H^+] = \sqrt{K_{a_1}K_{a_2}} \tag{4-24}$$

或

$$pH = \frac{1}{2}(pK_{a_1} + pK_{a_2}) \tag{4-25}$$

例 4-9 计算 $0.050 \text{mol} \cdot \text{L}^{-1}$ $NaHCO_3$ 溶液的 pH。

解 已知 $pK_{a_1}=6.38$，$pK_{a_2}=10.25$。因为

$$cK_{a_2}=10^{-1.30-10.25}=10^{-11.55}>20K_w，且\ c/K_{a_1}=10^{-1.30}/10^{-6.38}=10^{5.08}>20$$

故采用最简式(4-24)计算

$$pH=\frac{1}{2}(pK_{a_1}+pK_{a_2})=\frac{1}{2}\times(6.38+10.25)=8.32$$

例 4-10 计算 $0.033\ mol\cdot L^{-1}\ Na_2HPO_4$ 溶液的 pH。

解 HPO_4^{2-} 作两性物质所涉及的常数是 $pK_{a_2}(7.20)$ 和 $pK_{a_3}(12.36)$。

因为 $cK_{a_3}=10^{-1.48-12.36}=10^{-13.84}\approx K_w$，故 K_w 项不能略去，又 $c/K_{a_2}=10^{-1.48}/10^{-7.20}=10^{5.72}>20$，故分母中的 1 可略去，因此：

$$[H^+]=\sqrt{\frac{K_{a_3}c+K_w}{c/K_{a_2}}}=\sqrt{\frac{10^{13.84}+10^{14.00}}{10^{5.72}}}=10^{-9.47}$$

$$pH=9.47$$

若用最简式计算，pH=9.78，$[H^+]$ 计算的相对误差大。这是因为 HPO_4^{2-} 的酸性极弱，水的解离不能忽略，否则计算出来的 $[H^+]$ 偏低。

氨基酸是两性物质，在水溶液中以双极离子形式存在，以甘氨酸（即氨基乙酸）为例，它在水溶液中的解离平衡可用下式表示：

$$NH_3^+CH_2COOH \underset{K_{a_1}}{\overset{-H^+}{\rightleftharpoons}} NH_3^+CH_2COO^- \underset{K_{a_2}}{\overset{-H^+}{\rightleftharpoons}} NH_2CH_2COO^-$$

氨基乙酸阳离子　　　氨基乙酸双极离子　　　氨基乙酸阴离子

通常说的氨基乙酸是指双极离子型体。手册中所列 $pK_{a_1}(2.35)$ 相应于 $NH_3^+CH_2COOH$ 解离成 $NH_3^+CH_2COO^-$，$pK_{a_2}(9.78)$ 则相应于 $NH_3^+CH_2COO^-$ 解离成 $NH_2CH_2COO^-$。可见氨基乙酸的酸性（$pK_{a_2}=9.60$）和碱性（$pK_{b_2}=11.65$）均很弱。当溶液中

$$[NH_3^+CH_2COOH]=[NH_2CH_2COO^-]$$

时，此即氨基酸的等电点，它是氨基酸的重要性质。

当溶液中含有一弱酸（HA）、一弱碱（B）时，其 $[H^+]$ 计算与两性物相似。它的精确计算式是：

$$[H^+]=\sqrt{\frac{K_a(HA)[HA]+K_w}{1+[B]/K_a(HB)}} \tag{4-26}$$

近似计算式是：

$$[H^+]=\sqrt{\frac{K_a(HA)c(HA)}{1+c(B)/K_a(HB)}} \tag{4-27}$$

最简式是：

$$[H^+]=\sqrt{\frac{c(HA)}{c(B)}K_a(HA)K_a(HB)} \tag{4-28}$$

若 $c(HA)=c(B)$，则有：

$$[H^+]=\sqrt{K_a(HA)K_a(HB)} \tag{4-29}$$

计算时要注意，HA、B 应是溶液中的主要存在型体。

例 4-11 计算浓度为 $0.10\ mol\cdot L^{-1}\ HAc$ 和 $0.20\ mol\cdot L^{-1}\ H_3BO_3$ 的混合溶液的 pH。

解 已知 HAc 的 $pK_a=4.74$，H_3BO_3 的 $pK_a=9.24$

因为 $K_a(H_3BO_3)c(H_3BO_3)=10^{-9.24-0.70}=10^{-9.94}>20K_w$

$$c(Ac^-)/K_a(HAc)=10^{-1.00+4.74}=10^{3.74}>20$$

所以可用最简式计算,即

$$[H^+]=\sqrt{\frac{10^{-4.74-9.24-0.70}}{10^{-1.00}}}=10^{-6.84} \text{mol·L}^{-1}$$

$$pH=6.84$$

4.1.6.4 缓冲溶液 pH 的计算

缓冲溶液通常由浓度较大的共轭酸碱对组成,例如 HAc-Ac^-、NH_4^+-NH_3、$H_2PO_4^-$-HPO_4^{2-} 等。由于溶液中存在大量能接受质子的物质 A^- 和能给出质子的物质 HA,因而具有缓冲作用,即外加少量酸、碱或适量稀释后能保持溶液的 pH 基本不变。

在弱酸 HA 及其共轭碱 A^- 的溶液中,存在着下列平衡

$$HA+H_2O \rightleftharpoons H_3O^+ + A^-$$

$$K_a = \frac{[H^+][A^-]}{[HA]}$$

则
$$[H^+] = K_a \frac{[HA]}{[A^-]} \tag{4-30}$$

将上式两边取负对数得

$$pH = pK_a - \lg \frac{[HA]}{[A^-]} \tag{4-31}$$

由于一般控制酸度用的缓冲溶液其共轭酸碱的浓度较大,另外使用缓冲溶液时 pH 也不要求太精确,因此:

$$[HA] \approx c(HA), [A^-] \approx c(A^-)$$

式(4-31)可以简化为:

$$pH = pK_a - \lg \frac{c(HA)}{c(A^-)} \tag{4-32}$$

式(4-32)就是最常用的计算缓冲溶液 pH 的最简式。从上式可知,缓冲溶液的 pH,主要决定于 pK_a,其次是 $c(HA)/c(A^-)$(缓冲比),当缓冲比=1,$pH=pK_a$。

4.2 酸碱指示剂

酸碱滴定过程中,滴定反应一般不发生任何外观的变化,常需借助指示剂的颜色改变来判断滴定的终点。酸碱滴定中加入的指示剂叫做酸碱指示剂。在一定的 pH 的范围内酸碱指示剂发生颜色的变化。

4.2.1 指示剂的变色原理

酸碱指示剂

常用的酸碱指示剂是弱的有机酸、有机碱或酸碱两性物质,它们在酸碱滴定中也参与质子转移反应,随着溶液 pH 的改变,指示剂共轭酸碱对的比例也发生改变,由于结构的改变,而发生颜色的改变,而起到指示终点的作用。例如弱酸型指示剂用 HIn 表示,则其解离平衡为:

$$HIn \rightleftharpoons H^+ + In^-$$

指示剂分子 HIn 与阴离子 In^- 两者颜色不同,HIn 与 In^- 的颜色分别为指示剂的酸式色和碱式色。当溶液 pH 改变时,指示剂得到质子由碱式转变为酸式,或者失去质子由酸式转变为

碱式。由于结构的改变，引起颜色发生变化。例如，酚酞（PP）在水溶液中存在以下平衡：

无色(内酯式) ⇌ 红色(醌式) ⇌ 无色(羧酸盐式)

由平衡关系可以看出，在酸性条件下，酚酞以无色的分子形式存在，是内酯结构；在碱性条件下，转化为醌式结构的阴离子，显红色；当碱性更强时，则形成无色的羧酸盐式。

又如，甲基橙（MO）在水溶液中存在以下平衡：

黄色（碱式色）⇌ 红色（酸式色）

由平衡关系可以看出，增大溶液的酸度，甲基橙主要以醌式结构的离子形式存在，溶液呈红色；降低酸度，则主要以偶氮式结构存在，溶液呈黄色。在酸碱滴定中另一个常用指示剂甲基红具有类似的情况。

4.2.2 指示剂变色范围

指示剂颜色的改变源于溶液 pH 的变化，但并不是溶液的 pH 任意改变或稍有变化都能引起指示剂颜色的明显变化，指示剂的变色是在一定的 pH 范围内进行的。

以 HIn 表示指示剂的酸式，In^- 表示指示剂的碱式，它们在水溶液中存在下列解离平衡：

$$HIn \rightleftharpoons H^+ + In^-$$

$$K(HIn) = \frac{[H^+][In^-]}{[HIn]}$$

$$\frac{[In^-]}{[HIn]} = \frac{K(HIn)}{[H^+]}$$

式中，$K(HIn)$ 为指示剂的解离常数。

指示剂所呈的颜色由 $\frac{[In^-]}{[HIn]}$ 决定。一定温度下，$K(HIn)$ 为常数，则 $\frac{[In^-]}{[HIn]}$ 的变化取决于溶液 H^+ 的浓度。当 $[H^+]$ 发生改变时，$\frac{[In^-]}{[HIn]}$ 也发生改变，溶液的颜色也逐渐改变。肉眼辨别颜色的能力有限，当 $\frac{[In^-]}{[HIn]} < \frac{1}{10}$ 时，仅能看到指示剂酸式色；当 $\frac{[In^-]}{[HIn]} > 10$ 时，仅能看到指示剂碱式色；而当 $\frac{1}{10} < \frac{[In^-]}{[HIn]} < 10$ 时，看到的是酸式色和碱式色的混合色。因此：

$$pH = pK(HIn) \pm 1$$

是指示剂变色的 pH 范围，称为指示剂理论变色范围。不同的指示剂，其 $pK(HIn)$ 不同，所以其变色范围也不相同。

$$当 \frac{[In^-]}{[HIn]} = 1 时，pH = pK(HIn)$$

此 pH 称为指示剂的理论变色点（color transition point）。

指示剂的变色范围理论上应是 2 个 pH 单位，但实测的各种指示剂的变色范围并不都是 2 个 pH 单位（见表 4-1）。这是因为指示剂的实际变色范围不是根据 pK(HIn) 计算出来的，而是依靠肉眼观察得出来的，肉眼对各种颜色的敏感程度不同，加上指示剂的两种颜色之间相互掩盖，导致实测值与理论值有一定差异。

例如：甲基橙，pK(HIn)=3.4，理论变色范围应为 2.4～4.4，而实测范围为 3.1～4.4。后者表明甲基橙由红色变成黄色时，$\dfrac{[\text{In}^-]}{[\text{HIn}]}=10$，而由黄色变为红色，则只需酸式色为碱式色浓度的 2 倍即可。

表 4-1 常用酸碱指示剂

指示剂	变色 pH 范围	颜色变化	pK_a	浓度
百里酚蓝	1.2～2.8	红～黄	1.6	0.1%的20%乙醇溶液
甲基黄	2.9～4.0	红～黄	3.3	0.1%的90%乙醇溶液
甲基橙	3.1～4.4	红～黄	3.4	0.05%的水溶液
溴酚蓝	3.0～4.6	黄～紫	4.1	0.1%的20%乙醇溶液或其钠盐水溶液
溴甲酚绿	4.0～5.6	黄～蓝	4.9	0.1%的20%乙醇溶液或其钠盐水溶液
甲基红	4.4～6.2	红～黄	5.0	0.1%的60%乙醇溶液或其钠盐水溶液
溴百里酚蓝	6.2～7.6	黄～蓝	7.3	0.1%的20%乙醇溶液或其钠盐水溶液
中性红	6.8～8.0	红～黄橙	7.4	0.1%的60%乙醇溶液
苯酚红	6.8～8.4	黄～红	8.0	0.1%的60%乙醇溶液或其钠盐水溶液
酚酞	8.0～10.0	无～红	9.1	0.5%的90%乙醇溶液
百里酚蓝	8.0～9.6	黄～蓝	8.9	0.1%的20%乙醇溶液
百里酚酞	9.4～10.6	无～蓝	10.0	0.1%的乙醇溶液

在实际滴定中并不需要指示剂从酸式色完全变为碱式色，而只要看到明显的色变就可以了。通常在指示剂的变色范围内有一点颜色变化特别明显，如甲基橙当 pH≈4.0 时呈显著的橙色，这一点也就是实际的滴定终点，称为指示剂的滴定指数（titration index），以 pT 表示。当指示剂的酸式型颜色与碱式型颜色对人的眼睛同样敏感时，则指示剂理论上的颜色转变点就是 pT，即 pT=pK_a。但是在观察这一点时，还会有 0.3pH 的出入，所以 ΔpH=0.3 常常作为目视滴定分辨终点的极限。

由上可知，指示剂的变色范围不是恰好在 pH 7.0 左右，而是随 K_{HIn} 而异；指示剂的变色范围不是根据 pK(HIn) 计算出来的，而是依靠眼睛观察出来的；各种指示剂在变色范围内显示出逐渐变化的过渡色；各种指示剂的变色范围不同，但一般来说，不大于 2 个 pH 也不小于 1 个 pH 单位，多在 1.6～1.8 个 pH 单位。

4.2.3 影响指示剂变色范围的因素

影响指示剂变色范围的因素有两个方面：一是影响指示剂常数 K(HIn) 的数值；二是对变色范围的影响。主要原因讨论如下。

(1) 温度　指示剂 K(HIn) 在一定温度下为一常数，当温度改变时，K(HIn) 也改变，则指示剂的变色点和变色范围也随之变动。

(2) 指示剂的用量　指示剂用量过多（或浓度过高），会使终点颜色变化不明显，同时它本身也会多消耗酸标准溶液或碱标准溶液而带来误差。一般在不影响指示剂变色灵敏度的条件下，用量少一点为佳。指示剂浓度过大，对双色指示剂，会使终点颜色不易判断；对单色指示剂，会改变它的变色范围。如酚酞，指示剂的用量对 pT 有较大的影响。设指示剂的

总浓度为 c，人眼观察到红色碱色型的最低浓度为 a（一个固定值），代入平衡式

$$\frac{K_a}{[H^+]} = \frac{[In]}{[HIn]} = \frac{a}{c-a}$$

式中，K_a 和 a 都是定值，如果 c 增大了，要维持平衡只有增大 $[H^+]$。就是说，指示剂要在较低的 pH 时显粉红色。如在 50~100mL 溶液中加 2~3 滴 0.1% 酚酞，于 pH=9 时变色（呈微红色），而在相同条件下，若加 10~15 滴，则在 pH=8 时变色（呈微红色）。

(3) 滴定的顺序　在实际分析工作中，滴定顺序也会影响人眼对滴定终点颜色观察的敏锐性。指示剂由无色变红色，或由黄色变橙色，比由红色或橙色变黄色易于辨别。因此强碱滴定强酸时，用酚酞指示剂比用甲基橙为好，同理强酸滴定强碱应选用甲基橙作指示剂。

(4) 溶剂　在不同的溶剂中，$pK(HIn)$ 各不相同。如甲基橙在水溶液中 $pK(HIn)=3.4$，而在甲醇溶液中 $pK(HIn)$ 为 3.8，所以溶剂也影响指示剂的变色范围。

(5) 盐类　由于盐类具有吸收不同波长光的性质，所以影响指示剂颜色的深浅，从而也影响指示剂变色的敏锐性；另外对指示剂的解离常数也有影响，使指示剂的变色范围发生移动。

4.2.4　混合指示剂

在酸碱滴定中（有时如弱酸、碱滴定），需将滴定终点限制在很窄的范围内，需要采用变色范围窄、色调变化鲜明的指示剂，即混合指示剂。它是利用颜色之间的互补作用，使之具有变色范围窄、变色敏锐的特点。

混合指示剂的配制方法如下。

① 在某种指示剂中加一种不随 H^+ 浓度变化而改变颜色的惰性染料。

如甲基橙和靛蓝组成混合指示剂。靛蓝是惰性染料，滴定中颜色不变化，只作甲基橙变色的背景。其颜色变化如表 4-2 所示。

表 4-2　甲基橙和靛蓝二磺酸钠混合指示剂的颜色随 pH 的变化情况

溶液的酸度	甲基橙	靛蓝	甲基橙+靛蓝
pH≥4.4	黄色	蓝色	绿色
pH≈4.0	橙色	蓝色	浅灰色(近无色)
pH<3.1	红色	蓝色	紫色

可见，甲基橙和靛蓝混合指示剂由绿色变紫色或由紫色变绿色，中间近无色，易辨别。

② 由两种或两种以上指示剂混合配成。如溴甲酚绿和甲基红两种指示剂按一定比例混合配成。其颜色变化如表 4-3 所示。

表 4-3　溴甲酚绿和甲基红混合指示剂的颜色随 pH 的变化情况

溶液的酸度	溴甲酚绿	甲基红	溴甲酚绿+甲基红
pH<4.0	黄色	红色	酒红色
pH≈5.1	绿色	橙色	灰色
pH>6.2	蓝色	黄色	绿色

常见的混合指示剂见表 4-4。

表 4-4 常见的混合指示剂

混合指示剂的组成	变色点 pH	颜色 酸色	颜色 碱色	备注
1 份 0.1%甲基橙水溶液 1 份 0.25%靛蓝二磺酸钠盐水溶液	4.1	紫	黄绿	pH 4.1 灰色
3 份 0.1%溴甲酚绿乙醇溶液 1 份 0.2%甲基红乙醇溶液	5.1	酒红	绿	pH 5.1 灰色,pH 5.4 蓝绿
1 份 0.1%溴甲酚绿钠盐水溶液 1 份 0.1%氯酚红钠盐水溶液	6.1	蓝绿	蓝紫	5.8 蓝,6.0 蓝带紫,6.2 蓝紫
1 份 0.1%中性红乙醇溶液 1 份 0.1%亚甲基蓝乙醇溶液	7.0	蓝紫	绿	pH 7.0 紫蓝
1 份 0.1%甲酚红钠盐水溶液 3 份 0.1%百里酚蓝钠盐水溶液	8.3	黄	紫	pH 8.2 玫瑰色,8.4 紫色
1 份 0.1%百里酚蓝 50%乙醇溶液 3 份 0.1%酚酞 50%乙醇溶液	9.0	黄	紫	从黄到绿再到紫
2 份 0.1%百里酚酞乙醇溶液 1 份 0.1%茜素黄乙醇溶液	10.2	黄	紫	

4.3 酸碱滴定法的基本原理

将一种酸逐滴加入一种碱液中,或将一种碱逐滴加入一种酸液中时,溶液的 pH 值不断变化。若以溶液的 pH 值为纵坐标,加入溶液的体积 V 或滴定分数 a(为所加滴定剂与被滴定组分的物质的量之比)或滴定百分数 $T\%$ 为横坐标作图,所得到的图称为酸碱滴定曲线。从滴定曲线上,不仅可以了解到待测物质能否直接准确被滴定,同时还可以了解如何正确选择指示剂。在酸碱滴定中,不同类型的酸碱滴定过程 pH 值的变化规律是各不相同的,下面分别予以讨论。

4.3.1 强酸强碱的滴定

强酸、强碱在水溶液中几乎完全解离,酸以 H^+ 形式存在,碱以 OH^- 形式存在。这类滴定的基本反应为:

$$H^+ + OH^- \Longrightarrow H_2O$$

酸碱滴定法的基本原理 1

以 $c(NaOH)=0.1000\ mol\cdot L^{-1}$ 氢氧化钠标准溶液滴定 $20.00\ mL\ c(HCl)=0.1000\ mol\cdot L^{-1}$ 盐酸标准溶液为例,研究滴定过程中溶液 pH 值的变化。

(1) 滴定开始前 溶液的 pH 值取决于 HCl 的原始浓度

$$[H^+]=c(HCl)=0.1000\ mol\cdot L^{-1}$$
$$pH=1.00$$

(2) 滴定开始至化学计量点前 溶液由剩余 HCl 和作用产物 NaCl 组成,溶液的 pH 值取决于剩余 HCl 的量。由于 $c(HCl)=c(NaOH)$,所以

$$[H^+]=\frac{V(HCl)-V(NaOH)}{V(HCl)+V(NaOH)}\times c(HCl)$$

当滴入 $V(NaOH)=19.98\ mL$ 时,代入上式

$$[H^+]=0.1000\ mol\cdot L^{-1}\times\frac{20.00\ mL-18.00\ mL}{20.00\ mL+18.00\ mL}=5.0\times10^{-5}\ mol\cdot L^{-1}$$
$$pH=4.30$$

(3) 化学计量点时 酸碱作用完全,此时 H^+ 来自水的质子自递反应。

$$[H^+]=\sqrt{K_w}=\sqrt{10^{-14.0}}=10^{-7}\ mol\cdot L^{-1}$$

$$pH = 7.00$$

（4）化学计量点后 滴入的 NaOH 溶液过量，溶液的 pH 值取决于过量的 NaOH 浓度。

$$[OH^-] = \frac{V(NaOH) - c(HCl)}{V(NaOH) + V(HCl)} \times c(NaOH)$$

当滴入 $V(NaOH) = 20.02$ mL 时，代入上式

$$[OH^-] = 0.1000 \text{mol·L}^{-1} \times \frac{20.02\text{mL} - 20.00\text{mL}}{20.02\text{mL} + 20.00\text{mL}} = 5.0 \times 10^{-5} \text{mol·L}^{-1}$$

$$pOH = 4.30 \quad 或 \quad pH = 9.70$$

以同样方法计算出：滴入 20.20mL、22.00mL、40.00mL NaOH 标准溶液时，溶液 pH 值分别为 10.70、11.70、12.50。如此逐一计算，结果列表，见表 4-5。以 NaOH 溶液加入体积为横坐标，以溶液的 pH 值为纵坐标作图，绘制出 pH-V 曲线图，此即为强碱滴定强酸的滴定曲线，如图 4-3 所示。

表 4-5 0.1000mol·L^{-1} NaOH 标准溶液滴定 20.00mL 0.1000mol·L^{-1} HCl 标准溶液的 pH 值变化

NaOH 加入量		剩余 HCl	过量 NaOH	pH 值
mL	%	mL	mL	
0.00	0.00	20.00		1.00
18.00	90.00	2.00		2.28
19.80	99.00	0.20		3.30
19.98	99.90	0.02		4.30
20.00	100.0	0.00		7.00
20.02	100.1		0.02	9.70
20.20	101.0		0.20	10.70
22.00	110.0		2.00	11.68
40.00	200.0		20.00	12.50

突跃范围：4.30~9.70

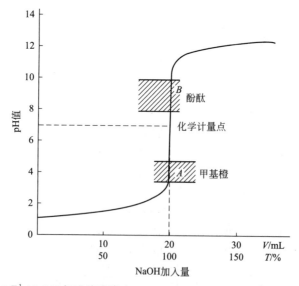

图 4-3 0.1000mol·L^{-1} NaOH 标准溶液滴定 20.00mL 0.1000mol·L^{-1} HCl 标准溶液的滴定曲线

由表 4-5 和图 4-3 看出，整个滴定过程中溶液的 pH 值变化是不均匀的，刚开始滴定时，溶液 pH 值升高缓慢，因有较多的 HCl 存在。滴定中随着溶液中酸含量的变小，pH 值变化加快，加入少量 NaOH 标准溶液会引起 pH 值的显著改变。如 NaOH 溶液从 19.98mL 到 20.02mL，即在化学计量点前后仅差 0.04mL（约 1 滴），pH 值却从 4.30 骤然升到 9.70，变化了 5.40 个 pH 单位。溶液由酸性变为碱性，发生了由量变到质变的转折。滴定曲线出现一段近似垂直线，这种在

化学计量点附近溶液中 pH 值的急剧突变称为滴定突跃。过化学计量点后再继续滴加 NaOH 标准溶液，pH 值的变化又愈来愈小，曲线也趋于平缓，与刚开始滴定时相似。化学计量点前后相对误差±0.1%范围内溶液 pH 值的变化范围，称为酸碱滴定的 pH 突跃范围。

0.1000mol·L^{-1} NaOH 溶液滴定 0.1000mol·L^{-1} HCl 溶液的 pH 突跃范围为 4.30~9.70，化学计量点时的 pH 是 7.00。这一滴定的 pH 突跃范围是选择指示剂的依据。即指示剂的变色范围应全部或部分落在滴定的突跃范围之内。根据这一原则可选择甲基橙、甲基红、酚酞做强碱强酸滴定的指示剂。若以甲基橙为指示剂，溶液颜色由橙色变为黄色时，pH 值为 4.4，未中和的 HCl 小于 0.1%，因此滴定误差不会超过 0.1%。但从指示剂变色由浅到深易观察的角度来看，选酚酞作指示剂更好一些。

如果用 HCl 标准溶液滴定 NaOH 溶液（浓度均为 0.1000mol·L^{-1}），其滴定曲线形状或方向与 NaOH 滴定 HCl 刚好相反，并且对称。滴定 pH 突跃范围为 9.70~4.30，化学计量点为 pH=7.00。可选择甲基橙、甲基红、酚酞作指示剂，以甲基红为佳。如果用甲基橙为指示剂，溶液颜色由黄色变为橙色时，pH 值为 4.0，将有+0.2%的滴定误差。

强酸强碱滴定突跃范围的大小与酸碱溶液的浓度有关。溶液越浓，突跃范围越大，指示剂的选择也就越方便；溶液越稀，突跃范围越小，可供选择的指示剂越少。如图 4-4 所示。

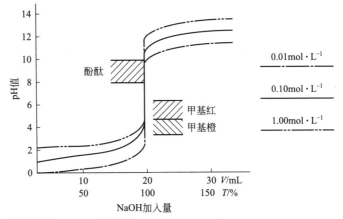

图 4-4 不同浓度的 NaOH 溶液滴定不同浓度 HCl 溶液的滴定曲线

滴定中标准溶液浓度过大，试剂用量太多；浓度过稀，突跃不明显，选择指示剂较困难，一般常用的标准溶液浓度在 0.01~1.00mol·L^{-1} 范围为好。

4.3.2 一元弱酸（碱）的滴定

4.3.2.1 强碱滴定一元弱酸

一元弱酸在水溶液中存在解离平衡。强碱滴定一元弱酸的基本反应为：

$$OH^- + HA \Longrightarrow H_2O + A^-$$

以 $c(NaOH)=0.1000mol·L^{-1}$ 氢氧化钠标准溶液滴定 20.00mL $c(HAc)=0.1000mol·L^{-1}$ 乙酸标准溶液为例，讨论滴定中溶液 pH 值的变化情况。

滴定反应为：

$$OH^- + HAc \Longrightarrow H_2O + Ac^-$$

（1）滴定前 溶液组成为 0.1000mol·L^{-1} HAc 溶液，溶液中 H$^+$ 的浓度取决于 HAc 的解离。HAc 的解离常数 $K_a=1.8×10^{-5}$（pK_a=4.74）。

$$[H^+]=\sqrt{cK_a}$$

$$= \sqrt{0.1000 \times 1.8 \times 10^{-5}} = 1.34 \times 10^{-3} \text{ mol} \cdot \text{L}^{-1}$$
$$\text{pH} = 2.87$$

(2) 滴定开始到化学计量点前 溶液中有未反应的 HAc 和反应产生的共轭碱 Ac^-，组成 HAc-Ac^- 缓冲体系，溶液 pH 值按下式计算：

$$\text{pH} = \text{p}K_a + \lg\frac{[\text{Ac}^-]}{[\text{HAc}]}$$

式中
$$[\text{Ac}^-] = \frac{c(\text{NaOH})V(\text{NaOH})}{V(\text{HAc}) + V(\text{NaOH})}$$

$$[\text{HAc}] = \frac{c(\text{HAc})V(\text{HAc}) - c(\text{NaOH})V(\text{NaOH})}{V(\text{HAc}) + V(\text{NaOH})}$$

因为
$$c(\text{HAc}) = c(\text{NaOH})$$

所以
$$\text{pH} = \text{p}K_a + \lg\frac{V(\text{NaOH})}{V(\text{HAc}) - V(\text{NaOH})}$$

当滴入 $V(\text{NaOH}) = 19.98$ mL 时，代入上式：

$$\text{pH} = 4.74 + \lg\frac{19.98}{20.00 - 19.98} = 7.74$$

(3) 化学计量点时 即加入 NaOH 溶液的体积为 20.00mL，HAc 全部作用生成共轭碱 Ac^-，其浓度 $c(\text{Ac}^-) = 0.05000$ mol·L^{-1}。此时溶液的碱度主要由 Ac^- 的解离所决定。因为 $K_b = K_w/K_a = 5.6 \times 10^{-10}$，$cK_a > 20K_w$，$c/K_b > 400$，于是：

$$[\text{OH}^-] = \sqrt{cK_b} = \sqrt{\frac{cK_w}{K_a}} = \sqrt{\frac{0.05000 \times 10^{-14}}{1.8 \times 10^{-5}}} = 5.3 \times 10^{-6} \text{ mol} \cdot \text{L}^{-1}$$

$$\text{pOH} = 5.28 \quad \text{或} \quad \text{pH} = 8.72$$

(4) 化学计量点后 溶液组成为 Ac^- 和过量的 NaOH，由于 NaOH 抑制了 Ac^- 的解离，溶液的碱度由过量的 NaOH 决定，溶液的 pH 值变化与强碱滴定强酸的情况相同。

$$[\text{OH}^-] = \frac{c(\text{NaOH})V[\text{NaOH}(\text{过量})]}{V(\text{总体积})}$$

当 NaOH 滴入 20.02mL 时，过量 0.02mL

$$[\text{OH}^-] = \frac{0.1000 \times 0.02}{20.00 + 20.02} = 5.0 \times 10^{-5} \text{ mol} \cdot \text{L}^{-1}$$

$$\text{pOH} = 4.30 \quad \text{或} \quad \text{pH} = 9.70$$

由上述方法逐一计算滴定过程中溶液的 pH 值，结果列于表 4-6 中，并绘制滴定曲线，见图 4-5 中的曲线I，该图中虚线为 0.1000mol·L^{-1} NaOH 溶液滴定 20.00mL 0.1000mol·L^{-1} HCl 溶液的前半部分。

表 4-6 0.1000mol·L^{-1} NaOH 标准溶液滴定 20.00mL 不同浓度 HAc 标准溶液的 pH 值变化

加入 NaOH		剩余 HAc	过量 NaOH	pH 值	
mL	%	mL	mL		
0.00	0.00	20.00		2.87	
10.00	50.00	10.00		4.74	
18.00	90.00	2.00		5.70	
19.80	99.00	0.20		6.74	
19.98	99.90	0.02		7.74	突跃范围
20.00	100.0	0.00		8.72	
20.02	100.1		0.02	9.70	
20.20	101.0		0.20	10.70	
22.00	110.0		2.00	11.70	
40.00	200.0		20.00	12.50	

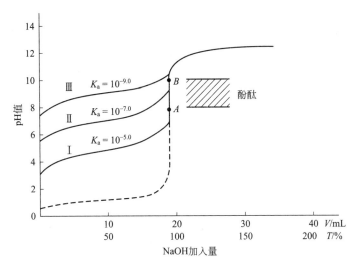

图 4-5 NaOH 溶液滴定不同浓度弱酸溶液的滴定曲线

比较图 4-5 中曲线Ⅰ与虚线，可以看出 NaOH 溶液滴定 HAc 溶液的滴定曲线具有如下特点。

① 曲线的起点高，由于 HAc 是弱酸，在溶液中不能全部解离，H^+ 的浓度比同浓度的强酸（HCl）低得多，所以曲线起点不在 pH=1.00 处，而在 pH=2.87 处，高出近 2 个 pH 单位。

② 刚开始滴定时 pH 值升高较快，NaOH 溶液滴定 HAc 溶液的滴定曲线的斜率比 NaOH 溶液滴定 HCl 溶液的大，这是因为反应产生的 Ac^- 抑制了 HAc 的解离。随着滴定的进行，HAc 浓度不断降低，而 Ac^- 浓度逐渐增大，溶液中形成了 HAc-Ac^- 缓冲体系，故 pH 值变化缓慢，滴定曲线较为平坦。接近化学计量点时，溶液中 HAc 浓度极小，溶液缓冲作用减弱，继续滴入 NaOH 溶液，溶液的 pH 值变化速率加快，致使化学计量点前溶液呈碱性，曲线斜率迅速增大。

③ 突跃范围小。由于上述两个因素，NaOH 溶液滴定 HAc 溶液的 pH 突跃范围比同浓度 NaOH 溶液滴定 HCl 溶液的 pH 突跃范围小了 3 个多 pH 单位。NaOH 溶液滴定 HAc 溶液的 pH 突跃范围为 7.7~9.7，偏于碱性区域。化学计量点时 pH=8.7。这时可选碱性范围内变色的指示剂，如酚酞、百里酚酞或百里酚蓝等。在酸性范围内变色的指示剂如甲基橙、甲基红则不适用。

如用相同浓度的强碱滴定不同的一元弱酸得到如图 4-5 所示Ⅰ、Ⅱ、Ⅲ三条滴定曲线。由图可知，K_a 越大，即酸越强，滴定突跃范围越大；K_a 越小，酸越弱，滴定突跃范围越小。当 $K_a < 10^{-7.0}$ 时已无明显的突跃，利用一般的酸碱指示剂已无法判断终点。

实践证明，借助于指示剂颜色的变化来确定滴定的终点，pH 突跃范围必须在 0.3 个 pH 单位以上。综合溶液浓度与弱酸强度两因素对滴定突跃大小的影响，得到弱酸能被强碱溶液直接准确滴定的判据为：

$$cK_a \geq 10^{-8}$$

对于 $cK_a < 10^{-8}$ 的弱酸，可采用其他方法进行测定。比如用仪器来检测滴定终点、利用适当的化学反应使弱酸强化，或在酸性比水更弱的非水介质中进行滴定等。

4.3.2.2 强酸滴定一元弱碱

以 B 代表一元弱碱，基本反应为：

$$H^+ + B \Longrightarrow HB^+$$

以 HCl 滴定 NH_3 溶液为例。滴定反应为：

$$H^+ + NH_3 \Longrightarrow NH_4^+$$

这类滴定同 NaOH 溶液滴定 HAc 溶液十分相似，只是滴定过程中溶液的 pH 值变化由大到小，滴定曲线形状恰好与 NaOH 溶液滴定 HAc 溶液情况相反，化学计量点时生成物 NH_4^+ 为弱酸，化学计量点时 pH=5.3，滴定的 pH 突跃范围为 pH 值为 6.3~4.3，偏于酸性区域，宜选用甲基红等酸性区域变色的指示剂。

现以 $0.1000\ mol\cdot L^{-1}$ HCl 溶液滴定 20.00mL $0.1000\ mol\cdot L^{-1}$ NH_3 溶液为例。两点两线 pH 值的计算方法与强碱滴定弱酸类似，并将计算方法及结果列于表 4-7 中，绘成的滴定曲线如图 4-6 所示。

表 4-7　$0.1000\ mol\cdot L^{-1}$ HCl 溶液滴定 20.00mL $0.1000\ mol\cdot L^{-1}$ NH_3 溶液时溶液 pH 值的变化

滴入 HCl 溶液的体积/mL	滴定分数 a	溶液组成	计算公式	溶液的 pH 值	
0.00	0.000	NH_3	$[OH^-] = \sqrt{cK_b}$	11.12	
18.00	0.900			6.30	
19.80	0.990	NH_3-NH_4^+	$[OH^-] = K_b \dfrac{c(NH_3)}{c(NH_4^+)}$	7.25	
19.98	0.999			6.25	突跃范围
20.00	1.000	NH_4^+	$[H^+] = \sqrt{cK_a}$	5.28	
20.02	1.001			4.30	
20.20	1.010	H^+-NH_4^+	$[H^+] = c(HCl)$	3.30	
22.00	1.100			2.32	
40.00	2.000			1.48	

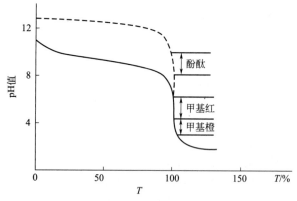

图 4-6　$0.1000\ mol\cdot L^{-1}$ HCl 溶液滴定 20.00mL $0.1000\ mol\cdot L^{-1}$ NH_3 溶液（实线）和 $0.1000\ mol\cdot L^{-1}$ HCl 滴定 20.00mL $0.1000\ mol\cdot L^{-1}$ NaOH 溶液（虚线）的滴定曲线

由表 4-7 数据及滴定曲线（图 4-6）可知，强酸滴定弱碱的情况与强碱滴定弱酸的情况十分相似，所不同的是强酸滴定弱碱的滴定曲线上 pH 值由大到小，与强碱滴定弱酸的变化方向相反。滴定产物是弱碱的共轭酸，是一种弱酸，所以化学计量点时溶液的 pH 值小于 7，滴定突跃也出现在酸性范围内，应选择在酸性范围内变色的指示剂。

与弱酸的滴定类似，弱碱的强度 K_b 和浓度 c 都会影响突跃范围的大小。直接准确滴定弱碱的条件是：

$$cK_b \geq 10^{-8}$$

根据以上讨论可知，用强碱滴定弱酸时，在碱性范围内有突跃而在酸性范围内无突跃；用强酸滴定弱碱时，在酸性范围内有突跃而在碱性范围内无突跃；若是弱酸碱之间相互滴定，则无突跃，故此，在实际过程中一般不用弱酸或弱碱作滴定剂。

与强碱滴定弱酸的情形类似，弱碱被强酸直接准确滴定的判据为：

$$cK_b \geq 10^{-8}$$

从上述两种类型的滴定看出，强碱滴定弱酸时，酸性区域无pH突跃范围；而强酸滴定弱碱时，碱性区域无pH突跃范围。如果用弱酸滴定弱碱或弱碱滴定弱酸时，便没有突跃形成，当然就不存在什么pH突跃范围。无突跃就无法选择合适的指示剂，所以弱酸弱碱这类滴定不能借助于指示剂的颜色变化来指示终点。所以在酸碱滴定中，标准溶液均用强酸或强碱，而不用弱酸或弱碱。

例 4-12 下列物质能否用酸碱滴定法直接准确滴定？若能，计算化学计量点时的pH值，并选择合适的指示剂。(1) $0.10 \text{mol} \cdot \text{L}^{-1} \text{H}_3\text{BO}_3$；(2) $0.10 \text{mol} \cdot \text{L}^{-1} \text{NH}_4\text{Cl}$；(3) $0.10 \text{mol} \cdot \text{L}^{-1}$ NaCN。

解 (1) H_3BO_3 ($K_a = 7.3 \times 10^{-10}$)

$$cK_a = 0.10 \times 7.3 \times 10^{-10} = 7.3 \times 10^{-11} < 10^{-8}$$

所以 H_3BO_3 不能直接被准确滴定。

(2) NH_4^+ ($K_a = 5.6 \times 10^{-10}$)

$$cK_a = 0.10 \times 5.6 \times 10^{-10} = 5.6 \times 10^{-11} < 10^{-8}$$

不能直接被准确滴定。

(3) CN^- 为 HCN($K_a = 4.93 \times 10^{-10}$) 的共轭碱

$$K_b = \frac{K_w}{K_a} = \frac{10^{-14}}{4.93 \times 10^{-10}} = 2.0 \times 10^{-5}$$

$$cK_b = 0.10 \times 2.0 \times 10^{-5} = 2.0 \times 10^{-6} > 10^{-8}$$

所以能直接被准确滴定。

若用 $0.10 \text{mol} \cdot \text{L}^{-1}$ HCl 滴定，化学计量点时溶液组成主要为 HCN，

$$\text{H}^+ + \text{CN}^- \Longleftrightarrow \text{HCN}$$

因为 $cK_a = 0.050 \times 4.9 \times 10^{-10} = 2.4 \times 10^{-11} > 20K_w$，$c/K_a > 400$，则：

$$[\text{H}^+] = \sqrt{cK_a}$$
$$= \sqrt{0.05 \times 4.93 \times 10^{-10}} = 5.0 \times 10^{-6} \text{mol} \cdot \text{L}^{-1}$$
$$\text{pH} = 5.30$$

在实际工作中，选择指示剂时，通常只需知道化学计量点时的pH值，然后选择在化学计量点或其附近变色的指示剂。此滴定可选甲基红 [$pK(\text{HIn}) = 5.0$] 作指示剂。

4.3.3 多元酸的滴定

能给出两个或两个以上质子的酸为多元酸，多元酸多数是弱酸，它们在水中分级解离。如 H_2B 分两步解离，用强碱滴定时，首先要讨论：多元酸中所有的 H^+ 是否能全部被直接滴定？若能直接滴定，是否能分步滴定？

已经证明二元弱酸能否分步滴定可按下列原则大致判断：

① 根据直接滴定的条件去判断多元酸各步解离出来的 H^+ 能否被滴定。

a. 若 $cK_{a_1} \geqslant 10^{-8}$，$cK_{a_2} \geqslant 10^{-8}$，则此二元酸两步解离出来的 H^+ 均可直接被滴定；

b. 若 $cK_{a_1} \geqslant 10^{-8}$，$cK_{a_2} < 10^{-8}$ 时，第一步解离出来的 H^+ 可直接被滴定，第二步解离出来的 H^+ 不能直接被滴定。三元酸以此类推。

② 根据相邻两个解离常数的比值去判断能否分步滴定。

通常是通过判断 pH 突跃个数来判断分步滴定的情况，即有一个 pH 突跃就能进行一步滴定，有两个 pH 突跃，就能进行两步滴定，以此类推。如二元酸：

a. 如果 $cK_{a_1} \geqslant 10^{-8}$，$cK_{a_2} \geqslant 10^{-8}$ 且 $K_{a_1}/K_{a_2} \geqslant 10^5$，则形成两个 pH 突跃，两个 H^+ 能分别直接被滴定，按第一、第二化学计量点时的 pH 值分别选择指示剂；

b. 如果 $cK_{a_1} \geqslant 10^{-8}$，$cK_{a_2} < 10^{-8}$，且 $K_{a_1}/K_{a_2} \geqslant 10^5$，形成一个 pH 突跃，第一步解离出的 H^+ 能直接被滴定，第二步解离出来的 H^+ 不能被直接滴定，按第一化学计量点时的 pH 值选择指示剂；

c. 若 $K_{a_1}/K_{a_2} < 10^5$，即使 $cK_{a_1} \geqslant 10^{-8}$，第一步解离的 H^+ 也不能直接被滴定。因为 $cK_{a_2} < 10^{-8}$，第二化学计量点前后无 pH 突跃，无法选择指示剂确定滴定终点，且又影响第一步解离出来的 H^+ 的滴定。

d. 如果 $cK_{a_1} \geqslant 10^{-8}$，$cK_{a_2} \geqslant 10^{-8}$，但 $K_{a_1}/K_{a_2} < 10^5$ 时，分步解离的两个 H^+ 均能直接被滴定，但第一化学计量点时的 pH 突跃与第二化学计量点时的 pH 突跃连在一起，形成一个大突跃，只能进行一步滴定，根据第二化学计量点的 pH 突跃范围选择指示剂。其他多元酸以此类推。

例 4-13 用 $c(NaOH)=0.1000\,mol\cdot L^{-1}$ 氢氧化钠标准溶液滴定 $c(H_3PO_4)=0.1000\,mol\cdot L^{-1}$ 磷酸溶液，问能否直接滴定？如能滴定，有几个滴定突跃？其化学计量点的 pH 值为多少？应选用何种指示剂？已知：H_3PO_4 的解离常数分别为 $K_{a_1}=7.5\times 10^{-3}$，$K_{a_2}=6.3\times 10^{-8}$，$K_{a_3}=4.4\times 10^{-13}$。

解 $cK_{a_1} > 10^{-8}$，$cK_{a_2} \approx 10^{-8}$，$cK_{a_3} < 10^{-8}$

可见，H_3PO_4 第一、二级解离的 H^+ 能直接被滴定，第三级解离的 H^+ 不能直接被滴定。

$$K_{a_1}/K_{a_2} \approx 10^5,\ K_{a_2}/K_{a_3} \approx 10^5$$

形成两个 pH 突跃，所以一级、二级解离的两个 H^+ 能分别被滴定。

滴定到第一化学计量点时，产物为 $H_2PO_4^-$，$c=0.10\,mol\cdot L^{-1}$，由于 $cK_{a_2} > 20K_w$，$c/K_{a_1} < 20$，于是：

$$[H^+] = \sqrt{\frac{K_{a_2}c}{1+c/K_{a_1}}}$$

$$= \sqrt{\frac{6.3\times 10^{-8}\times 0.050}{1+0.050\div(7.6\times 10^{-3})}} = 0.10\times 10^{-5}\,mol\cdot L^{-1}$$

$$pH = 4.70$$

滴定到第二化学计量点时，产物 HPO_4^{2-}，$c=0.033\,mol\cdot L^{-1}$，由例 4-10 的计算结果为 $pH=9.47$。

因此，第一和第二化学计量点分别选甲基红和酚酞作指示剂。但由于化学计量点附近（pH=9.78）突跃较小，如分别改用溴甲酚绿和甲基橙、酚酞和百里酚酞混合指示剂，则终点变色明显。

$0.1000\,mol\cdot L^{-1}$ NaOH 溶液滴定 $0.1000\,mol\cdot L^{-1}$ H_3PO_4 溶液的滴定曲线如图 4-7 所示。

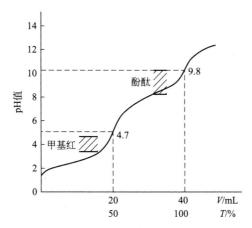

图 4-7 0.1000mol·L^{-1} NaOH 溶液滴定 0.1000mol·L^{-1} H$_3$PO$_4$ 溶液的滴定曲线

4.3.4 多元碱的滴定

多元碱的滴定与多元酸的滴定相似,有关多元酸分步滴定的条件也适用于多元碱,只需用 K_b 代替 K_a,[OH$^-$] 代替 H$^+$。

例 4-14 用 c(HCl)=0.1000mol·L^{-1} 盐酸标准溶液滴定 c(Na$_2$CO$_3$)=0.1000mol·L^{-1} 碳酸钠溶液,问能否直接滴定?如能滴定,有几个滴定突跃?其化学计量点的 pH 值为多少?应选用何种指示剂?已知:H$_2$CO$_3$ 的解离常数为 K_{a_1}=4.2×10^{-7}, K_{a_2}=5.6×10^{-11}。

解 Na$_2$CO$_3$ 为二元碱,在水中存在二级解离:

$$CO_3^{2-} + H_2O \rightleftharpoons HCO_3^- + OH^-$$

$$K_{b_1} = \frac{K_w}{K_{a_2}} = \frac{10^{-14}}{5.6\times10^{-11}} = 1.8\times10^{-4}$$

$$HCO_3^- + H_2O \rightleftharpoons H_2CO_3 + OH^-$$

$$K_{b_2} = \frac{K_w}{K_{a_1}} = \frac{10^{-14}}{4.2\times10^{-7}} = 2.4\times10^{-8}$$

由于 $cK_{b_1} > 10^{-8}$,$cK_{b_2} \approx 10^{-8}$ 且 $K_{b_1}/K_{b_2} = 1.8\times10^{-4}/2.4\times10^{-8} \approx 10^4 < 10^5$,故对高浓度的 Na$_2CO_3$ 溶液,近似认为两级解离的 OH$^-$ 可分步被滴定,形成两个 pH 突跃。

第一化学计量点时,产物为 HCO$_3^-$,化学计量点的 pH 值为 8.35。由于 $K_{b_1}/K_{b_2} \approx 10^4 < 10^5$,滴定到 HCO$_3^-$ 这一步的准确度不高,若采用甲酚红和百里酚蓝混合指示剂指示终点,并用相同浓度的 NaHCO$_3$ 作参比,结果误差约为 0.5%。

第二化学计量点时,产物为饱和的 CO$_2$ 水溶液,浓度约为 0.04mol·L^{-1},其 pH 值按下式计算:

$$c(H^+) = \sqrt{cK_a} = \sqrt{0.04\times4.2\times10^{-7}} = 1.3\times10^{-4}$$
$$pH = 3.89$$

根据化学计量点时溶液的 pH 值,可选甲基橙作指示剂。由于 K_{b_2} 不够大,第二化学计量点时 pH 突跃较小,用甲基橙作指示剂,终点变色不太明显。另外,CO$_2$ 易形成过饱和溶液,酸度增大,使终点过早出现,所以在滴定接近终点时,应剧烈地摇动或加热,以除去过

量的 CO_2，待冷却后再滴定。

$0.1000mol·L^{-1}$ HCl 溶液滴定 $0.1000mol·L^{-1}$ Na_2CO_3 溶液的滴定曲线如图 4-8 所示。

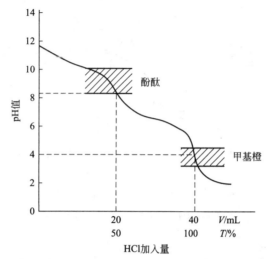

图 4-8 $0.1000mol·L^{-1}$ HCl 溶液滴定 $0.1000mol·L^{-1}$ Na_2CO_3 溶液的滴定曲线

4.3.5 混合酸（碱）的滴定

混合酸滴定情况与多元酸滴定很相似，可将混合酸中强度大的酸看作多元酸的第一级电离，将强度小的看作第二级电离，用滴定多元酸相同的方法处理。常见有下列几种情况：

① $cK_a(HA) \geqslant 10^{-8}$，且 $c(HA)K_a(HA)/c(HB)K_a(HB) \geqslant 10^5$ 时，可在较弱的酸（HB）的存在下滴定较强的酸（HA）；若 $c(HB)K_a(HB) \geqslant 10^{-8}$，则可继续滴定第二种酸 HB。

② $c(HA)K_a(HA) \geqslant 10^{-8}$，$c(HB)K_a(HB) \geqslant 10^{-8}$，且 $c(HA)K_a(HA)/c(HB)K_a(HB) \leqslant 10^5$ 时，则不能分别滴定，只能滴定混合酸的总量。

4.3.6 酸碱滴定中 CO_2 的影响

CO_2 在酸碱滴定中是一个不定的影响因素，有时影响很小，有时较大而不可忽视，影响的大小主要取决于酸碱滴定中滴定终点的 pH 值。

在酸碱滴定中，CO_2 的来源很多，其主要来源有以下四个方面：

① 水中溶解的 CO_2；
② 配制碱标准溶液的试剂本身吸收了 CO_2；
③ 配制好的碱标准溶液在保存过程中吸收了 CO_2；
④ 滴定过程中溶液不断吸收空气中的 CO_2。

溶解在水中的 CO_2 存在如下平衡：

$$CO_2 + H_2O \rightleftharpoons H_2CO_3 \xrightleftharpoons[]{pK_{a_1}=6.4} H^+ + HCO_3^- \xrightleftharpoons[]{pK_{a_2}=10.3} 2H^+ + CO_3^{2-}$$

$\quad\quad\quad\quad\quad$ pH<6.4 $\quad\quad$ pH=6.4~10.3 $\quad\quad$ pH>10.3

平衡体系中，各型体浓度的大小取决于溶液的 pH 值。由以上平衡式可知，pH>10.3 时，体系中 CO_3^{2-} 为主要型体；$6.4 \leqslant pH \leqslant 10.3$ 时，主要以 HCO_3^- 型体存在；当 pH<6.4 时，则主要以 CO_2 型体存在，这时 CO_2 对滴定的影响就比较小。因此，滴定终点时的 pH

值越低，CO_2 的影响越小。一般来说，如果终点时溶液的 pH<5，CO_2 的影响可忽略。

例如，用 HCl 溶液滴定 NaOH 溶液时，若采用甲基橙指示剂，终点时 pH≈4。滴定液中由各种途径引入的 CO_2 此时基本上不参与滴定，而 NaOH 溶液因吸收 CO_2 形成的 CO_3^{2-} 此时也基本上被滴定至 CO_2，因而此溶液与纯的 NaOH 溶液消耗的酸的量相同，CO_2 不影响测定结果。但如果用酚酞作指示剂，终点时 pH≈9，滴定液中的 CO_2 将转变为 HCO_3^-，NaOH 溶液中的 CO_3^{2-} 也仅被中和至 HCO_3^-，显然这时 CO_2 对滴定是有影响的。

所以，为避免 CO_2 的影响，应尽可能地选择用酸性范围内变色的指示剂（如甲基橙）。当滴定突跃范围接近中性或位于碱性区域，需要采用相应区域变色的指示剂时，则必须设法排除 CO_2 的影响。通常采取如下措施：

① 加热煮沸，以除去水中溶解的 CO_2，冷却后再用；
② 配制不含 CO_3^{2-} 的碱标准溶液；
③ 标定和测定时采用同一指示剂在同一条件下进行。

4.4 酸碱滴定法的应用

4.4.1 酸碱标准溶液的配制和标定

4.4.1.1 酸标准溶液

酸标准溶液通常用盐酸或硫酸配制，其中应用较广泛的是盐酸。这是由于盐酸的酸性强于硫酸，且不显氧化性，不会破坏指示剂；大多数氯化物易溶于水，各种阳离子的存在一般不干扰滴定。但是，如果试样需要和过量的酸标准溶液共煮时要用硫酸，当所需要的酸标准溶液的浓度过大时，更应选择硫酸。盐酸易挥发，不稳定，其标准溶液采用标定法配制，常用于标定盐酸的基准物质有无水碳酸钠和硼砂等。

(1) 无水碳酸钠（Na_2CO_3） 使用前将无水碳酸钠置于电烘箱中，在 180℃下干燥 2~3h，置于干燥器内冷却备用。

用 Na_2CO_3 标定盐酸的反应如下：

$$Na_2CO_3 + 2HCl = H_2O + 2NaCl + CO_2\uparrow$$

化学计量点时的 pH=3.9，突跃范围是 3.5~5.0，可选用甲基橙或甲基红作指示剂。按下式计算 HCl 标准溶液的浓度。

$$c(HCl) = \frac{2m(Na_2CO_3)}{M(Na_2CO_3)V(HCl)}$$

(2) 硼砂（$Na_2B_4O_7 \cdot 10H_2O$） 硼砂在水中重结晶两次（结晶析出温度在 50℃以下），就可获得符合基准试剂条件的硼砂，析出的晶体于室温下暴露在 60%~70%相对湿度的空气中干燥一天一夜。干燥的硼砂结晶须保存在密闭的试剂瓶中，以防失水。

有硼砂标定 HCl 的反应如下：

$$Na_2B_4O_7 + 2HCl + 5H_2O = 4H_3BO_3 + 2NaCl$$

化学计量点时，反应产物为 H_3BO_3（$K_{a_1} = 5.8\times10^{-10}$）和 NaCl，溶液的 pH 值为 5.1，可用甲基红作指示剂。计算式如下：

$$c(HCl) = \frac{2m(Na_2B_4O_7 \cdot 10H_2O)}{M(Na_2B_4O_7 \cdot 10H_2O)V(HCl)}$$

4.4.1.2 碱标准溶液

碱标准溶液常用 NaOH 和 KOH 来配制,也可用中强性碱 Ba(OH)$_2$ 来配制,但以 NaOH 标准溶液应用最多。碱标准溶液易吸收空气中的 CO_2,使其浓度发生变化。因此,配好的 NaOH 等碱标准溶液应注意保存。Ba(OH)$_2$ 可用来配制不含碳酸盐的碱标准溶液。配制不含 CO_3^{2-} 的 NaOH 溶液的常用方法是:先配成 NaOH 的饱和溶液(约 50%),此时 Na$_2$CO$_3$ 因溶解度很小而沉于溶液底部,取上层清液,用经煮沸而除去 CO_2 的蒸馏水稀释至所需浓度。

苛性碱标准溶液侵蚀玻璃,最好用塑料容器贮存。在一般情况下,也可用玻璃瓶贮存碱标准溶液,但须用橡皮塞。

由于 NaOH 固体易吸收空气中的 CO_2 和水分,因此碱标准溶液通常不是直接配制的,而是先配制成近似浓度(0.01~1mol·L^{-1},多半是 0.1~0.5mol·L^{-1}),然后用基准物质标定。

标定碱溶液时,常用邻苯二甲酸氢钾和草酸等作基准物质进行直接标定。

(1) 邻苯二甲酸氢钾(KHC$_8$H$_4$O$_4$) 易得到纯品,在空气中不吸水,容易保存。邻苯二甲酸氢钾通常于 100~125℃时干燥 2h 后备用。干燥温度不宜过高,否则会引起脱水而成为邻苯二甲酸酐。KHC$_8$H$_4$O$_4$ 与 NaOH 起反应时,物质的量比为 1:1,其摩尔质量较大,因此,它是标定碱标准溶液较好的基准物质。标定反应如下:

$$KHC_8H_4O_4 + NaOH = KNaC_8H_4O_4 + H_2O$$

反应的产物是邻苯二甲酸钾钠。若 NaOH 的浓度为 0.1mol·L^{-1},化学计量点时溶液呈微碱性(pH 值约 9.1),可用酚酞作指示剂。计算式如下:

$$c(NaOH) = \frac{m(KHC_8H_4O_4)}{M(KHC_8H_4O_4)V(NaOH)}$$

(2) 草酸(H$_2$C$_2$O$_4$·2H$_2$O) 相当稳定,相对湿度在 5%~95%时不会风化失水。草酸是二元弱酸($K_{a_1} = 5.9 \times 10^{-2}$,$K_{a_2} = 6.4 \times 10^{-5}$),用 NaOH 滴定时,草酸分子中的两个 H$^+$ 一次被 NaOH 滴定,标定反应为:

$$2NaOH + H_2C_2O_4 = Na_2C_2O_4 + 2H_2O$$

化学计量点时,溶液略偏碱性(pH 值约 8.4),pH 突跃范围为 7.7~10.0,可选用酚酞作指示剂。

配制成 H$_2$C$_2$O$_4$ 溶液时,水中不应含有 CO_2。光和催化作用(尤其二价锰盐)能加快空气对溶液中 H$_2$C$_2$O$_4$ 的氧化作用,草酸也会自动分解为 CO_2 和 CO。因此,应该妥善保存 H$_2$C$_2$O$_4$ 溶液(常放置暗处)。

4.4.2 应用实例

4.4.2.1 食醋中总酸量的测定

食醋是一种以醋酸为主要成分的混合酸溶液,还含有少量乳酸等其他有机弱酸,用 NaOH 标准溶液滴定时,只要符合 $cK_a \geq 10^{-8}$ 条件的酸均可被滴定,况且这些共存于食醋中的酸的 K_a 之间的比值小于 10^5,因此可以被准确滴定的酸被同时滴定,即测定的是食醋的总酸量。分析结果用主成分醋酸表示。由于是强碱滴定弱酸,滴定突跃在碱性范围,化学计量点时的 pH≈8.7,可选用酚酞作指示剂。

由于 CO_2 溶于水后形成的 H$_2$CO$_3$ 要消耗 NaOH 标准溶液,故对滴定有影响。为了获得准确的分析结果，所取醋酸试液必须用不含 CO_2 的蒸馏水稀释，并用不含 Na_2CO_3 的 NaOH 标准溶液进行滴定。

醋酸的含量常用质量浓度表示，即每升溶液中所含 HAc 的质量（以 g 计）。

4.4.2.2 混合碱的测定

（1）烧碱中 NaOH 和 Na_2CO_3 含量的测定　NaOH 俗称烧碱，在生产和贮藏过程中，常因吸收空气中的 CO_2 而产生部分 Na_2CO_3。对烧碱中 NaOH 和 Na_2CO_3 含量的测定可采用双指示剂法。

准确称取一定质量 m 的试样，溶于水后，先以酚酞作指示剂，用 HCl 标准溶液滴至终点，记下用去 HCl 溶液的体积 V_1。这时 NaOH 全部被滴定，而 Na_2CO_3 只被滴到 $NaHCO_3$。然后加入甲基橙指示剂，用 HCl 继续滴至溶液由黄色变为橙色，此时 $NaHCO_3$ 被滴至 H_2CO_3，记下用去的 HCl 溶液的体积为 V_2。显然 V_2 是滴定 $NaHCO_3$ 所消耗 HCl 溶液的体积，而 Na_2CO_3 被滴到 $NaHCO_3$ 和 $NaHCO_3$ 被滴定到 H_2CO_3 所消耗的 HCl 体积是相等的。滴定过程为：

酚酞变色时：
$$OH^- + H^+ =\!=\!= H_2O$$
$$CO_3^{2-} + H^+ =\!=\!= HCO_3^-$$

甲基橙变色时：
$$HCO_3^- + H^+ =\!=\!= H_2CO_3(CO_2 + H_2O)$$

则 NaOH 和 Na_2CO_3 的质量分数分别为：

$$w(NaOH) = \frac{c(HCl)(V_1 - V_2)M(NaOH)}{m_{样}}$$

$$w(Na_2CO_3) = \frac{c(HCl)V_2 M(Na_2CO_3)}{m_{样}}$$

（2）纯碱中 Na_2CO_3 和 $NaHCO_3$ 含量的测定　其测定方法与烧碱中 NaOH 和 $NaHCO_3$ 含量的测定相类似，亦可用双指示剂法。滴定过程为：

酚酞变色时：　$CO_3^{2-} + H^+ =\!=\!= HCO_3^-$　$NaHCO_3$ 不反应

甲基橙变色时：　$HCO_3^- + H^+ =\!=\!= H_2CO_3(CO_2 + H_2O)$

则 Na_2CO_3 和 $NaHCO_3$ 的质量分数分别为：

$$w(Na_2CO_3) = \frac{c(HCl)V_1 M(Na_2CO_3)}{m_{样}}$$

$$w(NaHCO_3) = \frac{c(HCl)(V_2 - V_1)M(NaHCO_3)}{m_{样}}$$

双指示剂法不仅用于混合碱的定量分析，还可用于未知碱样的定性分析。某碱样可能含有 NaOH、Na_2CO_3、$NaHCO_3$ 或它们的混合物。设酚酞终点时用去 HCl 溶液 V_1，继续滴至甲基橙终点时又用去 HCl 溶液 V_2。则未知碱样的组成与 V_1、V_2 的关系见表 4-8。

表 4-8　V_1、V_2 的大小与未知碱样的组成

V_1 与 V_2 的关系	$V_1 > V_2$ 且 $V_2 \neq 0$	$V_1 < V_2$ 且 $V_1 \neq 0$	$V_1 = V_2$	$V_1 \neq 0$　$V_2 = 0$	$V_1 = 0$　$V_2 \neq 0$
碱的组成	$OH^- + CO_3^{2-}$	$CO_3^{2-} + HCO_3^-$	CO_3^{2-}	OH^-	HCO_3^-

注意：混合碱中，NaOH 与 $NaHCO_3$ 不能共存。

例 4-15　称取含惰性杂质的混合碱（Na_2CO_3 和 NaOH 或 $NaHCO_3$ 和 Na_2CO_3 的混合

物) 试样 1.2000g，溶于水后，用 0.5000mol·L^{-1}HCl 标准溶液滴至酚酞褪色，用去 30.00mL。然后加入甲基橙指示剂，用 HCl 继续滴至橙色出现，又用去 5.00mL。问试样由何种碱组成？各组分的质量分数为多少？

解 此题是用双指示剂法测定混合碱各组分的含量。

$V_1 = 30.00$mL，$V_2 = 5.00$mL，$V_1 > V_2$，故混合碱试样由 NaOH 和 Na_2CO_3 组成

$$w(Na_2CO_3) = \frac{0.5000 \times 5.00 \times 106.0 \times 10^{-3}}{1.2000} = 22.1\%$$

$$w(NaOH) = \frac{0.5000 \times (30.00 - 5.00) \times 40.01 \times 10^{-3}}{1.2000} = 41.68\%$$

NaOH、$NaHCO_3$、Na_2CO_3 及它们的混合物 NaOH + Na_2CO_3、Na_2CO_3 + $NaHCO_3$ 用盐酸标准溶液的直接测定，是混合碱测定的主要内容。

混合碱的测定主要采用双指示剂法，即先在碱样中加入酚酞作指示剂，用盐酸标准溶液滴定至酚酞变色，再在反应液中加入第二种指示剂甲基橙，继续滴定至甲基橙变色，根据酚酞变色及甲基橙变色时消耗盐酸的体积，就可判断碱样的组成及计算其中各组分的含量。双指示剂法中，最关键的一个组分是 Na_2CO_3，酚酞变色时，Na_2CO_3 转化为 $NaHCO_3$，继续滴定至甲基橙变色时，$NaHCO_3$ 转化为 CO_2 和 H_2O，即酚酞变色之前，$NaHCO_3$ 不与 HCl 反应，而 NaOH 在酚酞变色时已反应完全，以此为据，就可根据酚酞变色及甲基橙变色时分别消耗 HCl 的体积判断碱样的组成及进行碱样中各组分含量的计算。

$$Na_2CO_3 \xrightarrow[V_1(HCl)]{酚酞} NaHCO_3 \xrightarrow[V_2(HCl)]{甲基橙} CO_2 + H_2O$$

特点：$V_1(HCl) = V_2(HCl)$，则各种碱样与酸标准溶液之间的关系如表 4-9 所示。

表 4-9 各种碱样与酸标准溶液之间的关系

碱样	NaOH	$NaHCO_3$	Na_2CO_3	NaOH+Na_2CO_3	Na_2CO_3+$NaHCO_3$
酚酞变色时的产物及消耗盐酸的体积(V_1)	$NaCl+H_2O$ V_1		$NaHCO_3$ V_1	$NaCl+H_2O+NaHCO_3$ V_1	$NaHCO_3$ V_1
甲基橙变色时的产物及消耗盐酸的体积(V_2)		CO_2+H_2O V_2	CO_2+H_2O V_2	CO_2+H_2O V_2	CO_2+H_2O V_2
V_1 与 V_2 的关系	$V_1>0,V_2=0$	$V_1=0,V_2>0$	$V_1=V_2>0$	$V_1>V_2>0$	$V_2>V_1>0$

根据以上关系，就可以计算各种情况下各组分的质量分数。

例 4-16 某碱灰试样，除含 Na_2CO_3 外，还可能含有 NaOH 或 $NaHCO_3$ 及不与酸发生反应的物质。今称取 1.1000g 该试样溶于适量水后，用酚酞作指示剂时，消耗 HCl 溶液 (1.00mL HCl 溶液相当于 0.0140g CaO) 13.30mL 到达终点。若用甲基橙作指示剂时，同样质量的试样需要该浓度 HCl 溶液 31.40mL 才能到达终点。计算试样中各组分的质量分数。

解 依据题意，题中试样若用双指示剂法连续滴定，则在指示剂酚酞与甲基橙变色时，分别消耗的盐酸的体积为 V_1 和 V_2：

$V_1 = 13.30$mL，$V_2 = 31.40$mL $- 13.30$mL $= 18.10$mL

因为 $V_2 > V_1$，所以样品为 Na_2CO_3、$NaHCO_3$ 及不与酸发生反应的杂质的混合物。

已知：1.00mL HCl 溶液相当于 0.0140g CaO

所以 $$c(HCl) = \frac{2m(CaO)}{M(CaO)V(HCl)}$$

$$= \frac{2 \times 0.0140\text{g}}{56.08\text{g·mol}^{-1} \times 1.00 \times 10^{-3}\text{L}} = 0.4993 \text{mol·L}^{-1}$$

$$w(\text{NaHCO}_3) = \frac{c(\text{HCl})(V_2 - V_1)M(\text{NaHCO}_3)}{m_s}$$

$$= \frac{0.4993 \text{mol·L}^{-1} \times (18.10 - 13.30) \times 10^{-3}\text{L} \times 84.01 \text{g·mol}^{-1}}{1.1000\text{g}}$$

$$= 18.30\%$$

$$w(\text{Na}_2\text{CO}_3) = \frac{c(\text{HCl})V_1 M(\text{Na}_2\text{CO}_3)}{m_s}$$

$$= \frac{0.4993 \text{mol·L}^{-1} \times 13.30 \times 10^{-3}\text{L} \times 106.0 \text{g·mol}^{-1}}{1.1000\text{g}}$$

$$= 63.99\%$$

4.4.2.3 甲醛法测定铵盐中的氮含量

甲醛法测 NH_4^+ 盐中氮的含量,操作简单。在试样中加入过量的甲醛,与 NH_4^+ 作用生成一定量的酸和六亚甲基四胺。生成的酸可用碱标准溶液滴定,化学计量点溶液中存在六亚甲基四胺,这种极弱的有机碱使溶液呈碱性,可选酚酞作指示剂。

$$4NH_4^+ + 6HCHO =\!=\!= (CH_2)_6N_4 + 4H^+ + 6H_2O$$

$$H^+ + OH^- =\!=\!= H_2O$$

$$w(\text{N}) = \frac{c(\text{NaOH})V(\text{NaOH})M(\text{N})}{m_{样}}$$

如果试样中含有游离的酸碱,则需先加以中和,采用甲基红作指示剂。不能用酚酞,否则有部分 NH_4^+ 被中和;如果甲醛中含有少量甲酸,使用前也要中和,中和甲酸用酚酞作指示剂。

4.4.2.4 有机物中氮的测定——凯氏定氮法

谷物、肉类的蛋白质、生物碱、肥料以及合成药物等物质的主要组成元素是 C、H、O 和 N,其中氮的测定通常采用凯氏(Kjeldahl)定氮法进行。测氮时,以 $CuSO_4$ 为催化剂,并加入 K_2SO_4 提高沸点,以促进分解过程,使样品与浓 H_2SO_4 回流共煮下进行消化消解,将 C 生成 CO_2,H、O 生成 H_2O,N 生成 NH_3。生成的 CO_2 和 H_2O 在反应温度下全部逸散了,而 NH_3 在浓硫酸介质中转化为硫酸铵。加浓 NaOH 使介质呈碱性,使 $(NH_4)_2SO_4$ 转化为 NH_3,然后加热蒸馏放出氨气。用过量的 HCl 标准溶液吸收 NH_3,采用甲基橙或甲基红为指示剂,再以 NaOH 标准溶液返滴过量的 HCl,即可测出样品中的氮。计算公式为:

$$w(\text{N}) = \frac{[c(\text{HCl})V(\text{HCl}) - c(\text{NaOH})V(\text{NaOH})]M(\text{N})}{m_s}$$

采用凯氏定氮法测得的氮是总氮,由总氮量乘上蛋白质换算系数可计算蛋白质的含量。产生的 NH_3 也可用过量的 H_3BO_3($K_{a_1} = 5.8 \times 10^{-10}$)溶液吸收

$$NH_3 + H_3BO_3 =\!=\!= NH_4^+ + H_2BO_3^-$$

再用 HCl 标准溶液滴定生成的 $H_2BO_3^-$($K_{b_3} = 1.7 \times 10^{-5}$),即

$$H_2BO_3^- + H^+ =\!=\!= H_3BO_3$$

终点产物是 NH_4^+ 和 H_3BO_3,pH≈5,选甲基红为指示剂。此法优点是只需一种标准溶液(HCl),H_3BO_3 只作吸收剂,只需保证过量,其浓度和体积不需要准确。

另外，经过消解后的溶液在除去过量的酸后，也可以用甲醛法直接测定含氮量。

NH_4^+ 为一弱酸，不符合准确滴定的条件，利用甲醛与 NH_4^+ 作用，生成六亚甲基四胺并定量地置换出酸，被置换出的酸可以准确滴定。反应如下：

$$4NH_4^+ + 6HCHO \rightleftharpoons (CH_2)_6N_4 + 4H^+ + 6H_2O$$

六亚甲基四胺是一弱碱（$K_b = 1.4 \times 10^{-9}$），化学计量点时 pH 值约为 8.7，故选用酚酞作指示剂。

特别要指出的是，由于空气中氧气的作用，甲醛中常含有甲酸，使用前应以酚酞为指示剂预先中和；如试样中含有游离酸，也需要在加入甲醛以前用碱把它中和除去。此时应采用甲基红作指示剂，不能用酚酞作指示剂，否则 NH_4^+ 有部分被中和。

4.4.2.5 磷含量的测定

磷酸钙的全磷及有效磷可以用酸碱滴定法测定。测定方法是：首先将试样溶解，并处理成 H_3PO_4；在 HNO_3 介质中，H_3PO_4 与钼酸、喹啉形成大分子的磷钼喹啉沉淀；将沉淀洗涤至滤液不呈酸性后，加过量的碱标准溶液溶解；用 HCl 标准溶液滴定过量的 NaOH 标准溶液，根据溶解磷钼喹啉沉淀所消耗的 NaOH 标准溶液的体积计算磷的含量。

$$(C_9H_7N)_3H_3PO_4 \cdot 12MoO_3 + 27NaOH \longrightarrow 3C_9H_7N + Na_3PO_4 + 12Na_2MoO_4 + 15H_2O$$

由于溶液中有 Na_3PO_4，也可被 HCl 滴定至 Na_2HPO_4，到化学计量点时，溶液中有 C_9H_7N（$pK_b = 9.1$）、Na_2MoO_4（$pK_{b_1} = 9.16$）和 Na_2HPO_4。溶液为碱性，可以用百里酚蓝-酚酞混合指示剂。由上述反应可知 1mol 磷钼喹啉沉淀需要 27mol NaOH 溶解，沉淀溶解后产生的 PO_4^{3-} 需要 1mol HCl 变为 HPO_4^{2-}，故 1mol 沉淀实际上只消耗 26mol NaOH。

$$1\text{mol 磷钼喹啉} \xleftrightarrow{\text{相当于}} 1\text{mol } H_3PO_4 \xleftrightarrow{\text{相当于}} 26\text{mol NaOH}$$

$$1\text{mol } P_2O_5 \xleftrightarrow{\text{相当于}} 52\text{mol NaOH}$$

所以，$n_{P_2O_5} = \dfrac{1}{52} n_{NaOH}$

$$w(P_2O_5) = \dfrac{[c(NaOH)V(NaOH) - c(HCl)V(HCl)] \times \dfrac{1}{52} \times M(P_2O_5)}{m_s}$$

思政案例

酸碱理论发展史

案例描述	在酸碱滴定法中，首先要应用酸碱质子理论中的酸碱的定义、反应及平衡等知识点来处理酸碱滴定问题。那么在历史上酸碱理论是如何发展的呢？ 酸碱是化学这门学科中非常重要的物质,酸碱理论概念的形成经历了前后三百年的时间,不同的理论对于酸碱有不同的定义,形成了各种不同的酸碱理论。最早提出酸碱概念的是 17 世纪英国化学家波义耳(Robert Boyle),此后，拉瓦锡、戴维、李比希等科学家对此观点进一步进行补充，逐渐触及酸碱的本质，但仍然没有能给出一个完善的理论；随着科技的不断进步,在前述酸碱理论的基础上,酸碱的概念不断更新，逐渐完善，其中最重要的有:酸碱电离理论(1887 年由瑞典科学家阿伦尼乌斯 Arrhenius 提出)，酸碱质子理论(1923 年由丹麦化学家布朗斯特 Bronsted 和英国化学家劳里 Lowry 提出)与酸碱电子理论(1923 年由美国化学家路易斯 Lewis 指出)。三百年来,经过许多科学家的研究和完善,使得化学界对酸碱概念有了更加深刻的认识。 历史上的酸碱理论各有优缺点及各自的适用范围，但都是针对具有共同特征的一类物质与反应提出的观点。不同的酸碱理论都各自强调了某个方面,它们又相互联系,相互补充,提高了人们对酸碱本质的认识。

案例启示	1. 任何学科及理论的发展都是由简陋到完备,由局限到广泛,发展到极致都是应用领域的空前广泛,这是事物发展的规律。任何理论的发展都不是一帆风顺的,都是曲折的,会碰到许多困难和挑战,是不断创新、更新和完善的过程;同时一个理论的创立,只靠个人的力量是不够的,要靠大家甚至几代人的共同努力才能完成; 2. 体现了否定之否定规律的辩证思维、批判性思维和科技创新思想; 3. 科技工作者要有创造性思辨的能力,不迷信学术权威,不盲从既有学说,敢于大胆质疑,认真求证,不断试验。

思考题

1. 已知下列各种酸的 K_a 值,求它们共轭碱的 K_b 值,并比较各种碱的相对强弱。

酸	HCN	HCOOH	H_2CO_3	$H_2C_2O_4$
K_{a_1}	$6.2×10^{-10}$	$1.8×10^{-4}$	$4.2×10^{-7}$	$5.9×10^{-2}$
K_{a_2}			$5.6×10^{-11}$	$6.4×10^{-5}$

2. 写出下列浓度为 $c(\text{mol·L}^{-1})$ 的酸碱组分的 MBE、CEB 和 PBE。
   (1) KHP(邻苯二甲酸氢钾) (2) $NaNH_4HPO_4$ (3) $NH_4H_2PO_4$ (4) NH_4CN
   (5) $(NH_4)_2HPO_4$

3. 已知在室温下 0.10mol·L^{-1} $NH_3·H_2O$ 的解离度为 1.34%,计算 $NH_3·H_2O$ 的 K_a 和溶液的 pH 值。

4. 何谓酸碱滴定的 pH 突跃范围?影响 pH 突跃范围大小的因素有哪些?

5. 何谓指示剂的理论变色点和变色范围?在酸碱滴定中选择指示剂的原则是什么?

6. 将 0.20mol·L^{-1} HAc 溶液和 0.10mol·L^{-1} KOH 溶液以等体积混合,计算该溶液的 pH 值(提示:首先分析混合液的组成)。

7. 选择正确答案的序号填入括号内。
   (1) 欲配制 pH=10.0 的缓冲溶液,考虑选取较为合适的缓冲对是( )。
   A. HAc-NaAc B. $NH_3·H_2O$-NH_4Cl
   C. H_3PO_4-NaH_2PO_4 D. NaH_2PO_4-Na_2HPO_4
   (2) 下列缓冲溶液中,缓冲容量最大的是( )。
   A. 1.0mol·L^{-1} HAc-0.1mol·L^{-1} NaAc
   B. 0.1mol·L^{-1} HAc-0.1mol·L^{-1} NaAc
   C. 0.3mol·L^{-1} HAc-0.3mol·L^{-1} NaAc
   (3) 欲使 0.10mol·L^{-1} Na_2CO_3 溶液中的 CO_3^{2-} 浓度最小,应加入等体积的下列哪种物质( )。
   A. H_2O B. 0.1mol·L^{-1} HCl 溶液 C. 0.1mol·L^{-1} NaOH 溶液
   (4) 通常情况下,平衡常数 K_a、K_b 和 K_{sp} 只与( )有关。
   A. 温度 B. 浓度 C. 物质的种类

8. 在酸碱滴定曲线上,滴定的突跃范围是指什么?

9. 对于一元弱酸,其解离常数为 K_a,则当 pH 值为多少时,$[HA]=[A^-]$。

10. 对于三元弱酸,存在三个解离常数,则当 pH 值为多少时,$[HA^{2-}]=[A^{3-}]$。

11. 用双指示剂法(酚酞、甲基橙)测定混合碱样时,设酚酞变色时消耗 HCl 的体积为 V_1,甲基橙变色时,消耗 HCl 的体积为 V_2,则考虑下列情况下混合物的组成:

(1) $V_1>0$，$V_2=0$　　(2) $V_1=0$，$V_2>0$　　(3) $V_1=V_2=0$　　(4) $V_1>V_2>0$
(5) $V_2>V_1>0$

12. 弱酸 HA 只有满足什么条件时，才能用强碱直接准确滴定。

13. 下列说法是否正确。

(1) 指示剂用量较大，则酸碱滴定时变色较明显。

(2) 某酸 HA 的酸性愈强，则其共轭碱的碱性愈弱。

(3) 对草酸水溶液，当 $pH=pK_{a_1}$ 时，$[HC_2O_4^-]=[C_2O_4^{2-}]$。

(4) 所有的酸都可用 NaOH 标准溶液滴定。

(5) 任何二元酸的 $[H^+]$ 都可以近似地用 $[H^+]=\sqrt{K_{a_1}[H_2A]}$ 计算。

习　题

1. 计算 pH=4.00 时，$0.10 mol·L^{-1}$ HAc 溶液中的 $[HAc]$ 和 $[Ac^-]$。

2. 分别计算分析浓度均为 $0.10 mol·L^{-1}$ 的 NH_4Cl、$NaAc$、NaH_2PO_4 水溶液的 pH 值。

3. 计算下列各溶液的 pH 值

(1) $1.0×10^{-4} mol·L^{-1}$ NaAc　　(2) $0.20 mol·L^{-1}$ NH_4Cl

(3) $0.10 mol·L^{-1}$ H_3PO_4　　(4) $0.10 mol·L^{-1}$ Na_2HAsO_4

(5) $0.10 mol·L^{-1}$ $Na_2C_2O_4$

(6) 50mL $0.10 mol·L^{-1}$ H_3PO_4 + 75mL $0.10 mol·L^{-1}$ NaOH

4. 下列酸（碱）能否用相同浓度的碱（酸）直接滴定？如能滴定，有几个突跃？其化学计量点的 pH 值为多少？应选何种指示剂？

(1) $0.10 mol·L^{-1}$ HCOOH　　(2) $0.10 mol·L^{-1}$ NaAc

(3) $0.10 mol·L^{-1}$ NaCN　　(4) $0.40 mol·L^{-1}$ 乙二胺

(5) $0.10 mol·L^{-1}$ 邻苯二甲酸　　(6) $0.10 mol·L^{-1}$ 柠檬酸

(7) $0.10 mol·L^{-1}$ H_3AsO_4　　(8) $0.10 mol·L^{-1}$ $H_4P_2O_7$

5. 取 H_3PO_4 样品 2.0000g，配制成 250mL 溶液，吸取 25mL 溶液用 $0.0946 mol·L^{-1}$ NaOH 标准溶液滴定至甲基红变色，耗去体积为 21.30mL。分别计算以 H_3PO_4 和 P_2O_5 表示的质量分数。

6. 用 Na_2CO_3 作基准物质标定 HCl 溶液的浓度，若以甲基橙为指示剂，称取 Na_2CO_3 0.3524g，用去 HCl 溶液 25.50mL，求 HCl 溶液的浓度。

7. 根据下列测定数据，判断试样组成，并计算各组分的质量分数，三种试样均称 0.3010g，用 $0.1060 mol·L^{-1}$ HCl 滴定。

(1) 以酚酞为指示剂用去 HCl 溶液 20.30mL，若取等量样品，加入甲基橙滴定至终点共用去 47.70mL；

(2) 加酚酞指示剂溶液颜色无变化，用甲基橙指示剂消耗 HCl 溶液 30.56mL；

(3) 以酚酞为指示剂用去 HCl 溶液 25.02mL，加入甲基橙又用去 HCl 溶液 14.32mL。

8. 分析黄豆的含氮量，称取黄豆 0.8880g，用浓 H_2SO_4、催化剂等将其中蛋白质分解成 NH_4^+，然后加浓碱蒸馏出 NH_3，用 $0.2133 mol·L^{-1}$ HCl 溶液 20.00mL 吸收，剩余的 HCl 用 $0.1962 mol·L^{-1}$ NaOH 5.50mL 滴定至终点，求试样中氮的质量分数。

9. 蛋白质试样 0.2300g 经消解后加浓碱蒸馏出的 NH_3 用 4% 过量 H_3BO_3 吸收，然后用 21.60mL HCl 滴定至终点（已知 1.00mL HCl 相当于 0.02284g 的 $Na_2B_4O_7 \cdot 10H_2O$）。计算试样中氮的质量分数。

10. 称取仅含有 Na_2CO_3 和 K_2CO_3 的试样 1.0000g，溶于水后，以甲基橙作指示剂，用 0.5000mol·L^{-1} HCl 标准溶液滴定至终点，用去 30.00mL，求 Na_2CO_3 和 K_2CO_3 的质量分数。

11. 有一 Na_3PO_4 试样，其中含有 Na_2HPO_4。称取 0.9974g，以酚酞为指示剂，用 0.2648mol·L^{-1} HCl 溶液滴至终点，用去 16.97mL，再加入甲基橙指示剂，继续用 HCl 溶液滴定至终点，又用去 23.36mL。求试样中 Na_3PO_4 和 Na_2HPO_4 的质量分数。

12. 用 HCl 标准溶液滴定含有 8% 碳酸钠的 NaOH，如果用甲基橙作指示剂可用去 24.50mL HCl 溶液，若用酚酞作指示剂，问要用去该 HCl 标准溶液多少毫升？

13. $Na_2HPO_4 \cdot 12H_2O$ 和 $NaH_2PO_4 \cdot H_2O$ 混合样 0.6000g，用甲基橙作指示剂，需用 HCl 14.00mL 滴定至终点。同样质量的试样用酚酞指示终点时，需用 5.00mL 0.1200mol·L^{-1} NaOH 滴定至终点。计算各组分的质量分数。

14. 用甲醛法测定工业 $(NH_4)_2SO_4$ 中 NH_3 的质量分数。将试样溶解后用 250mL 容量瓶定容，移取 25mL 用 0.2000mol·L^{-1} NaOH 标准溶液滴定。则试样称取量应在什么范围（消耗 V_{NaOH} 的体积为 20~30mL）。

15. 用凯氏定氮法测定一有机物中氮的质量分数时，称取试样 1.0000g，用 50.00mL 0.4000mol·L^{-1} HCl 吸收蒸馏出的 NH_3，过量的酸用 0.2000mol·L^{-1} NaOH 标准溶液回滴，用去 10.00mL，求试样中氮的质量分数。

拓展内容

第 5 章

配位滴定法
(Complexometric Titration)

【学习要点】
① 了解配位平衡体系中有关基本概念和彼此间的关系。
② 掌握配位平衡中各种副反应系数的计算，重点掌握酸效应对配合物稳定性的影响规律；掌握配位条件稳定常数的意义和计算。
③ 掌握配位滴定法的基本原理和化学计量点时金属离子浓度的计算，了解影响滴定突跃范围的因素；掌握配位滴定可行性判断的依据；控制溶液酸度的计算办法。
④ 掌握指示剂的作用原理和选择金属指示剂的依据。
⑤ 了解提高配位滴定选择性的方法，掌握滴定的方式及其应用和结果计算。

配位滴定法是以配位反应为基础的滴定分析法。配位反应虽然很多，但真正能用于配位滴定的并不多。这是因为能够用于配位滴定的配位反应必须满足下列条件：
① 形成的配合物要相当稳定；
② 反应必须定量进行，即在一定条件下只能形成一种配位数的配合物；
③ 反应速率要快；
④ 要有适当的确定滴定终点的方法。

在配位滴定中应用的配位剂可分为无机配位剂和有机配位剂两大类。大多数无机配位剂与金属离子形成的配合物稳定性不高，且存在分步配位现象，使得同一溶液中同时存在几种不同配位数的配合物，难以确定计量关系。另外，有些无机配位反应找不到合适的指示剂确定终点。因此，无机配位剂大多用作掩蔽剂、显色剂和指示剂，而作为滴定剂应用的只有氰量法和汞量法两种。

氰量法是以 CN^- 作为配位剂，主要测定 Ag^+、Ni^{2+} 等的配位滴定法。此法既可以用 KCN 作为滴定剂来滴定 Ag^+、Ni^{2+} 等金属离子，滴定反应为

$$Ag^+ + 2CN^- \rightleftharpoons [Ag(CN)_2]^-$$

$$Ni^{2+} + 4CN^- \rightleftharpoons [Ni(CN)_4]^{2-}$$

汞量法通常是以 $Hg(NO_3)_2$ 或 $Hg(ClO_4)_2$ 溶液作滴定剂，二苯氨基汞作指示剂，主要用于滴定 Cl^- 和 SCN^- 等。其滴定反应为：

$$Hg^{2+} + 2Cl^- \rightleftharpoons HgCl_2$$

$$Hg^{2+} + 2SCN^- \rightleftharpoons Hg(SCN)_2$$

配位滴定中使用的配位剂主要是有机配位剂，特别是以氨基二乙酸基

（—N$\begin{matrix}CH_2COOH\\CH_2COOH\end{matrix}$）的氨羧配位剂，广泛应用于配位滴定中。氨羧配位剂是分子中含有

氨氮（:N—）和羧氧（—C$\begin{matrix}O\\O^-\end{matrix}$）两种强配位原子的多基配体，或称螯合剂，可以和金属离子形成稳定性很高的螯合物。

常见的氨羧配位剂有数十种，但其中应用最广泛的是乙二胺四乙酸及其二钠盐（简称 EDTA）。用 EDTA 标准溶液可滴定几十种金属离子，称为 EDTA 滴定法。通常所说的配位滴定法，实际上主要是指 EDTA 滴定法。

5.1　乙二胺四乙酸及其配合物

5.1.1　乙二胺四乙酸(EDTA)

乙二胺四乙酸的结构式如下：

$$^-OOC—H_2C\diagdown\ \diagup CH_2—COO^-$$
$$\ \overset{H^+}{N}—CH_2—CH_2—\overset{H^+}{N}$$
$$HOOC—H_2C\diagup\ \diagdown CH_2—COOH$$

两个羧基上的 H^+ 转移到 N 原子上，形成双偶极离子。乙二胺四乙酸简称 EDTA，常用 H_4Y 表示。它是一种无毒、无臭、具有酸味的白色结晶粉末，微溶于水，22℃时每 100mL 水仅能溶解 0.02g。也难溶于酸和一般有机溶剂，易溶于氨水、NaOH 等碱性溶液生成相应的盐。

由于乙二胺四乙酸（EDTA）在水中的溶解度很小，故通常把它制成二钠盐，称作 EDTA 二钠盐，用 $Na_2H_2Y\cdot2H_2O$ 表示，习惯上也称作 EDTA。事实上，平常所说的 EDTA 多数情况下就是指 $Na_2H_2Y\cdot2H_2O$。$Na_2H_2Y\cdot2H_2O$ 的水溶性较好，在 22℃时，每 100mL 水可溶解 11.1g，此溶液的浓度约 $0.3mol\cdot L^{-1}$，pH 值约为 4.4。

H_4Y 本身是一个四元酸。当它溶解于水时，具有 4 个可解离的 H^+。但如果溶液的酸度很高，它的两个羧基还可以再接受 H^+ 形成 H_6Y^{2+}，这时，EDTA 就相当于六元酸，有六级解离平衡：

$H_6Y^{2+} \rightleftharpoons H^+ + H_5Y^+$　　　　$K_{a_1} = 1.3\times10^{-1} = 10^{-0.9}$

$H_5Y^+ \rightleftharpoons H^+ + H_4Y$　　　　$K_{a_2} = 2.5\times10^{-2} = 10^{-1.6}$

$H_4Y \rightleftharpoons H^+ + H_3Y^-$　　　　$K_{a_3} = 1.0\times10^{-2} = 10^{-2.0}$

$H_3Y^- \rightleftharpoons H^+ + H_2Y^{2-}$　　　　$K_{a_4} = 2.14\times10^{-3} = 10^{-2.67}$

$H_2Y^{2-} \rightleftharpoons H^+ + HY^{3-}$　　　　$K_{a_5} = 6.92\times10^{-7} = 10^{-6.16}$

$$HY^{3-} \rightleftharpoons H^+ + Y^{4-} \qquad K_{a_6} = 5.50 \times 10^{-11} = 10^{-10.26}$$

在任何水溶液中，EDTA 总是以 H_6Y、H_5Y、H_4Y、H_3Y、H_2Y、HY 和 Y❶ 七种型体存在。其中浓度为

$$c_{EDTA} = [H_6Y] + [H_5Y] + [H_4Y] + [H_3Y] + [H_2Y] + [HY] + [Y] \qquad (5-1)$$

各种型体的分布分数与溶液的 pH 值有关（分布分数的具体计算公式参见第 4 章），而与总浓度无关。若以 pH 值为横坐标，EDTA 各种存在型体的分布分数 δ 值为纵坐标，可绘出如图 5-1 所示的 EDTA 的分布曲线。

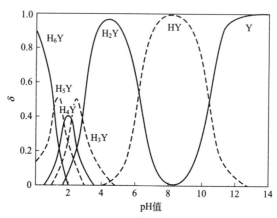

图 5-1　EDTA 各种存在型体的分布图

由 EDTA 的分布曲线可以看出，在不同的 pH 值条件下，EDTA 的各种存在型体分布也不同，如表 5-1 所示。

表 5-1　不同 pH 值下 EDTA 的主要存在型体

pH 值	1.6～2.0	2.0～2.7	2.7～6.2	6.2～10.3	>10.3
EDTA 主要存在型体	H_4Y	H_3Y	H_2Y	HY	Y

可见，仅当 pH>10.3 时，EDTA 才主要以 Y 型体存在，而 Y 型体是与金属离子形成最稳定配合物的型体。因此，溶液的酸度是影响 EDTA 与金属离子形成配合物稳定性的最重要因素之一。

5.1.2　EDTA 与金属离子形成螯合物的特点

5.1.2.1　普遍性

EDTA 分子中共含有两个氨氮原子和四个羧氧原子，都具有与金属离子的配位能力，因此它能与周期表中绝大多数金属离子形成螯合物。

5.1.2.2　稳定性

EDTA 与大多数金属离子配位时，可形成具有五个五元环的螯合物，即四个 $\begin{bmatrix} O-C-C-O \\ M \end{bmatrix}$ 五元

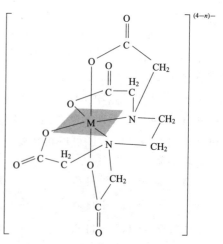

图 5-2　EDTA-M^{n+} 螯合物的立体结构

---

❶ 为了书写简便起见，EDTA 的各种型体均略去电荷。

环和一个 $\begin{bmatrix} N-C-C-N \\ \quad\quad M \quad\quad \end{bmatrix}$ 五元环，其主体结构见图5-2。由于所谓的螯合效应的影响，使得大多数的EDTA配合物具有很高的稳定性。

螯合效应的大小与螯合环的数目和形状有关。根据有机结构的张力学说，由五个原子组成的五元环以及由六个原子组成的六元环的张力小，故稳定性高，而且是环数愈多，稳定性就愈高。

部分金属离子与EDTA形成螯合物（MY）的稳定常数的对数值见表5-2。

表5-2 部分金属离子与EDTA形成螯合物的 $\lg K_f$ 值

（离子强度 $I = 0.1 mol \cdot L^{-1}$，18~25℃）

金属离子	$\lg K_f$	金属离子	$\lg K_f$	金属离子	$\lg K_f$
Ag^+	7.32	Fe^{3+}	25.10	Pt^{3+}	16.40
Al^{3+}	16.30	Ga^{3+}	20.30	Sc^{3+}	23.10
Ba^{2+}	7.86	Hg^{2+}	21.70	Sn^{2+}	22.11
Be^{2+}	9.20	In^{3+}	25.00	Sr^{2+}	8.73
Bi^{3+}	27.94	Li^+	2.79	Th^{4+}	23.20
Ca^{2+}	10.69	Mg^{2+}	8.70	TiO^{2+}	17.30
Cd^{2+}	16.46	Mn^{2+}	13.87	Tl^{3+}	37.80
Co^{2+}	16.31	$Mo(V)$	约28.00	U^{4+}	25.80
Co^{3+}	36.00	Na^+	1.66	VO^{2+}	18.80
Cr^{3+}	23.40	Ni^{2+}	18.62	Y^{3+}	18.09
Cu^{2+}	18.80	Pb^{2+}	18.04	Zn^{2+}	16.50
Fe^{2+}	14.32	Pd^{2+}	18.50	Zr^{4+}	29.50

5.1.2.3 配位比

因EDTA分子中含有6个配位原子，而多数金属离子的配位数不超过6，因此，在一般情况下，EDTA与大多数金属离子以1:1的配位比形成螯合物。只有极少数高价金属离子与EDTA配位时，配位比不是1:1。例如，五价钼与EDTA形成 $Mo(V):Y=2:1$ 的螯合物 $[(MoO_2)_2Y]^{2-}$。

5.1.2.4 水溶性

因EDTA与金属离子形成的螯合物大多带有电荷而易溶于水，从而使得EDTA滴定能在水溶液中进行。

5.1.2.5 颜色

EDTA与金属离子形成的螯合物的颜色，取决于金属离子本身的颜色。一般来说，若金属离子无色，与EDTA生成的螯合物也无色；若金属离子有色，与EDTA生成的螯合物的颜色更深。值得注意的是：如果螯合物的颜色太深，将影响滴定终点的颜色观察，因而给指示剂法确定终点造成一定的困难。几种有色EDTA螯合物见表5-3。

表5-3 有色EDTA螯合物

螯合物	颜色	螯合物	颜色
CoY^{2-}	紫红	$Fe(OH)Y^{2-}$	褐（$pH \approx 6$）
CrY^-	深紫	FeY^-	黄
$Cr(OH)Y^{2-}$	蓝（$pH>0$）	MnY^{2-}	紫红
CuY^{2-}	蓝	NiY^{2-}	蓝绿

5.2 配位平衡

5.2.1 配合物的稳定常数

配位反应的进行程度可用配位平衡常数衡量,而配位平衡常数常用稳定常数(亦称形成常数)K_f来表示。

5.2.1.1 ML型(1∶1)配合物

现以Fe^{3+}与EDTA的配位反应为例进行讨论:

$$Fe^{3+} + Y^{4-} \rightleftharpoons FeY^-$$

$$K_f = \frac{[FeY]}{[Fe][Y]} = 1.3 \times 10^{25} \qquad \lg K_f = 25.10$$

显然,对具有相同配位比的配合物,K_f值越大,该配合物就越稳定。

5.2.1.2 ML_n型(1∶n)配合物

ML_n型配合物的逐级形成过程及其相应的稳定常数可表示如下:

$$M + L \rightleftharpoons ML \qquad K_{f_1} = \frac{[ML]}{[M][L]}$$

$$ML + L \rightleftharpoons ML_2 \qquad K_{f_2} = \frac{[ML_2]}{[ML][L]}$$

……

$$ML_{(n-1)} + L \rightleftharpoons ML_n \qquad K_{f_n} = \frac{[ML_n]}{[ML_{n-1}][L]}$$

以上K_{f_1},K_{f_2},…,K_{f_n}称为逐级稳定常数。

在许多配位平衡的计算中,经常用到$K_{f_1}K_{f_2}$等数值,这就是逐级累积稳定常数,用β_n表示。即:

第一级累积稳定常数 $\quad \beta_1 = K_{f_1}$

第二级累积稳定常数 $\quad \beta_2 = K_{f_1} K_{f_2}$

……

第n级累积稳定常数 $\quad \beta_n = K_{f_1} K_{f_2} \cdots K_{f_n}$

最后一级累积稳定常数β_n又称为总稳定常数。

5.2.2 溶液中ML_n型配合物的各级配合物分布

就像处理酸碱平衡时,酸度直接影响酸碱溶液中各种存在型体的分布那样,配位体的浓度对ML_n型配合物的各级存在型体的分布也有着很大的影响。

设溶液中金属离子M的总浓度为[M],配位体L的总浓度为[L],则

$$M + L \rightleftharpoons ML \qquad [ML] = \beta_1 [M][L] \tag{5-2a}$$

$$ML + L \rightleftharpoons ML_2 \qquad [ML_2] = \beta_2 [M][L]^2 \tag{5-2b}$$

……

$$ML_{(n-1)} + L \rightleftharpoons ML_n \qquad [ML_n] = \beta_n [M][L]^n \tag{5-2c}$$

由物料平衡可得

$$c_M = [M] + [ML] + [ML_2] + \cdots + [ML_n]$$
$$= [M] + \beta_1[M][L] + \beta_2[M][L]^2 + \cdots + \beta_n[M][L]^n$$
$$= [M](1 + \beta_1[L] + \beta_2[L]^2 + \cdots + \beta_n[L]^n) \tag{5-3}$$

根据分布分数的定义，可得

$$\delta_M = \frac{[M]}{c_M} = \frac{[M]}{[M](1 + \beta_1[L] + \beta_2[L]^2 + \cdots + \beta_n[L]^n)}$$
$$= \frac{1}{1 + \beta_1[L] + \beta_2[L]^2 + \cdots + \beta_n[L]^n} \tag{5-4}$$

同理可得：

$$\delta_{ML} = \frac{[ML]}{c_M} = \frac{\beta_1[L]}{1 + \beta_1[L] + \beta_2[L]^2 + \cdots + \beta_n[L]^n} \tag{5-5}$$

$$\delta_{ML_n} = \frac{[ML_n]}{c_M} = \frac{\beta_n[L]^n}{1 + \beta_1[L] + \beta_2[L]^2 + \cdots + \beta_n[L]^n} \tag{5-6}$$

由上可知，溶液中配合物各级存在型体的分布分数 δ 只与配位体 L 的浓度有关，而与金属离子 M 的浓度无关。

例如，在铜氨溶液中，根据上述各型体分布分数的计算公式，可得到不同游离氨浓度下，各型体的分布系数。若以 $\lg[NH_3]$ 为横坐标，δ 为纵坐标，便可得如图 5-3 所示的铜氨配合物分布曲线图。

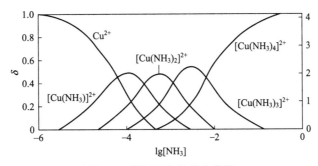

图 5-3　铜氨配合物分布曲线

由图可见，随着 $[NH_3]$ 的增大，Cu^{2+} 与 NH_3 逐级生成不同配位数的配合物。但由于相邻两个配合物的稳定常数差别不大，故 $[NH_3]$ 在相当范围内变化时，没有一种配合物的存在型体占绝对优势，即它的分布分数接近 1。正因为如此，所以不能用氨作为配位剂来滴定 Cu^{2+}。

5.3　影响配位平衡的主要因素

在配位滴定中，通常所涉及的化学平衡是相当复杂的，除了所考察的被测金属离子 M 与滴定剂 Y 之间的主反应外，还往往由于体系中其他物质的存在，干扰主反应的进行。如溶液中的 H^+、OH^-，试样中其他共存金属离子 N 以及为了控制溶液 pH 值而加入的缓冲剂或为了掩蔽某些干扰物质而加入的掩蔽剂或其他辅助配位剂 L 等，都可能对主反应产生干扰。主反应以外的其他反应统称为副反应。其平衡关系可表示如下：

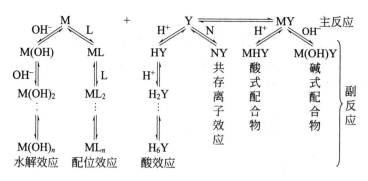

显然，反应物 M 及 Y 的各种副反应都不利于主反应的进行，而生成物 MY 的各种副反应则有利于主反应的进行。M、Y 及 MY 的各种副反应进行的程度，可用相应的副反应系数表示。

本章仅讨论其中最主要的两个副反应：酸效应和配位效应。

5.3.1 酸效应和酸效应系数

溶液的酸度会显著地影响 Y 与 M 的配位能力，酸度愈高，Y 的浓度愈小，愈不利于 MY 的形成。这种由于 H^+ 存在使配位体参加主反应能力降低的现象称为酸效应，也称 pH 效应或质子化效应。H^+ 引起副反应时的副反应系数称为酸效应系数（亦称酸效应分数），通常 EDTA 的酸效应系数用 $\alpha_{Y(H)}$ 表示。

酸效应系数 $\alpha_{Y(H)}$ 表示未与 M 配位的 EDTA 各种存在型体的总浓度 [Y'] 是 Y 平衡浓度（即游离浓度）[Y] 的多少倍。即：

$$\alpha_{Y(H)} = \frac{[Y']}{[Y]}$$
$$= \frac{[Y]+[HY]+[H_2Y]+\cdots+[H_6Y]}{[Y]}$$
$$= 1 + \frac{[H^+]}{K_{a_6}} + \frac{[H^+]^2}{K_{a_6}K_{a_5}} + \cdots + \frac{[H^+]^6}{K_{a_6}K_{a_5}\cdots K_{a_2}K_{a_1}} \tag{5-7}$$

显然，$\alpha_{Y(H)}$ 值越大，表示 Y 型体的平衡浓度越小，即酸效应越严重。若没有酸效应发生，则未与 M 配位的 EDTA 就全部以 Y 型体存在，$\alpha_{Y(H)} = 1$。

现将 EDTA 在不同 pH 值下的 $\lg\alpha_{Y(H)}$ 列于表 5-4 中。在分析工作中，为方便起见，常

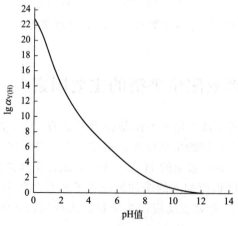

图 5-4　EDTA 的 pH-$\lg\alpha_{Y(H)}$ 关系曲线

将表 5-4 中的数据绘成 pH-$\lg\alpha_{Y(H)}$ 关系曲线,如图 5-4 所示。

表 5-4　EDTA 的 $\lg\alpha_{Y(H)}$ 值

pH 值	$\lg\alpha_{Y(H)}$	pH 值	$\lg\alpha_{Y(H)}$	pH 值	$\lg\alpha_{Y(H)}$	pH 值	$\lg\alpha_{Y(H)}$	pH 值	$\lg\alpha_{Y(H)}$
0.0	23.64	2.5	11.90	5.0	6.45	7.5	2.78	10.0	0.45
0.1	23.06	2.6	11.62	5.1	6.26	7.6	2.68	10.1	0.39
0.2	22.47	2.7	11.35	5.2	6.07	7.7	2.57	10.2	0.33
0.3	21.89	2.8	11.09	5.3	5.88	7.8	2.47	10.3	0.28
0.4	21.32	2.9	10.84	5.4	5.69	7.9	2.37	10.4	0.24
0.5	20.75	3.0	10.60	5.5	5.51	8.0	2.27	10.5	0.20
0.6	20.18	3.1	10.37	5.6	5.33	8.1	2.17	10.6	0.16
0.7	19.62	3.2	10.14	5.7	5.15	8.2	2.07	10.7	0.13
0.8	19.08	3.3	9.92	5.8	4.98	8.3	1.97	10.8	0.11
0.9	18.54	3.4	9.70	5.9	4.81	8.4	1.87	10.9	0.09
1.0	18.01	3.5	9.48	6.0	4.65	8.5	1.77	11.0	0.07
1.1	17.49	3.6	9.27	6.1	4.49	8.6	1.67	11.1	0.06
1.2	16.98	3.7	9.06	6.2	4.34	8.7	1.57	11.2	0.05
1.3	16.49	3.8	8.85	6.3	4.20	8.8	1.48	11.3	0.04
1.4	16.02	3.9	8.65	6.4	4.06	8.9	1.38	11.4	0.03
1.5	15.55	4.0	8.44	6.5	3.92	9.0	1.28	11.5	0.02
1.6	15.11	4.1	8.24	6.6	3.79	9.1	1.19	11.6	0.02
1.7	14.68	4.2	8.04	6.7	3.67	9.2	1.10	11.7	0.02
1.8	14.27	4.3	7.84	6.8	3.55	9.3	1.01	11.8	0.01
1.9	13.88	4.4	7.64	6.9	3.43	9.4	0.92	11.9	0.01
2.0	13.51	4.5	7.44	7.0	3.32	9.5	0.83	12.0	0.01
2.1	13.16	4.6	7.24	7.1	3.21	9.6	0.75	12.1	0.01
2.2	12.82	4.7	7.04	7.2	3.10	9.7	0.67	12.2	0.005
2.3	12.50	4.8	6.84	7.3	2.99	9.8	0.59	13.0	0.0008
2.4	12.19	4.9	6.65	7.4	2.88	9.9	0.52	13.9	0.0001

从图 5-4 中可以看出,H^+ 浓度越大时,$\lg\alpha_{Y(H)}$ 也越大,表示酸效应越严重,越不利于配合物 MY 的形成。

5.3.2　配位效应与配位效应的系数

当金属离子 M 与 Y 配位时,如果体系中还有别的配位剂 L 存在,显然 L 也能与 M 配位,则势必影响主反应。

这种由于其他配位剂 L 的存在,使金属离子 M 参加主反应能力降低的现象,称为配位效应。配位剂 L 引起副反应时的副反应系数称为配位效应系数,用 $\alpha_{M(L)}$ 表示。$\alpha_{M(L)}$ 表示没有参加主反应的金属离子各种型体的总浓度 [M′] 是游离金属离子 [M] 的倍数。

$$\alpha_{M(L)} = \frac{[M']}{[M]} = \frac{[M]+[ML]+[ML_2]+\cdots+[ML_n]}{[M]}$$
$$= 1 + K_{f_1}[L] + K_{f_1}K_{f_2}[L]^2 + \cdots + K_{f_1}K_{f_2}\cdots K_{f_n}[L]^n$$
$$= 1 + \beta_1[L] + \beta_2[L]^2 + \cdots + \beta_n[L]^n \tag{5-8}$$

从上式可以看出:$\alpha_{M(L)}$ 值愈大,表示金属离子 M 与配位剂 L 的配位反应愈完全,副反应愈严重。如果 M 没有副反应,则 $\alpha_{M(L)} = 1$;另外,$\alpha_{M(L)}$ 仅是 [L] 的函数,当溶液中的游离配位剂 L 的浓度一定时,$\alpha_{M(L)}$ 为一定值。

5.3.3 条件稳定常数

当金属离子 M 与配位体 Y 反应生成配合物 MY 时，如果没有副反应发生，则反应达平衡时，MY 的稳定常数 K_{MY} 的大小是衡量此配位反应进行程度的主要标志，故 K_{MY} 又称绝对稳定常数。它不受浓度、酸度、其他配位剂或干扰离子的影响。但是，配位反应的实际情况较复杂，在主反应进行的同时，常伴有酸效应、配位效应、干扰离子效应等副反应，致使溶液中 M 和 Y 参加主反应的能力降低。如果只考虑酸效应和配位效应的存在，当反应达平衡时，溶液中未与 M 配位的 EDTA 的总浓度为：

$$[Y']=[Y]+[HY]+[H_2Y]+[H_3Y]+[H_4Y]+[H_5Y]+[H_6Y]$$

同样地，未与 Y 配位的金属离子各种型体的总浓度为：

$$[M']=[M]+[ML]+[ML_2]+[ML_3]+\cdots+[ML_n]$$

生成的 MY、MHY 和 M(OH)Y 的总浓度为 [MY]′，则可以得到以 [M′]、[Y′]、[MY′] 表示的配合物的稳定常数——条件稳定常数 K'_{MY}。过去也称为表观稳定常数。

$$K'_{MY}=\frac{[MY']}{[M'][Y']} \tag{5-9}$$

由于许多情况下，生成的 MHY 和 M(OH)Y 可以忽略不计，所以 [MY′]≈[MY]，故可得：

$$K'_{MY}=\frac{[MY]}{[M'][Y']} \tag{5-10}$$

根据酸效应系数和配位效应系数的定义可得：

$$[Y']=[Y]\alpha_{Y(H)}, \quad [M']=[M]\alpha_{M(L)}$$

所以

$$K'_{MY}=\frac{[MY]}{[M]\alpha_{M(L)}[Y]\alpha_{Y(H)}}$$
$$=\frac{K_{MY}}{\alpha_{M(L)}\alpha_{Y(H)}} \tag{5-11}$$

对式(5-11) 取对数得：

$$\lg K'_{MY}=\lg K_{MY}-\lg\alpha_{M(L)}-\lg\alpha_{Y(H)} \tag{5-12}$$

当溶液中只有酸效应而无配位效应时，$\alpha_{M(L)}=1$，即 $\lg\alpha_{M(L)}=0$ 时，此时

$$\lg K'_{MY}=\lg K_{MY}-\lg\alpha_{Y(H)} \tag{5-13}$$

条件稳定常数可以说明配合物在一定条件下的实际稳定程度。$\lg K'_{MY}$ 愈大，配合物 MY 的稳定性愈高。

例 5-1 设无其他配位副反应，试计算在 pH=3.0 和 pH=8.0 时，NiY（略去电荷）的条件稳定常数。

解 查表 5-2 和表 5-4 可知：

$\lg K_{NiY}=18.62$，pH=3.0 时，$\lg\alpha_{Y(H)}=10.60$；

pH=8.0 时，$\lg\alpha_{Y(H)}=2.27$

pH=3.0 时，$\lg K'_{NiY}=18.62-10.60=8.02$

$K'_{NiY}=10^{8.02}$

pH=8.0 时，$\lg K'_{NiY}=18.62-2.27=16.35$

$K'_{NiY}=10^{16.35}$

从计算结果可知，NiY 在 pH=8.0 时比 pH=3.0 时要稳定得多。

例 5-2 计算在 pH=10.0 的缓冲溶液中，若溶液中游离 NH_3 的浓度为 $0.10 mol \cdot L^{-1}$ 时 ZnY 的 K'_{ZnY}。

解 此时除了酸效应外，还有配位效应。

查表 5-2 得：$lgK_{ZnY}=16.50$

查表 5-4 得：pH=10.0 时，$lg\alpha_{Y(H)}=0.45$

查附录 4 得：Zn(Ⅱ)-NH_3 配合物积累稳定常数分别为：

$$\beta_1=10^{2.37}；\beta_2=10^{4.81}；\beta_3=10^{7.31}；\beta_4=10^{9.46}$$

根据式(5-8)可得：

$$\alpha_{Zn(NH_3)}=1+\beta_1[NH_3]+\beta_2[NH_3]^2+\beta_3[NH_3]^3+\beta_4[NH_3]^4$$
$$=1+10^{2.37}\times(0.10)+10^{4.81}\times(0.10)^2+10^{7.31}\times(0.10)^3+10^{9.46}\times(0.10)^4$$
$$=10^{5.52}$$

$$lgK'_{ZnY}=lgK_{ZnY}-lg\alpha_{Zn(NH_3)}-lg\alpha_{Y(H)}$$
$$=16.50-5.52-0.45=10.53$$

$$K'_{ZnY}=10^{10.53}$$

5.4 金属离子指示剂

金属离子指示剂

在配位滴定中，通常使用的指示剂是能与金属离子生成有色配合物的显色剂，称为金属离子指示剂，简称金属指示剂。

5.4.1 金属离子指示剂的作用原理

金属指示剂是一类具有酸碱指示剂性质的有机配位剂。在一定的 pH 值条件下能与被测金属离子形成与其本身颜色显著不同的配合物。若以 M 表示金属离子，In 表示指示剂的阴离子，Y 表示滴定剂 EDTA（为了简单起见，略去了所有离子的电荷），则金属指示剂的作用原理可以简述如下：

在滴定开始之前，将少量指示剂加入待测金属离子溶液中，溶液中的一部分金属离子和指示剂反应，形成与指示剂不同颜色的配合物 MIn。

$$M + In \rightleftharpoons MIn$$
颜色甲　　颜色乙

滴定开始至化学计量点前，加入的 EDTA 首先与未和指示剂反应的游离金属离子反应。

$$M+Y \rightleftharpoons MY$$

随着滴定的进行，溶液中的游离金属离子的浓度在不断地下降。当反应快达化学计量点时，游离的金属离子已消耗殆尽，再加入的 EDTA 就会夺取 MIn 中的金属离子，释放出指示剂，与此同时，溶液由乙色变为甲色，表示终点到达。

$$MIn+Y \rightleftharpoons MY+In$$
颜色乙　　　　　颜色甲

根据如上所述的金属指示剂的作用原理,显然作为金属指示剂应具备下列条件。

① 在滴定的 pH 范围内,指示剂 In 与其金属离子配合物 MIn 应有显著的颜色差异,这样才能使终点的颜色变化明显。

② MIn 的稳定性应适当。所谓适当,是指 MIn 的稳定性必须比 MY 的稳定性低,即 $K'_{MIn} < K'_{MY}$,因为若 $K'_{MIn} > K'_{MY}$,必然会导致滴定到化学计量点时,再滴入稍过量的 Y 不能从 MIn 中夺取金属离子而释放出指示剂,溶液没有颜色变化,因而使滴定终点拖后,甚至可能会使显色反应完全失去可逆性,得不到滴定终点。但另一方面,MIn 的稳定性又不能比 MY 的低得太多,若 $K'_{MIn} \ll K'_{MY}$,势必会导致不到化学计量点,滴定剂 Y 就会夺取 MIn 中的金属离子 M 使指示剂 In 游离出来,从而使溶液在化学计量点前就变色,导致终点提前。因此,一般要求 K'_{MY} 是 K'_{MIn} 的 10~100 倍。

③ 金属指示剂与金属离子的反应必须迅速。而且要有良好的变色可逆性、灵敏性和选择性。

④ 指示剂本身以及指示剂与金属离子的配合物 MIn 都应易溶于水,如果生成胶体或沉淀,则会影响显色反应的可逆性,从而使变色不明显。

⑤ 金属指示剂应比较稳定,便于贮藏和使用。

5.4.2 金属离子指示剂的选择

金属指示剂的选择原则与前面学过的酸碱指示剂的选择很相似。都是以在滴定过程中,化学计量点附近产生的突跃范围为基本依据的。因此,选择金属离子指示剂的原则就是:要求指示剂能在 pM 突跃范围内发生明显的颜色变化,且指示剂的变色点的 pM_{ep} 应尽量与化学计量点的 pM_{sp} 一致,以减小终点误差。

根据配位平衡,被测金属离子 M 与指示剂形成有色配合物 MIn,它在溶液中应有下列的解离平衡:

$$MIn \rightleftharpoons M + In$$

考虑到溶液中副反应的影响,可得

$$K'_{MIn} = \frac{[MIn]}{[M]'[In]'} \tag{5-14}$$

$$\lg K'_{MIn} = pM' + \lg \frac{[MIn]}{[In']} \tag{5-15}$$

在指示剂变色点时,$[MIn] = [In']$,则有

$$\lg K'_{MIn} = pM' \tag{5-16}$$

可见指示剂变色点时的 pM' 等于金属指示剂与金属离子形成的有色配合物的 $\lg K'_{MIn}$。

需要注意的是:金属指示剂不像酸碱指示剂那样,有一个确定的变色点。这是因为金属指示剂既是配位剂,又具有酸碱性质。所以,指示剂与金属离子 M 的有色配合物 MIn 的条件稳定常数 K'_{MIn} 将随溶液 pH 值的变化而变化,指示剂的变色点 pM'_{ep} 当然也就随溶液 pH 值的不同而异了。因此,在选择金属指示剂时,必须考虑体系的酸度,使指示剂的变色点 pM'_{ep} 与化学计量点 pM'_{sp} 尽可能一致,至少变色点应在化学计量点附近的 pM 突跃范围内,以减少终点误差。

理论上,指示剂的选择可以通过与其有关的常数进行计算来完成。但遗憾的是,迄今为止,金属指示剂的有关常数很不齐全,所以在实际工作中大多采用实验方法来选择指示剂,即先试验待选指示剂在终点时的变色敏锐程度,然后再检验滴定结果的准确度,这样就可以

确定该指示剂是否符合要求。

5.4.3 金属离子指示剂的封闭、僵化及氧化变质现象

5.4.3.1 指示剂的封闭现象

如上所述，金属指示剂应在化学计量点附近变色敏锐。但在实际应用中，有时会发生这样的现象，当配位滴定进行到化学计量点时，稍过量的滴定剂 EDTA 并不能夺取 MIn 中的金属离子，因而使指示剂在化学计量点附近没有颜色变化，这种现象称为指示剂的封闭现象。指示剂封闭现象的消除可通过分析造成封闭的不同原因而采取相应的措施来完成。

如果指示剂的封闭是由于溶液中存在的被测离子以外的干扰离子引起的，即干扰离子与 In 形成了稳定性大于 MY 的配合物而导致指示剂在化学计量点附近不变色，通常可采用选择适当的掩蔽剂掩蔽干扰离子加以消除。例如，在 pH=10.0 时，以铬黑 T 为指示剂，用 EDTA 滴定水中的 Ca^{2+}、Mg^{2+} 时，若水样中含有 Fe^{3+}、Al^{3+} 时，就会对指示剂造成封闭，可用三乙醇胺掩蔽。若水样中含有 Cu^{2+}、Co^{2+}、Ni^{2+} 等干扰离子对指示剂的封闭现象，可加入 KCN 来掩蔽消除。如果指示剂的封闭是由待测离子 M 本身造成的，即未满足 K'_{MY} 至少应大于 K'_{MIn} 的 10 倍的要求，甚至可能是 K'_{MY} 还小于 K'_{MIn}。对于指示剂的这种封闭现象可采用返滴定法加以消除。例如，Al^{3+} 对二甲酚橙有封闭作用，所以测定 Al^{3+} 时可在 pH=3.5 的条件下，先加入过量的已知准确浓度的 EDTA 溶液，煮沸，使 Al^{3+} 与 EDTA 充分反应形成 AlY 后，再调节 pH 值到 5~6，加入指示剂二甲酚橙，用 Zn^{2+} 或 Pb^{2+} 标准溶液返滴剩余的 EDTA，从而避免了 Al^{3+} 对指示剂的封闭。

有时，指示剂的封闭现象是由于指示剂有色配合物的颜色变化的可逆性差导致的。在这种情况下，只好更换指示剂。

5.4.3.2 指示剂的僵化现象

有些指示剂本身或其金属离子配合物的水溶性比较差，因而使得终点溶液变色缓慢而使终点拖长，这种现象称为指示剂的僵化现象。通常可采用加入适当的有机溶剂或加热的办法来消除指示剂的僵化现象。

例如，用 PAN 作指示剂时，加入乙醇或丙酮等有机溶剂，或加热都可使指示剂颜色变化明显。

5.4.3.3 指示剂的氧化变质现象

多数金属离子指示剂含有不同数量的双键，所以很容易被日光、氧化剂、空气等作用而变质，特别是在水溶液中，金属指示剂的稳定性更差。分解变质的速率与试剂的纯度有关。一般是纯度较高时，保存的时间也较长。另外，有些金属离子对指示剂的氧化分解有催化作用。例如，铬黑 T 在 Mn(Ⅳ)、Ce^{4+} 存在下，仅数秒就分解褪色。

由于上述原因，金属指示剂在使用时，通常直接使用由中性盐（如 NaCl、KNO_3 等）按一定比例（一般是质量比为 1∶100）混合后的固体试剂，也可在指示剂溶液中加入还原剂（如盐酸羟胺、抗坏血酸等）进行保护。另外，指示剂溶液配制后，不要放置的时间太长，最好是现用现配。

5.4.4 常用的金属离子指示剂

目前，已知的金属离子指示剂已达 300 多种。这里只能介绍几种最常用的。

5.4.4.1 铬黑T

铬黑T简称EBT，属偶氮染料。其化学名称为1-(1-羟基-2-萘偶氮基)-6-硝基-2-萘酚-4-磺酸钠。其结构式为

铬黑T（可用符号NaH_2In表示）为带有金属光泽的黑褐色粉末，溶于水时，磺酸基上的Na^+全部解离，形成H_2In^-。它在水溶液中存在下列酸碱平衡：

$$H_2In^- \underset{紫红色}{\overset{pK_{a_2}=6.3}{\rightleftharpoons}} \underset{蓝色}{HIn^{2-}} \overset{pK_{a_3}=11.6}{\rightleftharpoons} \underset{橙色}{In^{3-}}$$

铬黑T能与许多金属离子（如Ca^{2+}、Mg^{2+}、Zn^{2+}、Cd^{2+}、Pb^{2+}、Hg^{2+}等）形成红色配合物。在pH<6.3和pH>11.6的溶液中，由于指示剂本身接近红色，故不能使用。根据酸碱指示剂的变色原理（pH=$pK_a\pm1$），pH=7.3~10.6时，铬黑T溶液呈蓝色，所以，从理论上讲，在这个pH范围内，都可以作为金属离子指示剂使用。但实验结果表明，使用铬黑T的最适宜酸度是pH=9.0~10.5。Al^{3+}、Fe^{3+}、Co^{2+}、Ni^{2+}、Cu^{2+}、Ti^{4+}等对铬黑T有封闭作用。

铬黑T在固态时比在水溶液中性质稳定得多，这主要是由于在水溶液中，它会发生如下的分子聚合反应：

$$n\underset{紫红色}{H_2In^-} \rightleftharpoons \underset{棕色}{(H_2In^-)_n}$$

尤其是在pH<6.5的条件下，聚合更为严重。加入三乙醇胺，可减缓聚合速率。

另外，在碱性溶液中，空气中的O_2以及$Mn(\text{IV})$、Ce^{4+}等能将铬黑T氧化并褪色。加入盐酸羟胺或抗坏血酸等还原剂可防止其氧化。

在实际应用中，通常把铬黑T与纯净的中性盐（如NaCl、KNO_3等）按1∶100的比例混合，直接使用。

5.4.4.2 钙指示剂

钙指示剂简称NN或钙红，也属偶氮染料。其化学名称为：2-羟基-1-(2-羟基-4-磺酸基-1-萘偶氮基)-3-萘甲酸。其结构式为：

纯的钙指示剂（可用符号Na_2H_2In表示）为紫黑色粉末。在水溶液中有下列酸碱平衡：

$$\underset{红色}{H_2In^{2-}} \overset{pK_{a_3}=7.26}{\rightleftharpoons} \underset{蓝色}{HIn} \overset{pK_{a_4}=13.67}{\rightleftharpoons} \underset{红色}{In^{4-}}$$

钙指示剂与Ca^{2+}形成红色配合物CaIn。通常在pH=12~13时，用钙指示剂指示终点（蓝色）测定钙。在此条件下测定Ca^{2+}，不仅终点颜色变化明显，而且试液中即使有Mg^{2+}

共存也不会干扰 Ca^{2+} 的测定，因为此时，Mg^{2+} 已生成 $Mg(OH)_2$ 沉淀而析出。

钙指示剂受封闭的情况与铬黑 T 相似，但可用 KCN 和三乙醇胺联合掩蔽而消除。

纯的固态钙指示剂性质稳定，但它的水溶液和乙醇溶液都不稳定，故一般用固体试剂与 NaCl 按 1∶100 的比例混合后使用。

5.4.4.3 二甲酚橙

二甲酚橙简称 XO，属三苯甲烷类显色剂。其化学名称为：3,3′-双[N,N-二(羧甲基)氨甲基]邻甲酚磺酞，结构式如下：

二甲酚橙为易溶于水的紫色结晶。它有 6 级酸式解离，其中 $H_6In \sim H_2In^{4-}$ 都是黄色，$HIn^{5-} \sim In^{6-}$ 为红色。在 pH=5～6 时，二甲酚橙主要以 H_2In^{4-} 形式存在。H_2In^{4-} 的酸碱解离平衡如下：

$$H_2In^{4-} \xrightleftharpoons{pK_{a_5}=6.3} H^+ + HIn^{5-}$$
$$\text{黄} \qquad\qquad\qquad \text{红}$$

由此可见，pH>6.3 时，呈红色；pH<6.3 时，呈黄色。二甲酚橙与金属离子形成的配合物都是紫红色，因此，它只适合在 pH<6.3 的酸性溶液中使用。许多金属离子可用二甲酚橙作指示剂直接滴定。例如 ZrO^{2+}（pH<1）、Bi^{3+}（pH=1～2）、Th^{4+}（pH=2.3～3.5）、Pb^{2+}、Zn^{2+}、Cd^{2+}、Hg^{2+}、La^{3+}、Y^{3+}（pH=5.0～6.0）等，终点由红紫色转变为亮黄色，变色敏锐。

Al^{3+}、Fe^{3+}、Ni^{2+}、Ti^{4+} 等对二甲酚橙有封闭作用。其中 Al^{3+}、Ti^{4+} 可用氟化物掩蔽，Ni^{2+} 可用邻二氮菲掩蔽；Fe^{3+} 可用抗坏血酸还原。

二甲酚橙通常配成 0.5% 的水溶液，大约可稳定 2～3 周。

5.5 配位滴定法的基本原理

5.5.1 配位滴定曲线

在配位滴定中，若以配位剂作为滴定剂，则随着滴定剂的不断加入，溶液中被测金属离子的浓度不断下降。滴定达到化学计量点附近时，溶液中的 pM 值将发生突变。和酸碱滴定相类似，整个滴定过程中金属离子的变化规律，可用配位滴定曲线（即以滴定剂的加入量为横坐标，以 pM 值为纵坐标的平面曲线图）表述。考虑到各种副反应的影响，须应用条件稳定常数进行计算。

现以 $0.02000 mol·L^{-1}$ EDTA 标准溶液滴定 20.00mL 的 $0.02000 mol·L^{-1}$ Ca^{2+} 溶液（在 pH=10.0 的 NH_3-NH_4Cl 缓冲溶液存在时）为例，讨论滴定过程中 pCa 的变化规律。由于 Ca^{2+} 不易水解，也不与 NH_3 配位，故仅考虑 EDTA 的酸效应。

5.5.1.1 计算 CaY(略去电荷)的条件稳定常数 K'_{CaY}

查表 5-2 得：$\lg K_{CaY} = 10.69$

查表5-4得：pH=10.0时，$\lg \alpha_{Y(H)} = 0.45$

则有 $\lg K'_{CaY} = \lg K_{CaY} - \lg \alpha_{Y(H)}$
  $= 10.69 - 0.45 = 10.24$

或 $K'_{CaY} = 1.74 \times 10^{10}$

5.5.1.2 滴定曲线的绘制

(1) 滴定前 $[Ca^{2+}] = 0.02000 \text{ mol} \cdot L^{-1}$
pCa = 1.70

(2) 滴定开始至化学计量点前 设已加入 EDTA $V(\text{mL})$，则溶液中剩余的 $[Ca^{2+}]$ 为

$$[Ca^{2+}] = \frac{20.00 - V}{20.00 + V} \times 0.02000$$

例如，当加入 EDTA 标准溶液 19.98 mL，则

$$[Ca^{2+}] = \frac{20.00 - 19.98}{20.00 + 19.98} \times 0.02000 = 1.0 \times 10^{-5}$$

pCa = 5.00

(3) 化学计量点时 由于 CaY 相当稳定，所以在化学计量点时 Ca^{2+} 与加入的 EDTA 几乎全部生成 CaY，因此

$$[CaY] = \frac{0.02000 \times 20.00}{20.00 + 20.00} = 1.0 \times 10^{-2}$$

在 pH=10.0 时，可近似认为 $[Ca^{2+}] = [Y']$

$$K'_{CaY} = \frac{[CaY]}{[Ca^{2+}][Y']} = \frac{[CaY]}{[Ca^{2+}]^2} = 10^{10.24}$$

$$[Ca^{2+}] = \sqrt{\frac{1.0 \times 10^{-2}}{10^{10.24}}} = \sqrt{10^{-12.24}} = 10^{-6.12}$$

pCa = 6.12

(4) 化学计量点后 过量的滴定剂 EDTA 的浓度为

$$[Y'] = \frac{V - 20.00}{V + 20.00} \times 0.02000$$

例如，滴入 20.02 mL EDTA 标准溶液时，

$$[Y'] = \frac{20.02 - 20.00}{20.02 + 20.00} \times 0.02000 = 1.0 \times 10^{-5}$$

$$K'_{CaY} = \frac{[CaY]}{[Ca^{2+}][Y']}, \quad 10^{10.24} = \frac{1.0 \times 10^{-2}}{[Ca^{2+}] \times 1.0 \times 10^{-5}}$$

$$[Ca^{2+}] = 10^{-7.24}$$

pCa = 7.24

如此逐一计算，将部分计算所得数据列于表5-5，并以 EDTA 加入量为横坐标，以 pCa 值为纵坐标作图，可绘出 pH=10.0 时用 0.02000 mol·L^{-1} EDTA 标准溶液滴定 20.00mL Ca^{2+} 溶液的滴定曲线，如图5-5所示。

表5-5 pH=10.0时，用 0.02000 mol·L^{-1} EDTA 标准溶液滴定 20.00mL 0.02000 mol·L^{-1} Ca^{2+} 溶液的 pCa 值

滴入 EDTA 溶液的体积/mL	滴定分数	pCa
0.00	0.000	1.70
18.00	0.900	2.98

续表

滴入 EDTA 溶液的体积/mL	滴定分数	pCa
19.80	0.990	4.00
19.98	0.999	5.00
20.00	1.000	6.12
20.02	1.001	7.24
20.20	1.010	8.24
22.00	1.100	9.24
40.00	2.000	10.06

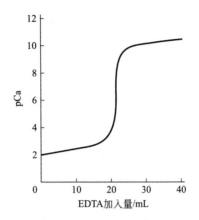

图 5-5　pH＝10.0 时，0.02000mol·L^{-1}EDTA 标准溶液滴定 20.00mL 0.02000mol·L^{-1}Ca^{2+}溶液的滴定曲线

5.5.1.3　影响配位滴定突跃的主要因素

从滴定曲线可以看出，在化学计量点附近，pCa 值有一个滴定突跃。影响配位滴定突跃范围大小的因素主要是滴定所生成配合物的条件稳定常数 K'_{CaY} 以及被滴定金属离子的原始浓度 $c(M)$。现具体分析如下。

(1) K'_{MY} 对滴定突跃的影响　从图 5-6 中可以看出，K'_{MY} 值的大小，是影响滴定突跃范围的重要因素之一，而 K'_{MY} 值的大小又主要取决于 K'_{MY}、$\alpha_{M(L)}$ 和 $\alpha_{Y(H)}$ 值的大小。所以可以得出如下结论：

① K_{MY} 值越大，K'_{MY} 值相应也越大，滴定突跃就大，反之则小。

② 滴定体系的酸度越高，pH 值越小，$\alpha_{Y(H)}$ 值越大，K'_{MY} 值就越小，滴定突跃也就越小。

③ 若溶液中存在能与被测金属离子起配位作用的配位剂（如缓冲溶液及掩蔽剂等），都能使 $\alpha_{M(L)}$ 值增大，则 K'_{MY} 减小，从而使滴定突跃变小。

(2) $c(M)$ 对滴定突跃的影响　图 5-7 是当 $\lg K_{MY}=10.0$，[M] 分别是 $10^{-1} \sim 10^{-4} \text{mol·L}^{-1}$ 时，分别用等浓度的 EDTA 滴定所得的滴定曲线。

从图 5-7 中可以看出，当 K'_{MY} 值一定时，[M] 越低，滴定曲线的起点就越高，滴定突跃就越小。因此，溶液的浓度不宜过稀，一般选用 $10^{-2} \text{mol·L}^{-1}$ 左右。

归纳以上内容，概括起来就是：滴定曲线下限起点的高低，取决于金属离子的原始浓度 $c(M)$；曲线上限的高低，取决于配合物的条件稳定常数 K'_{MY}。

5.5.2　准确滴定金属离子的条件

在配位滴定中，欲使配位反应完全，就必须使生成的配合物的 K'_{MY} 足够大，这样在化

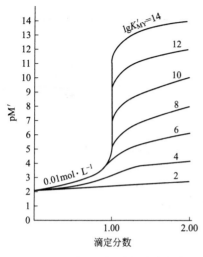
图 5-6　不同 $\lg K'_{MY}$ 时的滴定曲线

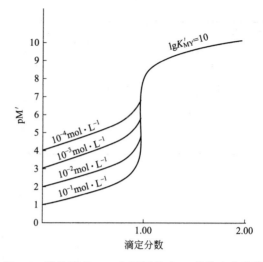
图 5-7　等浓度 EDTA 与不同浓度 M 的滴定的曲线

学计量点附近 pM 才会有一明显的突跃，以保证分析结果的准确可靠，因此，有必要提出一个大概的 K'_{MY} 界限要求，作为准确滴定的依据。

滴定分析的一般要求，允许相对误差不大于 ±0.1%。为了达到此要求，在化学计量点时，配合物 MY 的解离部分必须小于 0.1%。设金属离子 M 的原始浓度为 $0.02\,\mathrm{mol\cdot L^{-1}}$，则滴定至化学计量点时，被测金属离子 M 几乎全部生成 MY，若配位剂的原始浓度与 M 的原始浓度相同，则有

$$[MY] = 1/2 \times 0.02 = 0.01$$
$$[M'] = [Y'] \leqslant 0.01 \times 0.1\%$$

为满足此条件，K'_{MY} 值应为：

$$K'_{MY} = \frac{[MY]}{[M'][Y']} \geqslant \frac{0.01}{0.01 \times 0.1\% \times 0.01 \times 0.1\%} = 10^8 \tag{5-17}$$

即　$\lg K'_{MY} \geqslant 8$

因为化学计量点时，金属离子的浓度 c_M 为 $10^{-2}\,\mathrm{mol\cdot L^{-1}}$，故

$$\lg(K'_{MY} c_M) \geqslant 6$$

因此，金属离子能被准确滴定的条件为：

$$K'_{MY} c_M \geqslant 10^6 \text{ 或 } \lg(K'_{MY} c_M) \geqslant 6 \tag{5-18}$$

5.5.3　配位滴定中酸度的控制

5.5.3.1　单一离子滴定的最高酸度与最低酸度

从上面的讨论可知，当 $\lg(K'_{MY} c_M) \geqslant 6$ 时，金属离子 M 才能被准确滴定。若配位反应中只有 EDTA 的酸效应而无其他副反应，金属离子 M 的浓度为 $0.02\,\mathrm{mol\cdot L^{-1}}$ 时，可得：

$$\lg K'_{MY} = \lg K_{MY} - \lg \alpha_{Y(H)} \geqslant 8$$

即

$$\lg \alpha_{Y(H)} \leqslant K_{MY} - 8 \tag{5-19}$$

按上式计算所得 $\lg \alpha_{Y(H)}$ 值对应的酸度就是金属离子 M 的最高允许酸度（最低 pH 值）。若溶液的酸度高于这一限度时，金属离子 M 就不能被准确滴定。

例 5-3　试求用 $0.02\,\mathrm{mol\cdot L^{-1}}$ EDTA 标准溶液滴定 Zn^{2+} 的最高允许酸度。

解 查表 5-2 得：$\lg K_{ZnY} = 16.5$

$$\lg \alpha_{Y(H)} = \lg K_{ZnY} - 8 = 16.5 - 8 = 8.5$$

查表 5-4 得相应的 pH 值约为 4.0。即准确滴定 Zn^{2+} 的最高允许酸度为 pH=4.0（最低 pH 值）。

但若酸度过低，金属离子将发生水解甚至形成 $M(OH)_n$ 沉淀。这不仅影响配位反应的速率使终点难以确定，而且影响配位反应的计量关系。故将金属离子开始生成氢氧化物沉淀时的酸度，作为配位滴定允许的最低酸度（即最大 pH 值），可由金属离子氢氧化物 $M(OH)_n$ 的溶度积求得。如例 5-3 中滴定 Zn^{2+} 时，为防止滴定开始时形成 $Zn(OH)_2$ 沉淀，必须使：

$$[OH^-] \leqslant \sqrt{\frac{K_{sp}[Zn(OH)_2]}{[Zn^{2+}]}} = \sqrt{\frac{1.2 \times 10^{-17}}{2 \times 10^{-2}}} = 2.45 \times 10^{-8} \text{ mol·L}^{-1}$$

即最高 pH 值为 6.39。

应当指出：按 $M(OH)_n$ 的溶度积计算得到的最低酸度，有时会与实际情况有出入。这是因为在计算最低酸度时忽略了形成多种羟基配合物、离子强度以及辅助配位剂的加入等因素的影响。例如，加入适当的辅助配位剂（如酒石酸或氨水）防止金属离子水解形成沉淀，就可以在更低酸度下滴定。

最高酸度和最低酸度之间的酸度范围称为配位滴定的适宜酸度范围。

在配位滴定中，了解各种金属离子滴定的最高允许酸度，对解决实际问题有很大帮助。用上述方法，可以算出用 EDTA 溶液滴定其他金属离子的最高允许酸度。将 EDTA 滴定每种金属离子所允许的最低 pH 值（最高允许酸度）对相应的 $\lg K_{MY}$ 作图，即可绘出如图 5-8 所示的曲线。此曲线称为酸效应曲线，或称林邦（Ringbom）曲线。

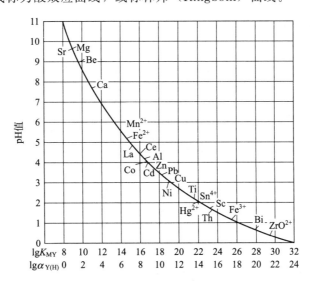

图 5-8 EDTA 的酸效应曲线

应用酸效应曲线可以说明以下几点：

① 从曲线上可以找出单独滴定各种金属离子时，溶液所允许的最高酸度（最低 pH 值）。例如，滴定 Fe^{3+}、Cu^{2+} 和 Zn^{2+} 时允许的最低 pH 值分别为 1.2、3 和 4，若小于最低 pH 值，滴定就无法准确定量。

② 从曲线可以看出，在一定 pH 值范围内，哪些离子可被准确滴定，哪些离子对滴定

有干扰。例如，从曲线上可知，在 pH=10.0 附近滴定 Mg^{2+} 时，溶液中若存在 Ca^{2+} 或 Mn^{2+} 等位于 Mg^{2+} 下方的离子都会对滴定有干扰，因为它们均可以同时被滴定。

③ 从曲线上还可以看出，利用控制酸度的方法，有可能在同一溶液中连续测定几种离子。例如，当溶液中含有 Bi^{3+}、Zn^{2+} 及 Mg^{2+} 时，可以用甲基百里酚蓝作指示剂，在 pH=1.0 时，用 EDTA 测定 Bi^{3+}，然后在 pH=5.0~6.0 时，连续滴定 Zn^{2+}，最后在 pH=10.0~11.0 时滴定 Mg^{2+}。

必须指出，配位滴定时实际采用的 pH 值，要比所允许的最低 pH 值略高一些，以便被滴定的金属离子和 EDTA 的配位反应更完全些。但过高的 pH 值又会引起金属离子的水解而析出沉淀，妨碍 MY 的形成而影响滴定的准确性，甚至会使滴定无法进行。例如 Mg^{2+} 在 pH=12.0 时，会形成 $Mg(OH)_2$ 沉淀而不能与 EDTA 配位。可见不同的金属离子用 EDTA 滴定时，pH 值都有一定范围的限制，超过这个范围，不论是高还是低，都不适于进行滴定。

由于 EDTA 在滴定过程中，随着 MY 的形成会不断释放出 H^+，使溶液的酸度逐渐增大，不利于滴定的进行。因此，在配位滴定中常常需加入一定量的缓冲溶液来控制溶液的酸度。

5.5.3.2 用指示剂确定终点时滴定的最佳酸度

为了在实际的配位滴定操作中能达到预期的准确度，除了滴定必须在上述适宜酸度范围内进行，还要考虑指示剂的变色点。滴定终点时的 $pM'_{ep}(pM_{ep})$ 越接近化学计量点时的 $pM'_{sp}(pM_{sp})$，滴定的准确度就越高。如果选择和控制某一酸度下滴定使得 $pM'_{ep}(pM_{ep})$ 与 $pM'_{sp}(pM_{sp})$ 完全相符或者最为接近，就有可能使滴定误差达到最小。这个酸度就是进行配位滴定的最佳酸度，当然还必须指示剂此时变色敏锐。

5.5.3.3 配位滴定中缓冲溶液的作用

配位滴定过程中会不断释放出 H^+，即

$$M+H_2Y \Longrightarrow MY+2H^+$$

溶液酸度增高会降低 K'_{MY}，从而影响配位滴定反应进行的完全程度，同时还减小了 K'_{MIn}，使指示剂灵敏度降低。因此配位滴定中常常加入缓冲剂控制被滴定溶液的酸度。

在弱酸性溶液（pH 5~6）中滴定，常使用醋酸缓冲溶液或六亚甲基四胺缓冲溶液；在弱碱性溶液（pH 值为 8~10）中滴定，常采用氨性缓冲溶液。在强酸中滴定（如 pH=1 时滴定 Bi^{3+}）或强碱中滴定（如 pH=13 时滴定 Ca^{2+}），强酸或强碱本身就是缓冲溶液，具有一定的缓冲作用。缓冲剂的选择不仅要考虑缓冲剂所能缓冲的 pH 范围，还要考虑缓冲剂是否会引起金属离子的副反应。例如在 pH=5 时用 EDTA 滴定 Pb^{2+}，通常不用醋酸缓冲溶液，因为 Ac^- 会与 Pb^{2+} 配位，降低 PbY 的条件形成常数。此外，缓冲溶液还必须有足够的缓冲容量才能控制溶液的 pH 值基本不变。

5.6 提高配位滴定选择性的途径

如前所述，EDTA 具有很强的配位能力，可以跟元素周期表中的绝大多数金属离子形成螯合物，而实际分析对象往往又比较复杂，经常是同一溶液中多种金属离子共存，因此，如何提高配位滴定的选择性，就成为配位滴定中一个十分重要的问题。

滴定单一金属离子 M 时，当 $\lg(K'_{MY}c_M) \geq 6$ 时，M 可被准确滴定。显然，当 $K'_{MY} < 10^8$ 或 $K'_{MY}c_M < 10^6$ 时，M 就不能被准确滴定。

另外，实验证明，当 $K'_{MY} \leq 10^3$ 或者 $\lg(K'_{MY}c_M) \leq 1$ 时，M 就基本不被滴定。许多实验证明两种金属离子 M 和 N 共存时，情况就比较复杂，此时还需考虑干扰离子 N 的副反应。因此，准确滴定 M 离子而 N 离子不干扰滴定的条件是：

$$\lg(K'_{MY}c_M) \geq 6 \quad \text{（M 离子被准确滴定的条件）}$$

$$\lg(K'_{MY}c_M) - \lg(K'_{NY}c_N) \geq 5 \quad \text{（N 离子不干扰滴定的条件）}$$

假设没有其他因素（如掩蔽作用或水解效应等），上式可简写为：

$$\lg(K_{MY}c_M) - \lg(K_{NY}c_N) \geq 5 \quad \text{（N 离子不干扰滴定的条件）}$$

当 $c_M = c_N$ 时，上式可进一步简写为：

$$\lg K_{MY} - \lg K_{NY} \geq 5 \quad \text{（N 离子不干扰滴定的条件）}$$

如果待测离子 M 满足上述条件，就可以准确滴定 M 而 N 不干扰。在滴定 M 之后，如果干扰离子 N 也满足 $\lg(K'_{NY}c_N) \geq 6$，则 N 也可继续被滴定。

5.6.1 控制溶液的酸度

如前所述，当有数种金属离子存在时，酸效应曲线指出了通过控制 pH 值进行选择滴定或连续滴定的可能性。

例 5-4 溶液中 Bi^{3+} 和 Pb^{2+} 同时存在，其浓度均为 $0.01 mol \cdot L^{-1}$，问能否利用控制溶液酸度的方法选择滴定 Bi^{3+}？若可能，确定在 Pb^{2+} 存在下，选择滴定 Bi^{3+} 的酸度范围。

解 查表 5-2 得：$\lg K_{BiY} = 27.94$，$\lg K_{PbY} = 18.04$

已知 $[Bi^{3+}] = [Pb^{2+}] = 0.01 mol \cdot L^{-1}$

得：$\lg K_{BiY} - \lg K_{PbY} = 27.94 - 18.04 = 9.95 > 5$

故可利用控制溶液酸度的方法滴定 Bi^{3+} 而 Pb^{2+} 不干扰。

从酸效应曲线（图 5-8）可查出，滴定 Bi^{3+} 的最高允许酸度为 pH=0.70，即要求 pH>0.7，但滴定时 pH 值不能太高，因 pH=2 时，Bi^{3+} 就会与水发生反应，析出沉淀。另外，要使 Pb^{2+} 完全不反应，则要求 $\lg(K'_{PbY}c_{Pb^{2+}}) \leq 1$，当 $c(Pb^{2+}) = 0.01 mol \cdot L^{-1}$ 时，即为 $\lg K'_{PbY} \leq 3$。

由 $\lg K'_{PbY} = \lg K_{PbY} - \lg \alpha_{Y(H)}$

得：$\lg K_{PbY} - \lg \alpha_{Y(H)} \leq 3$

$\lg \alpha_{Y(H)} \geq \lg K'_{PbY} - 3 = 18.04 - 3 = 15.04$

查酸效应曲线（图 5-8）可知 pH≈1.6，即为 pH<1.6 时，Pb^{2+} 就不能被滴定。因此，在 Pb^{2+} 存在下选择滴定 Bi^{3+} 的酸度范围是 pH 值为 0.7~1.6，在实际测定中一般选 pH=1.0。同理可求出滴定 Pb^{2+} 所要控制的酸度范围。

如果两种金属离子与 EDTA 所形成的配合物的稳定性相近时，就不能利用控制溶液酸度的方法来进行分别滴定，可采用其他方法。

5.6.2 利用掩蔽和解蔽作用

当 $\lg(K'_{MY}c_M) - \lg(K'_{NY}c_N) \leq 5$ 时，就不能用控制酸度的方法选择滴定 M。在这种情况下，可利用加入掩蔽剂来降低干扰离子的浓度，从而达到消除干扰的目的，这种方法称为掩蔽法。常用的掩蔽法有配位掩蔽法、沉淀掩蔽法及氧化还原掩蔽法。其中以配位掩蔽法应用最广。

配位掩蔽法是利用配位反应来降低干扰离子浓度以消除干扰的方法。例如，当 Al^{3+} 和

Zn^{2+} 共存时，加入 NH_4F 使 Al^{3+} 生成稳定的 AlF_6^{3+} 配合物而被掩蔽起来，调节 pH 值为 5~6，以二甲酚橙为指示剂，可准确滴定 Zn^{2+} 而 Al^{3+} 不干扰。

沉淀掩蔽法是利用沉淀反应来降低干扰离子的浓度，以消除干扰的方法。例如，在 Ca^{2+}、Mg^{2+} 两种离子共存的溶液中，加入 NaOH，使 pH≥12，则 Mg^{2+} 生成 $Mg(OH)_2$ 沉淀，使用钙指示剂，可用 EDTA 直接滴定 Ca^{2+}。

氧化还原掩蔽法是利用氧化还原反应来改变干扰离子的价态，以消除干扰的方法。例如，用 EDTA 滴定 Bi^{3+}、Zr^{4+}、Th^{4+} 等时，溶液中如果存在 Fe^{3+}，将干扰滴定，这时可在酸性溶液中加入抗坏血酸或盐酸羟胺，将 Fe^{3+} 还原成 Fe^{2+}，以消除 Fe^{3+} 的干扰。

常用的掩蔽剂见表 5-6。

表 5-6　一些常用的掩蔽剂

名称	pH 范围	被掩蔽的离子	备注
KCN	>8	Co^{2+}, Ni^{2+}, Cu^{2+}, Zn^{2+}, Hg^{2+}, Ca^{2+}, Ag^+, Tl^+ 及铂族元素	
NH_4F	4~6	Al^{3+}, Ti^{IV}, Sn^{4+}, Zr^{4+}, W^{VI} 等	用 NH_4F 比 NaF 好，加入后溶液的 pH 值变化不大
	10	Al^{3+}, Mg^{2+}, Ca^{2+}, Sr^{2+}, Ba^{2+} 及稀土元素	
邻二氮菲	5~6	Cu^{2+}, Co^{2+}, Ni^{2+}, Zn^{2+}, Cd^{2+}, Mn^{2+}, Hg^{2+}	
三乙醇胺(TEA)	10	Al^{3+}, Sn^{4+}, Ti^{IV}, Fe^{3+}, Fe^{2+}, Al^{3+} 及少量 Mn^{2+}	与 KCN 并用，可提高掩蔽效果
	11~12		
二巯基丙醇	10	Hg^{2+}, Cd^{2+}, Zn^{2+}, Bi^{3+}, Pb^{2+}, Ag^+, Sn^{4+} 及少量 Cu^{2+}, Co^{2+}, Ni^{2+}, Fe^{3+}	
硫脲	弱酸性	Cu^{2+}, Hg^{2+}, Tl^+	
铜试剂(DDTC)	10	能与 Cu^{2+}, Hg^{2+}, Pb^{2+}, Cd^{2+}, Bi^{3+} 生成沉淀，其中 Cu-DDTC 为褐色，Bi-DDTC 为黄色，故其存在量应分别小于 2mg 和 10mg	
酒石酸	1.5~2	Sb^{3+}, Sn^{4+}	在抗坏血酸存在下
	5.5	Fe^{3+}, Al^{3+}, Sn^{4+}, Ca^{2+}	
	6~7.5	Mg^{2+}, Cu^{2+}, Fe^{3+}, Al^{3+}, Mo^{4+}	
	10	Al^{3+}, Sn^{4+}, Fe^{3+}	

在掩蔽某些离子进行滴定后，如果还要测定被掩蔽离子，可采用适当的方法使被掩蔽的离子释放出来，这种方法称为解蔽，所用试剂称为解蔽剂。例如，Zn^{2+} 和 Pb^{2+} 共存时，用配位滴定法分别测定 Zn^{2+} 和 Pb^{2+} 时，先用氨水中和试液，加 KCN，掩蔽 Zn^{2+}（Zn^{2+} 对 Pb^{2+} 的测定有干扰）。在 pH=10.0 时，以铬黑 T 作指示剂，用 EDTA 可准确滴定 Pb^{2+}。然后加入甲醛，以破坏 $[Zn(CN)_4]^{2-}$ 配离子，使 Zn^{2+} 解蔽，再用 EDTA 继续滴定 Zn^{2+}。其反应如下：

$$[Zn(CN)_4]^{2-}+4HCHO+4H_2O \rightleftharpoons Zn^{2+}+4H_2C\underset{\underset{CN}{|}}{\overset{\overset{OH}{|}}{-}}+4OH^-$$

羟基乙腈

5.6.3　预先分离干扰离子

在配位滴定中，为消除干扰离子的影响，还可采用化学分离的方法。将干扰离子预先分离，再行滴定。常见的分离方法有沉淀分离法、溶剂萃取分离法、色谱分离法、离子交换分离法等。有关这方面的内容将在以后的章节中专门讨论。

5.6.4 使用其他配位剂滴定

除 EDTA 外，其他氨羧配位剂也能与金属离子形成稳定的配合物。但其稳定性与 EDTA 配合物的稳定性有时差别较大，故选用这些氨羧配位剂作滴定剂时，有可能提高滴定某些金属离子的选择性。

下面介绍几种其他的氨羧配位剂（化学结构式略）。

（1）EGTA（乙二醇二乙醚二胺四乙酸） EGTA 与 Ca^{2+}、Mg^{2+} 形成的配合物稳定性相差较大，故可在 Ca^{2+}、Mg^{2+} 共存时，用 EGTA 直接滴定 Ca^{2+}。而 EDTA 与 Ca^{2+}、Mg^{2+} 形成的配合物稳定性相差不大。

（2）EDTP（乙二胺四丙酸） EDTP 与 Cu^{2+} 形成的配合物有相当高的稳定性，而与 Zn^{2+}、Cd^{2+}、Mn^{2+}、Mg^{2+} 等形成的配合物稳定性就相对低得多，故可以在 Zn^{2+}、Cd^{2+}、Mg^{2+}、Mn^{2+} 存在下，用 EDTP 直接滴定 Cu^{2+}。

（3）DCTA（环己烷二胺四乙酸） DCTA 亦可简称 C_yDTA，它与金属离子形成的配合物一般比相应的 EDTA 配合物更稳定。但 DCTA 与金属离子配位反应速率较慢，使终点拖长，且价格较贵，一般不常使用。但它与 Al^{3+} 的配位反应速率相当快，用 DCTA 滴定 Al^{3+}，可省去加热等手续（EDTA 滴定 Al^{3+} 需加热）。

5.7 配位滴定法的应用

5.7.1 EDTA 标准溶液的配制和标定

EDTA 标准溶液可以采用直接法和标定法来配制。由于分析纯 EDTA 二钠盐中常有 0.3% 的湿存水，若直接配制应将试剂在 80℃ 干燥过夜或在 120℃ 下烘至恒重。又因为水或其他试剂中常含有少量金属离子，故 EDTA 标准溶液常用标定法配制，方法是先配成接近所需浓度的 EDTA 溶液，然后再进行标定。

标定 EDTA 溶液的基准物质较多，如 Zn、Cu、Bi、ZnO、$CaCO_3$ 和 $MgSO_4 \cdot 7H_2O$ 等。为了提高测定的准确度，标定条件与测定条件应尽可能一致。因此，标定 EDTA 溶液时，应尽可能采用被测元素的金属或化合物作为基准物质，以消除系统误差。例如，在测定水中钙镁的实验中所用 EDTA 就常用由 $CaCO_3$ 配制的钙标准溶液或由 $MgSO_4 \cdot 7H_2O$ 配制的镁标准溶液，在 pH 值为 9～10 的氨性缓冲溶液中以铬黑 T 为指示剂进行标定。

配制 EDTA 一般常用二次蒸馏水或去离子水，因为水中微量的 Cu^{2+}、Al^{3+} 等会封闭指示剂，使终点难以判断；而水中的 Ca^{2+}、Mg^{2+}、Sn^{2+}、Pb^{2+} 等则会与 EDTA 反应，对测定结果产生影响。

EDTA 标准溶液应当贮存在聚乙烯塑料瓶中。若贮存在软质玻璃瓶中，会因溶入某些金属离子（如 Ca^{2+}），而使浓度不断降低。因此存放了较长时间的 EDTA 标准溶液在使用前应重新标定。

5.7.2 应用实例

5.7.2.1 水的总硬度及钙镁含量的测定

水的硬度最初是指水沉淀肥皂的能力，使肥皂沉淀的主要原因是水中存在的钙、镁离子。水的总硬度指水中钙、镁离子的总浓度，其中包括碳酸盐硬度（即通过加热能以碳酸盐形式沉淀下来的钙、镁离子，故又叫暂时硬度）和非碳酸盐硬度（即加热后不能沉淀下来的那部分钙、镁离子，又称永久硬度。）

硬度的表示方法在国际、国内都尚未统一，我国目前使用较多的表示方法有两种：一种是将所测得的钙、镁折算成 $CaCO_3$ 的质量，即每升水中含有 $CaCO_3$ 的毫克数表示，单位为 $mg·L^{-1}$；另一种是用每升水中含钙、镁的毫摩尔数表示，单位为 $mmol·L^{-1}$。

工业用水和生活饮用水对水的硬度都有一定的要求。我国生活饮用水卫生标准规定以 $CaCO_3$ 计的硬度不得超过 $450 mg·L^{-1}$。

(1) 水的总硬度的测定　在一份水样中加入 pH=10.0 的氨性缓冲溶液和铬黑T指示剂少许，此时溶液呈红色。由于铬黑T和EDTA分别与 Ca^{2+}、Mg^{2+} 生成配合物的稳定性大小为：

$$CaY^{2-} > MgY^{2-} > MgIn^- > CaIn^-$$

所以，此时的红色配合物是 $MgIn^-$，其反应如下：

$$Mg^{2+} + HIn^{2-} \rightleftharpoons MgIn^- + H^+$$
$$\text{（蓝色）} \qquad \text{（红色）}$$

当用 EDTA 标准溶液滴定时，它先与游离的 Ca^{2+} 配位，再与 Mg^{2+} 配位。在化学计量点时，EDTA 从 $MgIn^-$ 中夺取 Mg^{2+}，从而使指示剂游离出来，溶液的颜色由红变为纯蓝，即为终点。有关反应如下：

$$Ca^{2+} + H_2Y^{2-} \rightleftharpoons CaY^{2-} + 2H^+$$
$$Mg^{2+} + H_2Y^{2-} \rightleftharpoons MgY^{2-} + 2H^+$$
$$MgIn^- + H_2Y^{2-} \rightleftharpoons MgY^{2-} + HIn^{2-} + H^+$$

水的总硬度可由 EDTA 标准溶液的浓度 c_{EDTA} 和消耗体积 $V_1(EDTA)$ 来计算。以 $CaCO_3$ 计，单位为 $mg·L^{-1}$

$$总硬度 = \frac{c_{EDTA} V_{1(EDTA)} M_{CaCO_3}}{V_s}$$

以钙、镁毫摩尔数计，单位为 $mmol·L^{-1}$

$$总硬度 = \frac{c_{EDTA} V_{1(EDTA)}}{V_s}$$

当水样中 Mg^{2+} 极少时，加入的铬黑T除了与 Mg^{2+} 配位外，还与 Ca^{2+} 配位，但 $CaIn^-$ 比 $MgIn^-$ 的显色灵敏度要差很多，往往得不到敏锐的终点。为了提高终点变色的敏锐性，可在 EDTA 标准溶液中加入适量的 Mg^{2+}（注意，要在 EDTA 标定前加入，这样就不影响 EDTA 与被测离子之间的滴定定量关系），或在缓冲溶液中加入一定量的 Mg-EDTA 盐。

水样中若有 Fe^{3+}、Al^{3+} 等干扰离子时，可用三乙醇胺掩蔽。如有 Cu^{2+}、Pb^{2+}、Zn^{2+}、Co^{2+}、Ni^{2+} 等干扰离子，可用 Na_2S、KCN 等掩蔽。

(2) 钙的测定　另取一份水样，用 NaOH 调至 pH=12.0，此时 Mg^{2+} 生成 $Mg(OH)_2$ 沉淀，不干扰 Ca^{2+} 的测定。加入少量钙指示剂，溶液呈红色：

$$Ca^{2+} + HIn^{3-} \rightleftharpoons CaIn^{2-} + H^+$$
$$\text{（蓝色）} \qquad \text{（红色）}$$

滴定开始至化学计量点，有关反应为：

$$Ca^{2+} + H_2Y^{2-} \rightleftharpoons CaY^{2-} + 2H^+$$
$$CaIn^{2-} + H_2Y^{2-} \rightleftharpoons CaY^{2-} + HIn^{3-} + H^+$$

溶液由红色变为蓝色即为终点,所消耗的 EDTA 的体积为 $V_{2(EDTA)}$,按下式计算 Ca^{2+} 的质量浓度,单位为 $mg \cdot L^{-1}$。

$$\rho_{Ca^{2+}} = \frac{c_{EDTA} V_{2(EDTA)} M_{Ca^{2+}}}{V_s}$$

Mg^{2+} 的质量浓度,单位为 $mg \cdot L^{-1}$,计算公式为:

$$\rho_{Mg^{2+}} = \frac{c_{EDTA} [V_{1(EDTA)} - V_{2(EDTA)}] M_{Mg^{2+}}}{V_s}$$

5.7.2.2 可溶性硫酸盐中 SO_4^{2-} 的测定

SO_4^{2-} 不能与 EDTA 直接反应,可采用间接滴定法进行测定。即在含 SO_4^{2-} 的溶液中加入已知准确浓度的过量 $BaCl_2$ 标准溶液,使 SO_4^{2-} 与 Ba^{2+} 充分反应生成 $BaSO_4$ 沉淀,剩余的 Ba^{2+} 用 EDTA 标准溶液滴定,指示剂可用铬黑 T。由于 Ba^{2+} 与铬黑 T 的配合物不够稳定,终点颜色变化不明显,因此,实验时常加入已知量的 Mg^{2+} 标准溶液,以提高测定的准确性。

SO_4^{2-} 的质量分数可用下式求得:

$$w_{SO_4^{2-}} = \frac{(c_{Ba^{2+}} V_{Ba^{2+}} + c_{Mg^{2+}} V_{Mg^{2+}} - c_{EDTA} V_{EDTA}) M_{SO_4^{2-}}}{m_s} \times 100\%$$

5.7.2.3 Ag^+ 的测定

Ag^+ 与 EDTA 的配合物不稳定,不能用 EDTA 直接滴定,此时可采用置换滴定法进行测定。

在含 Ag^+ 的试液中加入过量的已知准确浓度的 $[Ni(CN)_4]^{2-}$ 标准溶液,发生如下反应:

$$2Ag^+ + [Ni(CN)_4]^{2-} \rightleftharpoons 2[Ag(CN)_2]^- + Ni^{2+}$$

在 pH=10.0 的氨性缓冲溶液中,以紫脲酸铵为指示剂,用 EDTA 滴定置换出来的 Ni^{2+},根据 Ag^+ 和 Ni^{2+} 的换算关系,即可求得 Ag^+ 的含量。

思政案例

【案例一】配位滴定曲线

案例描述	配位滴定曲线是以加入的 EDTA 滴定剂体积(或滴定分数)为横坐标,溶液的金属离子浓度的负对数值(pM)为纵坐标绘制的曲线。它以作图的方式描述滴定过程中金属离子浓度的变化。研究表明,滴定曲线的形状具有如下特点:滴定开始时,曲线变化比较平缓;化学计量点附近,发生突变,曲线变得陡直;化学计量点之后,曲线又趋于平缓。其中一个很重要的特点就是在化学计量点附近(计量点前后±0.1%误差范围内),溶液的 pM 值发生急剧变化,我们定义其为滴定突跃。滴定突跃具有一定范围,即滴定突跃范围。不同的配位反应有不同的滴定突跃范围。化学计量点 pM 值和滴定 pM 突跃范围是选择指示剂的依据。下面以 EDTA 标准溶液滴定 Ca^{2+} 溶液为例以说明。 在 $0.02000 mol \cdot L^{-1}$ EDTA 标准溶液滴定 20.00mL 的 $0.02000 mol \cdot L^{-1} Ca^{2+}$ 溶液(pH=10.0 的 NH_3-NH_4Cl 缓冲液存在时)的过程中,从滴定过程中 pM 数据的分析与绘制的滴定曲线上可以看到滴定终点附近溶液的 pM(pCa)值有一个剧烈的变化。当加入 EDTA 0.00mL 至 19.98mL 时,锥形瓶中溶液的 pCa 值由 1.70 变化到 5.00,当加入 EDTA 19.98mL 至 20.02mL 时,即加入一滴时,锥形瓶中溶液 pCa 值由 5.00 变化到 7.24,变化了 2.24 个 pH 单位,即发生了滴定突跃。据此,当滴定剂添加到一定程度时就会出现指示剂变色或溶液沉淀等现象,即量变导致质变。 恩格斯在自然辩证法中指出:化学可以称为研究物体由于量的构成的变化而发生质变的科学。分析化学作为化学的一个分支,同样也包含了质量互变的内容,配位滴定过程中溶液 pM 的变化情况即是完美的量变到质变规律的表现。

案例启示	1. 正确理解和掌握量到质变的辩证关系,即质量互变规律,亦称量变质变规律,它是自然、社会和思维发展的普遍规律,也是唯物辩证法的三个基本规律之一。量变是事物数量上的增减,是一种非根本性的变化;质变是事物根本性质的变化,是突变、飞跃。量变是质变的准备,质变为新的量变开辟道路。量变超过一定限度必然引起质变,使旧质变为新质,然后在新质基础上又开始新的量变。新的量变超过一定限度又引起新的质变,如此往复不已,推动事物不断向前发展。 2. 从滴定突跃点转瞬即逝的现象中进一步懂得,注重积累的同时也要把握成功的时机。 3.《战国策》中有:"积羽沉舟,群轻折轴。"《荀子》中有:"不积跬步,无以至千里;不积细流,无以成江河。"可见,量变引起质变的思想早已反映在我们的传统文化当中。

【案例二】配位滴定法的创立历史

案例描述	配位滴定法是以配位反应为基础的滴定分析方法,主要用于测定金属离子,应用十分广泛,在常量分析中起着举足轻重的作用。那么,配位滴定法是如何创立和发展的呢? 现代分析化学四大滴定分析法中的酸碱滴定、氧化还原滴定和沉淀滴定发现得较早,而缺少直接滴定金属离子的方法,这一空白直到20世纪中期(1945年)才被配位滴定法填补。配位滴定法的奠基者是瑞士的施瓦岑巴赫教授,他一直从事乙二胺四乙酸(简称 EDTA)及其相关物质的研究,并在1945年提出了以紫脲酸铵为指示剂,用 EDTA 滴定水的硬度,获得了很大成功,形成了以配合物作为容量法的基础,即称之为"配位滴定"。此后的十几年里,在施瓦岑巴赫教授和浦希比教授等人对金属指示剂和滴定条件持续研究的推动下,配位滴定迅速发展,已成为容量滴定的一个重要分支。如今,配位滴定法已经广泛应用于科研和工农业生产中,并能采用直接滴定、间接滴定、返滴定和置换滴定四大滴定方式进行除碱金属和惰性气体外几乎元素周期表中所有元素的测定。 由于配位滴定法的创立,使得容量分析法的四大滴定法得以完善,促进了分析化学学科分支"化学分析"的发展和进步。同时,配位滴定发展的同时也促进了金属指示剂的发展,并间接促进了显色反应和光度分析的大发展,实验分析方法的改进和仪器分析手段的发展使得滴定终点判定的手段越来越智能化和准确化,对分析化学的进步起到了巨大作用。
案例启示	1. 科学的发展不是一蹴而就的,是在不断积累中进步的,几代人的潜心研究、共同努力才使得配位滴定法不断发展和完善; 2. 各个学科及各个分析方法之间不是孤立的,是可以相互联系和相互促进的。这也是马克思主义辩证唯物主义哲学思想的体现。要以发展的眼光看问题,不断创新,发现各事物之间的内在联系,促进科学的发展。

思考题

1. EDTA 与金属离子形成的配合物有哪些特点?为什么?
2. 为什么大多数金属离子与 EDTA 形成的配合物,其配位比为 1∶1?
3. 配合物的稳定常数与条件稳定常数有何不同?两者之间的关系如何?为什么要引入条件稳定常数?
4. 何为酸效应?它与条件稳定常数有何关系?
5. 在配位滴定中,影响 pM 突跃范围大小的主要因素是什么?
6. 0.10g AgBr 固体能否完全溶解于 100mL 1.00mol·L^{-1} 的氨水中?
7. 金属离子指示剂的作用原理是什么?金属离子指示剂应具备哪些条件?选择金属离子指示剂的依据是什么?
8. 什么叫指示剂的封闭和僵化?如何防止?
9. 配位滴定中为什么要使用缓冲溶液?
10. 提高配位滴定选择性的方法有哪些?
11. 在 pH=12.0 时,使用钙指示剂,用 EDTA 标准溶液滴定 Ca^{2+}、Mg^{2+} 混合物中的

Ca^{2+}时，为什么Mg^{2+}不干扰滴定？

习 题

1. 计算用EDTA标准溶液分别滴定浓度均为$0.01\,mol\cdot L^{-1}$的Ca^{2+}、Zn^{2+}时的最高酸度。

2. 溶液中Mg^{2+}的浓度为$2.0\times10^{-2}\,mol\cdot L^{-1}$。试问：（1）在pH＝5.0时，能否用EDTA准确滴定Mg^{2+}？（2）在pH＝10.0时情况又如何？（3）如果继续升高溶液的pH值时，情况又如何？

3. pH＝2.0时用EDTA标准溶液滴定浓度均为$0.01\,mol\cdot L^{-1}$的Fe^{3+}和Al^{3+}混合溶液中的Fe^{3+}时，试问Al^{3+}是否干扰滴定？

4. 在50.00mL $0.02000\,mol\cdot L^{-1}\,Ca^{2+}$溶液中，加入110.00mL $0.01000\,mol\cdot L^{-1}$EDTA标准溶液，并稀释至250mL，若溶液中H^+浓度为$1.00\times10^{-10}\,mol\cdot L^{-1}$，试求溶液中游离$Ca^{2+}$的浓度。

5. 20.00mL EDTA滴定剂可以和25.00mL $0.01000\,mol\cdot L^{-1}\,CaCO_3$标准溶液完全配合。在pH＝10.0条件下，用铬黑T作指示剂，滴定75.00mL硬水试液需30.00mL相同浓度的EDTA溶液，试求水样的总硬度。

6. 称取含磷试样0.1000g处理成溶液，把磷沉淀为$MgNH_4PO_4$，将沉淀过滤洗涤后，再溶解，然后在适当条件下，用$0.01000\,mol\cdot L^{-1}$的EDTA标准溶液滴定其中的Mg^{2+}。若该试样含磷以P_2O_5计为14.20%，问需EDTA标准溶液的体积为多少？

7. 称取0.5000g煤试样，灼烧并使其中的硫完全氧化，再转变成SO_4^{2-}，处理成溶液并除去重金属离子后，加入$0.05000\,mol\cdot L^{-1}\,BaCl_2$ 20.00mL，使之生成$BaSO_4$沉淀。过量的Ba^{2+}用$0.02500\,mol\cdot L^{-1}$EDTA滴定，用去20.00mL。计算煤试样中硫的质量分数。

8. 测定锆英石中ZrO_2、Fe_2O_3含量时，称取1.000g试样，以适当方法制成200.00mL试样溶液。移取50.00mL试样溶液，调至pH＝0.8。加入盐酸羟胺还原Fe^{3+}，以二甲酚橙为指示剂，用$1.000\times10^{-3}\,mol\cdot L^{-1}$EDTA滴定，用去10.00mL，加入浓$HNO_3$，加热使$Fe^{2+}$氧化为$Fe^{3+}$，将溶液调至pH值为1.5左右，以磺基水杨酸为指示剂，用上述EDTA标准溶液滴定，用去20.00mL。计算试样中ZrO_2和Fe_2O_3的质量分数各为多少？

9. 分析铜锌镁合金，称取0.5000g试样，溶解后，定容成100.00mL试液。吸取25.00mL，调至pH＝6.0，以PAN为指示剂，用$0.05000\,mol\cdot L^{-1}$EDTA溶液滴定Cu^{2+}和Zn^{2+}，用去37.00mL，另外又吸取25.00mL试液，调至pH＝10.0时，加KCN掩蔽Zn^{2+}和Cu^{2+}。用同样浓度的EDTA的标准溶液滴定Mg^{2+}，用去4.10mL。然后滴加甲醛解蔽Zn^{2+}，又用上述EDTA标准溶液滴定，用去13.40mL。试求试样中Cu^{2+}、Zn^{2+}和Mg^{2+}的质量分数各为多少。

10. 测定铝盐中的Al^{3+}时，称取试样0.2500g，溶解后加入25.00mL $0.05000\,mol\cdot L^{-1}$EDTA标准溶液（过量），在pH＝3.5条件下加热至沸腾，使Al^{3+}与EDTA充分反应，然后调节pH值为5.0～6.0，加入二甲酚橙指示剂，以$0.02000\,mol\cdot L^{-1}\,Zn(Ac)_2$标准溶液滴定剩余的EDTA，滴至化学计量点时，用去21.50mL锌标准溶液，求铝盐中铝的质量分数。

11. 将 100mL 0.020mol·L^{-1} Cu^{2+} 溶液与 100mL 0.28mol·L^{-1} 氨水相混合后，溶液中浓度最大的型体是哪一种？其平衡浓度为多少？

12. 计算在 pH＝1.0 时草酸根的 $\lg\alpha_{C_2O_4^{2-}(H)}$。

13. 以 NH$_3$-NH$_4^+$ 缓冲剂控制锌溶液的 pH＝10.0，对于 EDTA 滴定 Zn^{2+} 的主反应，
(1) 计算[NH$_3$]＝0.10mol·L^{-1}，[CN$^-$]＝1.0×10^{-3} mol·L^{-1} 时的 α_{Zn} 和 $\lg K'_{ZnY}$？

(2) 若 $c_Y = c_{Zn}$＝0.02000mol·L^{-1}，求化学计量点时游离 Zn^{2+} 的浓度 [Zn^{2+}]。

14. 溶液中有 Al^{3+}、Mg^{2+}、Zn^{2+} 三种离子（浓度均为 2.0×10^{-2} mol·L^{-1}），加入 NH$_4$F 使在终点时氟离子的浓度[F$^-$]＝0.10mol·L^{-1}。问能否在 pH＝5.0 时选择滴定 Zn^{2+}？

拓展内容

第 6 章 氧化还原滴定法
(Oxidation-Reduction Titrimetry)

【学习要点】
① 了解氧化还原反应的实质，能运用能斯特方程式计算电极电位；理解标准电极电位及条件电位的意义和它们的区别。
② 掌握氧化还原滴定法的原理，对称、可逆电对间滴定时化学计量点电位的计算，掌握影响滴定突跃范围大小的因素。
③ 掌握氧化还原滴定中使用的指示剂的类型，氧化还原指示剂的变色原理、变色范围。
④ 重点掌握高锰酸钾法、重铬酸钾法和碘量法的原理和操作方法及应用。
⑤ 学会正确计算氧化还原滴定分析结果的方法。

氧化还原滴定法是以溶液中氧化还原反应为基础的一种滴定分析方法。它是滴定分析法中应用最广泛的方法之一。根据所用的氧化剂或还原剂不同，将氧化还原滴定分为高锰酸钾法、重铬酸钾法、碘量法、铈量法、溴酸盐法和钒酸盐法等。

氧化还原反应是基于电子转移的反应，反应机理复杂，反应速率较慢，而且除了主反应外，常常伴有各种副反应或因反应条件不同而生成不同的产物。因此，在应用氧化还原反应于滴定分析中时，必须使滴定速率与反应速率相适应，同时，还应控制好滴定条件，使其完全符合滴定分析的要求。

6.1 氧化还原反应平衡和反应速率

6.1.1 概述

对于均相中氧化还原电对的电极反应为

$$\text{Ox} + ne^- =\!=\!= \text{Red}$$
（氧化型）　　　　（还原型）

其电对的电极电位 $\varphi(\mathrm{Ox/Red})$ 与标准电极电位 $\varphi^{\ominus}(\mathrm{Ox/Red})$、氧化型的活度 $a(\mathrm{Ox})$ 和还原型的活度 $a(\mathrm{Red})$ 的关系，可用能斯特（H. W. Nernst）方程式表示为：

$$\varphi(\mathrm{Ox/Red}) = \varphi^{\ominus}(\mathrm{Ox/Red}) + \frac{RT}{nF}\ln\frac{a(\mathrm{Ox})}{a(\mathrm{Red})} \tag{6-1}$$

式中，$\varphi(\mathrm{Ox/Red})$ 为 Ox/Red 电对的电极电位；$\varphi^{\ominus}(\mathrm{Ox/Red})$ 为 Ox/Red 电对的标准电极电位；R 为气体常数（8.314J·K^{-1}·mol^{-1}）；T 为热力学温度；n 为电极反应中得失电子数；F 为法拉第常数（96487C·mol^{-1}）；a 表示活度。

在 25℃ 时式(6-1)可写成：

$$\varphi(\mathrm{Ox/Red}) = \varphi^{\ominus}(\mathrm{Ox/Red}) + \frac{0.059\mathrm{V}}{n}\lg\frac{a(\mathrm{Ox})}{a(\mathrm{Red})} \tag{6-2}$$

应该指出，标准电极电位（$\varphi^{\ominus}$）是指在一定温度下（通常为 25℃），有关离子或分子的活度均为 1mol·L^{-1} 或其比值为 1 时（若有气体参加反应，则气体压力应为 1.013×10^5 Pa），所测得的电极电位。

在氧化还原反应中，常将氧化还原电对粗略地分为可逆氧化还原电对和不可逆氧化还原电对。所谓可逆氧化还原电对是指在反应的任一瞬间都能达到氧化还原平衡的电对。可逆氧化还原电对的电极电位可用能斯特方程式进行准确计算，也就是说这类电对按能斯特方程式计算所得的理论值与实际测得的电位值完全一致。如 $\mathrm{Fe^{3+}/Fe^{2+}}$、$[\mathrm{Fe(CN)_6}]^{3-}/[\mathrm{Fe(CN)_6}]^{4-}$、$\mathrm{I_2/I^-}$ 等都是可逆氧化还原电对。所谓不可逆氧化还原电对是指在反应的任何一瞬间都不能真正建立起按电极反应所示的氧化还原平衡的电对，如 $\mathrm{MnO_4^-/Mn^{2+}}$、$\mathrm{Cr_2O_7^{2-}/Cr^{3+}}$、$\mathrm{S_4O_6^{2-}/S_2O_3^{2-}}$、$\mathrm{CO_2/C_2O_4^{2-}}$、$\mathrm{H_2O_2/H_2O}$、$\mathrm{SO_4^{2-}/SO_3^{2-}}$ 和 $\mathrm{O_2/H_2O_2}$ 等都是不可逆氧化还原电对。这类电对的实际电位与理论电位相差甚大，但用能斯特方程式的计算结果作为初步判断或估计，仍有一定的实际意义。

在处理氧化还原平衡时，除要注意氧化还原电对的可逆与不可逆外，还应区别电对的对称与不对称。在对称的电对中，氧化型与还原型的系数相同。如 $\mathrm{Fe^{3+}} + \mathrm{e^-} \rightleftharpoons \mathrm{Fe^{2+}}$，$\mathrm{MnO_4^-} + 8\mathrm{H^+} + 5\mathrm{e^-} \rightleftharpoons \mathrm{Mn^{2+}} + 4\mathrm{H_2O}$ 等。在不对称的电对中，氧化型与还原型的系数不同。如 $\mathrm{Cr_2O_7^{2-}} + 14\mathrm{H^+} + 6\mathrm{e^-} \rightleftharpoons 2\mathrm{Cr^{3+}} + 7\mathrm{H_2O}$，$\mathrm{I_2} + 2\mathrm{e^-} \rightleftharpoons 2\mathrm{I^-}$ 等。不对称电对的有关计算比对称电对要复杂些，计算时应加注意。本章着重讨论对称电对的有关计算。

6.1.2 条件电位

6.1.2.1 条件电位的定义

在用能斯特方程进行计算时，往往忽略离子强度和其他副反应（如，酸度的变化、沉淀与配合物的形成等）的影响，直接用浓度代替活度进行计算。但在实际情况中，即使是可逆氧化还原电对，这样计算的电位值与实际电位有时相差也很大。因此，实际工作中往往不能忽略离子强度等的影响。

例如，在 HCl 介质中 Fe(Ⅲ)/Fe(Ⅱ) 体系的电极电位，如果不考虑溶剂的影响，由能斯特方程得

$$\begin{aligned}\varphi(\mathrm{Fe^{3+}/Fe^{2+}}) &= \varphi^{\ominus}(\mathrm{Fe^{3+}/Fe^{2+}}) + 0.059\mathrm{V}\lg\frac{a(\mathrm{Fe^{3+}})}{a(\mathrm{Fe^{2+}})} \\ &= \varphi^{\ominus}(\mathrm{Fe^{3+}/Fe^{2+}}) + 0.059\mathrm{V}\lg\frac{\gamma_{\mathrm{Fe^{3+}}}[\mathrm{Fe^{3+}}]}{\gamma_{\mathrm{Fe^{2+}}}[\mathrm{Fe^{2+}}]}\end{aligned} \tag{6-3}$$

但是，由于在 HCl 介质中，Fe^{3+}、Fe^{2+} 与溶剂以及容易配位的 Cl^- 存在下列关系：

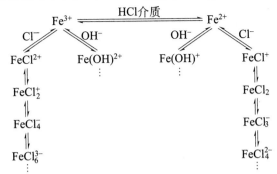

所以，在溶液中 Fe(Ⅲ)除以 Fe^{3+} 型体存在外，还以 $Fe(OH)^{2+}$、$FeCl^{2+}$、$FeCl_2^+$、$FeCl_4^-$、$FeCl_6^{3-}$ 等型体存在；Fe(Ⅱ)除以 Fe^{2+} 型体存在外，还以 $Fe(OH)^+$、$FeCl^+$、$FeCl_2$ 等型体存在。设溶液中 Fe^{3+} 和 Fe^{2+} 的总浓度分别为 $c(Fe^{3+})$ 和 $c(Fe^{2+})$，则

$$c(Fe^{3+}) = [Fe^{3+}] + [Fe(OH)^{2+}] + [FeCl^{2+}] + [FeCl_2^+] + \cdots ❶$$

$$c(Fe^{2+}) = [Fe^{2+}] + [Fe(OH)^+] + [FeCl^+] + [FeCl_2] + \cdots$$

令 $\alpha_{Fe(Ⅲ)}$ 和 $\alpha_{Fe(Ⅱ)}$ 分别为 Fe^{3+} 和 Fe^{2+} 的副反应系数。则

$$[Fe^{3+}] = \frac{c(Fe^{3+})}{\alpha_{Fe(Ⅲ)}}$$

$$[Fe^{2+}] = \frac{c(Fe^{2+})}{\alpha_{Fe(Ⅱ)}}$$

将上式代入式(6-3)，得

$$\varphi(Fe^{3+}/Fe^{2+}) = \varphi^{\ominus}(Fe^{3+}/Fe^{2+}) + 0.059 V \lg \frac{\gamma_{Fe^{3+}} \alpha_{Fe(Ⅱ)} c(Fe^{3+})}{\gamma_{Fe^{2+}} \alpha_{Fe(Ⅲ)} c(Fe^{2+})}$$

或 $\varphi(Fe^{3+}/Fe^{2+}) = \varphi^{\ominus}(Fe^{3+}/Fe^{2+}) + 0.059 V \lg \frac{\gamma_{Fe^{3+}} \alpha_{Fe(Ⅱ)}}{\gamma_{Fe^{2+}} \alpha_{Fe(Ⅲ)}} + 0.059 V \lg \frac{c(Fe^{3+})}{c(Fe^{2+})}$

当 $c(Fe^{3+}) = c(Fe^{2+}) = 1 mol \cdot L^{-1}$ 时，可写成

$$\varphi(Fe^{3+}/Fe^{2+}) = \varphi^{\ominus}(Fe^{3+}/Fe^{2+}) + 0.059 V \lg \frac{\gamma_{Fe^{3+}} \alpha_{Fe(Ⅱ)}}{\gamma_{Fe^{2+}} \alpha_{Fe(Ⅲ)}}$$

在一定条件下，式中 γ 和 α 为一常数，因而上式也应为一常数。若以 φ' 表示，则

$$\varphi'(Fe^{3+}/Fe^{2+}) = \varphi^{\ominus}(Fe^{3+}/Fe^{2+}) + 0.059 V \lg \frac{\gamma_{Fe^{3+}} \alpha_{Fe(Ⅱ)}}{\gamma_{Fe^{2+}} \alpha_{Fe(Ⅲ)}} \tag{6-4}$$

式中，φ' 称为条件电位，旧称克式量电位。它是在特定条件下，当氧化型和还原型的浓度均为 $1 mol \cdot L^{-1}$[或其浓度比 $c(Ox)/c(Red)=1$] 时，校正了各种外界因素影响后的实际电极电位。即条件电位反映了离子强度与各种副反应影响的总结果。在条件不变时，它是一个常数。这时铁离子和亚铁离子电对的电位可写成：

$$\varphi(Fe^{3+}/Fe^{2+}) = \varphi'(Fe^{3+}/Fe^{2+}) + 0.059 V \lg \frac{c(Fe^{3+})}{c(Fe^{2+})}$$

---

❶ 存在型体与所处溶液的条件有关，如当溶液 pH=3 时，在含有 Cl^- 的溶液中 Fe^{3+} 的总浓度为：
$$c(Fe^{3+}) = [Fe^{3+}] + [Fe(OH)^{2+}] + [FeCl^{2+}]$$

对于电极反应 $Ox + ne^- \rightleftharpoons Red$，则其电位的能斯特方程式可写成：

$$\varphi(Ox/Red) = \varphi'(Ox/Red) + \frac{0.059\text{V}}{n} \lg \frac{c(Ox)}{c(Red)} \tag{6-5}$$

当溶液的离子强度较大，且副反应较多时，求 α、γ 比较困难。因此，条件电位常用电位滴定法通过实验测求。用条件电位处理实际问题，比用标准电极电位更简便、更切合实际情况。但是目前条件电位的数据还不齐全，在查不到指定条件下的条件电位时，可采用条件相近的条件电位或标准电极电位来代替。有关物质的标准电极电位或条件电极电位见附录6和附录7。

例 6-1 在 $1\text{mol}\cdot\text{L}^{-1}$ HCl 溶液中 $\varphi'(Cr_2O_7^{2-}/Cr^{3+}) = 1.00\text{V}$。计算用固体亚铁盐（即 Fe^{2+}）将 $0.100\text{mol}\cdot\text{L}^{-1}$ $K_2Cr_2O_7$ 溶液还原至一半时，所对应的电位。

解 反应式： $Cr_2O_7^{2-} + 6Fe^{2+} + 14H^+ \rightleftharpoons 6Fe^{3+} + 2Cr^{3+} + 7H_2O$

当 $0.100\text{mol}\cdot\text{L}^{-1}$ $K_2Cr_2O_7$ 还原至一半时，$c(Cr_2O_7^{2-}) = 0.0500\text{mol}\cdot\text{L}^{-1}$，则
$c(Cr^{3+}) = 2 \times (0.100 - 0.0500) = 0.100\text{mol}\cdot\text{L}^{-1}$

故
$$\varphi(Cr_2O_7^{2-}/Cr^{3+}) = \varphi'(Cr_2O_7^{2-}/Cr^{3+}) + \frac{0.059\text{V}}{6} \lg \frac{c(Cr_2O_7^{2-})}{c^2(Cr^{3+})}$$

$$= 1.00 + \frac{0.059\text{V}}{6} \lg \frac{0.0500}{0.100^2} = 1.01\text{V}$$

6.1.2.2 外界条件对条件电位的影响

影响条件电位的外界因素主要为离子强度和副反应等，下面分别进行讨论。

(1) **离子强度** 在氧化还原反应中，溶液的离子强度一般较大，氧化态、还原态的价态也常较高，其活度系数远小于1，条件电位与标准电位有较大差异。例如，$[Fe(CN)_6]^{3-}/[Fe(CN)_6]^{4-}$ 电对在不同离子强度下的条件电位见表6-1（$\varphi^{\ominus} = 0.335\text{V}$）。

表6-1 $[Fe(CN)_6]^{3-}/[Fe(CN)_6]^{4-}$ 电对在不同离子强度下的条件电位

离子强度/$\text{mol}\cdot\text{kg}^{-1}$	0.00064	0.0128	0.112	1.6
条件电位/V	0.362	0.381	0.410	0.458

可见，只有在极稀的溶液中，$\varphi' \approx \varphi^{\ominus}$。因此在离子强度较大时，若采用能斯特方程作计算，引用标准电位 $\varphi^{\ominus}$ 而又用浓度代替活度，其结果必然会与实际情况有差异。但是由于各种副反应对电位的影响远比离子强度为大，同时离子强度的影响又难以校正，因此在下面讨论各种副反应对电位的影响时，一般忽略离子强度的影响，即近似认为各活度系数均等于1。

(2) **副反应的影响** 在氧化还原反应中，常利用生成沉淀、酸效应和生成配合物使电对的氧化态或还原态的浓度发生变化，从而改变电对的电极电位。

① **生成沉淀** 当加入一种可与氧化态或还原态生成沉淀的沉淀剂时，就会改变电对的电位。氧化态生成沉淀使电对的电位降低，而还原态生成沉淀则使电对的电位增高。例如，用碘量法测定 Cu^{2+} 的质量分数是基于如下反应：

$$2Cu^{2+} + 4I^- \rightleftharpoons 2CuI(s) + I_2$$

$$\varphi^{\ominus}(Cu^{2+}/Cu^+) = 0.16\text{V}, \quad \varphi^{\ominus}(I_2/I^-) = 0.54\text{V}$$

若从标准电位判断，应当是 I_2 氧化 Cu^+。事实上，Cu^{2+} 氧化 I^- 的反应进行得很完全。其原因就在于生成了溶解度很小的 CuI 沉淀，溶液中 $[Cu^+]$ 极小，Cu^{2+}/Cu^+ 电对的电位显

著增高，Cu^{2+} 成为较强的氧化剂了。

例 6-2 计算 KI 浓度 $1mol \cdot L^{-1}$ 时 Cu^{2+}/Cu^+ 电对的条件电极电位（忽略离子强度的影响）。

解 已知：$\varphi^{\ominus}(Cu^{2+}/Cu^+) = 0.16V$；$K_{sp}(CuI) = 1.1 \times 10^{-12}$

根据式(6-5)得：

$$\varphi \approx \varphi^{\ominus}(Cu^{2+}/Cu^+) + 0.059V \lg \frac{[Cu^{2+}]}{[Cu^+]}$$

$$= \varphi^{\ominus}(Cu^{2+}/Cu^+) + 0.059V \lg \frac{[Cu^{2+}]}{K_{sp}/[I^-]}$$

$$= \varphi^{\ominus}(Cu^{2+}/Cu^+) - 0.059V \lg \frac{K_{sp}}{[I^-]} + 0.059V \lg[Cu^{2+}]$$

Cu^{2+} 未发生副反应，因此，当 $[Cu^+] = [I^-] = 1mol \cdot L^{-1}$ 时

$$\varphi' = \varphi^{\ominus}(Cu^{2+}/Cu^+) - 0.059V \lg \frac{K_{sp}}{[I^-]} = 0.16 - 0.059V \lg(1.1 \times 10^{-12}) = 0.87V$$

又如 Ag^+/Ag 电对（$\varphi^{\ominus} = 0.80V$）在 $1mol \cdot L^{-1}$ HCl 溶液中由于生成 AgCl 沉淀，极大地降低了 $[Ag^+]$，电对的电位显著降低（此时 φ' 为 0.23V）。因此，在 HCl 溶液中，金属 Ag 是相当强的还原剂。据此制成的银还原器能还原多种物质。

② 酸效应 不少氧化还原反应有 H^+ 或 OH^- 参加，有关电对的能斯特方程包括 $[H^+]$ 或 $[OH^-]$ 项，酸度直接影响电位。一些物质的氧化态或还原态是弱酸或弱碱，酸度的变化还会影响其存在形式，也会影响电位。以 As(V)/As(Ⅲ) 电对为例，以上两方面的影响同时存在。在以下反应中：

$$H_3AsO_4 + 2H^+ + 3I^- \Longrightarrow HAsO_2 + I_3^- + 2H_2O$$

$$\varphi^{\ominus}(H_3AsO_4/HAsO_2) = 0.56V, \quad \varphi^{\ominus}(I_3^-/I^-) = 0.545V$$

两电对的 $\varphi^{\ominus}$ 相近。但 I_3^-/I^- 电对的电位几乎与 pH 值无关，而 $H_3AsO_4/HAsO_2$ 电对的电位则受酸度的影响很大。酸度高时反应向右进行，酸度低时反应则向左进行。

例 6-3 计算 25℃ 时 pH=8.0，As(V)/As(Ⅲ) 电对的条件电位（忽略离子强度的影响）。

解 已知 H_3AsO_4 的 $pK_{a1} \sim pK_{a3}$ 分别是 2.2、7.0 和 11.5；$HAsO_2$ 的 $pK_a = 9.2$，半反应为：

$$H_3AsO_4 + 2H^+ + 2e^- \Longrightarrow HAsO_2 + 2H_2O \qquad \varphi^{\ominus} = 0.56V$$

其能斯特方程为

$$\varphi(H_3AsO_4/HAsO_2) = \varphi^{\ominus}(H_3AsO_4/HAsO_2) + \frac{0.059V}{2} \lg \frac{[H_3AsO_4][H^+]^2}{[HAsO_2]}$$

而 $[H_3AsO_4] = c(H_3AsO_4)\delta(H_3AsO_4)$，$[HAsO_2] = c(HAsO_2)\delta(HAsO_2)$

代入上式，得：

$$\varphi = 0.56V + \frac{0.059V}{2} \lg \frac{\delta(H_3AsO_4)[H^+]^2}{\delta(HAsO_2)} + \frac{0.059V}{2} \lg \frac{c(H_3AsO_4)}{c(HAsO_2)}$$

故

$$\varphi' = 0.56V + \frac{0.059V}{2} \lg \frac{\delta(H_3AsO_4)[H^+]^2}{\delta(HAsO_2)}$$

当 pH=8.0 时，$\delta(HAsO_2) \approx 1$

$$\delta(H_3AsO_4) = \frac{[H^+]^3}{[H^+]^3 + [H^+]^2 K_{a_1} + [H^+] K_{a_1} K_{a_2} + K_{a_1} K_{a_2} K_{a_3}}$$

$$=\frac{10^{-24.0}}{10^{-24.0}+10^{-16.0-2.2}+10^{-8.0-2.2-7.0}+10^{-2.2-7.0-11.5}}=10^{-6.8}$$

所以
$$\varphi'=0.56\text{V}+\frac{0.059\text{V}}{2}\lg 10^{-6.8-16.0}=-0.11\text{V}$$

根据 H_3AsO_4 和 $HAsO_2$ 的酸度常数式，可以导出不同 pH 值范围内 As(V)/As(III) 电对的条件电位与 pH 值的关系。例如：在 $7.0<\text{pH}<9.2$ 范围内，As(V) 主要以 $HAsO_4^{2-}$ 型体存在，

$$[H_3AsO_4]=\frac{[H^+]^2[HAsO_4^{2-}]}{K_{a_1}K_{a_2}}\approx\frac{[H^+]^2}{K_{a_1}K_{a_2}}c(H_3AsO_4)$$

而
$$[HAsO_2]\approx c(HAsO_2)$$

故
$$\varphi'=0.56\text{V}+\frac{0.059\text{V}}{2}\lg\frac{[H^+]^4}{K_{a_1}K_{a_2}}=0.84\text{V}-0.12\text{VpH}$$

同样可得：

pH<2.2 时 $\varphi'=0.56-0.06\text{pH}$

$2.2<\text{pH}<7.0$ 时 $\varphi'=0.63-0.09\text{pH}$

$9.2<\text{pH}<11.5$ 时 $\varphi'=0.56-0.09\text{pH}$

pH>11.5 时 $\varphi'=0.91-0.12\text{pH}$

③ 生成配合物　配位反应在溶液中具有极大的普遍性。溶液中总有各种阴离子存在，它们常与金属离子的氧化态、还原态形成稳定性不同的配合物，从而改变了电对的电位。一般的规律是氧化态形成的配合物更稳定，其结果是电位降低。以 Fe^{3+}/Fe^{2+} 电对为例，它在不同介质中的条件电位如表 6-2 所示。

表 6-2　Fe^{3+}/Fe^{2+} 电对在不同介质中的条件电位（$\varphi^{\ominus}=0.77\text{V}$）

介质（$1\text{mol}\cdot L^{-1}$）	$HClO_4$	HCl	H_2SO_4	H_3PO_4	HF
$\varphi'(Fe^{3+}/Fe^{2+})/V$	0.767	0.68	0.68	0.44	0.32

由条件电位可知，PO_4^{3-} 或 F^- 与 Fe^{3+} 的配合物最稳定，而 ClO_4^- 的配位能力最小，基本不形成配合物。

在定量分析中，常利用形成配合物的性质除去干扰。例如用碘量法测定 Cu^{2+} 时，Fe^{3+} 也能氧化 I^-，从而干扰 Cu^{2+} 的测定。若加入 NaF，则 Fe^{3+} 与 F^- 形成很稳定的配合物，Fe^{3+}/Fe^{2+} 电对的电位显著降低，就不再氧化 I^- 了。

例 6-4　计算 25℃ 时 pH=3.0，$[F^-]=0.1\text{mol}\cdot L^{-1}$，求 Fe^{3+}/Fe^{2+} 电对的条件电位（忽略离子强度的影响）。

解　已知铁(III) 氟配合物的 $\lg\beta_1\sim\lg\beta_3$ 分别是 5.2、9.2 和 11.9；$\lg K^H(HF)=3.1$。

$$\varphi=\varphi^{\ominus}(Fe^{3+}/Fe^{2+})+0.059\text{V}\lg\frac{[Fe^{3+}]}{[Fe^{2+}]}$$

$$=\varphi^{\ominus}(Fe^{3+}/Fe^{2+})+0.059\text{V}\lg\frac{c(Fe^{3+})/\alpha_{Fe^{3+}(F)}}{c(Fe^{2+})/\alpha_{Fe^{2+}(F)}}$$

$$=\varphi^{\ominus}(Fe^{3+}/Fe^{2+})+0.059\text{V}\lg\frac{\alpha_{Fe^{2+}(F)}}{\alpha_{Fe^{3+}(F)}}+0.059\text{V}\lg\frac{c(Fe^{3+})}{c(Fe^{2+})}$$

即 $$\varphi' = \varphi^{\ominus}(Fe^{3+}/Fe^{2+}) + 0.059\text{V}\lg\frac{\alpha_{Fe^{2+}(F)}}{\alpha_{Fe^{3+}(F)}}$$

当 pH=3.0 时
$$\alpha_{F(H)} = 1 + [H]K^H(HF) = 1 + 10^{-3.0+3.1} = 10^{0.4}$$

则 $$[F^-] = \frac{[F']}{\alpha_{F(H)}} = \frac{10^{-1.0}}{10^{0.4}} = 10^{-1.4}\text{ mol}\cdot\text{L}^{-1}$$

故 $$\alpha_{Fe^{3+}(F)} = 1 + [F]\beta_1 + [F]^2\beta_2 + [F]^3\beta_3$$
$$= 1 + 10^{-1.4+5.2} + 10^{-2.8+9.2} + 10^{-4.2+1.9} = 10^{7.7}$$

而 $\alpha_{Fe^{2+}(F)} = 1$ 因此

$$\varphi' = 0.77\text{V} + 0.059\text{V}\lg\frac{1}{10^{7.7}} = 0.32\text{V}$$

也有个别配合物,如邻二氮菲(简写作 phen)与 Fe^{2+} 形成的配合物比它与 Fe^{3+} 形成的配合物稳定,如 $\lg\beta([Fe(phen)_3]^{3+}) = 14.1$,$\lg\beta([Fe(phen)_3]^{2+}) = 21.3$。因此在有邻二氮菲存在时,$Fe^{3+}/Fe^{2+}$ 电对的电位显著增高,在 $1\text{mol}\cdot\text{L}^{-1}\text{ H}_2\text{SO}_4$ 介质中,其条件电位为 1.06V。

总之,利用上述各种因素改变电对的电位,可以提高反应的选择性,在进行混合物中复杂成分的分析时是十分必要的。

6.1.3 氧化还原平衡常数

在氧化还原滴定分析中,氧化还原反应进行的程度可以通过计算该反应达到平衡时的平衡常数 K 的大小来衡量。其平衡常数 K 可以根据能斯特方程由两个电对的标准电极电位 ($\varphi^{\ominus}$) 或条件电位 (φ') 来求得,若用条件电位代替标准电极电位时,则所得的平衡常数称为条件平衡常数 (K')。

例如下列氧化还原反应:

$$n_2\text{Ox}_1 + n_1\text{Red}_2 \Longrightarrow n_2\text{Red}_1 + n_1\text{Ox}_2$$

其电极反应为:

$$\text{Ox}_1 + n_1\text{e}^- \Longrightarrow \text{Red}_1 \quad \varphi_1 = \varphi_1' + \frac{0.059\text{V}}{n_1}\lg\frac{a_{\text{Ox}_1}}{a_{\text{Red}_1}}$$

$$\text{Ox}_2 + n_2\text{e}^- \Longrightarrow \text{Red}_2 \quad \varphi_2 = \varphi_2' + \frac{0.059\text{V}}{n_2}\lg\frac{a_{\text{Ox}_2}}{a_{\text{Red}_2}}$$

反应达到平衡时,两电对的电极电位相等。即

$$\varphi_1' + \frac{0.059\text{V}}{n_1}\lg\frac{a_{\text{Ox}_1}}{a_{\text{Red}_1}} = \varphi_2' + \frac{0.059\text{V}}{n_2}\lg\frac{a_{\text{Ox}_2}}{a_{\text{Red}_2}}$$

整理,得 $$\lg\frac{a_{\text{Red}_1}^{n_2}a_{\text{Ox}_2}^{n_1}}{a_{\text{Red}_2}^{n_1}a_{\text{Ox}_1}^{n_2}} = \frac{n_1 n_2[\varphi_1' - \varphi_2']}{0.059\text{V}}$$

即 $$\lg K' = \frac{n[\varphi_1' - \varphi_2']}{0.059\text{V}} \tag{6-6}$$

式中，K' 为反应的条件平衡常数；n 为反应中电子转移数 n_1 和 n_2 的最小公倍数。值得一提的是，式(6-6)同样适用于不对称电对的氧化还原反应。

上式表明，两电对条件电极电势差越大，反应进行得越完全。条件平衡常数（K'）更能说明反应实际进行的程度。

例 6-5 计算在 $c(H_2SO_4)=1\text{mol}\cdot L^{-1}$ 溶液中，反应

$$Cr_2O_7^{2-} + 6Fe^{2+} + 14H^+ \rightleftharpoons 2Cr^{3+} + 6Fe^{3+} + 7H_2O$$

的条件平衡常数。

解 在 $c(H_2SO_4)=1\text{mol}\cdot L^{-1}$ 介质中，$\varphi'(Cr_2O_7^{2-}/Cr^{3+})=1.08V$，$\varphi'(Fe^{3+}/Fe^{2+})=0.68V$。

所以
$$\lg K' = \frac{6[\varphi'(Cr_2O_7^{2-}/Cr^{3+}) - \varphi'(Fe^{3+}/Fe^{2+})]}{0.059V}$$

$$= \frac{6\times(1.08V - 0.68V)}{0.059V} = 40.7$$

$$K' = 4.8\times 10^{40}$$

此条件下，反应完全程度很高。

6.1.4 化学计量点时反应进行的程度

由式(6-6)可知，到达化学计量点时，氧化还原反应的平衡常数 K（或 K'）值的大小，取决于氧化剂和还原剂两个电对的标准电极电位（或条件电位）之差。那么，在滴定分析中，平衡常数（K 或 K'）值达到多大时，才认为反应进行完全呢？现以反应

$$n_2 Ox_1 + n_1 Red_2 \rightleftharpoons n_2 Red_1 + n_1 Ox_2$$

为例加以说明。

由于滴定分析允许的误差为 0.1% 以内，所以在终点时反应的转化率必须大于或等于 99.9%。即：

$$a(Ox_2) \geqslant 99.9\% a(Red_2), \qquad a(Red_1) \geqslant 99.9\% a(Ox_1).$$
$$a(Red_2) \leqslant 0.1\% a(Red_2), \qquad a(Ox_1) \leqslant 0.1\% a(Ox_1).$$

将上式代入 K' 表达式，得

$$K' \geqslant \frac{[a(Red_1)\times 99.9\%]^{n_1}[a(Ox_2)\times 99.9\%]^{n_2}}{[a(Red_2)\times 0.1\%]^{n_1}[a(Ox_2)\times 0.1\%]^{n_2}} \approx 10^{3(n_1+n_2)}$$

代入式(6-6)中，并整理，得

$$\varphi_1' - \varphi_2' \geqslant 0.177V\frac{n_1+n_2}{n_1 n_2} \tag{6-7}$$

由此可见，只要参加氧化还原反应的两个电对的条件电极电位之差满足上式，则此反应能定量进行。若参加反应的两电对的电子转移数 $n_1=n_2=1$ 时，则平衡常数 $K'\geqslant 10^6$，反应便能定量进行。此时，$\varphi_1'-\varphi_2'\geqslant 0.177V\times 2=0.35V$。所以，一般认为 $\varphi_1'-\varphi_2'\geqslant 0.4V$ 的氧化还原反应可用于滴定分析；但当副反应严重时，此判断标准也就不适用了。

用同样方法可以算出，当反应过程中转移的电子数在一个以上时，反应完全进行所满足的 K' 和 $\varphi_1'-\varphi_2'$ 分别为：

$n_1=1$	$n_2=2$	$K'\geqslant 10^9$	$\varphi_1'-\varphi_2'\geqslant 0.27V$
$n_1=1$	$n_2=3$	$K'\geqslant 10^{12}$	$\varphi_1'-\varphi_2'\geqslant 0.24V$
$n_1=2$	$n_2=3$	$K'\geqslant 10^{15}$	$\varphi_1'-\varphi_2'\geqslant 0.15V$

应该了解，某些氧化还原反应虽然两电对的条件电极电位之差已超过上述要求，但由于其他诸多因素的影响，使氧化还原反应不能定量完全，这样的反应仍不能用于滴定分析。

6.1.5 影响氧化还原反应速率的因素

如前所述，氧化还原反应是比较复杂的，反应通常是分步进行，而且需要一定的时间才能完成。所以，在氧化还原滴定分析中，不仅要从平衡角度来讨论反应的可能性，而且还应该从其反应速率来考虑反应的现实性。影响反应速率的主要因素有浓度、温度和催化剂等，现简述如下。

(1) 浓度对反应速率的影响　在一般情况下，增加反应物的浓度，能提高反应速率。

例如，用 $K_2Cr_2O_7$ 标定 $Na_2S_2O_3$ 溶液时，一定量的 $K_2Cr_2O_7$ 和 KI 反应：

$$Cr_2O_7^{2-} + 6I^- + 14H^+ = 2Cr^{3+} + 3I_2 + 7H_2O$$

如果增大 I^- 的浓度或提高溶液的酸度，都可以使反应速率加快。

应该注意的是，这里的酸度不宜太高，应将 H^+ 浓度维持在 $0.2 \sim 0.4 \text{mol} \cdot L^{-1}$，否则，酸度太高时，空气中的氧氧化 I^- 的速率也会加快，给测定结果带来误差。

(2) 温度对反应速率的影响　一般升温可以加快反应速率。近似地说，每当反应体系温度上升 10℃，大多数反应速率可增加到原来的 2～4 倍，因此，在进行氧化还原滴定时，常常需提高被滴定溶液的温度。

例如，在酸性溶液中 $KMnO_4$ 与 $Na_2C_2O_4$ 的反应：

$$2MnO_4^- + 5C_2O_4^{2-} + 16H^+ = 2Mn^{2+} + 10CO_2\uparrow + 8H_2O$$

在室温下，反应速率缓慢。通常控制在 75～85℃，以提高反应速率。

应该注意的是，提高温度加快反应速率的办法并非在所有情况下都可应用。如前面提到的 $K_2Cr_2O_7$ 与 KI 反应，加热虽可以加快反应速率，但加热却会引起 I_2 挥发，产生较大误差。因此，不能片面地只强调一点而不顾及其他。

(3) 催化剂对反应速率的影响　除了用增大反应物浓度、提高反应体系温度可加速反应进行外，加快反应速率较为有效的方法是加入催化剂或利用诱导反应。

① 催化反应　在分析化学中，常用催化剂来改变反应速率。有正催化剂和负催化剂，例如，Mn^{2+} 对上述 $Na_2C_2O_4$ 与 $KMnO_4$ 的反应有催化作用。加入适量的 Mn^{2+} 能使该反应速率加快。即使不加入 Mn^{2+}，而利用 MnO_4^- 与 $C_2O_4^{2-}$ 反应后生成的微量 Mn^{2+} 作催化剂，也可以加快反应的进行。这种生成物本身对反应起催化作用的反应称为自动（或自身）催化反应。反应中 Mn^{2+} 的催化历程较复杂，可能的催化历程如下：

第一步：$2MnO_4^- + 3Mn^{2+} + 2H_2O = 5MnO_2\downarrow + 4H^+$

第二步：$2MnO_2 + C_2O_4^{2-} + 8H^+ = 2Mn^{3+} + 2CO_2\uparrow + 4H_2O$

第三步：$2Mn^{3+} + C_2O_4^{2-} = 2Mn^{2+} + 2CO_2\uparrow$

总反应：$2MnO_4^- + 5C_2O_4^{2-} + 16H^+ = 2Mn^{2+} + 10CO_2\uparrow + 8H_2O$

第一步反应属慢反应，Mn^{2+} 可加速该步反应的进行。

② 诱导反应　在氧化还原反应中，由于一种反应的发生，促进了另一个不发生或进行极慢的反应进行的现象，称为诱导效应。前一个反应称为诱导反应，后一个反应称为受诱反应。例如，$KMnO_4$ 氧化 Cl^- 的速率较慢，但是当溶液中同时存在 Fe^{2+} 时，由于 MnO_4^- 与 Fe^{2+} 的反应可以加速 MnO_4^- 与 Cl^- 的反应。

$$MnO_4^- + 5Fe^{2+} + 8H^+ = Mn^{2+} + 5Fe^{3+} + 4H_2O \quad （诱导反应）$$

$$2MnO_4^- + 10Cl^- + 16H^+ =\!=\!= 2Mn^{2+} + 5Cl_2\uparrow + 8H_2O \quad (受诱反应)$$

其中，MnO_4^- 称为作用体，Fe^{2+} 称为诱导体，Cl^- 称为受诱体。

诱导反应在定量分析中往往是有害的，如在 Cl^- 的介质中用 $KMnO_4$ 法测定 Fe^{2+} 时，由于诱导反应，增加了 $KMnO_4$ 的用量，使测定结果偏高。因此，定量分析中应尽量避免诱导反应的发生。

诱导反应与催化反应不同。在催化反应中，催化剂参加反应后，又回到原来的组成；而在诱导反应中，诱导体参加反应后，变为其他物质（如上例中的 Fe^{2+} 就变成了 Fe^{3+}）。诱导反应与副反应也不相同。副反应的反应速率不受主反应的影响；而诱导反应则是能促使受诱反应的进行。

由前述讨论可见，为了使氧化还原反应能按所需方向定量地、迅速地进行，选择和控制适当的反应条件和滴定条件（包括温度、酸度和浓度等）是十分重要的。

6.2 氧化还原滴定法的指示剂

氧化还原滴定法的指示剂

在氧化还原滴定中，可借用某些物质颜色的变化来确定滴定的终点，这类物质称为氧化还原滴定法的指示剂。常用的指示剂有自身指示剂、显色指示剂和氧化还原指示剂3种类型。

6.2.1 自身指示剂

在氧化还原滴定中，有些标准溶液或被滴定的物质本身具有很深的颜色，如果反应后变为无色或浅色的物质，那么，在滴定过程中，这种试剂稍过量容易觉察，滴定时无需另加指示剂。这种指示剂称为自身指示剂。例如，在酸性条件下，用 $KMnO_4$ 作标准溶液，当滴定达到化学计量点后，只要有稍微过量 MnO_4^- 存在（约 $10^{-6} mol \cdot L^{-1}$），就可以使溶液呈粉红色，从而指示滴定终点的到达。

6.2.2 专属指示剂

专属指示剂也称显色指示剂或特殊指示剂。这种指示剂是本身并不具有氧化还原性，但它能与滴定剂或被滴定物产生显色反应。例如，碘量法中，用淀粉作指示剂，淀粉遇碘（或 I_3^-）生成蓝色吸附化合物（I_2 的浓度可以小到约 $10^{-5} mol \cdot L^{-1}$）。借此蓝色的出现或消失，来指示滴定终点。碘量法中常用可溶性淀粉溶液作指示剂。注意：温度升高，淀粉指示剂的灵敏度降低。

6.2.3 氧化还原指示剂

氧化还原指示剂是本身具有氧化还原性质，结构复杂的有机化合物。它的氧化型和还原型有不同的颜色，在滴定过程中，它被氧化或被还原，随着溶液电位的变化而发生颜色变化而指示滴定终点。通常用 In(Ox) 和 In(Red) 分别表示指示剂的氧化型和还原型。指示剂电对的半反应为：

$$In(Ox) + ne^- =\!=\!= In(Red)$$

（氧化型颜色）　　（还原型颜色）

25℃时，其电极电位为

$$\varphi(\text{In}) = \varphi'(\text{In}) + \frac{0.059\text{V}}{n} \lg \frac{c[\text{In(Ox)}]}{c[\text{In(Red)}]}$$

式中，$\varphi'(\text{In})$ 为指示剂的条件电极电位。

在滴定过程中，随溶液电势的变化，指示剂氧化型与还原型的浓度比也逐渐改变，溶液的颜色也在变化，其颜色的改变主要有下列 3 种情况。

① 当 $c[\text{In(Ox)}] = c[\text{In(Red)}]$ 时，溶液呈中间色，此时溶液的电位 $\varphi(\text{In}) = \varphi^\ominus(\text{In})$ 或 $\varphi(\text{In}) = \varphi'(\text{In})$ 称为指示剂的理论变色点。此时溶液的电位 $\varphi_{\text{In}} = \varphi'_{\text{In}}$。

② 当 $\dfrac{c[\text{In(Ox)}]}{c[\text{In(Red)}]} \geqslant 10$ 时，呈氧化型 In(Ox) 的颜色。此时，溶液的电位为：

$$\varphi(\text{In}) \geqslant \varphi'(\text{In}) + \frac{0.059\text{V}}{n}$$

③ 当 $\dfrac{c[\text{In(Ox)}]}{c[\text{In(Red)}]} \leqslant \dfrac{1}{10}$ 时，溶液呈现还原型 In(Red) 的颜色，此时

$$\varphi(\text{In}) \leqslant \varphi'(\text{In}) - \frac{0.059\text{V}}{n}$$

所以，指示剂变色的电位范围为

$$\varphi'(\text{In}) \pm \frac{0.059\text{V}}{n}$$

当指示剂半反应的电子转移数 $n=1$ 时，指示剂变色范围为 $\varphi'(\text{In}) \pm 0.059\text{V}$；$n=2$ 时，为 $\varphi'(\text{In}) \pm 0.030\text{V}$。指示剂的变色范围较窄，而氧化还原滴定的突跃范围又较宽(一般要求 $\Delta\varphi > 0.20\text{V}$)，所以一般可以用指示剂的 $\varphi'(\text{In})$ 和滴定的突跃范围来选用氧化还原指示剂。其选择原则为：一般尽量选用指示剂的条件电位或变色点电位落于滴定突跃的电位范围内，且与滴定的化学计量点电位越接近越好。

一些重要的氧化还原指示剂列于表 6-3 中。

表 6-3　几种常用的氧化还原指示剂的条件电极电位及颜色变化

指示剂名称	φ'/V $[\text{H}^+]=1\text{mol·L}^{-1}$	颜色变化	
		氧化型	还原型
亚甲基蓝	0.36	蓝色	无色
甲基蓝	0.53	蓝绿色	无色
二苯胺	0.76	紫色	无色
二苯胺磺酸钠	0.85	紫红色	无色
羊毛罂红 A	1.00	橙红色	黄绿色
邻二氮菲-Fe(Ⅱ)	1.06	浅蓝色	红色
邻苯氨基苯甲酸	0.89	紫红色	无色
硝基邻二氮菲-Fe(Ⅱ)	1.25	浅蓝色	紫红色

下面举例说明氧化还原指示剂颜色变化的基本机理。

(1) 二苯胺磺酸钠　二苯胺磺酸钠是以氧化剂标准溶液滴定 Fe^{2+} 时常用的指示剂，在 $1\text{mol·L}^{-1} \text{H}_2\text{SO}_4$ 溶液中，其条件电位为 0.85V。它易溶于酸性溶液，在酸性溶液中，主要以二苯胺磺酸的形式存在。当二苯胺磺酸遇到氧化剂（如 Ce^{4+} 或 $\text{Cr}_2\text{O}_7^{2-}$ 等）时，它首先被氧化成无色的二苯联苯胺磺酸（不可逆反应），再进一步被氧化为二苯联苯胺磺酸紫（可逆反应）的紫色化合物，而显示出颜色变化。其反应过程如下：

$$2 \text{（苯基）}-N\text{H}-\text{（苯基）}-SO_3^- \quad \text{（无色）二苯胺磺酸盐}$$

↓ 氧化(不可逆反应)

$$^-O_3S-\text{（苯基）}-NH-\text{（联苯基）}-NH-\text{（苯基）}-SO_3^- + 2H^+ + 2e^- \quad \text{二苯联苯胺磺酸(无色)}$$

还原 ⇌ 氧化(可逆反应)

$$^-O_3S-\text{（苯基）}-N^+H=\text{（苯醌基）}=N^+H-\text{（苯基）}-SO_3^- + 2e^-$$

二苯联苯胺磺酸紫(紫色)

由反应过程可知，得失电子数为 2，即 $n=2$，故其变色时的电位范围为 0.82～0.88V。

(2) 邻二氮菲-Fe(Ⅱ)　邻二氮菲亦称邻菲啰啉，其分子式为 $C_{12}H_8N_2$，易溶于亚铁盐溶液，形成红色的 $[Fe(C_{12}H_8N_2)_3]^{2+}$，遇到氧化剂时其颜色发生变化。其反应如下

$$[Fe(C_{12}H_8N_2)_3]^{3+}\text{（浅蓝色）} + e^- \rightleftharpoons [Fe(C_{12}H_8N_2)_3]^{2+}\text{（红色）}$$

氧化产物为浅蓝色的 $[Fe(C_{12}H_8N_2)_3]^{2+}$ 配离子。在 $1mol \cdot L^{-1}$ H_2SO_4 溶液中，它的条件电位 $\varphi'=1.06V$，即理论变色点电位为 1.06V，实际上它在 1.12V 左右变色。这是因为它的还原型颜色（红色）比氧化型颜色（浅蓝色）的颜色强度大得多的缘故。在 Ce^{4+} 滴定 Fe^{2+} 时，用邻二氮菲-Fe(Ⅱ)作指示剂较为合适，滴定终点时溶液由红色变为浅蓝色；它也可以用于 Fe^{2+} 滴定 Ce^{4+}，滴定终点时溶液由浅蓝色变为红色。

6.3　氧化还原滴定法基本原理

6.3.1　氧化还原滴定曲线的绘制

在氧化还原滴定过程中，随着滴定剂的加入，被滴定物的氧化型和还原型的浓度逐渐改变，电对的电位也随之不断改变。这种电位的改变情况，可以用滴定曲线来表示。氧化还原滴定曲线既可以通过实验方法（如电位法）测得，也可以用能斯特方程式计算求得。以滴定剂滴入的百分数为横坐标，溶液的电势为纵坐标作图，可得氧化还原滴定曲线。

现以对称电对的氧化还原反应为例，如假设在 $1mol \cdot L^{-1}$ H_2SO_4 介质中，用 $0.1000mol \cdot L^{-1}$ $Ce(SO_4)_2$ 为标准溶液，滴定 20.00mL $0.1000mol \cdot L^{-1}$ Fe^{2+} 溶液，计算说明滴定过程中的电极电位变化，并绘制氧化还原滴定曲线。

滴定反应为：

$$Ce^{4+} + Fe^{2+} = Ce^{3+} + Fe^{3+}$$

其中各半反应和条件电极电势为：

$$Fe^{3+} + e^- = Fe^{2+} \quad \varphi'(Fe^{3+}/Fe^{2+})=0.68V$$
$$Ce^{4+} + e^- = Ce^{3+} \quad \varphi'(Ce^{4+}/Ce^{3+})=1.44V$$

(1) 滴定前　由于空气中氧的作用，Fe^{2+} 溶液中必会有极少量的 Fe^{3+} 存在，组成 Fe^{3+}/Fe^{2+} 电对，但由于 Fe^{3+} 的浓度不知道，所以溶液的电位无法计算。

(2) 滴定开始至化学计量点前　在此阶段，溶液中存在 Fe^{3+}/Fe^{2+} 和 Ce^{4+}/Ce^{3+} 两个

电对，滴定过程中化学反应达到平衡时，这两个电对的电极电位相等，溶液的电位等于其中任一电对的电极电位，即

$$\varphi=\varphi(Fe^{3+}/Fe^{2+})=\varphi(Ce^{4+}/Ce^{3+})$$

在化学计量点前，溶液中 Ce^{4+} 浓度很小，且不容易直接计算，而溶液中 Fe^{3+} 和 Fe^{2+} 的浓度容易求出，故在化学计量点前用 Fe^{3+}/Fe^{2+} 电对计算溶液中各平衡点的电位。即

$$\varphi=\varphi'(Fe^{3+}/Fe^{2+})+0.059V\lg\frac{c(Fe^{3+})}{c(Fe^{2+})}$$

为计算方便，可用滴定过程的百分比代替。例如，当加入 2.00mL Ce^{4+} 溶液时，有 10% 的 Fe^{2+} 被滴定，未被滴定的 Fe^{2+} 为 90%，其电极电位为：

$$\varphi=\varphi'(Fe^{3+}/Fe^{2+})+0.059V\lg\frac{c(Fe^{3+})}{c(Fe^{2+})}$$

$$=0.68V+0.059V\lg\frac{10}{90}=0.62V$$

当加入 19.98mL Ce^{4+} 标准溶液时即滴定到化学计量点前半滴时，有 99.9% 的 Fe^{2+} 被滴定，未滴定的 Fe^{2+} 为 0.1%，此时：

$$\varphi=0.68V+0.059V\lg\frac{99.9}{0.1}$$

$$=0.68V+0.059V\times3=0.86V$$

(3) 化学计量点时　化学计量点时，Ce^{4+} 和 Fe^{2+} 全部定量地转变成 Ce^{3+} 和 Fe^{3+}，但从平衡观点来看溶液中仍有极少量的 Ce^{4+} 和 Fe^{2+}，但其浓度不易计算，因此，用上述方法不可能求出溶液的电极电位，但是由于反应达到平衡时两电对的电极电位相等，故可用两电对的能斯特方程式联立起来计算。

化学计量点时：$\varphi(Fe^{3+}/Fe^{2+})=\varphi'(Fe^{3+}/Fe^{2+})+0.059V\lg\dfrac{c(Fe^{3+})}{c(Fe^{2+})}=\varphi_{sp}$

$$\varphi(Ce^{4+}/Ce^{3+})=\varphi'(Ce^{4+}/Ce^{3+})+0.059V\lg\frac{c(Ce^{4+})}{c(Ce^{3+})}=\varphi_{sp}$$

将两式相加，并整理得：

$$2\varphi_{sp}=\varphi'(Fe^{3+}/Fe^{2+})+\varphi'(Ce^{4+}/Ce^{3+})+0.059V\lg\frac{c(Fe^{3+})c(Ce^{4+})}{c(Fe^{2+})c(Ce^{3+})}$$

化学计量点时溶液中，$c(Fe^{3+})=c(Ce^{3+})$；$c(Fe^{2+})=c(Ce^{4+})$

所以　　　　$2\varphi_{sp}=\varphi'(Fe^{3+}/Fe^{2+})+\varphi'(Ce^{4+}/Ce^{3+})=0.68V+1.44V$

$$\varphi_{sp}=1.06V$$

在这种反应类型中，两电对电子转移数均为1，化学计量点时的电位恰好是两电对条件电极电位的算术平均值。对于电子转移数不等，但参与反应的同一物质反应前后反应系数相等的氧化还原反应，即对称的氧化还原反应的化学计量点电极电位的计算公式为：

$$\varphi_{sp}=\frac{n_1\varphi'_1+n_2\varphi'_2}{n_1+n_2} \tag{6-8}$$

式中，n_1、n_2 分别为氧化剂和还原剂得失的电子数。

若氧化剂和还原剂的条件电位查不到，可以用它们的标准电极电位代替进行计算。

例如以 Fe^{3+} 滴定 Sn^{2+}（在 1mol·L^{-1} HCl 中），按下式进行：

$$2Fe^{3+}+Sn^{2+}=\!=\!=Sn^{4+}+2Fe^{2+}$$

半反应：

$$Fe^{3+} + e^- \rightleftharpoons Fe^{2+} \qquad \varphi'(Fe^{3+}/Fe^{2+}) = 0.70V$$
$$Sn^{4+} + 2e^- \rightleftharpoons Sn^{2+} \qquad \varphi'(Sn^{4+}/Sn^{2+}) = 0.15V$$

化学计量点时：

$$\varphi_{sp} = \frac{1 \times 0.70V + 2 \times 0.15V}{1+2} = 0.33V$$

对于非对称电对，如 $Cr_2O_7^{2-}/Cr^{3+}$ 等，它们的化学计量点电极电势不能用此公式计算。一些不可逆电对（如 MnO_4^-/Mn^{2+}、$Cr_2O_7^{2-}/Cr^{3+}$ 等）的电势用能斯特公式计算与实测相差较大。此类反应的电极电势应由实验测得。

（4）化学计量点后　滴定剂 Ce^{4+} 过量，溶液中 Ce^{4+} 和 Ce^{3+} 的浓度均易求得，而 Fe^{2+} 的浓度不易直接求得，故此时用 Ce^{4+}/Ce^{3+} 电对计算溶液的电位。当 Ce^{4+} 加入 20.02mL 时，即过量 0.1%，则有：

$$\varphi(Ce^{4+}/Ce^{3+}) = \varphi'(Ce^{4+}/Ce^{3+}) + 0.059V\lg\frac{c(Ce^{4+})}{c(Ce^{3+})}$$

$$= 1.44V + 0.059V\lg\frac{0.1}{100} = 1.26V$$

当加入 20.20mL 时，即有 1% 过量

$$\varphi = 1.44V + 0.059V\lg\frac{1}{100} = 1.32V$$

其他各点的电位可以用上述同样方法求得，计算结果见表 6-4。

表 6-4　在 $1mol \cdot L^{-1} H_2SO_4$ 溶液中用 $0.1000mol \cdot L^{-1} Ce(SO_4)_2$ 滴定 20.00mL $0.1000mol \cdot L^{-1} FeSO_4$ 溶液

滴入 Ce^{4+} 溶液体积 V/mL	滴入 Ce^{4+} 溶液百分数/%	电位 E/V	
1.00	5.0	0.60	
2.00	10.0	0.62	
4.00	20.0	0.64	
8.00	40.0	0.67	
10.00	50.0	0.68	
12.00	60.0	0.69	
18.00	90.0	0.74	
19.80	99.0	0.80	
19.98	99.9	0.86	突跃范围
20.00	100.0	1.06	
20.02	100.1	1.26	
22.00	110.0	1.38	
30.00	150.0	1.42	
40.00	200.0	1.44	

根据表 6-4 可绘出如图 6-1 所示的氧化还原滴定曲线。

由表 6-4 和图 6-1 可知，滴定过程中体系的电位与浓度无关。从化学计量点前 Fe^{2+} 剩余 0.1%（0.02mL，半滴）到化学计量点后 Ce^{4+} 过量 0.1%，溶液的电位由 0.86V 突增到 1.26V，增加了 0.40V，有一个相当大的氧化还原滴定电位突跃范围。知道该电位突跃范围对选择合适的氧化还原指示剂很有用处。

6.3.2　影响氧化还原滴定突跃的因素

化学计量点附近电位突跃范围与氧化剂和还原剂电对的条件电极电位（或标准电极电

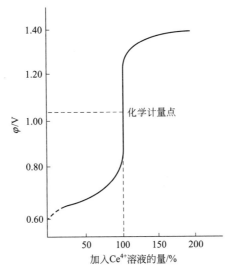

图 6-1 在 $1mol·L^{-1} H_2SO_4$ 溶液中用 $0.1000mol·L^{-1} Ce(SO_4)_2$
滴定 20.00mL $0.1000mol·L^{-1} Fe^{2+}$ 的滴定曲线

位）之差的大小有关。条件电极电位差值越大，突跃范围越大，反之亦然。突跃越大，滴定时准确度越高。通常情况下，只有条件电极电位（或标准电极电位）差值大于 0.2V 时，滴定突跃才明显，才有可能进行准确滴定。借助氧化还原指示剂指示滴定终点时，通常要求其差值在 0.4V 以上；当条件电极电位（或标准电极电位）差值为 0.2~0.4V 时，可采用电位法确定终点。一般来说，滴定突跃的上限由氧化剂电对的条件电位（或标准电极电位）决定，滴定突跃的下限由还原剂电对的条件电位（或标准电极电位）决定。

例如，在酸性介质中，用不同的滴定剂 $Ce(SO_4)_2$、$KMnO_4$ 和 $K_2Cr_2O_7$ 滴定 Fe^{2+} 时，各滴定剂电对的标准电极电位与 Fe^{3+}/Fe^{2+} 电对的标准电极电位之差分别为 1.61V−0.771V=0.839V、1.51V−0.771V=0.739V 和 1.33V−0.771V=0.559V。可见，滴定突跃范围最大的是用 $Ce(SO_4)_2$ 的滴定，其次是 $KMnO_4$ 的滴定，最小的是 $K_2Cr_2O_7$ 的滴定。

应该注意的是，化学计量点的位置与滴定反应氧化剂和还原剂得失电子数有关。由化学计量点电极电位的计算公式可以看出，只有当 $n_1=n_2$ 时，化学计量点的电极电位等于两电对电极电位的平均值，即化学计量点的位置在滴定突跃的中间。例如上述 Ce^{4+} 滴定 Fe^{2+} 的反应，化学计量点电位（1.06V）处于滴定突跃（0.86~1.26V）的中间，化学计量点前后的曲线对称。$n_1 \ne n_2$ 时，化学计量点的电极电位偏向 n 较大的电对一方。如图 6-2 所示的电对。

氧化还原电对常粗略地分为可逆电对与不可逆电对两大类。可逆电对在反应的任一瞬间能建立起氧化还原平衡，用能斯特公式计算所得电势值与实测值基本相符，Fe^{3+}/Fe^{2+} 和 Ce^{4+}/Ce^{3+} 电对属于此类电对。而不可逆电对则不同，在反应的一瞬间，并不能马上建立起化学平衡，其电势计算值与实测值有时相差可达 0.1~0.2V。如 MnO_4^-/Mn^{2+} 为不可逆电对，在用 MnO_4^- 滴定 Fe^{2+} 时，化学计量点前，溶液电势由 Fe^{3+}/Fe^{2+} 电对计算，故滴定曲线的计算值与实测值无明显差别。但在化学计量点后，溶液电势由 MnO_4^-/Mn^{2+} 电对计算，这时计算得到的滴定曲线在形状上与实测滴定曲线有明显的不同（见图 6-2）。即使这样，用能斯特公式计算得到的不可逆电对滴定曲线，对滴定过程进行初步研究，仍然有一定

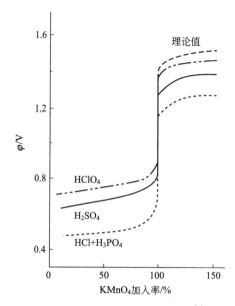

图 6-2 在不同介质中用 KMnO₄ 溶液滴定 Fe^{2+} 时的滴定曲线

意义。

对于氧化型与还原型系数不同的电对，即不对称电对，如 $Cr_2O_7^{2-}/Cr^{3+}$，化学计量点的电位与浓度有关。这种电对多系不可逆电对，不遵从能斯特方程，计算较为复杂，本书不做讨论。

6.4 氧化还原滴定的预处理

为了便于进行滴定，在进行氧化还原滴定之前，常将待测组分先还原成低价态或氧化成高价态后再进行氧化还原滴定，这一处理过程称为对待测组分的预处理。例如，测定某试样中 Mn^{2+}、Cr^{3+} 的含量时，由于 $\varphi^{\ominus}(MnO_4^-/Mn^{2+})=1.51V$ 和 $\varphi^{\ominus}(Cr_2O_7^{2-}/Cr^{3+})=1.33V$ 都很高，要找一个电位比它们更高的氧化剂进行直接滴定是非常困难的。若预先将 Mn^{2+}、Cr^{3+} 分别氧化成 MnO_4^- 和 $Cr_2O_7^{2-}$，就可用还原剂标准溶液（如 Fe^{2+}）直接滴定。

预处理时所用的氧化剂或还原剂必须符合以下条件：

① 反应速率快；

② 必须将欲测组分定量地氧化或还原；

③ 反应应具有一定的选择性。例如用金属锌为预还原剂，由于 $\varphi^{\ominus}(Zn^{2+}/Zn)$ 较低（-0.76V），电位比它高的金属离子都可被还原，所以金属锌的选择性较差。而 $SnCl_2$ [$\varphi^{\ominus}(Sn^{4+}/Sn^{2+})=0.14V$] 的选择性则较高；

④ 过量的氧化剂或还原剂要易于除去。可通过加热分解、过滤和利用化学反应等方法除去。如，$(NH_4)_2S_2O_8$、H_2O_2 可借加热煮沸，分解而除去；$NaBiO_3$ 不溶于水，可借过滤除去；用 $HgCl_2$ 可除去过量 $SnCl_2$，其反应为：

$$SnCl_2 + 2HgCl_2 = SnCl_4 + Hg_2Cl_2 \downarrow$$

生成的 Hg_2Cl_2 沉淀不被一般的滴定剂氧化，不必过滤除去。

预处理时常用的氧化剂和还原剂分别列于表 6-5 和表 6-6 中，主要用于处理无机离子。对于试样中存在的有机干扰物的处理，常用方法有湿法灰化和干法灰化等。湿法灰化是使用

氧化性酸例如 HNO_3、H_2SO_4 或 $HClO_4$，于它们的沸点时使有机物分解除去；干法灰化是在高温下使有机物被空气中的氧或纯氧（氧瓶燃烧法）氧化而破坏。

表 6-5　预处理时常用的氧化剂

氧化剂	反应条件	主要应用	除去方法
$NaBiO_3$ $NaBiO_3(s)+6H^++2e^-\Longleftrightarrow Bi^{3+}+Na^++3H_2O$ $\varphi^{\ominus}=1.80V$	室温，HNO_3 介质 H_2SO_4 介质	$Mn \longrightarrow MnO_4^-$ $Ce(Ⅲ) \longrightarrow Ce(Ⅳ)$	过滤
PbO_2	pH＝2～6 焦磷酸盐缓冲液	$Mn(Ⅱ) \longrightarrow Mn(Ⅲ)$ $Ce(Ⅲ) \longrightarrow Ce(Ⅳ)$ $Cr(Ⅲ) \longrightarrow Cr(Ⅵ)$	过滤
$(NH_4)_2S_2O_8$ $S_2O_8^{2-}+2e^-\Longleftrightarrow 2SO_4^{2-}$ $\varphi^{\ominus}=2.01V$	酸性 Ag^+ 作催化剂	$Ce(Ⅲ) \longrightarrow Ce(Ⅳ)$ $Mn^{2+} \longrightarrow MnO_4^-$ $Cr^{3+} \longrightarrow Cr_2O_7^{2-}$ $VO^{2+} \longrightarrow VO_3^-$	煮沸分解
H_2O_2 $HO_2^-+H_2O+2e^-\Longleftrightarrow 3OH^-$ $\varphi^{\ominus}=0.88V$	NaOH 介质 HCO_3^- 介质 碱性介质	$Cr^{3+} \longrightarrow CrO_4^{2-}$ $Co(Ⅱ) \longrightarrow Co(Ⅲ)$ $Mn(Ⅱ) \longrightarrow Mn(Ⅳ)$	煮沸分解，加少量 Ni^{2+} 或 I^- 作催化剂，加速 H_2O_2 分解
高锰酸盐	焦磷酸盐和氟化物 Cr(Ⅲ) 存在时	$Ce(Ⅲ) \longrightarrow Ce(Ⅳ)$ $V(Ⅳ) \longrightarrow V(Ⅴ)$	叠氮酸钠或亚硝酸钠
高氯酸	热、浓 $HClO_4$	$V(Ⅳ) \longrightarrow V(Ⅴ)$ $Cr(Ⅲ) \longrightarrow Cr(Ⅵ)$	迅速冷却至室温，用水稀释

表 6-6　预处理时常用的还原剂

还原剂	反应条件	主要应用	除去方法
SO_2 $SO_4^{2-}+4H^++2e^-\Longleftrightarrow SO_2(aq)+2H_2O$ $\varphi^{\ominus}=0.20V$	$1mol·L^{-1}H_2SO_4$ （有 SCN^- 共存，加速反应）	$Fe(Ⅲ) \longrightarrow Fe(Ⅱ)$ $As(Ⅴ) \longrightarrow As(Ⅲ)$ $Sb(Ⅴ) \longrightarrow Sb(Ⅲ)$ $Cu(Ⅱ) \longrightarrow Cu(Ⅰ)$	煮沸，通 CO_2
$SnCl_2$ $Sn^{4+}+2e^-\Longleftrightarrow Sn^{2+}$ $\varphi^{\ominus}=0.15V$	酸性，加热	$Fe(Ⅲ) \longrightarrow Fe(Ⅱ)$ $Mo(Ⅳ) \longrightarrow Mo(Ⅴ)$ $As(Ⅴ) \longrightarrow As(Ⅲ)$	快速加入过量的 $HgCl_2$
锌-汞齐还原柱	H_2SO_4 介质	$Cr(Ⅲ) \longrightarrow Cr(Ⅱ)$ $Fe(Ⅲ) \longrightarrow Fe(Ⅱ)$ $Ti(Ⅳ) \longrightarrow Ti(Ⅲ)$ $V(Ⅴ) \longrightarrow V(Ⅱ)$	
盐酸肼、硫酸肼或肼	酸性	$As(Ⅴ) \longrightarrow As(Ⅲ)$	浓 H_2SO_4，加热
汞阴极	恒定电位下	$Fe(Ⅲ) \longrightarrow Fe(Ⅱ)$ $Cr(Ⅲ) \longrightarrow Cr(Ⅱ)$	

6.5　常用氧化还原滴定法

根据所用滴定剂的名称，常用的氧化还原滴定法主要为：高锰酸钾法、重铬酸钾法和碘量法三种，还有不常用的铈量法和溴酸钾法等。各种方法都有其特点和应用范围，可根据待测物的性质选用合适的滴定剂。由于还原剂

常用的氧化还原滴定法

易被空气氧化而改变浓度,因此,氧化滴定剂远比还原滴定剂用得多。本节主要讨论高锰酸钾法、重铬酸钾法和碘量法。

6.5.1 高锰酸钾法

6.5.1.1 概述

高锰酸钾是一种较强氧化剂。其氧化能力与溶液的酸度有关。

在强酸性溶液中:
$$MnO_4^- + 8H^+ + 5e^- \rightleftharpoons Mn^{2+} + 4H_2O \quad \varphi^\ominus = 1.51V$$

在中性或弱碱性溶液中:
$$MnO_4^- + 2H_2O + 3e^- \rightleftharpoons MnO_2 \downarrow + 4OH^- \quad \varphi^\ominus = 0.59V$$

利用此反应可测定 S^{2-}、SO_3^{2-}、$S_2O_3^{2-}$ 等,也可测定甲醇、甲酸、甲醛、苯酚等有机物。采用此反应直接滴定的缺点是棕色絮状 MnO_2 沉淀的生成妨碍终点的观察。

在强碱性溶液中:
$$MnO_4^- + e^- \rightleftharpoons MnO_4^{2-} \quad \varphi^\ominus = 0.56V$$

碱性减弱时 MnO_4^{2-} 易歧化成 MnO_4^- 和 MnO_2。若有 Ba^{2+} 存在,由于生成 $BaMnO_4$ 沉淀可稳定在 Mn(Ⅵ) 状态。

由于 $KMnO_4$ 在强酸性溶液中标准电极电位值较高,氧化能力较强,同时生成的 Mn^{2+} 几乎无色,便于滴定终点的观察。因此,高锰酸钾滴定多在强酸性溶液中进行,通常用 H_2SO_4 来控制溶液酸度。一般不使用 HCl 或 HNO_3 来控制酸度。这是因为 Cl^- 具有还原性,能与 MnO_4^- 作用;而 HNO_3 具有氧化性,它可能氧化某些被滴定的还原性物质。同时,也不宜用酸性较弱的 HAc 作介质。

高锰酸钾法的应用范围较广。许多还原性物质如 Fe^{2+}、$C_2O_4^{2-}$、H_2O_2、Sn^{2+} 及 As(Ⅲ) 等,可以用 $KMnO_4$ 标准溶液直接进行滴定;一些不能用 $KMnO_4$ 直接滴定的氧化性或还原性物质如 MnO_2、PbO_2、SO_3^{2-} 和 HCHO 等,可以用返滴定法滴定;某些不具有氧化还原性的物质,可以用间接法进行滴定,如 Ca^{2+}、Ba^{2+} 及 Pb^{2+} 等。

高锰酸钾法具有如下优点:

① 高锰酸钾氧化能力强,应用范围广。可以采用直接、间接、返滴定等多种滴定方式,对多种有机物和无机物进行测定。

② 自身指示剂:$KMnO_4$ 本身为紫红色,在滴定无色或浅色溶液时无需另加指示剂,其本身即可作为自身指示剂。

该法的缺点如下:

① 选择性差,干扰严重;

② 间接法配制标准溶液,高锰酸钾不易制得纯度高的试剂,只能间接法配制标准溶液。因溶液不太稳定,需避光保存。

但若标准溶液配制、保存得当,滴定时严格控制条件,这些缺点大多可以克服。

6.5.1.2 标准溶液的配制与标定

纯 $KMnO_4$ 溶液相当稳定。但市售 $KMnO_4$ 试剂常含有少量的杂质(如 MnO_2 等),而且蒸馏水或器皿表面也含有微量还原性物质,可与 $KMnO_4$ 反应生成 $MnO(OH)_2$ 沉淀,而 MnO_2 或 $MnO(OH)_2$ 又能进一步促进 $KMnO_4$ 溶液的分解。因此,常用间接法(即标定法)来配制 $KMnO_4$ 标准溶液。即称取稍多于理论量的 $KMnO_4$,溶解在规定体积的蒸馏水中，并加热煮沸约 1h，放置 2～3 天后，用微孔玻璃砂芯漏斗过滤，除去析出的沉淀。将过滤后的 $KMnO_4$ 溶液贮存于棕色试剂瓶中，并存放于暗处，以待标定。

标定 $KMnO_4$ 溶液的基准物质有 $H_2C_2O_4 \cdot 2H_2O$、$Na_2C_2O_4$、$(NH_4)_2C_2O_4$、$FeSO_4 \cdot 7H_2O$、As_2O_3、$FeSO_4 \cdot (NH_4)_2SO_4 \cdot 6H_2O$ 和纯铁丝等。最常用的是 $Na_2C_2O_4$。下面以 $Na_2C_2O_4$ 为例来说明 $KMnO_4$ 溶液的标定。

在 H_2SO_4 介质中，MnO_4^- 与 $C_2O_4^{2-}$ 的反应为：

$$2MnO_4^- + 5C_2O_4^{2-} + 16H^+ = 2Mn^{2+} + 10CO_2\uparrow + 8H_2O$$

为了使滴定反应定量且迅速，滴定时，应注意以下条件。

(1) 温度 在室温下，上述反应速率缓慢。因此，常将溶液加热至 75～85℃时，趁热进行滴定。待滴定完毕，溶液温度应不低于 60℃。但溶液温度也不宜过高，如果温度高于 90℃会使 $H_2C_2O_4$ 部分分解。

$$H_2C_2O_4 = CO_2\uparrow + CO\uparrow + H_2O$$

(2) 酸度 上述滴定反应应在足够的酸度下进行。一般开始滴定时，溶液滴定开始的适宜酸度为 $0.5～1 mol \cdot L^{-1}$，滴定终止时，为 $0.2～0.5 mol \cdot L^{-1}$。酸度不足，容易产生 $MnO_2 \cdot H_2O$ 沉淀；酸度过高时，会促使 $H_2C_2O_4$ 分解。

(3) 滴定速率 由于该反应是一个自动催化反应，因此应控制滴定速率与反应速率相适应。特别是开始滴定时，应逐滴缓慢滴入，否则，加入的 $KMnO_4$ 溶液来不及与 $C_2O_4^{2-}$ 反应，就在热的酸性溶液中分解，而导致标定结果偏低。

$$4MnO_4^- + 12H^+ = 4Mn^{2+} + 5O_2\uparrow + 6H_2O$$

但是随着溶液中 Mn^{2+} 的产生，反应速率会逐渐加快，随 MnO_4^- 紫红色消失而滴定速率可适当加快。如果在滴定前加入几滴催化剂 $MnSO_4$，则滴定一开始，反应就能迅速进行。在接近终点时，滴定速率应该缓慢地逐滴滴入。

(4) 滴定终点 用 $KMnO_4$ 溶液滴定至终点后，溶液中出现的微红色不能持久。因为空气中的还原性物质和灰尘等能与 MnO_4^- 缓慢作用，而使微红色褪去。所以，滴定至溶液呈现微红色且半分钟内不褪去，即可认为已达到滴定终点。

用 $Na_2C_2O_4$ 作基准物质标定 $KMnO_4$ 溶液时，$KMnO_4$ 溶液的浓度可由下式计算。

$$c(KMnO_4) = \frac{\frac{2}{5}m(Na_2C_2O_4)}{M(Na_2C_2O_4)V(KMnO_4)}$$

6.5.1.3 $KMnO_4$ 法应用实例

(1) 过氧化氢（H_2O_2）含量的测定 采用直接滴定方式进行测定。在酸性介质中，H_2O_2 与 $KMnO_4$ 的反应为：

$$2MnO_4^- + 5H_2O_2 + 6H^+ = 2Mn^{2+} + 5O_2\uparrow + 8H_2O$$

反应在室温下硫酸介质中进行。滴定开始时反应速率较慢，随着 Mn^{2+} 的生成，在自动催化作用下，速率会加快。必要时，也可以加入 Mn^{2+} 促进反应速率加快。因 H_2O_2 不稳定，所以不能加热。如果 H_2O_2 样品中含有有机物等还原性物质时，应采用碘量法或铈量法进行测定。

样品中 H_2O_2 的含量可按下式计算：

$$\rho(H_2O_2) = \frac{\frac{5}{2}c(KMnO_4)V(KMnO_4)M(H_2O_2)}{V_s}$$

(2) **钙盐中钙的测定** 采用间接滴定方式进行测定。先将样品处理成 Ca^{2+} 溶液，然后使 Ca^{2+} 沉淀为 CaC_2O_4，过滤洗涤后，再将 CaC_2O_4 沉淀溶解于稀 H_2SO_4 溶液中，加热至 75~85℃时，用 $KMnO_4$ 标准溶液滴定至终点。测定过程及反应如下：

沉淀 $Ca^{2+} + C_2O_4^{2-} \Longleftrightarrow CaC_2O_4 \downarrow$（白色）

溶解 $CaC_2O_4 + 2H^+ \Longleftrightarrow H_2C_2O_4 + Ca^{2+}$

滴定 $5H_2C_2O_4 + 2MnO_4^- + 6H^+ \Longleftrightarrow 2Mn^{2+} + 10CO_2 \uparrow + 8H_2O$

在沉淀时，为了能得到易于洗涤和过滤的粗晶形沉淀，在操作上是将 Ca^{2+} 溶液先用 HCl 酸化，然后在酸性溶液中加入 $(NH_4)_2C_2O_4$ 沉淀剂，此时，溶液中 CaC_2O_4 沉淀析出。再滴加氨水，逐渐中和溶液中的 H^+，使酸性下的 $HC_2O_4^-$ 逐渐转变为 $C_2O_4^{2-}$，而使溶液中 $C_2O_4^{2-}$ 浓度缓慢地增加，CaC_2O_4 沉淀缓缓形成，最后控制溶液的 pH 3.5~4.5，并继续保温约 30min 使沉淀陈化，便可得到粗晶形沉淀。这样既沉淀完全，又可以防止 $Ca(OH)_2$ 或 $(CaOH)_2C_2O_4$ 的生成。

样品中钙的质量分数：

$$w(Ca) = \frac{\frac{5}{2}c(KMnO_4)V(KMnO_4)M(Ca)}{m_s}$$

(3) **软锰矿中 MnO_2 的测定** 可以用返滴定法测定。因 MnO_2 不能直接用 $KMnO_4$ 溶液滴定，故可采用返滴定方式进行测定。对于软锰矿中 MnO_2 含量的测定，利用 MnO_2 和 $C_2O_4^{2-}$ 在酸性溶液中的反应：

$$MnO_2 + C_2O_4^{2-} + 4H^+ \Longleftrightarrow Mn^{2+} + 2CO_2 \uparrow + 2H_2O$$

加入一定量过量的 $Na_2C_2O_4$ 于磨细的矿样中，加 H_2SO_4 并加热，当样品中无棕黑色颗粒存在时，表示试样分解完全。用 $KMnO_4$ 标准溶液趁热返滴定剩余的草酸。由 $Na_2C_2O_4$ 的加入量和 $KMnO_4$ 溶液消耗量之差，求出 MnO_2 的含量。

(4) **有机物的测定** 因有机物和 MnO_2 一样，也不能直接用 $KMnO_4$ 溶液滴定，故也可采用返滴定方式进行测定。$KMnO_4$ 氧化有机物的反应在碱性溶液中比在酸性溶液中快，采用加入过量 $KMnO_4$ 并加热的方法可进一步加速反应。以测定甘油为例，加入一定量过量的 $KMnO_4$ 到含有试样的 $2mol \cdot L^{-1}$ NaOH 溶液中，放置，待反应：

$$\begin{array}{c} HO-CH_2 \\ | \\ HO-CH \\ | \\ HO-CH_2 \end{array} + 14MnO_4^- + 20OH^- \Longleftrightarrow 3CO_3^{2-} + 14MnO_4^{2-} + 14H_2O$$

完成后，将溶液酸化 MnO_4^{2-} 歧化成 MnO_4^- 和 MnO_2，加入过量的 $FeSO_4$ 标准溶液还原所有高价锰为 Mn^{2+}。最后再以 $KMnO_4$ 标准溶液滴定剩余的 $FeSO_4$。由两次加入 $KMnO_4$ 量和 $FeSO_4$ 的量，计算甘油的质量分数。甲醛、甲酸、酒石酸、柠檬酸、苯酚、葡萄糖等都可按此法测定。

(5) **化学耗氧量的测定** 水中化学耗氧量（COD）是指水体中易被强氧化剂氧化的还原性物质所消耗的氧化剂的量，用每升多少毫克 O_2 表示。水中除含有 NO_2^-、S^{2-}、Fe^{2+} 等无机还原性物质外，还含有少量的有机物质。有机物质腐烂促使水中微生物繁殖，污染水质。因此，水中 COD 的大小是水质污染程度的主要指标之一，也是环境水质标准及废水排放标准的控制项目之一，是衡量水体有机物等还原性物质污染程度的综合指标。化学耗氧量的测定，一般情况下多采用高锰酸钾法或重铬酸钾法。高锰酸钾法简便快速，适合于测定地面水、河水等污染不十分严重的水质，而重铬酸钾法适合于工业污水及生活污水中含有成分复杂的污染物时 COD 的测定。本实验介绍酸性高锰酸钾法。

在酸性溶液中，加入过量的 $Na_2C_2O_4$ 溶液，使与 $KMnO_4$ 充分反应，多余的 $C_2O_4^{2-}$ 再用 $KMnO_4$ 溶液回滴。反应式如下：

$$4KMnO_4 + 6H_2SO_4 + 5C \Longrightarrow 2K_2SO_4 + 4MnSO_4 + 5CO_2\uparrow + 6H_2O$$

$$2MnO_4^- + 5C_2O_4^{2-} + 16H^+ \Longrightarrow 2Mn^{2+} + 8H_2O + 10CO_2\uparrow$$

6.5.2 重铬酸钾法

6.5.2.1 概述

重铬酸钾（$K_2Cr_2O_7$）也是一种较强的氧化剂，在酸性溶液中，$K_2Cr_2O_7$ 与还原剂作用时被还原成 Cr^{3+}，其电极半反应为：

$$Cr_2O_7^{2-} + 14H^+ + 6e^- \Longrightarrow 2Cr^{3+} + 7H_2O \qquad \varphi^{\ominus} = 1.33V$$

$K_2Cr_2O_7$ 的氧化能力较 $KMnO_4$ 低，$K_2Cr_2O_7$ 法应用范围也较广，其重要应用之一是测定铁的含量。另外，通过 $Cr_2O_7^{2-}$ 和 Fe^{2+} 的反应，还可以测定其他氧化性或还原性物质。例如，土壤中有机质的测定和土壤中还原性物质总量的测定等。

与 $KMnO_4$ 法相比，$K_2Cr_2O_7$ 法具有以下优点。

① $K_2Cr_2O_7$ 容易提纯，在 140~250℃ 干燥后，可以作为基准物质直接配制成标准溶液。

② $K_2Cr_2O_7$ 标准溶液非常稳定，可以长期保存和使用。据文献记载，一瓶 $0.017mol \cdot L^{-1}$ 的 $K_2Cr_2O_7$ 溶液，放置 24 年后其浓度并无明显改变，因此只要存放在密闭的容器中，其浓度可长期保持不变。

③ $K_2Cr_2O_7$ 法可以在盐酸溶液中滴定，因为在 $1mol \cdot L^{-1}$ HCl 溶液中，$\varphi'(Cr_2O_7^{2-}/Cr^{3+}) = 1.00V$，而 $\varphi^{\ominus}(Cl_2/Cl^-) = 1.36V$，可见 $\varphi^{\ominus}(Cl_2/Cl^-) > \varphi'(Cr_2O_7^{2-}/Cr^{3+})$，故在室温下 $Cr_2O_7^{2-}$ 与 Cl^- 不发生作用。但当 HCl 浓度太高或将溶液煮沸时，$K_2Cr_2O_7$ 也能部分地被 Cl^- 还原，因此，在此条件下不宜在盐酸介质中进行滴定。

④ $K_2Cr_2O_7$ 滴定反应速率快，通常在常温下进行滴定。

$K_2Cr_2O_7$ 法主要缺点如下。

① 氧化能力较 $KMnO_4$ 弱，测定范围窄。

② 还原产物 Cr^{3+} 呈深绿色，滴定终点要借助氧化还原指示剂来判断。常用指示剂有二苯胺磺酸钠、邻二氮菲-Fe(Ⅱ) 等。

③ $K_2Cr_2O_7$ 及 Cr^{3+} 均有毒，使用时应注意废液的处理，以免污染环境。

6.5.2.2 $K_2Cr_2O_7$ 法应用实例

(1) 铁矿石中全铁含量的测定　样品一般先用浓 HCl 加热分解，再在热的浓 HCl 溶液中，用 $SnCl_2$ 将 Fe(Ⅲ) 还原为 Fe(Ⅱ)，稍过量的 $SnCl_2$ 用 $HgCl_2$❶ 氧化，此时溶液中析出 Hg_2Cl_2 丝状白色沉淀，然后在 $1\sim2mol \cdot L^{-1}$ H_2SO_4 和 H_3PO_4 混合酸介质中，以二苯胺磺酸钠作指示剂，用 $K_2Cr_2O_7$ 标准溶液滴定 Fe(Ⅱ) 溶液由绿色突变为紫色，即为终点。有关反应如下：

---

❶ $HgCl_2$ 有剧毒！为了避免污染环境和保护操作者健康，所以，近年来采用了各种汞盐的方法来测定铁。

$$2Fe^{3+} + Sn^{2+} =\!=\!= 2Fe^{2+} + Sn^{4+}$$
（稍过量）

$$Sn^{2+} + 2Hg^{2+} + 2Cl^- =\!=\!= Hg_2Cl_2 \downarrow + Sn^{4+}$$
（剩余量）　　　　　　（白色丝状）

$$Cr_2O_7^{2-} + 6Fe^{2+} + 14H^+ =\!=\!= 2Cr^{3+} + 6Fe^{3+} + 7H_2O$$

为了减少终点时因指示剂变色过早而造成的误差，常在被滴定的溶液中，加入 H_3PO_4 溶液。其作用主要有两点：一是生成 $Fe(HPO_4)_2^-$，降低 Fe^{3+}/Fe^{2+} 电对的电极电势，使滴定突跃增大，这样二苯胺磺酸钠变色点的电势落在滴定的电位突跃范围之内；二是生成无色的 $[Fe(HPO_4)_2]^-$，消除 Fe^{3+} 的黄色，有利于观察滴定终点的颜色变化。

样品中铁的含量可按下式计算。

$$w(Fe) = \frac{6c(K_2Cr_2O_7)V(K_2Cr_2O_7)M(Fe)}{m_s}$$

对于其他含铁试样中 Fe 的测定，均可采用类似于上述方法进行测定。

(2) 土壤中有机质含量的测定　土壤中有机质含量的高低，是判断土壤肥力的重要指标。一般土壤有机质含量约为 5%，实验证明，1.724g 土壤有机质平均含碳量为 1g。因此，测得土壤中碳的含量后，便可按此比例换算出土壤有机质的含量。

土壤有机质常用 $K_2Cr_2O_7$ 法来测定[1]。在浓 H_2SO_4 的存在下，加入过量 $K_2Cr_2O_7$ 标准溶液，以 Ag_2SO_4 作催化剂，在 170～180℃ 下，使土壤中的碳被 $K_2Cr_2O_7$ 氧化成 CO_2，剩余的 $K_2Cr_2O_7$ 再用 $FeSO_4$ 标准溶液返滴定；当以二苯胺磺酸钠作指示剂，加入适量 H_3PO_4，终点时溶液由紫色突变为亮绿色，记录下 $FeSO_4$ 标准溶液的用量 V。其反应如下：

$$2K_2Cr_2O_7 + 8H_2SO_4 + 3C =\!=\!= 2Cr_2(SO_4)_3 + 2K_2SO_4 + 3CO_2 \uparrow + 8H_2O$$
$$K_2Cr_2O_7 + 6FeSO_4 + 7H_2SO_4 =\!=\!= Cr_2(SO_4)_3 + K_2SO_4 + 3Fe_2(SO_4)_3 + 7H_2O$$

与此同时，应以灼烧过的浮石粉或土壤来代替土样做空白试验，测定所消耗的 $FeSO_4$ 标准溶液的体积 V_0。

根据上述反应可知，$K_2Cr_2O_7$ 与 C 反应的物质的量之比为 2∶3，$K_2Cr_2O_7$ 与 $FeSO_4$ 反应的物质的量之比为 1∶6，即 $n(C) = \frac{3}{2} \times \frac{1}{6} n(FeSO_4) = \frac{1}{4} n(FeSO_4)$。所以，土壤中有机质含量的计算式为：

土壤有机质含量 w（按烘干土计算）：

$$w(土壤有机质) = \frac{\frac{1}{4}c(FeSO_4)[V_0(FeSO_4) - V(FeSO_4)]M(C) \times 1.724 \times 1.04}{m_s}$$

式中，$V_0(FeSO_4)$、$V(FeSO_4)$ 分别为空白测定和试样测定时所消耗 $FeSO_4$ 标准溶液的体积。1.04 为氧化校正系数。因为在此实验条件下，$K_2Cr_2O_7$ 只能氧化 96% 有机质，所以式中应乘以氧化校正系数 $\frac{100}{96} = 1.04$。

(3) 利用 $Cr_2O_7^{2-}$ 与 Fe^{2+} 的反应测定其他物质　$Cr_2O_7^{2-}$ 与 Fe^{2+} 的反应可逆性强、速率快，计量关系好，无副反应发生，指示剂变色明显。此反应不仅用于测铁，还可利用它间

---

[1] 详见中国土壤学会农业化学专业委员会编《土壤农业化学常规分析方法》. 北京：科学出版社，1984，67-75。

接地测定多种物质。

① 测定还原剂　一些强还原剂如 Ti^{3+}（或 Cr^{2+}）等极不稳定，易被空气中氧所氧化。为使测定准确，可将 Ti(Ⅳ) 流经还原柱后，用盛有 Fe^{3+} 溶液的锥形瓶接收，发生如下反应：

$$Ti(Ⅲ)+Fe^{3+}=\!=\!=Ti(Ⅳ)+Fe^{2+}$$

置换出的 Fe^{2+}，再用 $K_2Cr_2O_7$ 标准溶液滴定。

利用此法还可以测定水的污染程度。在环境监测中，常用 $K_2Cr_2O_7$ 法测定水体的 COD。其测定方法是：水样在 H_2SO_4 介质中，以 Ag_2SO_4 为催化剂，加入一定过量的 $K_2Cr_2O_7$ 标准溶液，加热消解。反应后，以邻菲啰啉为指示剂，用 $FeSO_4$ 标准溶液回滴剩余的 $K_2Cr_2O_7$。

② 测定氧化剂　如 NO_3^-（或 ClO_3^-）等被还原的反应速率较慢，可加入过量的 Fe^{2+} 标准溶液：

$$NO_3^-+3Fe^{2+}+4H^+=\!=\!=3Fe^{3+}+NO\uparrow+2H_2O$$

待反应完全后，用 $K_2Cr_2O_7$ 标准溶液返滴剩余的 Fe^{2+}，即求得 NO_3^- 的含量。

③ 测定非氧化还原性物质　如 Pb^{2+}（或 Ba^{2+}）等，先沉淀为 $PbCrO_4$，沉淀过滤、洗涤后溶解于酸中，以 Fe^{2+} 标准溶液滴定 $Cr_2O_7^{2-}$，从而间接求出 Pb^{2+} 的含量。

6.5.3　碘量法

6.5.3.1　概述

碘量法是常用的氧化还原滴定方法之一。它是利用 I_2 的氧化性和 I^- 的还原性来进行滴定的分析方法。通常将 I_2 溶解于 KI 溶液中，此时它以 I_3^- 配离子形式存在，I_2/I^- 电对的半反应为：

$$I_3^-+2e^-=\!=\!=3I^-\qquad\varphi^{\ominus}=0.535V$$

为简化并强调化学计量关系，一般仍简写为 I_2。由电极电位值可以看出，I_2 是较弱的氧化剂，只能与一些较强的还原剂发生反应；而 I^- 是一种中等强度的还原剂，能与许多氧化剂发生反应。因此，碘量法又可分为碘滴定法（也称直接碘量法）和滴定碘法（也称为间接碘量法）两种，其中间接碘量法应用最广。

碘量法采用淀粉为指示剂，其灵敏度高，I_2 浓度为 $1\times10^{-5}mol\cdot L^{-1}$ 即显蓝色。当溶液呈现蓝色（直接碘量法）或蓝色消失（间接碘量法）即为终点。

(1) 碘滴定法（直接碘量法）　利用 I_2 作氧化剂直接滴定电极电位比 $\varphi^{\ominus}(I_3^-/I^-)$ 还低的还原性物质，如 S^{2-}、SO_3^{2-}、Sn^{2+}、$S_2O_3^{2-}$、AsO_3^{3-}、SbO_3^{3-}、抗坏血酸和还原糖等。其反应条件为酸性或中性。在碱性条件下 I_2 会发生歧化反应：

$$3I_2+6OH^-=\!=\!=IO_3^-+5I^-+3H_2O$$

由于 I_2 所能氧化的物质不多，所以直接碘量法在应用上受到限制。

碘溶液应避免与橡胶等有机物接触，也要防止见光、受热，否则浓度将发生变化。

(2) 滴定碘法（间接碘量法）　利用 I^- 和电极电位比 $\varphi^{\ominus}(I_3^-/I^-)$ 高的氧化性物质作用，定量析出 I_2，然后用 $Na_2S_2O_3$ 标准溶液消耗的量，便可以计算出氧化剂的含量，这种方法称为滴定碘法或间接碘量法。例如 $K_2Cr_2O_7$ 在酸性介质中与过量的 KI 作用，产生的 I_2 用 $Na_2S_2O_3$ 标准溶液滴定。其反应如下：

$$Cr_2O_7^{2-}+6I^-+14H^+=\!=\!=2Cr^{3+}+3I_2+7H_2O$$

$$I_2 + 2S_2O_3^{2-} = 2I^- + S_4O_6^{2-}$$

利用这种方法可以测定许多氧化性物质,如 ClO_3^-、ClO^-、$Cr_2O_7^{2-}$、IO_3^-、BrO_3^-、MnO_4^-、MnO_2、AsO_4^{3-}、Cu^{2+} 和 H_2O_2 等,还能测定与 CrO_4^{2-} 生成沉淀的阳离子,如 Pb^{2+}、Ba^{2+} 等。可见,滴定碘法的应用相当广泛。

使用淀粉指示剂时应注意:一是必须使用直链淀粉。因只有直链淀粉溶液才能与 I_2 作用,形成灵敏度很高的蓝色吸附化合物;二是直链淀粉使 I_2 变成蓝色必须要有 I^- 存在,且 I^- 浓度越高,则显色的灵敏度越高,所以溶液中的碘化钾必须过量;三是直链淀粉与 I_2 的显色反应还受温度、溶剂、溶液酸度和电解质等因素的影响,使用时应加以注意;四是淀粉指示剂一般应在接近滴定终点时加入,否则,由于大量存在的 I_2 和淀粉结合会妨碍 $Na_2S_2O_3$ 对 I_2 的还原作用,使溶液蓝色很难褪去,从而导致滴定误差增大;五是使用淀粉指示剂时要现配现用,以防变质失效。

碘量法的误差主要来源有两方面,一方面是 I_2 易挥发;另一方面是 I^- 易被空气中的氧氧化。因此,碘量法的反应条件和滴定条件非常重要,分别阐述如下。

① 溶液 pH 值的影响 $S_2O_3^{2-}$ 与 I_2 之间的反应必须在中性或弱酸性溶液中进行。因为在碱性溶液中,I_2 与 $S_2O_3^{2-}$ 将发生下述副反应。

$$S_2O_3^{2-} + 4I_2 + 10OH^- = 2SO_4^{2-} + 8I^- + 5H_2O$$

而且,I_2 在碱性溶液中还会发生歧化反应:

$$3I_2 + 6OH^- = IO_3^- + 5I^- + 3H_2O$$

如果在强酸性溶液中,$Na_2S_2O_3$ 溶液中发生分解:

$$S_2O_3^{2-} + 2H^+ = SO_2\uparrow + S\downarrow + H_2O$$

同时,I^- 在酸性溶液中也容易被空气中的 O_2 所氧化:

$$4I^- + 4H^+ + O_2 = 2I_2 + 2H_2O$$

② 过量 KI 的作用 KI 与 I_2 形成 I_3^- 以增大 I_2 的溶解度,降低 I_2 的挥发性,提高淀粉指示剂的灵敏度。此外,加入过量的 KI 可以加快反应速率和提高反应的完全程度。

③ 温度的影响 反应时溶液温度不宜过高,一般在室温下进行。因升高温度将增大 I_2 的挥发性,降低淀粉指示剂的灵敏度。保存 $Na_2S_2O_3$ 溶液时,温度升高会增大细菌的活性,加速 $Na_2S_2O_3$ 的分解。

④ 光的影响 光能催化 I^- 被空气氧化,增大 $Na_2S_2O_3$ 溶液中细菌的活性,促使 $Na_2S_2O_3$ 分解。此外应注意,Cu^{2+}、NO_2^- 等能催化空气氧化 I^-,应事先除去。

⑤ 滴定前放置的作用 当氧化性物质与 KI 作用时,一般在暗处放置 5min,使反应完全后,立即用 $Na_2S_2O_3$ 进行滴定。

此外,析出 I_2 反应完成后应立即滴定,滴定速率不应过慢且不能剧烈摇动,滴定时最好使用碘量瓶。这对防止 I_2 的挥发及 I^- 氧化都有利。

6.5.3.2 标准溶液的配制和标定

(1) $Na_2S_2O_3$ 溶液的配制和标定 市售硫代硫酸钠($Na_2S_2O_3 \cdot H_2O$),含有少量 S、Na_2SO_3、Na_2SO_4、NaCl、Na_2CO_3 等杂质,而且 $Na_2S_2O_3 \cdot 5H_2O$ 容易风化。因此不能用直接法配制标准溶液。$Na_2S_2O_3$ 溶液不稳定,容易与水中的 H_2CO_3,空气中的氧作用,以及被细菌等分解的作用,而使其浓度改变。

$$Na_2S_2O_3 + H_2CO_3 = NaHSO_3 + NaHCO_3 + S\downarrow$$

$$2Na_2S_2O_3 + O_2 =\!=\!= 2Na_2SO_4 + 2S\downarrow$$

$$Na_2S_2O_3 \xrightarrow{\text{细菌}} Na_2SO_3 + S\downarrow$$

因此，配制 $Na_2S_2O_3$ 溶液时，应先煮沸新近制备的蒸馏水（以除去溶于水中的 CO_2、O_2 和杀死细菌），冷却后，加入少量 Na_2CO_3（约 0.02%）使溶液呈弱碱性，以防止 $Na_2S_2O_3$ 分解。日光和高温都能促进 $Na_2S_2O_3$ 分解，因此，$Na_2S_2O_3$ 溶液应贮存于棕色细口瓶中，放置阴凉暗处 7~10 天后标定。长期保存的溶液，应每隔一段时间后重新标定。

标定 $Na_2S_2O_3$ 溶液的基准物质有 $K_2Cr_2O_7$、$KBrO_3$、KIO_3 等。标定操作采用滴定碘法。以 $K_2Cr_2O_7$ 为例，其反应为：

$$Cr_2O_7^{2-} + 6I^- + 14H^+ =\!=\!= 2Cr^{3+} + 3I_2 + 7H_2O$$

$$I_2 + 2S_2O_3^{2-} =\!=\!= 2I^- + S_4O_6^{2-}$$

$Na_2S_2O_3$ 标准溶液的浓度可由下式算出。

$$c(Na_2S_2O_3) = \frac{6m(K_2Cr_2O_7)}{M(K_2Cr_2O_7)V(Na_2S_2O_3)}$$

(2) I_2 溶液的配制和标定 用升华的方法制得的纯碘，可以直接配制成标准溶液。但由于碘容易挥发，准确称取比较困难，故一般仍采用间接法配制。通常是用市售的碘先配成近似浓度的碘溶液，然后标定其准确浓度。

配制碘标准溶液时应注意：由于碘几乎不溶于水，固体 I_2 在水中的溶解度很小（20℃ 时为 $1.33\times10^{-3}\ mol\cdot L^{-1}$），又容易挥发，通常将 I_2 溶解在较浓的 KI 溶液中，使之与 KI 形成溶解度大、挥发性小的 KI_3 配合物，其条件电位 $\varphi'(I_3^-/I^-)$ 与 $\varphi^{\ominus}(I_3^-/I^-)$ 十分接近，故配制碘溶液时，应加入过量的 KI；且碘溶液见光、遇热时浓度会发生改变，故 I_2 溶液应贮存在棕色细口瓶中，放于阴暗处保存；由于 I_2 对橡胶等有机物有腐蚀作用，因此，使用或贮存 I_2 溶时，应避免与它们相接触。

对于碘标准溶液的标定，常用已知浓度的 $Na_2S_2O_3$ 标准溶液或选取常用的基准物质 As_2O_3（俗称砒霜，剧毒！操作时应十分小心）来标定碘溶液的准确浓度。如：As_2O_3 难溶于水，易溶于碱性溶液中，生成亚砷酸盐，其反应为：

$$As_2O_3 + 6OH^- =\!=\!= 2AsO_3^{3-} + 3H_2O$$

在 pH≈8 时，用 I_2 滴定 AsO_3^{3-}，其反应为：

$$AsO_3^{3-} + I_2 + H_2O =\!=\!= AsO_4^{3-} + 2I^- + 2H^+$$

从上述反应可知 $n(I_2) = 2n(As_2O_3)$。据此读者可以得出 I_2 标准溶液浓度的计算公式。

6.5.3.3 应用实例

(1) 胆矾中铜含量的测定 胆矾是农药波尔多液的主要成分，也是饲料和肥料等补充微量元素铜的添加剂。胆矾中铜含量常用滴定碘法测定。

试样经稀 H_2SO_4 溶解后，加入 NH_4F（或 NaF）掩蔽试样中的 Fe^{3+}，并调节溶液 pH 值为 3.5~4.0。再加入过量的 KI 与 Cu^{2+} 反应，析出的 I_2 用 $Na_2S_2O_3$ 标准溶液滴定，以淀粉为指示剂。其反应如下：

$$2Cu^{2+} + 4I^- =\!=\!= 2CuI\downarrow + I_2$$

$$I_2 + 2S_2O_3^{2-} =\!=\!= 2I^- + S_4O_6^{2-}$$

由于 CuI 沉淀（白色）表面吸附有 I_2，使分析结果偏低。为了减少 CuI 对 I_2 的吸附，在大部分 I_2 被 $Na_2S_2O_3$ 溶液滴定后，另加入 KSCN（或 NH_4SCN）使 CuI 转化为溶解度更小的 CuSCN 沉淀。其转化反应为：

$$CuI\downarrow + SCN^- \rightleftharpoons I^- + CuSCN\downarrow$$

生成的 CuSCN 沉淀（乳白色）吸附 I_2 的倾向很小，故可以提高分析结果的准确度。

又因为试样中含有 Fe^{3+}，而 Fe^{3+} 能将 I^- 氧化成 I_2。

$$2Fe^{3+} + 2I^- \rightleftharpoons 2Fe^{2+} + I_2$$

从而使分析结果偏高。为了消除这一影响，这时应加入 NH_4F 或 NaF 溶液，可以使 Fe^{3+} 与 F^- 结合生成稳定而无色的 FeF_6^{3-} 配合物，降低了 Fe^{3+}/Fe^{2+} 电对的电位，使 Fe^{3+} 不能将 I^- 氧化为 I_2。

为了防止 Cu^{2+} 的水解，反应必须在酸性溶液（pH 值为 3.5~4.0）中进行。酸度过低，反应速率慢，终点拖长；酸度过高，由于 Cu^{2+} 对 I^- 被空气氧化为 I_2 的反应有催化作用，而使测定结果偏高。由于大量的 Cl^- 容易与 Cu^{2+} 形成配合物，因此，酸化时常用 H_2SO_4，不宜用大量 HCl（但少量 HCl 不干扰）。

从反应方程可知，$n(Cu^{2+}) = 2n(I_2) = n(Na_2S_2O_3)$，所以试样中铜的含量可按下式计算。

$$w(Cu) = \frac{c(Na_2S_2O_3)V(Na_2S_2O_3)M(Cu)}{m_s}$$

（2）漂白粉中有效氯的测定　漂白粉在农业上常用作消毒、杀菌和漂白剂。漂白粉的主要成分是次氯酸钙 $Ca(ClO)_2$ 和碱式氯化钙 $CaCl_2 \cdot Ca(OH)_2 \cdot H_2O$ 的混合物，有时常含有未化合的熟石灰，通常用化学式 Ca(ClO)Cl 表示。

漂白粉的有效成分是次氯酸盐，它在酸的作用下可以放出氯。这样的氯被称为"有效氯"。

$$Ca(ClO)Cl + 2H^+ \rightleftharpoons Ca^{2+} + Cl_2\uparrow + H_2O$$

常用有效氯 w(Cl) 来表示漂白粉的质量（或纯度），一般漂白粉中含有效氯为 30%~35%；漂白精为较纯的次氯酸钙，有效氯可达 90% 以上。

漂白粉中有效氯的含量常用滴定碘法来测定。即在一定量的漂白粉溶液中，加入过量的 KI 溶液，加入硫酸酸化，有效氯将 I^- 氧化为 I_2，析出的 I_2 立即用 $Na_2S_2O_3$ 标准溶液滴定，在接近终点时加入淀粉作指示剂，继续用 $Na_2S_2O_3$ 标准溶液滴定至终点。有关反应如下：

$$ClO^- + 2I^- + 2H^+ \rightleftharpoons I_2 + Cl^- + H_2O$$
$$I_2 + 2S_2O_3^{2-} \rightleftharpoons 2I^- + S_4O_6^{2-}$$

析出的 I_2 用 $Na_2S_2O_3$ 标准溶液滴定，测定结果依下式计算：

$$w(Cl) = \frac{c(Na_2S_2O_3)V(Na_2S_2O_3)M(Cl)}{m_s}$$

（3）维生素 C 的测定　维生素 C 是生物体中不可缺少的维生素之一，它具有抗坏血病的功能，所以又称为抗坏血酸。它也是衡量蔬菜、水果食用部分品质的常用指标之一。抗坏血酸分子中的烯醇基具有较强的还原性，能被定量氧化成二酮基。

$$\text{C}-\text{C}=\text{C}-\text{C}-\text{C}-\text{CH} + I_2 \rightleftharpoons \text{C}-\text{C}-\text{C}-\text{C}-\text{C}-\text{CH} + 2HI$$

用直接碘量法可直接滴定抗坏血酸。从反应式看，在碱性溶液中有利于反应向右进行，但碱性条件会使抗坏血酸被空气中氧所氧化，也造成 I_2 的歧化反应，所以一般在 HAc 介质中、避免光照等条件下滴定。

(4) 水中溶解氧的测定　溶解在水中的分子态氧称为溶解氧，常用 DO 表示。溶解氧是水质好坏的重要指标之一，也是鱼类和其他水生生物生存的必要条件。比较清洁的河流湖泊中溶解氧一般在 7.5mg·L^{-1} 以上，当溶解氧浓度低于 2mg·L^{-1} 时，水质严重恶化，水体因厌氧菌繁殖而发臭。由于各种因素的影响，水中 DO 含量变化很大。水中 DO 不足，可能引起鱼类等水生动物的死亡。因此，测定水中的溶解氧有很大意义。水中的溶解氧常用氧化还原滴定法中的碘量法来测定。

碘量法测定溶解氧的原理如下。

① 在水样中加入硫酸锰和碱性碘化钾，水中溶解氧将二价锰氧化成四价锰的氢氧化物棕色沉淀，这一过程称为溶解氧的固定。

$$Mn^{2+} + 2OH^- \!=\!=\!= Mn(OH)_2 \downarrow$$
$$2Mn(OH)_2 + O_2 \!=\!=\!= 2MnO(OH)_2 \downarrow$$

② 加酸后，氢氧化物溶解，四价的锰与碘离子反应而析出游离的碘，其反应为

$$MnO(OH)_2(s) + 2I^- + 4H^+ \!=\!=\!= Mn^{2+} + I_2 + 3H_2O$$

③ 以淀粉作指示剂，用硫代硫酸钠滴定释出的碘。

$$I_2 + 2S_2O_3^{2-} \!=\!=\!= 2I^- + S_4O_6^{2-}$$

水样中溶解氧的量可用下式进行计算

$$\rho(O_2) = \frac{\frac{1}{4}c(Na_2S_2O_3)V(Na_2S_2O_3)M(O_2)}{V_s}$$

6.5.4　其他氧化还原滴定法

(1) 铈量法　Ce^{4+} 是强氧化剂（1mol·L^{-1} H$_2$SO$_4$ 中的 φ' 为 1.44V），其氧化性与 KMnO$_4$ 差不多，凡 KMnO$_4$ 能测定的物质几乎都能用铈量法测定。但 Ce^{4+} 标准溶液比 KMnO$_4$ 稳定，又能在较浓的 HCl 溶液中滴定，且反应简单，副反应少，这些都较 KMnO$_4$ 优越。但铈盐价贵，实际应用不太多。还需注意 Ce^{4+} 与一些还原剂的反应速率不够快，如与 $C_2O_4^{2-}$ 的反应需加热，与 As(Ⅲ)反应需加催化剂。

铈标准溶液可以用纯的硫酸铈铵[Ce(SO$_4$)$_2$·(NH$_4$)$_2$SO$_4$·2H$_2$O] 直接称量配制，也可以用纯度较差的铈(Ⅳ)盐配成大致浓度后用 As$_2$O$_3$ 或 Na$_2$C$_2$O$_4$ 标定。Ce^{4+} 极易水解，配制 Ce^{4+} 溶液必须加酸，滴定也必须在强酸溶液中进行，一般用邻二氮菲亚铁为指示剂。

(2) 溴酸钾法　溴酸钾是一种强氧化剂 [$\varphi^{\ominus}$(BrO$_3^-$/Br$_2$) = 1.44V]，容易制纯，在 180℃烘干后可直接称量配制标准溶液。在酸性溶液中，可以直接滴定一些还原性物质，如 As(Ⅲ)、Sb(Ⅲ)、Sn(Ⅱ)等。

溴酸钾主要用于测定有机物。在称量一定量的 KBrO$_3$ 配制标准溶液时，加入过量的 KBr 于其中。测定时将此标准溶液加到酸性试液中，这时发生如下反应：

$$BrO_3^- + 5Br^- + 6H^+ \!=\!=\!= 3Br_2 + 3H_2O$$

实际上相当于溴溶液 [$\varphi^{\ominus}$(Br$_2$/Br$^-$) = 1.07V]。溴水不稳定，不适于配成标准溶液作滴定剂；而 KBrO$_3$-KBr 标准溶液很稳定，只在酸化时才发生上述反应，这就像即时配制的溴标准溶液一样。借溴的取代作用，可以测定酚类及芳香胺有机化合物；借加成反应可以测定有机物的不饱和程度。溴与有机物反应的速率较慢，必须加入过量的试剂。反应完成后，过量的 Br$_2$ 用碘量法测定，即：

$$Br_2(过量) + 2I^- \rightleftharpoons 2Br^- + I_2$$
$$I_2 + 2S_2O_3^{2-} \rightleftharpoons 2I^- + S_4O_6^{2-}$$

因此，$KBrO_3$ 法一般是与碘量法配合使用的。下面就取代反应和加成反应分别举例说明。

① 取代反应测定苯酚含量 在苯酚的酸性试液中加入一定量过量的 $KBrO_3$-KBr 标准溶液，发生如下取代反应：

$$C_6H_5OH + 3Br_2 \rightleftharpoons C_6H_2Br_3OH + 3HBr$$

待反应完成后，加入过量的 KI 与剩余的 Br_2 作用，析出的 I_2 用 $Na_2S_2O_3$ 标准溶液滴定。

根据化学反应选取有关物质的基本单元是 $\frac{1}{6}KBrO_3$、C_6H_5OH、$S_2O_3^{2-}$，则

$$n\left(\frac{1}{6}C_6H_5OH\right) = c\left(\frac{1}{6}KBrO_3\right)V(KBrO_3) - c(S_2O_3^{2-})V(S_2O_3^{2-})$$

利用取代反应可以测定苯酚、苯胺及其衍生物，还可以测定羟基喹啉及通过它测定金属。

② 加成反应测定丙烯磺酸钠含量 加入一定量过量的 $KBrO_3$-KBr 标准溶液于酸性试液中，在 H_2SO_4 催化下，发生如下加成反应：

$$CH_3CH=CHSO_3Na + Br_2 \rightleftharpoons CH_3-\underset{Br}{\underset{|}{C}}H-\underset{Br}{\underset{|}{C}}H-SO_3Na$$

待反应完成后，先加入 NaCl 配位 Hg^{2+}，再加入 KI 与过量 Br_2 作用，然后用 $Na_2S_2O_3$ 滴定析出的 I_2。这里，1mol 丙烯磺酸钠与 $1mol \cdot L^{-1} Br_2$ 反应，与 $2mol \cdot L^{-1} Na_2S_2O_3$ 相当。

思政案例

【案例一】氧化还原滴定法在环境分析监测中的应用实例

案例描述	氧化还原滴定法主要有高锰酸钾法、重铬酸钾法和碘量法等分析方法，在环境监测中有较多的应用。环境监测的主要任务是对环境污染物进行定性和定量等分析。其在废水污染物定量分析中的应用实例如下。 1. 高锰酸钾法测定水中化学耗氧量(简称为 COD) 水中 COD 的大小是水质污染程度的主要指标之一。水中除含有 NO_2^-、S^{2-}、Fe^{2+} 等无机还原性物质外，还含有少量的有机物质。有机物质腐烂促使水中微生物繁殖，污染水质。COD 是指水体中易被强氧化剂氧化的还原性物质所消耗的氧化剂的量，用每升多少毫克 O_2 表示。 其测定原理为：在酸性溶液中，加入过量的 $Na_2C_2O_4$ 溶液，使之与 $KMnO_4$ 充分反应，多余的 $C_2O_4^{2-}$ 再用 $KMnO_4$ 溶液回滴。根据 $Na_2C_2O_4$ 和 $KMnO_4$ 标准溶液消耗的体积及水样的体积求出水样中 COD 含量。 2. 重铬酸钾法测定水中 COD(标准方法) 在强酸性溶液中，用重铬酸钾将水中的还原性物质(主要是有机物)氧化，过量的重铬酸钾以试亚铁灵作指示剂，用硫酸亚铁铵溶液回滴，根据所消耗的重铬酸钾量计算出水样中的化学耗氧量。 3. 硫酸亚铁铵滴定法测定水样中总铬的含量 适用于总铬浓度大于 $1mg \cdot L^{-1}$ 的废水，在酸性介质中，以银盐作催化剂，用过硫酸铵将三价铬氧化成六价铬，加少量氯化钠并煮沸，除去过量的过硫酸铵和反应中产生的氯气，以苯基代邻氨基苯甲酸作指示剂，用硫酸亚铁铵标准溶液滴定至溶液呈亮绿色。根据硫酸亚铁铵溶液的浓度和进行试剂空白校正后的用量，可以计算出水样中总铬的含量。

案例描述	**4. 碘量法测定水中的溶解氧含量** 溶解于水中的分子态氧称为溶解氧。水中溶解氧的含量与大气压力、水温及含盐量等因素有关。清洁地表水溶解氧接近饱和。当有大量藻类繁殖时，溶解氧可能过饱和。当水体受到有机物质、无机还原物质污染时，会使溶解氧含量降低，甚至趋于零，此时厌氧细菌繁殖活跃，水质恶化。 测定原理：在水样中加入硫酸锰溶液和碱性碘化钾溶液，水中的溶解氧将二价锰氧化成四价锰，并生成氢氧化物沉淀。加酸后，沉淀溶解，四价锰又可氧化碘离子而释放出与溶解氧量相当的游离碘。以淀粉为指示剂，用硫代硫酸钠标准溶液滴定释放出的碘，可计算出溶解氧的含量。 **5. 碘量法测定水中的硫化物** 地下水及生活污水含有硫化物，一些工业废水中也含有硫化物。水中硫化物包括溶解性的硫化氢(H_2S)、硫氢根离子(HS^-)和硫离子(S^{2-})、酸溶性的金属硫化物以及不溶性的硫化物。通常所测定的硫化物是指溶解性的及酸溶性的硫化物。硫化氢毒性很大，可危害细胞色素及氧化酶，造成细胞组织缺氧甚至危及生命，还腐蚀管道和设备，并可被微生物氧化成硫酸，加剧腐蚀性。因此是水体污染的主要指标。 该方法适用于硫化物含量大于$1mg \cdot L^{-1}$的水样。其原理为：水样中的硫化物与乙酸锌生成白色硫化锌沉淀，将其溶解后，加入过量的碘溶液，则碘与硫化物反应析出碘，以淀粉为指示剂，用硫代硫酸钠标准溶液滴定剩余的碘，根据硫代硫酸钠标准溶液消耗量和水样的体积，可计算出硫化物含量。 **6. 溴酸钾法测定水中的挥发酚** 酚类为原生质毒物，属高毒类物质，在人体富集时出现头痛、贫血，水中酚浓度达$5g \cdot L^{-1}$时，致水生生物中毒。酚类污染物主要来自炼油厂、洗煤厂和炼焦厂等。根据酚类能否与水蒸气一起蒸出，分为挥发酚(沸点在230℃以下)与不挥发酚(沸点在230℃以上)。 测定原理：在含过量溴(由溴酸钾和KBr产生)的溶液中，酚与溴反应生成三溴酚，进一步生成溴代三溴酚。剩余的溴与KI作用放出游离碘，与此同时，溴代三溴酚也与KI反应生成游离碘，用硫代硫酸钠标准溶液滴定释出的游离碘，并根据其消耗量，计算出以苯酚计的挥发酚含量。
案例启示	1. 分析化学在环境监测中起着重要作用，这也体现了理论联系实际和学以致用的哲学思想； 2. 环境污染问题的解决不仅需要相关部门完善法律法规体系，加强监管，利用分析化学手段加强环境监测也为环境治理决策提供了重要依据。

【案例二】$K_2Cr_2O_7$法测定铁矿石中全铁含量测定方法的发展案例

案例描述	重铬酸钾法是以重铬酸钾为标准溶液，采用氧化还原指示剂指示滴定终点进行滴定的分析方法。它是氧化还原滴定法中常使用的准确度高的一大类方法。下面以铁矿石中全铁量的测定为例进行说明。 重铬酸钾法测定铁是测定矿石中全铁量的标准方法。其测定原理为：将样品先用浓HCl加热分解，再在热的浓HCl溶液中，用$SnCl_2$将$Fe(III)$还原为$Fe(II)$，稍过量的$SnCl_2$用$HgCl_2$氧化，此时溶液中析出Hg_2Cl_2丝状白色沉淀，然后在$1\sim2mol \cdot L^{-1}$ H_2SO_4和H_3PO_4混合酸介质中，以二苯胺磺酸钠作指示剂，用$K_2Cr_2O_7$标准溶液滴定$Fe(II)$溶液由绿色突变为紫色，即为终点。根据$K_2Cr_2O_7$标准溶液消耗的体积可计算出矿石中全铁量。 上述设计的实验方案中，由于用到了剧毒的$HgCl_2$试剂，会造成环境污染且不利于操作者的健康。因此，近年来发展和设计了各种不用汞盐的方法来测定铁，即无汞定铁法。例如可采用甲基橙或$TiCl_3+Na_2WO_4$联合试剂来氧化剩余的Sn^{2+}。如甲基橙去除剩余的Sn^{2+}的原理为：甲基橙也可被Sn^{2+}还原成氢化甲基橙而褪色，因而甲基橙可指示Fe^{3+}还原终点。Sn^{2+}还能继续使氢化甲基橙还原成N,N-二甲对苯二胺和对氨苯磺酸钠。其反应式为： $(CH_3)_2NC_6H_4N=NC_6H_4SO_3Na+2e^-+2H^+ \longrightarrow (CH_3)_2NC_6H_4NH-NHC_6H_4SO_3Na$ $(CH_3)_2NC_6H_4NH-NHC_6H_4SO_3Na+2e^-+2H^+ \longrightarrow (CH_3)_2NC_6H_4NH_2+H_2NC_6H_4SO_3Na$ 所以略微过量的Sn^{2+}也被消除。由于这些反应是不可逆的，因此甲基橙的还原产物不消耗$K_2Cr_2O_7$。
案例启示	1. 倡导绿色化学和绿色分析化学。绿色分析化学是把绿色化学的原理使用在新的分析方法和技术的设计方面，是一门从源头上阻止污染的分析化学。它能使分析化学与环境和谐，对环境无害、友好，以满足可持续发展的战略需求。发展现代绿色样品前处理技术和绿色分析测试技术已成为当今分析化学的发展方向和趋势。 2. 在设计实验方案时，要尽可能采用绿色试剂，尽量避免采用有毒和有害的试剂，如有机溶剂、含有重金属离子的溶液和强碱强酸溶液等，要了解这些溶液进入环境的危害性；尽量减少或避免污染，即朝着绿色分析方法的方向发展。 3. 做实验时不仅要做好个人防护，还要记住不能将使用过的对环境有污染的溶液倒入下水道，应装入回收瓶中。

思考题

1. 氧化还原滴定法共分几类？这些方法的基本反应是什么？
2. 何谓条件电极电位？它与标准电极电位的关系是什么？
3. 是否条件平衡常数大的氧化还原反应就一定能用于氧化还原滴定？为什么？
4. 应用于氧化还原滴定法的反应应具备什么主要条件？
5. 影响氧化还原反应速率的主要因素是什么？
6. 通过比较酸碱滴定、配位滴定和氧化还原滴定的滴定曲线，说明它们具有哪些共性和特性？
7. 请回答 $K_2Cr_2O_7$ 标定 $Na_2S_2O_3$ 时实验中的有关问题。
   （1）为何不采用直接法标定，而采用间接碘量法标定？
   （2）$Cr_2O_7^{2-}$ 氧化 I^- 反应为何要加酸，并加盖在暗处放置 5min，而用 $Na_2S_2O_3$ 滴定前又要加蒸馏水稀释？若到达终点后蓝色又很快出现说明什么？应如何处理？
   （3）测定时为什么要用碘量瓶？

习 题

1. 计算在 pH＝3.0 时，$c_{EDTA}=0.01\text{mol}\cdot L^{-1}$ 时 Fe^{3+}/Fe^{2+} 电对的条件电位。
2. 计算在 H_2SO_4 介质中，用 20.00mL $KMnO_4$ 溶液恰好能氧化 0.1500g $Na_2C_2O_4$ 时的 $KMnO_4$ 溶液的物质的量浓度。
3. 计算在 $1.0\text{mol}\cdot L^{-1}$ H_2SO_4 和 $0.010\text{mol}\cdot L^{-1}$ H_2SO_4 介质中，电对的条件电位（忽略离子强度的影响）。
4. 在 pH 值为 1.0 的 $0.100\text{mol}\cdot L^{-1}$ $K_2Cr_2O_7$ 溶液中加入固体亚铁盐使 Cr^{6+} 还原至 Cr^{3+}，若此时的平衡电位为 1.17V，求 $Cr_2O_7^{2-}$ 的转化率。［已知 $\varphi(Cr_2O_7^{2-}/Cr^{3+})=1.33V$］
5. 计算 $1\text{mol}\cdot L^{-1}$ HCl 溶液中，用 Fe^{3+} 滴定 Sn^{2+} 的化学计量点电位，并计算滴定到 99.9% 和 100.1% 时的电位。［已知 $\varphi^{\ominus}(Fe^{3+}/Fe^{2+})=0.77V$，$\varphi^{\ominus}(Sn^{4+}/Sn^{2+})=0.14V$］
6. 计算在 $1\text{mol}\cdot L^{-1}$ HCl 介质中 Fe^{3+} 与 Sn^{2+} 反应的平衡常数及化学计量点时反应进行的程度。［已知 $\varphi'(Fe^{3+}/Fe^{2+})=0.68V$，$\varphi'(Sn^{4+}/Sn^{2+})=0.14V$］
7. 以 $K_2Cr_2O_7$ 标准溶液滴定 Fe^{2+}，计算 25℃时反应的平衡常数；若在化学计量点时，$c(Fe^{3+})=0.005000\text{mol}\cdot L^{-1}$，要使反应定量进行，此时所需 H^+ 的最低浓度为多少？［已知 $\varphi^{\ominus}(Fe^{3+}/Fe^{2+})=0.68V$，$\varphi^{\ominus}(Cr_2O_7^{2-}/Cr^{3+})=1.00V$］
8. 称取纯 As_2O_3 0.2473g，用 NaOH 溶液溶解后，再用 H_2SO_4 将此溶液酸化，以待标定的 $KMnO_4$ 溶液滴定至终点时，消耗 $KMnO_4$ 溶液 25.00mL，计算 $KMnO_4$ 溶液的浓度。［已知 $M(As_2O_3)=197.8\text{g}\cdot\text{mol}^{-1}$］。
9. Pb_3O_4 试样 1.234g，用 20.00mL $0.2500\text{mol}\cdot L^{-1}$ $H_2C_2O_4$ 溶液处理，此时 Pb^{4+} 被还原为 Pb^{2+}，将溶液中和，使 Pb^{2+} 定量沉淀为 PbC_2O_4，过滤，将滤液酸化，以 $0.04000\text{mol}\cdot L^{-1}$ $KMnO_4$ 溶液滴定，用去 10.00mL。沉淀以酸溶解，用相同浓度的

$KMnO_4$ 滴定，消耗 30.00mL，计算试样中 PbO 及 PbO_2 的含量。[$M(PbO)=223.2$g·mol^{-1}，$M(PbO_2)=239.0$g·mol^{-1}]

10. 将等体积的 0.04mol·L^{-1} 的 Fe^{2+} 溶液和 0.10mol·L^{-1} Ce^{4+} 溶液相混合，若溶液中 H_2SO_4 浓度为 0.5mol·L^{-1}，问反应达平衡后，Ce^{4+} 的浓度是多少？

11. 取 KIO_3 0.3567g 溶于水并稀释至 100mL，移取该溶液 25.00mL，加入 H_2SO_4 和 KI 溶液，以淀粉为指示剂，用 $Na_2S_2O_3$ 溶液滴定析出的 I_2，终点时，消耗 $Na_2S_2O_3$ 溶液 24.98mL，求 $Na_2S_2O_3$ 溶液的浓度。

12. 今有不纯的 KI 试样 0.5180g，用 0.1940g $K_2Cr_2O_7$（过量的）处理后，将溶液加热煮沸，除去析出的碘；然后再用过量的 KI 处理，使之与剩余的 $K_2Cr_2O_7$ 作用，这时析出的碘用 0.1000mol·L^{-1} $Na_2S_2O_3$ 溶液滴定至终点，用去 10.00mL，求试样中 KI 的百分含量。

13. 吸取 20.00mL HCOOH 和 HAc 的混合溶液，以 0.1000mol·L^{-1} NaOH 滴定至终点消耗 25.00mL，另取上述溶液 20.00mL，准确加入 0.02500mol·L^{-1} $KMnO_4$ 的强碱性溶液 50.00mL，反应完全后，酸化溶液，以 0.2000mol·L^{-1} Fe^{2+} 标准溶液滴定至终点，耗去 25.00mL，计算试液中 HCOOH 及 HAc 的浓度各为多少？

14. 在 0.1275g 纯 $K_2Cr_2O_7$ 中加入过量的 KI，析出的 I_2 用 $Na_2S_2O_3$ 溶液滴定，消耗 22.85mL，求 $c(Na_2S_2O_3)$。

15. 在酸性溶液中用高锰酸钾测定铁。$KMnO_4$ 溶液的浓度是 0.2484mol·L^{-1}，求此溶液对（1）Fe；（2）Fe_2O_3；（3）$FeSO_4·7H_2O$ 的滴定度。

拓展内容

第7章

沉淀滴定法和滴定分析小结
(Precipitation Titrametry)

【学习要点】
① 掌握沉淀滴定法的基本原理；重点掌握莫尔法和佛尔哈德法的测定原理、滴定条件和适用范围。
② 了解法扬司法的测定原理、滴定条件和适用范围。
③ 掌握酸碱、配位、氧化还原和沉淀四大滴定法的异同点。

7.1 沉淀滴定法

7.1.1 沉淀滴定法的基本原理

沉淀滴定法是以沉淀反应为基础的滴定分析方法。

7.1.1.1 沉淀滴定法对沉淀反应的要求

沉淀反应虽多，但是用于沉淀滴定的反应并不多。只有符合下列条件的沉淀反应才能用于滴定分析。

① 反应必须迅速，不易形成过饱和溶液。
② 反应能定量进行，生成沉淀的溶解度要小。例如，对一价离子所生成沉淀的浓度积常数 $K_{sp} < 10^{-8}$，才能满足分析的要求。
③ 沉淀的吸附现象不致引起显著的分析误差。
④ 有确定终点的简单方法。

像 $K_4[Fe(CN)_6]$ 与 Zn^{2+}、Ba^{2+} 与 SO_4^{2-}、四苯硼钠[$NaB(C_6H_5)_4$]与 K^+ 或 R_4N^+、Ag^+ 与 X^-（X^- 代表 Cl^-、Br^-、I^-、CN^- 及 SCN^- 等）等形成的沉淀反应，可用于沉淀滴定分析法。

目前应用较多的是生成微溶性银盐的沉淀反应，以这类反应为基础的沉淀滴定法称为银量法。例如：

$$Ag^+ + Cl^- \Longrightarrow AgCl \downarrow$$
$$Ag^+ + SCN^- \Longrightarrow AgSCN \downarrow$$

用银量法可以测定 Cl^-、Br^-、I^-、SCN^-、CN^+ 和 Ag^+ 等，还可以测定经处理而能定量产生这些离子的有机化合物。

7.1.1.2 滴定曲线

（1）滴定曲线的绘制　沉淀滴定曲线是以滴定过程中标准溶液的加入量为横坐标，以溶液中阴离子或金属离子浓度的负对数为纵坐标绘制的曲线。

以 $0.1000 mol \cdot L^{-1} AgNO_3$ 标准溶液滴定 $20.00 mL$ $0.1000 mol \cdot L^{-1} NaCl$ 溶液为例，计算滴定过程中随 Ag^+ 浓度变化的 Cl^- 的负对数，并作出滴定曲线。

反应为：$Ag^+(aq) + Cl^-(aq) \Longrightarrow AgCl \downarrow$　　$K_{sp} = 1.8 \times 10^{-10}$

① 滴定前 ($V = 0.00 mL$)　溶液中只有 NaCl，$[Cl^-] = 0.1000 mol \cdot L^{-1}$，即 pCl = 1.0。

② 滴定开始至化学计量点前（$0.00 mL < V < 20.00 mL$）　此阶段 NaCl 过量，根据溶液中剩余 Cl^- 的浓度计算 pCl：

$$[Cl^-] = \frac{(20.00 - V) \times 0.1000}{20.00 + V}$$

设加入 $19.98 mL$ 的 $AgNO_3$，此时滴定百分数为 99.9%，则：

$$[Cl^-] = \frac{0.02 \times 0.1000}{20.00 + 19.98} = 5 \times 10^{-5} mol \cdot L^{-1}$$

即　　　　　　　　　　pCl = 4.30

同理，可计算出此阶段任意点时溶液的 pCl。

③ 化学计量点时 ($V = 20.00 mL$)　此时 $[Cl^-] = [Ag^+]$，由沉淀溶解平衡计算 pCl：

$$[Cl^-] = [Ag^+] = \sqrt{K_{sp}} = \sqrt{1.8 \times 10^{-10}} = 1.3 \times 10^{-5} mol \cdot L^{-1}$$
$$pCl = 4.90$$

④ 化学计量点后 ($V > 20.00 mL$)　此阶段 $AgNO_3$ 过量，由过量的 Ag^+ 浓度及 K_{sp} 计算 pCl：

$$[Ag^+] = \frac{(V - 20.00) \times 0.1000}{V + 20.00}, [Cl^-] = \frac{K_{sp}(AgCl)}{c_{eq}(Ag^+)}$$

设加入 $20.02 mL$ 的 $AgNO_3$，滴定百分数为 100.1% 时：

$$[Ag^+] = 5 \times 10^{-5} mol \cdot L^{-1}, [Cl^-] = \frac{1.8 \times 10^{-10}}{5 \times 10^{-5}} = 3.6 \times 10^{-6} mol \cdot L^{-1}$$

即　　　　　　　　　　pCl = 5.44

同理，可计算出此阶段任意点时溶液的 pCl。

表 7-1 列出不同滴定分数的 pCl，以滴入 $AgNO_3$ 溶液的百分数（T）为横坐标，pCl 为纵坐标绘制的滴定曲线如图 7-1 所示。

表 7-1　在 $0.1000 mol \cdot L^{-1} AgNO_3$ 标准溶液滴定 $20.00 mL$ $0.1000 mol \cdot L^{-1} NaCl$ 溶液时 pCl 和 pAg 的变化

$AgNO_3$ 溶液加入量 V/mL	滴入百分数 $T/\%$	滴定分数	pAg	pCl
0.00	0.0	0.000	—	1.00
18.00	90.0	0.900	7.53	2.28
19.80	99.0	0.999	6.51	3.30

续表

AgNO₃ 溶液加入量 V/mL	滴入百分数 T/%	滴定分数	pAg	pCl
19.98	99.9	0.999	5.51	4.30
20.00	100.0	1.000	4.90	4.90
20.02	100.1	1.001	4.30	5.44
20.20	101.0	1.010	3.30	6.51
22.00	110.0	1.100	2.28	7.53
40.00	200.0	2.000	1.48	8.33

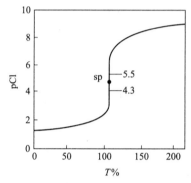

图 7-1　0.1000mol·L⁻¹ AgNO₃ 标准溶液滴定 20.00mL 0.1000mol·L⁻¹ NaCl 溶液的滴定曲线

由图 7-1 可见，此滴定曲线与强酸、强碱相互滴定的滴定曲线相似。滴定曲线表明，在滴定过程中，溶液还有大量未被沉淀的 Cl⁻ 时，滴加少量 Ag⁺，Cl⁻ 浓度的变化不大，但在化学计量点附近，溶液中 Cl⁻ 已很少，这时很少量的 Ag⁺ 的加入，Cl⁻ 浓度即发生突然的改变，形成一个突跃。在化学计量点前后±0.1%，相对误差的滴定突跃范围内，AgNO₃ 体积变化很小（从 19.98mL～20.02mL），而溶液的 pCl 变化很大（4.3～5.4）。

(2) 影响沉淀滴定突跃大小的因素　为了减少滴定误差，总希望滴定有较大的突跃范围。反应物的浓度和沉淀的溶度积是影响沉淀滴定突跃范围大小的主要因素。滴定剂、被测组分的浓度愈稀，突跃范围愈小；沉淀的溶解度愈小，突跃范围愈大。当测定同一物质时，若浓度增大（减小）10 倍，滴定突跃的 pCl 范围增加（减小）2 个单位。若浓度一定时，生成沉淀的溶度积越小，则化学计量点后溶液的 pCl 越大，突跃范围越大。例如，如图 7-2 所示，当用 AgNO₃ 作标准溶液滴定 Cl⁻、Br⁻ 或 I⁻ 时，由于 AgI 溶度积最小，在卤素离子中，以 AgNO₃ 滴定 I⁻ 时滴定突跃范围最大。

根据银量法确定滴定终点所用指示剂的不同，按创立者的名字命名，银量法可分为三种：以铬酸钾为指示剂的莫尔（Mohr）法，以铁铵矾为指示剂的佛尔哈德（Volhard）法和以吸附指示剂指示滴定终点的法扬司（Fajans）法。下面主要讨论这三种银量法的原理、滴定条件和应用范围。

7.1.2　莫尔法

7.1.2.1　测定原理

莫尔法是采用 K₂CrO₄ 作指示剂，用 AgNO₃ 标准溶液滴定氯化物、溴化物的滴定方法。通常在中性或弱碱性溶液中进行。

滴定反应为（以测定 Cl⁻ 为例）：

莫尔法

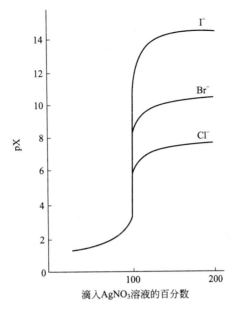

图 7-2 用 0.1000mol·L^{-1} $AgNO_3$ 分别滴定 20.00mL
0.1000mol·L^{-1} NaCl、NaBr、NaI 溶液时的滴定曲线

$$Ag^+ + Cl^- \Longrightarrow AgCl\downarrow(白色) \quad K_{sp}(AgCl)=1.8\times10^{-10}$$
$$2Ag^+ + CrO_4^{2-} \Longrightarrow Ag_2CrO_4\downarrow(砖红色) \quad K_{sp}(Ag_2CrO_4)=2.0\times10^{-12}$$

由于 AgCl 的溶解度小于 Ag_2CrO_4 的溶解度，根据分步沉淀原理，AgCl 将首先生成沉淀，随着滴定的进行，Cl^- 浓度不断降低，Ag^+ 浓度不断增大，当 $[Ag^+]^2[CrO_4^{2-}] > K_{sp}(Ag_2CrO_4)$，开始出现砖红色沉淀，即为滴定终点。

显然，终点出现的迟早与溶液中 CrO_4^{2-} 的浓度的大小有关，若指示剂的浓度过高，终点将出现过早，若指示剂的浓度过低，则终点将出现过迟，都会影响滴定的准确度。因此，必须控制指示剂的用量，理论上可以按下列方法计算指示剂的用量。

以 0.1000mol·L^{-1} $AgNO_3$ 标准溶液滴定 0.1000mol·L^{-1} NaCl 溶液为例，化学计量点时，Ag^+ 与 Cl^- 的量恰好相等，在 AgCl 饱和溶液中：

$$[Ag^+] = \sqrt{K_{sp}(AgCl)} = \sqrt{1.56\times10^{-10}} = 1.25\times10^{-5}\text{mol·L}^{-1}$$

此时出现 Ag_2CrO_4 沉淀需要 CrO_4^{2-} 的浓度为：

$$[CrO_4^{2-}] = \frac{K_{sp}(Ag_2CrO_4)}{[Ag^+]} = \frac{2.0\times10^{-12}}{(1.25\times10^{-5})^2} = 1.3\times10^{-2}\text{mol·L}^{-1}$$

当 Ag_2CrO_4 沉淀出现时，所需 $[Ag^+]$ 为：

$$[Ag^+]^2[CrO_4^{2-}] = K_{sp}(Ag_2CrO_4)$$

$$[Ag^+] = \sqrt{\frac{K_{sp}(Ag_2CrO_4)}{[CrO_4^{2-}]}} = \sqrt{\frac{2.0\times10^{-12}}{5\times10^{-3}}} = 2\times10^{-5}\text{mol·L}^{-1}$$

K_2CrO_4 本身呈黄色，浓度太高时，会妨碍 Ag_2CrO_4 沉淀颜色的观察，影响终点的判断，实验证明，当加入 K_2CrO_4 的浓度达到 $5\times10^{-3}\text{mol·L}^{-1}$ 时，即在 $50\sim100$mL 溶液中加入 5% K_2CrO_4 溶液 $1\sim2$mL，仍然可以获得满意的结果。

7.1.2.2 滴定条件

① 滴定反应应在中性或弱碱性（pH 值为 6.5～10.5）溶液中进行。若在碱性较强的溶液中滴定，则有 Ag_2O 沉淀析出。若在酸性条件下滴定，$Cr_2O_7^{2-}$ 将转化为 CrO_4^{2-}，终点时将难以有砖红色的 Ag_2CrO_4 沉淀生成。

$$2H^+ + 2CrO_4^{2-} \rightleftharpoons Cr_2O_7^{2-} + H_2O$$

如果在较强的碱性中进行，$AgNO_3$ 标准溶液将因下列反应而额外消耗：

$$2Ag^+ + 2OH^- \rightleftharpoons Ag_2O\downarrow + H_2O$$

如果待测试液呈酸性时，可先用 $NaHCO_3$ 或 $Na_2B_4O_7 \cdot 10H_2O$ 等中和；若试液呈强碱性，则先用稀 HNO_3 中和，然后再进行滴定。

② 滴定不能在氨性溶液中进行。因为 NH_3 能与 Ag^+ 生成 $Ag(NH_3)_2^+$，使 AgCl 和 Ag_2CrO_4 沉淀溶解，降低分析结果的准确性。如果试液中有 NH_3 存在，可先用酸中和，使 NH_3 转化成铵盐，这时溶液的 pH 值应控制在 6.5～7.2 范围内，否则会造成较大误差。

③ 凡是能与 Ag^+ 生成微溶性化合物或生成配合物的阴离子都干扰测定，如 PO_4^{3-}、AsO_4^{3-}、SO_3^{2-}、S^{2-}、CO_3^{2-}、$C_2O_4^{2-}$ 等。凡是能与 CrO_4^{2-} 生成微溶性化合物的阳离子也都干扰测定，如 Ba^{2+}、Pb^{2+}、Hg^{2+} 等。此外，一些有色的金属离子，如 Cu^{2+}、Co^{2+}、Ni^{2+} 和一些易水解的离子，如 Fe^{3+}、Al^{3+}、Bi^{3+}、Sn^{2+} 等都干扰测定。因此，当试液中存在上述离子时，必须首先考虑排除。

④ 滴定时，应强烈摇动试液。这样可以减少沉淀对被测离子的吸附作用。莫尔法不宜直接测定 I^- 和 SCN^-，因为 AgI、AgSCN 沉淀分别对 I^- 和 SCN^- 有强烈的吸附作用，即使强烈摇动也不易解吸，使测定结果偏低。

7.1.2.3 适用范围

莫尔法主要适用于测定氯化物和溴化物，不适用于测定 I^- 及 SCN^-。因为 AgI 和 AgSCN 沉淀强烈吸附溶液中的 I^- 及 SCN^-，使滴定终点提前，且变色不明显，将造成较大的负误差，从而影响测定结果的准确性。

不能用 Cl^- 直接滴定 Ag^+，若用莫尔法测 Ag^+，只能采用返滴定方式，即先向试液中加入定量并过量的 NaCl 标准溶液，然后用 $AgNO_3$ 标准溶液返滴过量的 Cl^-。因为直接滴定 Ag^+ 时，加入指示剂后首先生成 Ag_2CrO_4 沉淀，当滴入 Cl^- 标准溶液时，虽然 Ag_2CrO_4 沉淀的溶解度较 AgCl 大，在滴定终点时 Ag_2CrO_4 沉淀可以转化为 AgCl，但这个转化过程很慢，终点难以观察，不适于滴定，因而不能直接滴定 Ag^+。

莫尔法应用范围较窄，但此法操作简便，准确度较高。

7.1.3 佛尔哈德法

7.1.3.1 测定原理

佛尔哈德法是以铁铵矾 $NH_4Fe(SO_4)_2 \cdot 12H_2O$ 或硝酸铁溶液为指示剂，NH_4SCN 为标准溶液，终点时以出现血红色 $FeSCN^{2+}$ 配合物来确定终点的滴定分析方法。主要测定 Ag^+ 和卤素离子。根据滴定方式不同，本法分为直接滴定法和返滴定法。

（1）直接滴定法测定 Ag^+ 在 HNO_3 介质中，以铁铵矾为指示剂，用 NH_4SCN（或 KSCN、NaSCN）标准溶液直接滴定 Ag^+。溶液中首先析出 AgSCN 沉淀，当 Ag^+ 定量沉淀后，微过量的 SCN^- 与 Fe^{3+} 反应生成红色配合物，即为终点。滴定反应为：

$$Ag^+ + SCN^- = AgSCN\downarrow（白色） \quad K_{sp} = 1.0×10^{-12}$$
$$Fe^{3+} + SCN^- = FeSCN^{2+}（红色） \quad K_f = 138$$

在滴定过程中，由于 AgSCN 沉淀不断产生，易吸附溶液中的 Ag^+，致使终点提前，结果偏低。因此滴定时，必须充分摇动溶液，将被吸附的 Ag^+ 释放出来。

（2）返滴定法测定卤化物　在含卤素离子的 HNO_3 溶液中，加入定量并过量的 $AgNO_3$ 标准溶液，生成卤化银沉淀，然后以铁铵矾作指示剂，用 NH_4SCN 标准溶液返滴过量的 $AgNO_3$，待溶液出现红色表示滴定终点到达，滴定反应为：

$$Ag^+ + X^- = AgX\downarrow$$
（定量并过量）
$$Ag^+ + SCN^- = AgSCN\downarrow$$
（剩余量）
$$Fe^{3+} + SCN^- = FeSCN^{2+}（红色）$$

由于滴定是在 HNO_3 介质中进行，许多弱酸盐如 PO_4^{3-}、AsO_4^{3-}、S^{2-} 等都不干扰卤素离子的测定，因此，此法选择性较高。

显然，要使测定结果准确，必须注意以下两个问题。

① 指示剂的用量　终点出现的迟早，取决于指示剂 Fe^{3+} 的用量，这可从理论上作近似计算。

化学计量点时：
$$[SCN^-] = \sqrt{K_{sp}(AgSCN)} = \sqrt{1.0×10^{-12}} = 1.0×10^{-6} \text{mol·L}^{-1}$$

实验证明，当 $FeSCN^{2+}$ 的浓度约为 $6.0×10^{-6}$ mol·L^{-1} 时，人的眼睛可以察觉到它的颜色。故有：

$$[Fe^{3+}] = \frac{[FeSCN^{2+}]}{[SCN^-]K_f} = \frac{6.0×10^{-6}}{1.0×10^{-6}×138} = 0.043 \text{mol·L}^{-1}$$

但在实际中，当 $[Fe^{3+}] = 0.043$ mol·L^{-1} 时呈较深的橙黄色，干扰终点的观察，因此铁铵矾指示剂的浓度通常控制在 0.015 mol·L^{-1}。此时

$$[SCN^-] = \frac{6.0×10^{-6}}{0.015×138} = 2.9×10^{-6} \text{mol·L}^{-1}$$

可见，终点时 SCN^- 稍过量，终点误差小于 $+0.1\%$，准确度较高。

② 要防止 AgCl 沉淀转化为 AgSCN 沉淀　由于 $K_{sp}(AgCl) > K_{sp}(AgSCN)$，在化学计量点时，过量的 SCN^- 可使 AgCl 沉淀转化为 AgSCN 沉淀，

$$AgCl + SCN^- = AgSCN + Cl^-$$

可见这种转化现象发生会多消耗一部分 NH_4SCN 标准溶液，使测定 Cl^- 的结果偏低。为了避免这种转化现象发生，可采取下列措施。

一是用 NH_4SCN 标准溶液返滴定前，先加入硝基苯（有毒！）等有机试剂，并充分摇动，使有机溶剂包住 AgCl 沉淀的表面，阻止 NH_4SCN 与 AgCl 接触，防止沉淀转化。

二是待 AgCl 沉淀完全后，将 AgCl 沉淀过滤，洗涤，然后再用 NH_4SCN 标准溶液滴定滤液中的 $AgNO_3$。

三是增加指示剂 Fe^{3+} 浓度，当 $c(Fe^{3+}) = 0.2$ mol·L^{-1} 以减小滴定终点时的 $[SCN^-]$，从而防止沉淀的转化，即改进的佛尔哈德法。此法简单环保，是现在常用的避免 AgCl 沉淀转化为 AgSCN 沉淀的方法。

必须指出，用佛尔哈德法测定 Br^-、I^- 时不存在这种沉淀转化的问题，故不必采用上述措施。在测定 I^- 时，必须首先加入 $AgNO_3$ 标准溶液，再加入 Fe^{3+} 指示剂，否则会有下列反应发生而造成误差。

$$2Fe^{3+} + 2I^- = 2Fe^{2+} + I_2$$

7.1.3.2 滴定条件

① 滴定时，溶液的酸度一般控制在 $0.1 \sim 1 mol \cdot L^{-1}$，一般使用 HNO_3 溶液进行控制。因为在中性或碱性溶液中，Fe^{3+} 会水解形成 $Fe(OH)^{2+}$、$Fe(OH)_2^+$ 等深色化合物，甚至生成 $Fe(OH)_3$ 沉淀；此条件下，溶液中若共存有 Zn^{2+}、Ba^{2+} 及 CO_3^{2-} 等，也不会干扰测定。

② 溶液中不应存在强氧化剂、铜盐、汞盐以及低价氮的氧化物，否则它们会与 SCN^- 作用，必须预先除去。

③ 滴定不宜在较高温度下进行。首先是加热会促使 Fe^{3+} 水解；其次是加热会使红色配合物 $FeSCN^{2+}$ 褪色，不利于终点观察。

7.1.3.3 适用范围

佛尔哈德法的最大优点是滴定可在酸性条件下进行，在此酸度下，许多弱酸根离子，如 PO_4^{3-}、AsO_4^{3-}、SO_3^{2-}、CrO_4^{2-}、CO_3^{2-}、$C_2O_4^{2-}$ 等都不干扰滴定。佛尔哈德法可以用来间接测定酸性试样中的 Cl^-、Br^-、I^-、SCN^-、Ag^+ 及有机氯化物等，可直接测定 Ag^+，应用较莫尔法更广泛。

7.1.4 法扬司法

7.1.4.1 测定原理

法扬司法是用 $AgNO_3$ 为标准溶液，以吸附指示剂指示终点，测定卤化物的滴定方法。

吸附指示剂是一些有机染料，它被吸附在胶体微粒表面后，分子结构发生改变，则颜色也发生变化，从而确定滴定终点。吸附指示剂可分为两类：一类是酸性染料，如荧光黄及其衍生物，它们是有机弱酸，解离出指示剂阴离子；另一类是碱性染料，如甲基紫、罗丹明-6G 等，解离出指示剂阳离子。卤化银是一种胶状沉淀，具有强烈的吸附作用，能选择性地吸附溶液中的离子，首先是构晶离子。例如用 $AgNO_3$ 标准溶液滴定 Cl^- 时，常用荧光黄作吸附指示剂，荧光黄是一种有机弱酸，可用 HFIn 表示，它在溶液中的解离如下：

$$HFIn = FIn^- + H^+ \quad K_a \approx 10^{-8}$$

荧光黄阴离子 FIn^- 呈黄绿色，化学计量点前，因溶液中存在过量的 Cl^-，AgCl 沉淀表面吸附 Cl^- 使胶粒带负电荷，而荧光黄阴离子不被胶粒吸附，溶液呈黄绿色。当滴定到达化学计量点时，一滴过量的 $AgNO_3$ 使溶液出现过量的 Ag^+，则 AgCl 沉淀吸附 Ag^+，使 AgCl 胶粒带正电荷，它强烈吸附 FIn^-，荧光黄阴离子被吸附后结构发生变化呈粉红色，从而指示滴定终点，其变化过程可用下式表示：

$$AgCl \cdot Ag^+ + FIn^- (黄绿色) = AgCl \cdot Ag^+ \cdot FIn^- (粉红色)$$

7.1.4.2 滴定条件

为使终点颜色变化明显，应用吸附指示剂时需注意以下几个问题。

① 由于吸附指示剂的颜色变化是发生在沉淀表面上，因此应尽可能使卤化银沉淀呈胶体状态，具有较大的比表面。为此滴定时常加入糊精或淀粉等胶体保护剂。同时，应避免大量中性盐存在，因为它能使胶体凝聚。

② 溶液的浓度不能太稀，否则沉淀很少，终点难观察。以荧光黄作指示剂，用 $AgNO_3$

标准溶液滴定 Cl^- 时，Cl^- 浓度要求在 $0.005mol·L^{-1}$ 以上。而滴定 Br^-、I^-、SCN^- 时，灵敏度较高，浓度低至 $0.005mol·L^{-1}$ 时仍能准确滴定。

③ 溶液的 pH 值应适当。常用的吸附指示剂多为有机弱酸，起指示剂作用的是它们的阴离子，因此，溶液的 pH 值应控制在中性、弱碱性或弱酸性，这样有利于吸附指示剂阴离子的存在，否则，吸附指示剂就以分子态存在而不被沉淀胶粒吸附，无法指示终点。溶液 pH 值的高低与指示剂的解离常数大小有关，解离常数越大，溶液的 pH 值可越小。如荧光黄的 $K_a \approx 10^{-7}$，用它指示 Cl^- 的测定时，需在 pH 值为 7~10 溶液中进行。二氯荧光黄的 $K_a \approx 10^{-4}$，溶液的 pH 值可在 4~10，一般维持在 5~8 时，终点更为明显。曙红（四溴荧光黄）的 $K_a \approx 10^{-2}$，酸性较强，在 pH 值为 2 时仍可使用。表 7-2 列出了几种常用吸附指示剂的 pH 适用范围。

表 7-2 常用吸附指示剂的 pH 适用范围

指示剂	被测离子	滴定剂	适用的 pH 范围
荧光黄	Cl^-	Ag^+	7~10（一般为 7~8）
二氯荧光黄	Cl^-	Ag^+	4~10（一般为 5~8）
曙红	Br^-、I^-、SCN^-	Ag^+	2~10（一般为 3~9）
二甲基二碘荧光黄	I^-	Ag^+	中性
罗丹明-6G	Ag^+	Br^-	酸性溶液
甲基紫	SO_4^{2-}、Ag^+	Ba^{2+}、Cl^-	1.5~3.5 酸性溶液

④ 溶液应避免强光照射。卤化银胶体对光线极敏感，遇光易分解析出银，沉淀变为灰黑色，影响终点的观察。

⑤ 指示剂的吸附性能要适当。胶粒对指示剂的吸附能力应略小于对被测离子的吸附能力，否则指示剂将在化学计量点前变色。但对指示剂离子的吸附能力也不能太小，否则终点会推迟。滴定卤化物时，卤化银对卤化物和几种常用吸附指示剂的吸附能力的大小次序如下：

$$I^- > Br^- > 曙红 > Cl^- > 荧光黄$$

因此，测定 Cl^- 时不能选用曙红，而应选用荧光黄为指示剂。

7.1.4.3 应用范围

法扬司法可以测定 Cl^-、Br^-、I^-、SCN^- 等，但操作较莫尔法和佛尔哈德法繁琐且溶液的 pH 值必须严格控制，故日常用得较少。作为吸附指示剂法它不仅可以测定卤化物，还可测定生物碱盐类和其他可以生成沉淀的物质，如测 SO_4^{2-} 时，可选用甲基紫作指示剂，在 pH 值为 1.5~3.5 的溶液中用 Ba^{2+} 作标准溶液来滴定 SO_4^{2-}，终点颜色变化为由红变紫。

7.1.5 银量法的应用

7.1.5.1 标准溶液的配制和标定

银量法中常用的标准溶液是 $AgNO_3$ 和 NH_4SCN 溶液。

(1) $AgNO_3$ 标准溶液 可用直接法或标定法配制 $AgNO_3$ 标准溶液。用直接法配制时是将分析纯 $AgNO_3$ 置于 105~110℃烘箱中烘干 2h 并置于干燥器内冷却后，准确称取一定量的 $AgNO_3$，溶解定容至一定体积，即得到准确浓度的 $AgNO_3$ 标准溶液。

$AgNO_3$ 溶液见光易分解，保存时应装入棕色瓶中，并放于暗处。另外，$AgNO_3$ 易与有机物起还原作用,对皮肤有腐蚀作用,使用时要注意。

若 $AgNO_3$ 固体纯度不够,则应采用间接法配制 $AgNO_3$ 标准溶液,即先配成近似浓度的 $AgNO_3$ 溶液,再用基准物质 NaCl 标定。

(2) NH_4SCN 标准溶液　固体 NH_4SCN 易潮解,很难得到基准物质,故只能用间接法配制标准溶液。先配制近似于所需浓度的溶液,再用已标定好的 $AgNO_3$ 标准溶液,按佛尔哈德法的直接滴定法进行标定,可求算出 NH_4SCN 标准溶液的准确浓度。

7.1.5.2 应用示例

(1) 土壤中 Cl^- 的测定　采集土样后风干、过筛。准确称取一定质量的风干土,置于碘量瓶中,加水浸提(土:水=1:5)振荡 3min。然后用布氏滤斗抽滤得到清亮的滤液。

准确吸取一定量的滤液于锥形瓶中,用饱和 $NaHCO_3$ 或稀 H_2SO_4 调节酸度,恰好使酚酞褪色,溶液呈中性或弱碱性。再加入 1mL 5% K_2CrO_4 指示剂,在强烈振荡下,用 $AgNO_3$ 标准溶液滴定,直到出现砖红色沉淀且不再消失为止。按下式计算结果:

$$\rho(Cl) = \frac{c(AgNO_3)V(AgNO_3)M(Cl)}{V_s} \times 5$$

(2) 可溶性氯化物中氯含量的测定　测定可溶性氯化物中的氯,可采用莫尔法和佛尔哈德法。

若采用莫尔法,必须控制溶液的 pH 值为 6.5~10.5 范围内,以 K_2CrO_4 为指示剂,用 $AgNO_3$ 标准溶液滴定,有白色 AgCl 沉淀产生,当出现砖红色 Ag_2CrO_4 沉淀时,停止滴定。根据下式可计算氯的含量。

$$w(Cl) = \frac{c(AgNO_3)V(AgNO_3)M(Cl)}{m_s} \times 100\%$$

如果试样中含有 PO_4^{3-}、AsO_4^{3-} 等与 Ag^+ 生成沉淀的阴离子,或者试液为酸性时,则可选用佛尔哈德法,采用返滴定法测出氯的含量。

(3) 有机卤化物中卤素的测定　有机卤化物中所含卤素多为共价键结合,须经过适当处理使其转化为卤离子后才能用银量法测定。以农药"六六六"(六氯环己烷)为例,将试样与 KOH-乙醇溶液一起加热回流,使有机氯转化为 Cl^- 形式:

$$C_6H_6Cl_6 + 3OH^- = C_6H_3Cl_3 + 3Cl^- + 3H_2O$$

溶液冷却后,加 HNO_3 调至酸性,用佛尔哈德法的返滴定法测定释放出的 Cl^-。

(4) 生理盐水中 NaCl 含量的测定　生理盐水中 NaCl 含量一般采用莫尔法测定。将生理盐水稀释一倍后,准确移取 25.00mL 稀释液于锥形瓶中,加入 1mL 5% K_2CrO_4 指示剂,用 $AgNO_3$ 标准溶液滴定至砖红色。生理盐水中 NaCl 含量的测定必须进行 K_2CrO_4 指示剂的空白校正,即准确吸取 25.00mL 蒸馏水,按上述相同步骤进行操作,得到空白值 V_0,则 NaCl 的质量浓度为:

$$\rho(NaCl) = \frac{c(AgNO_3)[V(AgNO_3) - V_0] \times M(NaCl)}{V(稀释液)}$$

7.2　滴定分析小结

为了更好地掌握酸碱、配位、氧化还原和沉淀四大滴定法的知识要点,应该对四大滴定分析法的化学平衡、异同点和知识体系进行融会贯通的学习,以便更好地掌握这部分知识。

7.2.1 滴定分析方法的知识体系

(1) 滴定分析方法出现的化学平衡问题,即酸碱平衡、配位平衡、氧化还原平衡和沉淀平衡是定量分析的基础理论体系。各化学平衡问题中的有关概念均存在着相关联系,对溶液平衡体系的处理方法也存在着相似性。

(2) 化学平衡在滴定分析中的应用,即用四大化学平衡理论体系解决各类滴定分析中出现的问题,如:化学计量点时被测物平衡浓度的计算、滴定突跃、指示剂的选择和终点误差等关键问题。

(3) 对某种样品中被测组分的测定,可根据滴定分析理论,选择合适的标准溶液、指示剂和滴定方式,并理论计算终点误差是否符合滴定分析对准确度的要求,评价所设计分析方法的可靠性,从而设计最优的分析测定方案。

(4) 将设计的分析测定方案应用到实际样品的测定中,通过误差理论来评价分析结果的可靠性,即检验精密度和准确度是否达到要求,最终达到准确进行定量分析的目的。

7.2.2 四大滴定法的共同点

(1) 都是以消耗经准确计量的标准物质来测定物质的含量的,且相对误差小(<0.1%)。

(2) 随着滴定剂的加入,被滴定物质的浓度在化学计量点附近会有突变(突跃),利用指示剂的变色来指示滴定终点。

(3) 都是以四大平衡的化学反应为基础,滴定曲线的形状和横坐标也很相似。

(4) 四种滴定反应的反应进行程度都与反应平衡常数有关(氧化还原反应还与反应速率有关)。

(5) 滴定分析的终点误差 E_t 都可以用式(7-1)表示。

$$E_t = \frac{(cV)_{滴定剂} - (cV)_{被滴物}}{(cV)_{被滴物}} \times 100\% \tag{7-1}$$

7.2.3 四大滴定法的不同点

(1) 强酸(碱)的滴定产物是 H_2O,从滴定开始至结束 $[H_2O] = 55.5 \text{ mol} \cdot L^{-1}$ 为一常数;

(2) 沉淀滴定有异相产生,一旦沉淀产生,它的活度就被指定为1,且不再改变;

(3) 配位滴定产物 MY 一旦生成,其浓度一直在近线性地增大,直到化学计量点;

(4) 氧化还原产物最简单,且产物有两种,浓度一直在变,直到化学计量点。

因此,滴定分析可按滴定产物的浓度是常量还是变量分为两大类:酸碱和沉淀滴定的产物浓度为常量;配位和氧化还原滴定的产物浓度为变量。

7.2.4 滴定分析中的化学平衡小结

7.2.4.1 水溶液中溶质各型体的分布分数 (δ_i)

(1) 分布分数的概念

溶液中的化学平衡是定量化学分析的理论基础。平衡体系中,一种溶质往往以多种型体存在于溶液中,其分析浓度(总浓度)是溶液中该溶质各种型体平衡浓度的总和。溶液中某型体 i 的平衡浓度在溶质总浓度中所占的分数称为分布分数 δ_i。分布分数将平衡浓度与分析浓度联系起来,如式(7-2)所示。

$$\delta_i = [i]/c \tag{7-2}$$

分布分数主要用于酸和配合物溶液中各种型体平衡浓度及分布情况的计算。掌握溶液各型体的实际（平衡）浓度和溶液中主要存在型体有哪些，对控制滴定分析条件有重要的指导意义。

(2) 分布分数的计算和特点

弱酸和配合物溶液中各种型体的分布分数均有通式可以进行计算，其计算通式及比较如表 7-3 所示。

表 7-3　弱酸和配合物溶液中各种型体的分布分数计算通式和特点比较

化合物类型	分布分数计算通式	分布分数的特点
弱酸	对于 n 元弱酸 H_nA：$$\delta_{H_{n-m}A} = \frac{[H^+]^{n-m} K_{a_1} K_{a_2} \cdots K_{a_m}}{[H^+]^n + [H^+]^{n-1} K_{a_1} + [H^+]^{n-2} K_{a_1} K_{a_2} + \cdots + K_{a_1} K_{a_2} \cdots K_{a_n}}$$ 式中，n 为酸中氢原子个数，取值为 $1, 2, \cdots$；m 为酸解离出的氢原子个数，取值为 $0, 1, 2, \cdots$	(1) δ 仅是 pH 和 pK_a 的函数，与酸的分析浓度 c 无关 (2) 对于给定的弱酸，δ 仅与 pH 值有关 (3) n 元弱酸溶液中 $n+1$ 种存在型体的分布分数加和为 1
配合物	对于 ML_n 型配合物 $$\delta_{ML_n} = \frac{\beta_n [L]^n}{1 + \beta_1 [L] + \beta_2 [L]^2 + \cdots + \beta_n [L]^n}$$ 式中，n 为配体 L 的个数，取值为 $0, 1, 2, \cdots$	(1) δ 仅是配位体 [L] 和 β_n 的函数，与 c_M 无关 (2) 对于给定的配合物，δ 仅与 [L] 有关 (3) ML_n 型配合物溶液中 $n+1$ 种各级存在型体的分布分数加和为 1

(3) 分布分数的应用和重要意义

弱酸和配合物分布分数的概念和特征在滴定分析中具有重要意义。一是能定量说明溶液中各型体的分布情况；二是由分布分数可求得溶液中各种型体的平衡浓度；三是预计多元酸（碱）或配位滴定分步滴定的可能性；四是估计各种滴定中的酸效应；五是计算配位滴定分析中的副反应系数；六是考察滴定反应的完全程度。

7.2.4.2　溶液中化学平衡的处理方法

水溶液中的酸碱平衡除了大家熟知的酸碱解离平衡以外，还存在物料平衡（MBE）、电荷平衡（CBE）和质子平衡（PBE）三大平衡。我们可以利用这四种平衡式，主要是质子平衡和解离平衡，并通过四种平衡式的相互联系和相互补充，方便地计算出酸碱滴定过程中的 $[H^+]$ 变化，便于选出合适的酸碱指示剂和计算出终点误差。

7.2.5　滴定曲线和指示剂小结

7.2.5.1　滴定曲线

(1) 滴定曲线的概念和绘制

滴定过程中组分浓度（参数）的变化均可用滴定曲线表示，它是以加入的滴定剂体积（或滴定分数或滴定百分数）为横坐标，溶液的组分浓度或与浓度相关的某种参数（pH、pM、φ、pX 等）为纵坐标绘制的曲线。即以作图的方式描述滴定过程中组分浓度的变化，使之更为直观和清晰。理论上滴定曲线的绘制有两种：一是推导滴定曲线方程法；二是四阶段（滴定前、滴定开始至化学计量点前、化学计量点、化学计量点后）的组分浓度（参数）的理论计算法。其中第二种方法常被采用。

(2) 滴定曲线的特征

四大滴定分析法滴定曲线的形状和横坐标都相似，常见滴定曲线的形状如图7-3所示。

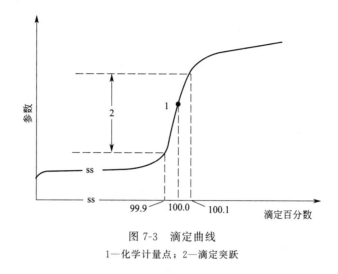

图 7-3 滴定曲线
1—化学计量点；2—滴定突跃

由图7-3可知，滴定曲线的特征有：一是曲线的起点取决于被滴定物质的性质和浓度；二是滴定过程中溶液浓度（参数）的变化：滴定开始时，曲线变化比较平缓；化学计量点附近，发生突变，曲线变得陡直；化学计量点之后，曲线又趋于平缓；三是发生了滴定突跃。即在化学计量点附近（计量点前后±0.1%误差范围内），溶液的组分浓度（参数）发生了急剧变化。滴定突跃所在的范围称为滴定突跃范围。不同的滴定反应有不同的滴定突跃范围。滴定分析中影响滴定突跃的主要因素如表7-4所示。

表 7-4 影响滴定突跃的主要因素

滴定分析方法名称	滴定突跃影响因素
酸碱滴定法	$c_{起始}$，K_a 或 K_b（溶液的本性）
配位滴定法	c_M，$K'_{MY} = \lg K_{MY} - \lg \alpha_{M(L)} - \lg \alpha_{Y(H)}$（溶液的本性）
氧化还原滴定法	$\Delta\varphi = \varphi'_1 - \varphi'_2$（溶液的本性） 对于对称电对，$\Delta\varphi$ 和 n 有关，与 c 无关；对于非对称电对，$\Delta\varphi$ 则还与 c 有关
沉淀滴定法	$c_{起始}$，K_{sp}（溶液的本性）

(3) 滴定突跃的应用和重要意义

一般来说，滴定突跃越大越有利于选择指示剂。当滴定突跃较小时，就没有指示剂可选，溶液组分就不能直接准确滴定。因此，化学计量点的组分浓度（参数）和滴定突跃范围是选择指示剂的重要依据，也是推导出直接准确滴定某组分的条件（判据）的重要依据。当某组分不能满足直接准确滴定的条件时，便可以考虑采用其他滴定方式（返滴定、置换滴定和间接滴定）进行测定。

7.2.5.2 指示剂

滴定分析的指示剂可分为两种类型。一是通用型指示剂，一般为有机化合物，其变色原理类似，有多种指示剂可以选择；二是专用型指示剂，一般为无机化合物，其变色原理不同，往往一种滴定分析方法采用一种指示剂。

(1) 通用型指示剂

通用型指示剂是酸碱、配位和氧化还原滴定中常用的指示剂，分别称为酸碱指示剂、金属离子指示剂和氧化还原指示剂，它们的变色原理类似。但沉淀滴定中的法扬司法使用的吸附指示剂是个例外。它也是通用型指示剂，但其变色原理与前述滴定分析法使用的指示剂有所不同。

① 通用型指示剂的概念和变色原理 在反应的化学计量点附近能发生颜色突变，从而确定滴定进行程度的试剂。在溶液中能以两种（或两种以上）型体存在，两种型体具有明显不同的颜色。指示剂与 X（H^+、M^{n+}、φ 等）的指示反应如下：

$$In + X \rightleftharpoons XIn$$
颜色1　　　颜色2

当到达滴定终点时，指示剂由一种颜色转变为另一种颜色，即通过颜色的改变来指示化学计量点的到达。

② 通用型指示剂的变色范围和变色点 在加有指示剂的滴定溶液中，随着[In]/[XIn]比值的变化，指示剂具有不同的颜色。当[In]/[XIn]≥10，显颜色1；[In]/[XIn]≤1/10，显颜色2；当[In]=[XIn]，显颜色1和颜色2的混合色（中间色）。

由指示剂的一种型体颜色转变为另一型体颜色的溶液参数变化的范围称为指示剂的变色范围，即由颜色1变为颜色2时X的浓度变化范围。

当[In]=[XIn]，溶液呈现指示剂的中间过渡颜色时称为指示剂的理论变色点，即中间色。

③ 通用型指示剂的选择原则 原则一：指示剂的变色点尽可能接近化学计量点。此法简单方便，对于单组分和多组分混合物的测定均能适用。原则二：指示剂的变色范围全部或部分落在滴定突跃范围内。此法较为复杂，由于要计算滴定突跃范围，一般适用于较为简单的组分测定。可以根据样品组分的特点进行选择。

(2) 专用型指示剂

滴定分析常用的专用型指示剂如表 7-5 所示。

表 7-5　常用专用型指示剂

滴定分析方法名称	指示剂
氧化还原滴定法（自身指示剂）	高锰酸钾
氧化还原滴定法（专属指示剂）	淀粉
沉淀滴定法（莫尔法）	铬酸钾
沉淀滴定法（佛尔哈德法）	Fe^{3+}

综上所述，滴定分析的指示剂的选择主要依赖于滴定曲线的滴定突跃，如果滴定突跃不明显，则无法选择指示剂。因此，应掌握影响滴定突跃的因素，通过选择滴定突跃大的滴定反应，或控制滴定反应的条件扩大滴定突跃范围，选出使终点误差最小的指示剂，达到使分析结果的准确度最高的目的，是滴定分析设计分析方案的目标。

思政案例

【案例一】莫尔法、佛尔哈德法和法扬司法应用于测定氯离子含量

| 案例描述 | 在中国标准分类中，水中氯离子的测定涉及石油产品综合、贵金属及其合金分析方法、核材料、核燃料及其分析试验方法、催化剂基础标准与通用方法、制盐综合、重金属矿、铁矿、化肥基础标准与通用方法、重金属及其合金分析方法、食品卫生、冷却与冷却装置、环境污染物监测方法等方面。因此，准确而可靠地测定水中的氯离子含量，对产品的质量和人类身体健康有非常重要的意义。现以"自来水中氯离子含量的测定"为例进行说明。
自来水在处理过程中，一般采用氯气灭杀水中的微生物和细菌，以提高饮用水的安全性。添加氯，作为一种有效的杀菌消毒手段，目前仍被世界上超过80%的水厂使用。但氯离子含量超标对人体是有危害的，它主要表现在对上 |

案例描述	呼吸道黏膜的强烈刺激,可引起呼吸道烧伤、急性肺水肿等,从而引发肺和心脏功能急性衰竭。而且,当氯和有机酸反应时也会产生许多致癌的副产物,比如三氯甲烷等。所以,自来水中氯离子含量的测定对人体健康具有重要意义,必须检测自来水中氯离子的含量以及余氯的含量。其含量可采用莫尔法、佛尔哈德法和法扬司法等银量法进行测定。测定原理如下: **1. 莫尔法** 控制溶液的 pH 为 6.5~10.5 范围内,以 K_2CrO_4 为指示剂,用 $AgNO_3$ 标准溶液滴定,当出现砖红色 Ag_2CrO_4 沉淀时,停止滴定。根据滴定体积及标液的浓度等可计算出氯离子的含量。 **2. 佛尔哈德法** 当试液为酸性时,可采用返滴定佛尔哈德法进行测定。用 HNO_3 溶液控制溶液的酸度为 $0.1\sim1\mathrm{mol\cdot L^{-1}}$ 之间,加入定量并过量的 $AgNO_3$ 标准溶液,生成卤化银沉淀,然后以铁铵矾作指示剂,用 NH_4SCN 标准溶液返滴过量的 $AgNO_3$,待溶液出现红色时即为滴定终点,停止滴定。根据滴定体积及标液的浓度等可计算出氯离子的含量。滴定时应注意,通过增加指示剂 Fe^{3+} 浓度,即当 $c(Fe^{3+}) = 0.2\mathrm{mol\cdot L^{-1}}$ 以减小滴定终点时的 $[SCN^-]$,能防止和避免 AgCl 沉淀转化为 AgSCN 沉淀。即改进的 Volhard 法,此法简单环保,方便使用。 **3. 法扬司法** 控制溶液的 pH 在 7~10 范围内,以荧光黄作吸附指示剂,并加入糊精做保护剂,用 $AgNO_3$ 标准溶液滴定,当溶液由黄绿色突变为粉红色时即为滴定终点,停止滴定。根据滴定体积及标液的浓度等可计算出氯离子的含量。 这三种测定氯离子含量的方法既有共性也有个性,三者的共性有:均为银量法、标准溶液相同、需控制一定的酸度和指示剂的用量等;三者的个性为:选用的指示剂及变色原理不同、控制的酸度不同和滴定条件不同等。
案例启示	1. 理解"共性与个性"的辩证关系。共性和个性的关系就是矛盾的普遍性和特殊性关系。马克思主义认为辩证法的实质和核心是矛盾的对立与统一关系。其辩证关系表现为:个性和共性是对立的。个性组成共性,而共性又离不开个性,因此两者对立;个性和共性(特殊性与普遍性)可以相互转化;个性和共性在矛盾对立中推动着事物的发展。 2. 做任何事都应"具体问题具体分析"。它是辩证方法论的基本原则,是指在马克思主义矛盾普遍性原理的指导下,具体分析矛盾的特殊性,并找出解决矛盾的正确方法。 3. 在做事、想问题时,要根据事情的不同情况采取不同措施,不能一概而论。对同一组分含量的测定方法往往有多种(如,三种银量法均能应用于测定氯离子含量),应根据待测组分的性质及含量范围、分析工作的要求(如准确度和精密度的要求等)、分析试样的组成及共存元素的干扰情况、实验室具备的条件及成本等来设计出最佳的分析方案,以达到测量误差最小、分析结果准确度最高的目的。

【案例二】酸碱、配位、氧化还原和沉淀四大滴定法的比较

案例描述	滴定分析一般包括酸碱、配位、氧化还原和沉淀四大滴定法。通过比较它们的异同点及基本概念,发现其中蕴含着丰富的辩证唯物主义的思想。下面举例说明。 1."对立统一"。它是唯物辩证法的最根本规律,对立面是互相排斥的,又是互相联系的,它们之间既有差异又有关联。例如:氧化与还原,氧化与还原反应的实质为电子的转移,氧化剂和还原剂可以相互转化;再如酸与碱,实现酸碱之间的转化可以通过质子的得失;还有溶解与沉淀、单一物和混合物等,这些都是分析化学中很常见并且典型的对立统一的例子。 2."量变与质变"。例如,在滴定时,当滴定剂添加到一定程度时就会出现变色、沉淀等现象,即量变导致质变。 3."通过现象看本质"。例如,高锰酸钾法测定过氧化氢时出现微红色 30s 且不褪色即为终点,而酸碱滴定法中的甲醛法测定铵盐中氮含量时酚酞终点的变色情况,呈现出相同的实验现象和相同的终点表述,但达终点 30s 后,微红色均有可能褪色。表面现象相同,但引起溶液褪色的原因却不同。前者是因为空气中的还原性物质、粉尘等使稍微过量的高锰酸钾重新被还原,致使粉红色消失;而后者是因为空气中的酸性气体如二氧化碳溶入,使溶液 pH 降低,酚酞的碱式色又变回酸式色导致溶液褪色。 4."共性与个性"。例如,四种滴定分析方法中为了判断反应的完全程度都需要用指示剂,不同的是使用指示剂的类型及变色原理不同,说明各种滴定分析方法使用的指示剂存在共性与个性的辩证关系。再比如四大滴定分析过程中的滴定曲线走势很相似,绘制原理也一样,不同的是纵坐标表示的参数不一样,滴定曲线上的滴定突跃都是由量变到质变的过程。
案例启示	1. 在学习和工作中,不仅看事物的表面现象,还要透过现象思考分析内在本质,知道其然同时也要知道其所以然; 2. 在学习过程中要善于总结规律,寻找事物的共同规律,注意前后知识的相互联系,从而掌握科学的学习方法。

思考题

1. 什么叫沉淀滴定法？沉淀滴定法所用的沉淀反应必须具备哪些条件？
2. 为什么莫尔法只能在中性或弱碱性溶液中进行滴定，而佛尔哈德法必须在酸性溶液中进行滴定？
3. 为什么用佛尔哈德法测定 Cl^- 误差会比测定 Br^- 或 I^- 大得多？
4. 解释吸附指示剂的作用原理，法扬司法滴定时为什么必须控制溶液的 pH 值？
5. 在以下各种测定中，分析结果是准确的，还是偏高或偏低，为什么？
① 在 pH 为 4 时，用莫尔法测定 Cl^-；
② 若试液中含有铵盐，在 pH 为 10 时，用莫尔法测定 Cl^-；
③ 采用佛尔哈德法测定 Cl^-，未加硝基苯；
④ 采用佛尔哈德法测定 Br^-，未加硝基苯；
⑤ 采用佛尔哈德法测定 I^-，先加铁铵矾指示剂，再加过量的 $AgNO_3$ 标准溶液。

拓展内容

习 题

1. 有一纯 KIO_x 试样 0.5000g，将它还原为 I^- 后，用 0.1000mol·L^{-1} AgNO$_3$ 溶液滴定，用去 23.36mL，求该化合物的分子式。

2. 称取 NaCl 基准物 0.8000g，定容至 100mL 容量瓶中，准确移取该溶液 25.00mL，加入 AgNO$_3$ 标准溶液 50.00mL，过量的 Ag$^+$ 需用 25.00mL NH$_4$SCN 标准溶液滴定至终点。已知 20.00mL NH$_4$SCN 标准溶液与 24.00mL AgNO$_3$ 标准溶液作用完全。计算 AgNO$_3$ 和 NH$_4$SCN 溶液的浓度各为多少？

3. 吸取 1:1 土水浸提液 20.00mL 于锥形瓶中，加入 30.00mL 的 0.07448mol·L^{-1} AgNO$_3$ 标准溶液后，再用 0.07903mol·L^{-1} NH$_4$SCN 标准溶液滴定 Ag$^+$ 至终点，用去 5.00mL。求土壤中 Cl$^-$ 的含量。

4. 准确称取银合金试样 0.3000g，溶解处理后，用佛尔哈德法测定，用 0.1000mol·L^{-1} NH$_4$SCN 标准溶液滴定，用去 23.80mL，求该样品中银的含量。

5. 有一含 KCl 和 NaCl 的试样 0.2074g，溶解后用 0.1000mol·L^{-1} 的 AgNO$_3$ 溶液滴定，用去 AgNO$_3$ 31.10mL，分别求试样中 KCl 和 NaCl 的含量。

6. 称取 0.6120g Ca(ClO$_3$)$_2$·2H$_2$O 试样，将其还原为 Cl$^-$，加入 25.00mL 0.2000 mol·L^{-1} AgNO$_3$ 标准溶液，过量的 AgNO$_3$ 耗去 0.1860mol·L^{-1} KSCN 标准溶液 3.00mL，求 Ca(ClO$_3$)$_2$·2H$_2$O 的含量。

7. 称取 KBr、KBrO$_3$ 试样 1.000g，溶解后定容至 100mL 容量瓶中，准确移取该溶液 25.00mL 于 H$_2$SO$_4$ 介质中，以 Na$_2$SO$_3$ 还原 BrO$_3^-$ 为 Br$^-$。调节溶液为中性，以 0.1010mol·L^{-1} 的 AgNO$_3$ 溶液滴定，用去 AgNO$_3$ 10.51mL。另取 25.00mL 试液用 H$_2$SO$_4$ 酸化后赶去 Br$_2$，再滴定剩余 Br$^-$，用去上述 AgNO$_3$ 3.25mL，分别计算试样中 KBr、KBrO$_3$ 的含量。

第 8 章

重量分析法
(Gravimetry)

【学习要点】
① 了解沉淀重量法对沉淀的要求、沉淀形成过程,理解沉淀溶解度的影响因素。
② 掌握影响沉淀纯度的因素及提高沉淀纯度的措施,了解晶形沉淀与非晶形沉淀的形成条件。
③ 掌握重量分析中的换算因数及相关计算。

8.1 重量分析法概述

重量分析是定量分析方法之一。在重量分析中,一般是先用适当的方法将被测组分与试样中的其他组分分离后,转化为一定的称量形式,然后称重,由称得的物质的质量计算该组分的含量。

8.1.1 重量分析法的分类和特点

根据被测组分与试样中其他成分分离方法的不同,重量分析法通常分为下列三种。

(1) 沉淀法

沉淀法是重量分析法中的一种主要方法。它是利用沉淀反应将被测组分沉淀出来,再将沉淀过滤、洗涤、烘干或灼烧、称重,最后计算出被测组分的含量。因此要求被测组分必须沉淀完全,沉淀必须纯净,这是沉淀重量法的关键。例如,测试 $BaCl_2$ 试液中钡离子含量时,在试液中加入过量 SO_4^{2-} 溶液,使 Ba^{2+} 定量生成难溶的 $BaSO_4$ 沉淀,经过滤、洗涤、干燥后,称量 $BaSO_4$ 质量,从而计算出试液中钡离子的含量。

沉淀重量法不需任何标准物质,且具有准确度高的优点。但它操作繁琐,耗时长,且不适宜微量组分的测定。目前,该法主要用于测定含量较高的硅、硫、磷、钨、钼等元素。

(2) 气化法 (挥发法)

这种方法适用于挥发性组分的测定。一般是通过加热或其他方法使被测组分转化为挥发性物质逸出，然后根据试样质量的减少计算试样中该组分的含量；或用吸收剂将逸出的挥发性物质全部吸收，根据吸收剂质量的增加来计算该组分的含量。例如，要测定水合氯化钡晶体（$BaCl_2 \cdot 2H_2O$）中结晶水的含量，可将氯化钡试样加热，使水分逸出，根据试样质量的减少计算其含水量。也可以用氯化钙干燥管吸收，根据干燥管增加的质量来计算试样的含水量。此法只适用于测定可挥发性物质。

（3）电解法

利用电解原理，使金属离子在电极上析出，然后称重，求得其含量。

重量分析中的全部数据都是由分析天平称量得来的。在分析过程中一般不需要基准物质和由容量器皿引入的数据，因而避免了这方面的误差。重量分析比较准确，对于高含量的硅、磷、硫、钨和稀土元素及水分、灰分、挥发物等试样的测定，至今仍常使用，测定的相对误差绝对值一般不大于0.1%。重量分析法的不足之处是操作繁琐，费时，不适于生产中的控制分析，对低含量组分的测定误差较大。

重量分析法中以沉淀法应用最广，而在沉淀法各步骤中，最重要的一步是沉淀反应，其中如何使沉淀完全、纯净是重量沉淀法的关键问题，本章主要讨论沉淀重量法。

8.1.2 重量分析法对沉淀的要求

利用沉淀反应进行重量分析时，通过加入适当的沉淀剂，使被测组分形成沉淀而析出，这种沉淀物的化学式称为沉淀形式。然后将沉淀烘干、灼烧转化成稳定的物质进行称量，这种稳定物质的化学式称为称量形式。这两种形式可以相同也可以不同。如：测定Ba^{2+}时，加入沉淀剂H_2SO_4，得到$BaSO_4$沉淀，烘干后仍然为$BaSO_4$，其沉淀形式与称量形式相同。测定Ca^{2+}时，使其沉淀为$CaCO_3$，而后灼烧成CaO称量，此时两种形式不相同。

8.1.2.1 重量分析法对沉淀形式的要求

（1）沉淀的溶解度必须很小，以保证被测组分沉淀完全，一般要求溶解损失应小于0.1mg。例如，测定Ca^{2+}时，常采用草酸铵作为沉淀剂，使Ca^{2+}生成溶解度很小的CaC_2O_4（$K_{sp}=1.78\times10^{-9}$）沉淀，而不能用硫酸作沉淀剂，因为$CaSO_4$的溶解度（$K_{sp}=2.45\times10^{-5}$）比较大，沉淀作用不完全。

（2）沉淀必须纯净，不应混有沉淀剂和其他杂质。

（3）沉淀应易于过滤和洗涤。因此，希望得到粗大的晶形沉淀。例如，颗粒较粗的晶形沉淀$MgNH_4PO_4 \cdot 6H_2O$，在过滤时不会堵塞滤纸的小孔，过滤速度快，而且其总表面积较小，吸附杂质的机会较少，沉淀较纯净，洗涤也比较容易。

如果是无定形沉淀，应注意掌握好沉淀条件，改善沉淀的性质，以便得到易于过滤和洗涤的沉淀。例如，体积庞大、疏松的非晶形沉淀$Al(OH)_3$，表面积很大，吸附杂质的机会较多，洗涤较困难，过滤速度慢，费时，因此使用重量法测定时，常采用有机沉淀剂（如8-羟基喹啉）。

（4）沉淀形式易于转化为称量形式。

8.1.2.2 重量分析法对称量形式的要求

（1）必须有确定的化学组成，否则无法计算其含量。例如，磷钼酸铵虽然是一种溶解度很小的晶形沉淀，但由于它的组成不定，不能作为测定PO_4^{3-}的称量形式，通常采用磷钼酸喹啉。

(2) 应该有足够的化学稳定性，不易受空气中水分、二氧化碳和 O_2 的影响，而且在干燥、灼烧时也不易分解。例如，$CaC_2O_4 \cdot H_2O$ 灼烧后得到的 CaO 容易吸附空气中的水分和 CO_2，因此，不宜作为称量形式。

(3) 称量形式应具有尽可能大的摩尔质量，这样可以减小称量误差，提高分析结果的准确度。

为了满足上述要求，必须选择合适的沉淀剂，注意利用其他有利因素，控制适宜的反应条件。

8.1.3 沉淀剂的选择

8.1.3.1 沉淀剂的分类

沉淀剂一般分为无机沉淀剂和有机沉淀剂两大类。常见的无机沉淀剂，如 OH^-、SO_4^{2-}、PO_4^{3-}、$C_2O_4^{2-}$ 等；常见的有机沉淀剂，如丁二酮肟、8-羟基喹啉、四苯硼酸钠等。

8.1.3.2 沉淀剂的特点及选择

无机沉淀剂具有选择性差，生成的沉淀溶解度较大，吸附杂质多等缺点，常不被人们使用。有机沉淀剂则具有如下优点，常被人们所使用。

(1) 试剂种类多，性质各异，选择性较高。
(2) 溶解度小，有利于沉淀完全。
(3) 无机杂质吸附少，易过滤、洗涤。
(4) 摩尔质量大，有利于减小测定误差。
(5) 某些沉淀便于转化为称量形式。

但是，有机沉淀剂也有一些缺点，如试剂在水中的溶解度较小，容易夹杂在沉淀中；有些沉淀剂组成不恒定，需要灼烧成一定的称量形式等，在使用时应加以注意。

8.1.3.3 常用有机沉淀剂

有机沉淀剂可分为生成螯合物的沉淀剂和生成离子缔合物的沉淀剂两大类。

(1) 生成螯合物的沉淀剂

通常含两类基团：酸性基团和碱性基团。如 8-羟基喹啉，其沉淀原理是生成螯合物。

$$Mg^{2+} + 2\underset{\underset{OH}{\,}}{\text{(8-羟基喹啉)}} \rightleftharpoons Mg(\text{(8-羟基喹啉)})_2$$

(2) 生成离子缔合物的沉淀剂

离子态的有机试剂与带相反电荷的离子反应，可生成离子缔合物，其具有分子量大和体积大等优点。如 $(C_6H_5)_4AsCl$（氯化四苯钾）的分子量大；$NaB(C_6H_5)_4$（四苯硼酸钠）的体积大。

$$(C_6H_5)_4As^+ + MnO_4^- \rightleftharpoons (C_6H_5)_4AsMnO_4$$
$$B(C_6H_5)_4^- + K^+ \rightleftharpoons KB(C_6H_5)_4$$

8.2 沉淀的溶解度及其影响因素

沉淀的溶解损失是重量分析法误差的重要来源之一。若沉淀溶解损失小于天平的称量误差（0.2mg），则不影响测定的准确度。实际上相当多的沉淀在纯水中的溶解度都大于此值。但若控制好沉淀条件，就可以降低溶解损失，使其能达到上述要求。为此，必须了解沉淀的溶解度及其影响因素。

8.2.1 溶解度、溶度积和条件溶度积

以 1∶1 型微溶化合物 MA 为例,在水溶液中达到平衡时的平衡关系为:

$$MA(s) \rightleftharpoons MA(水) \rightleftharpoons M^+ + A^-$$

其中,MA(水) 可以是不带电荷的分子 MA,也可以是离子对 $M^+ A^-$。它的浓度 $[MA]_水$ 在一定温度下是常数,叫作固有溶解度(或分子溶解度),以 s^0 表示。若溶液中没有影响沉淀溶解平衡的其他反应存在,则固体 MA 的溶解度 s 为固有溶解度和离子 M^+(或 A^-)浓度之和,即

$$s = s^0 + [M^+] = s^0 + [A^-] \tag{8-1}$$

对于大多数电解质来说,s^0 都较小,而且大多未被测定,故一般计算中往往忽略 s^0 项。但有的化合物的固有溶解度相当大,例如 $HgCl_2$,若按溶度积($K_{sp} = 2 \times 10^{-14}$)计算,它在水中的溶解度约为 1.7×10^{-5} mol·L^{-1},实际测得的溶解度约为 0.25 mol·L^{-1}。这说明溶液中有大量 $HgCl_2$ 分子存在。

根据沉淀 MA 在水溶液中的平衡关系,得到:

$$\frac{a(M^+)a(A^-)}{a(MA)_水} = K$$

中性分子的活度系数视为 1,即 $\gamma(MA) = 1$,则 $a(MA)_水 = s^0$,故:

$$a(M^+)a(A^-) = s^0 K = K_{sp}^0 \tag{8-2}$$

式中,K_{sp}^0 是离子的活度积,称为活度积常数。它仅随温度变化。若引入活度系数 γ,就得到用浓度表示的溶度积常数 K_{sp}。

$$[M^+][A^-] = \frac{K_{sp}^0}{\gamma(M^+)\gamma(A^-)} = K_{sp} \tag{8-3}$$

溶度积常数 K_{sp} 与溶液中的离子强度有关。在重量测定中大多是加入过量沉淀剂,一般离子强度较大,引用溶度积作计算,才符合实际情况。本书中引用的多是离子强度为 0.1 时的溶度积。仅计算沉淀在水中的溶解度时,才采用活度积。

实际上除了形成沉淀的主反应外,还可能存在多种副反应,组成沉淀的金属离子还会与多种络合剂络合,也可能发生水解作用,组成沉淀的阴离子还会与 H^+ 结合成弱酸,如图 8-1 所示。

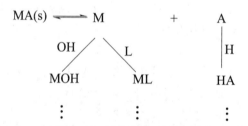

图 8-1 MA 沉淀溶解平衡中发生的副反应示意图

此时溶液中金属离子总浓度 $[M']$ 为:

$$[M'] = [M] + [ML] + [ML_2] + \cdots + [M(OH)] + [M(OH)_2] + \cdots$$

沉淀剂总浓度 $[A']$ 为:

$$[A'] = [A] + [HA] + [H_2A] + \cdots$$

引入相应的副反应系数 α_M、α_A 后,则:

$$K_{sp} = [M][A] = \frac{[M'][A']}{\alpha_M \alpha_A} = \frac{K'_{sp}}{\alpha_M \alpha_A}$$

即
$$K'_{sp} = [M'][A'] = K_{sp} \alpha_M \alpha_A \qquad (8-4)$$

K'_{sp} 称为条件溶度积常数。因 $\alpha_M \geqslant 1$,$\alpha_A \geqslant 1$,$K'_{sp} \geqslant K_{sp}$,即副反应的发生使溶度积常数增大。与配合物的条件稳定常数(K'_{MY})、电对的条件电极电位(φ')一样,沉淀的条件溶度积常数(K'_{sp})也随介质条件变化。它表示沉淀与溶液达到平衡时,组成沉淀的离子的各种形式总浓度的乘积,用它来计算才能说明沉淀反应的完全程度。

如果不是 1:1 型微溶化合物,可根据具体情况,推导出相应的关系式。

8.2.2 影响沉淀溶解度的因素

影响沉淀溶解度的化学因素主要有盐效应、同离子效应、酸效应和配位效应等,此外,温度、溶剂和沉淀颗粒大小等其他因素也会对沉淀溶解度产生不同程度的影响,下面分别予以讨论。

8.2.2.1 盐效应

在微溶化合物溶液中加入其他强电解质(如 KNO_3、$NaNO_3$)后,使微溶化合物的溶解度比在纯水中的溶解度增大的现象,称为盐效应。

发生盐效应的原因主要是由于当溶液中有强电解质存在时,使溶液中离子强度增大,活度系数减小,导致沉淀物的溶解度随之增大。而且,强电解质的浓度愈大,所带电荷数愈大,溶液中离子强度也就愈大,沉淀物的溶解度愈大。

例如,AgCl 和 $BaSO_4$ 的溶解度随溶液中 KNO_3 浓度的增加而增大,如图 8-2 所示。

图中纵坐标是不同 KNO_3 浓度时的溶解度 s 对纯水中溶解度 s^0 的比值。因为高价离子的活度系数受离子强度影响较大,盐效应对 2:2 型 $BaSO_4$ 比对 1:1 型 AgCl 的影响要大。即使如此,$0.01 \text{mol} \cdot L^{-1}$ KNO_3 使 $BaSO_4$

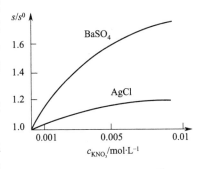

图 8-2 AgCl、$BaSO_4$ 的溶解度与 KNO_3 浓度关系

的溶解度只增加了 70%。所以,除非电解质的浓度很大、离子价数较高,一般由盐效应引起沉淀溶解度的增加不是很大,同其他化学因素(如同离子效应、酸效应、配位效应)相比,其影响要小得多,常常可以忽略。

8.2.2.2 同离子效应

在重量分析中,常加入过量沉淀剂使被测组分沉淀完全,此时由于溶液中相同离子的存在使沉淀的溶解度降低从而产生同离子效应。

以 $BaSO_4$ 重量法测定 SO_4^{2-} 为例:若加入 Ba^{2+} 物质的量正好和 SO_4^{2-} 物质的量相等[即 $n(Ba^{2+}) = n(SO_4^{2-})$],在 250mL 溶液中 $BaSO_4$ 溶解损失为:

$$\sqrt{1.1 \times 10^{-10}} \times 250\text{mL} \times 233.4 \text{g} \cdot \text{mol}^{-1} \approx 0.6\text{mg}$$

已知:$K_{sp}(BaSO_4) = 1.1 \times 10^{-10}$,$M(BaSO_4) = 233.4 \text{g} \cdot \text{mol}^{-1}$,此值大大超过重量分析法的要求。

但是，如果加入过量的 Ba^{2+}，沉淀达到平衡时，设过量的 Ba^{2+} 浓度为 $0.01mol \cdot L^{-1}$，则可计算出 250 mL 溶液中溶解的 $BaSO_4$ 的质量为：

$$\frac{1.1 \times 10^{-10}}{0.01 mol \cdot L^{-1}} \times 250 mL \times 233.4 g \cdot mol^{-1} \approx 0.0006 mg$$

这时，实际上沉淀是很完全的。

但是若沉淀剂过多，反而由于盐效应或其他副反应使沉淀的溶解度增加。

表 8-1　$PbSO_4$ 在不同浓度 Na_2SO_4 溶液中的溶解度

$c(Na_2SO_4)/mol \cdot L^{-1}$	0	0.001	0.01	0.02	0.04	0.10	0.20	0.35
$s(PbSO_4)/\mu mol \cdot L^{-1}$	152	24	16	14	13	16	19	23

表 8-1 表明，溶液中有少量 Na_2SO_4 时，同离子效应使 $PbSO_4$ 的溶解度大大降低，当 Na_2SO_4 浓度增加时，盐效应又使溶解度有所增加。在 $0.01 \sim 0.04 mol \cdot L^{-1}$ 时，$PbSO_4$ 的溶解度改变很小，当 Na_2SO_4 的浓度大于 $0.04 mol \cdot L^{-1}$ 以后，盐效应的作用大于同离子效应，使溶解度继续增大。在分析工作中，不少的沉淀剂都是强电解质，在进行沉淀反应时，沉淀剂不要过量太多，以防止盐效应及配位效应等能增大溶解度的副作用发生。一般沉淀剂以过量 50%～100%为宜，对非挥发性沉淀剂，一般则以过量 20%～30%为宜。

8.2.2.3　酸效应

由于酸度的变化影响沉淀溶解度的现象称为酸效应。

产生酸效应的原因是组成沉淀的构晶离子与溶液中 H^+ 或 OH^- 反应，使构晶离子浓度降低，沉淀的溶解度增大。如有些沉淀是弱酸盐，当酸度较高时，组成沉淀的阴离子如 $C_2O_4^{2-}$、CO_3^{2-}、PO_4^{3-}、OH^- 等与 H^+ 结合，降低了阴离子的浓度，将使沉淀溶解平衡移向生成弱酸的方向，从而增加沉淀的溶解度；当酸度降低时，组成沉淀的金属离子可能发生水解，形成带电荷的羟基配合物，如 $[Fe(OH)]^{2+}$、$[Al(OH)]^{2+}$ 等或它们的聚合物 $[Fe_2(OH)_2]^{4+}$、$[Al_6(OH)_{15}]^{3+}$ 等，降低了阳离子的浓度，导致沉淀的溶解度增大。因此，必须严格控制适宜的酸度，以保证沉淀完全。

例 8-1　比较 CaC_2O_4 分别在 pH 为 4.0 和 2.0 的溶液中的溶解度。

解　设 CaC_2O_4 在 pH=4.0 的溶液中的溶解度为 s，已知 $K_{sp} = 2.0 \times 10^{-9}$，$H_2C_2O_4$ 的 $K_{a_1}(H_2C_2O_4) = 5.9 \times 10^{-2}$，$K_{a_2}(H_2C_2O_4) = 6.4 \times 10^{-5}$，此时

$$\alpha_{C_2O_4^{2-}(H)} = 1 + \frac{[H^+]}{K_{a_2}} + \frac{[H^+]^2}{K_{a_1} K_{a_2}} = 2.56$$

$$s = \sqrt{K_{sp} \alpha_{C_2O_4^{2-}(H)}} = 7.2 \times 10^{-5} mol \cdot L^{-1}$$

同理，设 CaC_2O_4 在 pH=2.0 的溶液中的溶解度为 s，由计算求得：

$$\alpha_{C_2O_4^{2-}(H)} = 185$$

$$s = \sqrt{2.0 \times 10^{-9} \times 185} = 6.1 \times 10^{-4} mol \cdot L^{-1}$$

由上述计算可知，CaC_2O_4 在 pH=2.0 的溶液中的溶解度比在 pH=4.0 的溶液中的溶解度约大 10 倍。

8.2.2.4　配位效应

若溶液中存在的配位剂与沉淀中金属离子形成配合物，也会促进沉淀-溶解平衡向溶解方向移动，从而使沉淀的溶解度增大，甚至使沉淀完全溶解，这种现象称为配位效应。

配位效应的大小主要由配位剂的浓度及所形成配合物的稳定性所决定。配位剂的浓度越大及所形成配合物的稳定性越稳定，配位效应系数越大，沉淀的溶解度也就越大；反之亦然。

有些沉淀剂本身就是配合剂，沉淀剂过量时，既有同离子效应，又有配位效应。此时沉淀的溶解度是增加还是减少，视沉淀剂浓度而定。

从以上的讨论可知，在进行沉淀反应时，对无配位反应的强酸盐沉淀，应主要考虑同离子效应和盐效应；对弱酸盐或难溶酸盐，多数情况应主要考虑酸效应；在有配位反应，尤其在能形成较稳定的配合物，而沉淀的溶解度又不太小时，则应主要考虑配位效应。

除上述因素外，温度、溶剂及沉淀本身颗粒的大小和结构，也都对沉淀的溶解度有所影响。

8.2.2.5 其他影响因素

（1）温度　溶解一般是吸热过程，大多数无机盐沉淀的溶解度随温度升高而增大。通常沉淀是在热溶液中进行的，沉淀完成后还要热陈化，因此在热溶液中溶解度较大的沉淀如 CaC_2O_4 和 $MgNH_4PO_4 \cdot 6H_2O$ 等，必须冷却到室温后再进行过滤等操作。

（2）溶剂　大多数无机盐在有机溶剂中的溶解度比在纯水中要小。若水溶液中加入一些与水能混溶的有机溶剂（如乙醇），可显著降低沉淀的溶解度。例如钾盐一般在水中易溶，用于重量法测定 K^+ 的 K_2PtCl_6 沉淀，在水中的溶解度仍较大，若加入乙醇则可使其定量沉淀。

（3）沉淀颗粒大小　对同种沉淀来说，颗粒越小，溶解度越大。这是因为小晶体比大晶体有更多的角、边和表面。处于这些位置的离子受晶体内离子的吸引小，又受到溶剂分子的作用，易进入溶液中，其溶解度就较大。因此在沉淀形成后，常将沉淀和母液一起放置一段时间，使小结晶逐渐转化为大结晶，有利于沉淀的过滤与洗涤。

但对不同沉淀，小颗粒沉淀的溶解度的增大程度是不同的。小颗粒的 $BaSO_4$ 沉淀比大颗粒的 $BaSO_4$ 溶解度大得多，而对 $AgCl$ 沉淀，则大、小颗粒的溶解度相差甚少。这是由沉淀的性质（如表面张力和硬度）所决定的。了解这一点，有助于说明它们属于不同的沉淀类型。

8.3　影响沉淀纯度的因素

在重量分析中，不仅要求沉淀的溶解度要小，而且要求沉淀纯净。但绝对纯净的沉淀是难以得到的，因为沉淀是从溶液中析出的，总会或多或少地夹杂溶液中的其他组分，所以纯只是相对而言。在实际工作中，如何控制适宜的条件，以获得纯度尽可能高的沉淀，便成为沉淀重量法的主要问题。通常影响沉淀纯度的主要因素有共沉淀和后沉淀现象。

8.3.1　共沉淀和后沉淀

8.3.1.1　共沉淀现象

共沉淀是指当一种沉淀从溶液中析出时，溶液中的某些可溶的组分也被沉淀带下来而混杂于沉淀之中，这种现象称为共沉淀现象。

共沉淀现象主要有以下三类情况所引起。

（1）表面吸附

表面吸附是在沉淀的表面上吸附了杂质，这是由于在晶形沉淀的表面上离子的电荷不完全平衡所致。例如：AgCl 在过量的 NaCl 溶液中沉淀，沉淀表面的 Ag^+ 强烈吸附溶液中的 Cl^-，形成带负电的吸附层。由于静电引力的作用，吸附层的 Cl^- 再吸附溶液中带正电的 Na^+ 或其他阳离子（称抗衡离子）形成扩散层。吸附层和扩散层共同组成沉淀表面的双电层，使电荷达到平衡。双电层随沉淀一起沉降，这些杂质也就随 AgCl 一起析出，产生共沉淀现象，使沉淀不纯净。

由于静电引力的作用，沉淀表面对溶液中任何带相反电荷的离子都有吸附的可能。事实上，这种吸附是具有选择性的，其规律大致如下：

a. 晶体表面首先吸附构晶离子；
b. 其次吸附能与构晶离子形成微溶或解离度很小的化合物的离子；
c. 当物质的溶解度相近时，则离子的电荷数愈高，浓度愈大，愈易被吸附。

例如：当溶液中同时含有 NO_3^-、Cl^- 和 H^+，在 Ba^{2+} 过量生成 $BaSO_4$ 沉淀时，则 $BaSO_4$ 沉淀表面首先吸附溶液中的 Ba^{2+}，形成第一吸附层，使晶体沉淀表面带正电荷。然后它又吸引溶液中带负电荷的离子，如 Cl^-，构成电中性的双电层，如图 8-3 所示。如果在上述溶液中，除 Cl^- 外还有 NO_3^-，由于 $Ba(NO_3)_2$ 溶解度小于 $BaCl_2$，所以吸附层将优先吸附 NO_3^-。如果是在过量的 SO_4^{2-} 中生成 $BaSO_4$ 沉淀，则沉淀首先吸附 SO_4^{2-} 形成吸附层，由于 Na_2SO_4 溶解度比 H_2SO_4 小，所以吸附层就易吸附 Na^+ 形成扩散层。

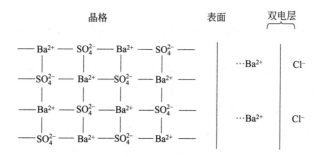

图 8-3　晶体表面吸附示意图

此外，沉淀吸附杂质的量与下列因素有关：

① 沉淀的总表面积　表面积愈大，吸附杂质的量就愈多。同量的沉淀，颗粒愈大，总表面积愈小，吸附杂质的量就愈少。故晶形沉淀比非晶形沉淀吸附的杂质量要少。

② 杂质离子的浓度　溶液中杂质浓度越大，吸附现象越严重。

③ 溶液的温度　吸附作用是一个放热过程，故升高溶液温度可以减少吸附杂质的量。

（2）混晶

当杂质离子的半径与构晶离子的半径相近、电子层结构相同、形成的晶体结构相似时，则很容易生成混晶共沉淀下来。生成混晶的选择性是比较高的，要避免也较困难。因为不论杂质离子的浓度有多小，只要构晶离子形成沉淀，杂质离子就一定会在沉淀过程中取代某一构晶离子而进入沉淀。常见的混晶有 AgCl 与 AgBr、$BaSO_4$ 与 $PbSO_4$ 等。

（3）吸留和包夹

在沉淀过程中，如果加入沉淀剂的浓度太大，或加入的速度太快时，形成沉淀的速率就很快，则沉淀表面的杂质离子来不及离开沉淀表面，就被沉积上来的离子所覆盖，被包夹在沉淀内部，随同沉淀一起沉降下来，这样引起的共沉淀现象称为吸留或包夹。这种现象造成的沉淀不纯是不能用洗涤方法除去的，因此应尽量避免此种现象的发生。例如：测定 Ba^{2+} 时，以 H_2SO_4 为沉淀剂，如果试液中有 Fe^{3+} 存在，可溶性的 $Fe_2(SO_4)_3$ 本不会沉淀，但由于共沉淀现象，也被夹在 $BaSO_4$ 沉淀中析出，因而沉淀经过过滤、洗涤、干燥、灼烧后不呈 $BaSO_4$ 的纯白色，而略带灼烧后 Fe_2O_3 的棕色。因共沉淀而使沉淀沾污，这是重量分析中重要的误差来源。

8.3.1.2 继沉淀现象

继沉淀现象又称后沉淀现象，是指在沉淀形成后的静置过程中，一种本来不易析出沉淀的组分，在已形成的沉淀表面上继续析出沉淀的现象。这种现象大多发生在该组分的过饱和溶液中。例如，在含有 Cu^{2+}、Zn^{2+} 酸性溶液中，通入 H_2S 时，形成沉淀 CuS 并不夹杂 ZnS，但在沉淀的放置过程中，由于与溶液长时间接触，CuS 沉淀则吸附溶液中的 S^{2-} 使沉淀表面上的 S^{2-} 浓度增大，致使 $c(S^{2-})c(Zn^{2+}) \geqslant K_{sp}(ZnS)$，于是 ZnS 沉淀就会慢慢析出而沉积在 CuS 沉淀的表面上，使所得的 CuS 沉淀不纯净。

后沉淀与共沉淀的区别如下：

① 沉淀引入杂质的量，随沉淀在试液中放置时间的增长而增多，而共沉淀的量受放置时间的影响较小。所以避免或减少后沉淀的主要方法是缩短沉淀与母液共置的时间。

② 后沉淀引入杂质的程度，有时比共沉淀严重得多。引入杂质的量，可能达到与被测组分差不多的量。

③ 温度升高，后沉淀现象有时更为严重。

④ 不论杂质是在沉淀之前就存在的，还是在沉淀之后引入的，后沉淀引入杂质的量基本上一致。

8.3.2 提高沉淀纯度的方法

通过以上讨论可知，沉淀的沾污主要是由共沉淀和后沉淀现象所引起。为了获得纯净的沉淀，可针对原因采取以下措施。

(1) 选择适当的分析步骤

如果需要测定试样中某少量组分时，应该首先沉淀被测定的少量组分，而不应该首先沉淀大量组分，否则由于大量组分的沉淀析出，会使少量被测组分随大量组分共沉淀，从而引起测定误差。

(2) 选择合适的沉淀剂

沉淀的吸附作用与沉淀颗粒的大小、洗涤的类型、温度和陈化过程等都有关系。因此，要获得纯净的沉淀，则应根据沉淀的具体情况，选择适宜的沉淀剂。一般选择有机沉淀剂可以减少共沉淀现象。

(3) 降低易被吸附杂质离子的浓度

为了降低杂质浓度，一般都是在稀溶液中进行沉淀。但对一些高价离子或含量较多的杂质，就必须加以分离和掩蔽。例如，$BaSO_4$ 沉淀易吸附 Fe^{3+}，如果将 Fe^{3+} 预先还原成不易被吸附的 Fe^{2+}，或者加入酒石酸等配位剂与 Fe^{3+} 形成稳定的配位化合物，使 Fe^{3+} 浓度降低，可减少共沉淀现象。

(4) 进行再沉淀

再沉淀指将已得到的沉淀过滤、洗涤、再溶解，进行第二次沉淀。第二次沉淀时，溶液中杂质量少，共沉淀现象自然减少。再沉淀有利于除去吸留的杂质。

(5) 选择合适的沉淀条件

要获得纯净的沉淀，还应根据沉淀的具体情况，选择合适的沉淀条件，如溶液的浓度、温度、试剂的加入次序和速度等。

如果采用上述措施后，沉淀的纯度仍然提高不大，则可对沉淀中的杂质进行测定，再对分析结果加以校正。

8.4　沉淀的形成过程与沉淀条件的选择

为了获得纯净且易于分离和洗涤的沉淀，必须了解沉淀形成的过程和选择适当的沉淀条件。

8.4.1　沉淀的类型和沉淀的形成过程

8.4.1.1　沉淀的类型

沉淀可按其颗粒的大小分为晶形、凝乳状和无定形沉淀。晶形沉淀是由较大的颗粒组成，直径约为 0.1~1μm，内部离子排列规则，结构紧密，整个沉淀所占的体积较小，易沉降于容器的底部，既便于过滤和洗涤，且对杂质的吸附较少。无定形沉淀颗粒很小，直径一般小于 0.02μm，其内部离子的排列杂乱无章，其中又包含大量数目不定的水分子，结构疏松，体积庞大，过滤时易穿透滤纸或堵塞滤纸孔隙，过滤速度慢且不易洗涤。凝乳状沉淀颗粒直径介于 0.02~0.1μm 之间。性质上也属于过渡态，无定形和凝乳状沉淀也可统称非晶形沉淀。$BaSO_4$ 是典型的晶形沉淀，$Fe_2O_3 \cdot nH_2O$ 是典型的无定形沉淀，AgCl 属于凝乳状沉淀。

在重量分析中，最好能获得晶形沉淀。晶形沉淀有粗晶形沉淀和细晶形沉淀之分。粗晶形沉淀，如 $MgNH_4PO_4$ 等；细晶形沉淀，如 $BaSO_4$ 等。如果是无定形沉淀，则应注意掌握好沉淀条件，以改善沉淀的物理性质。

8.4.1.2　沉淀的形成过程

关于沉淀的形成，一般认为在含待测离子的溶液中加入沉淀剂，当溶液中构晶离子的浓度的乘积超过溶度积时，就有可能生成沉淀。沉淀的形成过程，包括晶核的生成和晶体的成长两个过程，如图 8-4 所示。

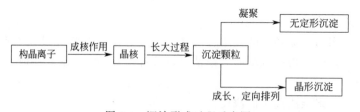

图 8-4　沉淀形成过程示意图

晶核的形成有两种情况，一种是均相成核作用，另一种是异相成核作用。所谓均相成核作用是指构晶粒子在过饱和溶液中，通过离子的缔合作用，自发形成晶核。所谓异相成核作用是指溶液中混有固体微粒，在沉淀过程中，这些微粒可起到晶种作用，诱导构晶离子在晶种上沉积形成晶核。

晶核形成后，溶液中的构晶离子向晶核表面扩散，并沉积在晶核上，晶核就逐渐长大成沉淀颗粒。这种由离子聚集成核，再进一步积集在沉淀微粒上的速度称为聚集速度。在聚集的同时，构晶离子又能按一定晶格排列，这种定向排列的速度称为定向速度。生成沉淀的类型与聚集速度和定向速度哪一个占优势有关。如果定向速度大于聚集速度，即离子缓慢地聚集成沉淀微粒时，有足够的时间按一定的顺序排列于晶格内，可以得到晶形沉淀。反之，聚集速度大于定向速度，离子很快聚集而成沉淀颗粒，却来不及按一定的顺序排列于晶格内，这时得到的为无定形沉淀。

槐氏（Ven wemarn）根据有关实验现象，总结了一个经验公式，它指出沉淀颗粒的大小与形成沉淀的初速率 v 有关，而 v 又与溶液的相对过饱和度成正比，即

$$v = k \frac{Q-s}{s} \tag{8-5}$$

式中　Q——加入沉淀剂瞬间生成沉淀物质的浓度；
　　　s——沉淀物质的溶解度；
　　　$Q-s$——沉淀开始瞬间的过饱和度；
　　　$\frac{Q-s}{s}$——沉淀开始瞬间的相对过饱和度；
　　　k——常数，与沉淀的性质、温度、介质有关。

由式(8-5) 可知，溶液的相对过饱和度愈大，形成沉淀的初速度愈大，这时形成晶核的数目愈多，因而得到的是细晶形沉淀或者是非晶形沉淀。反之，溶液的相对过饱和度较小，形成沉淀的初速度也小，则形成的晶核数目较少，因而得到的是粗晶形沉淀。例如，一般认为 $BaSO_4$ 是晶形沉淀，但如果在很浓的试液中很快地加入沉淀剂，生成的 $BaSO_4$ 可能就是非晶形沉淀。例如，在稀溶液中沉淀 $BaSO_4$，通常都能获得细晶形沉淀；若在浓溶液（如 $0.75 \sim 3\ mol \cdot L^{-1}$）中，则形成胶状沉淀。

定向速度主要取决于沉淀物质的本性，一般来说，强极性无机盐，如 $BaSO_4$、CaC_2O_4 等，具有较大的定向速度，易形成晶形沉淀。而氢氧化物只有较小的定向速度，因此氢氧化物沉淀一般是非晶形的。应该指出，沉淀的形成是一个比较复杂的过程，上述公式仅是一个经验式。对于沉淀机理的深入了解，还有待人们进一步的研究。

在沉淀重量法中，为了获得颗粒较大的晶形沉淀，必须设法降低沉淀时溶液的相对过饱和度。在实际工作中就是要选择好沉淀的条件。

8.4.2　沉淀条件的选择

根据不同的沉淀类型，选择不同的沉淀条件，以获得沉淀重量法要求的沉淀。

8.4.2.1　晶形沉淀的沉淀条件

（1）沉淀过程应在适当稀的溶液中进行，加入的沉淀剂也是稀溶液。这样溶液中沉淀物的过饱和度不至于太大，晶核生成不会太多，有利于粗晶形沉淀析出。同时，由于溶液稀，杂质的浓度相对也小，共沉淀现象也就相应减少，有利于得到纯净的沉淀。

（2）在不断搅拌下，缓慢地加入沉淀剂。这样可以避免溶液中因沉淀剂的局部过浓而导致形成颗粒小、纯度差的沉淀。

（3）沉淀过程应该在热溶液中进行。这样可以增大沉淀的溶解度，降低溶液的相对过饱和度，有利于生成少而大的结晶。同时，也可减少杂质的吸附量。为了防止沉淀在热溶液中溶解而损失，沉淀作用完毕后，应等溶液冷却后再进行过滤。

（4）沉淀应当放置陈化。沉淀完毕后，应将沉淀和母液一起放置一段时间，然后再过滤，放置这一过程称为陈化。陈化的结果，可使细小的晶体溶解，而大晶体进一步长大。由于小晶体与大晶体相比，其溶解度相对要大，当大、小晶体同时存在于溶液中时，如果溶液

对大晶体已达饱和,则对微小晶体尚未饱和,这时小晶体沉淀就逐渐溶解,溶解的构晶离子就要在大晶体沉淀表面沉积,如此继续下去,就使得小晶体逐渐消逝,而大晶体不断长大,其结果就能得到需要的大颗粒沉淀。

加热和搅拌可以加快沉淀的溶解速度,因而可以缩短陈化的时间。通常在室温下进行陈化需要过夜,若在水浴上加热并不断搅拌下陈化,仅需数十分钟或至多 1~2h 即可。

8.4.2.2 无定形沉淀的沉淀条件

(1) 沉淀反应宜在较浓的溶液中进行,同时较快地加入沉淀剂。因为溶液浓度大,则离子水合程度小,得到的沉淀比较紧密。考虑到此时吸附杂质多,所以在沉淀作用完毕后,立即加入大量热水冲洗并搅拌,使吸附的杂质部分转入溶液中。

(2) 沉淀宜在热溶液中进行。这样可以减少杂质的吸附,防止生成胶体而得到紧密的沉淀。

(3) 溶液中加入适当的电解质。电解质能中和胶体微粒的电荷,使胶体微粒凝聚,从而防止胶体溶液的生成。

(4) 不需要进行陈化。由于这类沉淀放置后,将失去水分而凝集更紧密,这样就不易洗涤沉淀除去所吸附的杂质。所以在沉淀完毕后,需迅速过滤和洗涤。

(5) 必要时进行再沉淀。非晶形沉淀吸附杂质较多,当分析结果准确度要求较高时,应当进行再沉淀。再沉淀可减少杂质的吸附量。

8.4.2.3 均匀沉淀法

控制一定的条件,使加入的试剂不能立刻与被测离子生成沉淀,而是通过另外一种化学反应,使沉淀剂从溶液中缓慢、均匀地产生出来,从而使沉淀均匀而缓慢地形成。这样可以避免局部过浓现象,得到颗粒较粗、结构紧密、纯净而易于过滤的沉淀。

例如,在含 Ca^{2+} 的酸性溶液中加入草酸铵并无沉淀产生。如果在溶液中加入尿素,搅拌均匀并加热,尿素发生下列水解反应:

$$CO(NH_2)_2 + H_2O \Longrightarrow 2NH_3 + CO_2 \uparrow$$

生成的 NH_3 中和溶液中的 H^+,酸度渐渐降低,缓慢而均匀地形成 CaC_2O_4 沉淀,从而得到粗大的 CaC_2O_4 晶形沉淀。

均匀沉淀法是重量分析的一种改进方法,本身也有着繁琐费时的缺点。均匀沉淀法得到的沉淀纯度并不都是理想的,它对生成混晶及后沉淀没有太多改善,有时反而加重。另外,长时间的煮沸溶液容易在容器壁上沉积一层致密的沉淀,不易取下,往往需要用溶剂溶解后再沉淀,这也是均匀沉淀法的缺点之一。

8.5 沉淀后的处理

得到纯净而又易于分离的沉淀之后,还需经过过滤、洗涤、烘干或灼烧等操作,这些环节完成的好坏也同样影响分析结果的准确度。

8.5.1 沉淀的过滤和洗涤

沉淀常用滤纸和玻璃砂芯滤器过滤。

对于需要灼烧的沉淀,常用无灰滤纸过滤。滤纸的紧密程度不同,应根据沉淀的形状选用不同的滤纸。如对 $BaSO_4$、$CaCO_3$ 等晶形沉淀,应先用最紧密的慢速滤纸,以防沉淀穿过滤纸;对 $Fe(OH)_3$、$Al(OH)_3$ 等,应用疏松的快速滤纸过滤,以免过滤太慢;对

$MgNH_4PO_4 \cdot 6H_2O$ 等粗粒的晶形沉淀，可用较紧密的中速滤纸。重量分析用的漏斗应为长颈的，锥形顶角应为60°。在过滤过程中，为了使漏斗颈中充满滤液，利用液柱下坠曳引漏斗内滤液来加速过滤，滤纸应紧贴漏斗。盛放滤液的烧杯，其内壁应与漏斗颈末端接触，以防滤液溅失。另外，为了使滤纸不致迅速被沉淀堵塞，应采用倾斜法过滤，即将沉淀上清液沿着玻璃棒小心倾入漏斗，尽可能将沉淀留在杯内。用玻璃砂芯滤器过滤时也采用倾斜法。

洗涤沉淀是为了洗去沉淀表面吸附的杂质和混杂在沉淀中的母液，特别是除去在烘干或灼烧时不易挥发的杂质。同时，要尽量减少因洗涤而带来的沉淀的溶解损失和避免形成胶体。为此，需选择合适的洗液。选择洗液的原则是：溶解度很小而又不易成胶体的沉淀可用蒸馏水洗涤；溶解度较大的胶体的沉淀，可用蒸馏水洗涤；溶解度较大的晶形沉淀，可用沉淀剂稀溶液洗涤，但沉淀剂必须是在烘干或灼烧时易挥发或易分解除去的，例如用 $(NH_4)_2C_2O_4$ 稀溶液洗涤 CaC_2O_4 沉淀；溶解度较小而又可能分散成胶体的沉淀，应用易挥发的电解质稀溶液洗涤。例如，用 HNO_3 稀溶液洗涤 $Al(OH)_3$。采用热洗涤液洗涤时，过滤较快，能有效地防止胶体生成。溶解度随温度升高且较快的沉淀不能采用热洗涤液洗涤。

洗涤开始时，一般仍采用倾析法，即加适量洗液于盛有沉淀的烧杯中，充分搅拌，放置澄清，将澄清液用倾析法过滤。如此洗涤几次，每次应尽可能将澄清液倒出。洗涤若干次后可将沉淀转移到滤纸上。沉淀全部转移后，再洗涤沉淀几次，直到将沉淀洗净。沉淀洗净与否应进行检查，一般是定性检查最后流出的洗液是否还显示某种离子的反应。如由 $BaCl_2$ 生成的 $BaSO_4$ 沉淀，应洗涤到滤液中不含氯离子为止。

洗涤沉淀时，必须考虑如何提高洗涤效率，既要将沉淀洗涤干净，又不能用过多的洗液，以免增加沉淀的溶解损失。

8.5.2 沉淀的烘干或灼烧

为了除去沉淀中的水分和可挥发物质，使沉淀组成固定为称量形式，应进行烘干。因沉淀不同，故烘干的温度和时间也各不相同，如丁二酮肟镍，只需在110~120℃烘40~60min 即可冷却，称量；磷钼酸喹啉，则需在130℃烘干45min，沉淀烘干时所用的玻璃砂芯滤器都应烘到恒重，沉淀也应烘到恒重。

灼烧的目的除了去掉沉淀中水分和易挥发物以外，有时还使沉淀在较高温度分解为组成固定的称量形式。例如沉淀得到的 SiO_2 含有化合水（$SiO_2 \cdot H_2O$），经烘干也不易除尽；用动物胶法沉淀的 SiO_2，其中尚含有动物胶，必须在高温灼烧，才能除去化合水和动物胶。

灼烧温度一般在800℃以上，因此不能用玻璃砂芯滤器，常用瓷坩埚盛沉淀。灼烧用的瓷坩埚和盖，应预先在灼烧沉淀的高温下灼烧15~20min，冷却（约需40min），称量，直至恒重。然后用滤纸包好沉淀，放入已灼烧至恒重的坩埚中。再加热烘干、焦化、灼烧至恒重。沉淀灼烧所需的温度和时间随沉淀不同而异。坩埚和沉淀经灼烧、称量到达恒重后即可由沉淀质量计算结果。

8.6 重量分析的计算与应用

8.6.1 换算因数

在重量分析中，多数情况下称量形式与待测组分的存在形式不同，这就需要将称得的称量形式的质量换算成待测组分的质量。在第 3 章中已经讲述了换算因数（也称化学因数）F 的概念，将其应用于重量分析中，即：

$$F = \frac{kM（待测组分）}{M（称量形式）}$$

例如：

欲测组分	称量形式	换算因数
S	$BaSO_4$	$M(S)/M(BaSO_4) = 0.1374$
MgO	$Mg_2P_2O_7$	$2M(MgO)/M(Mg_2P_2O_7) = 0.3622$

例 8-2 计算 0.1000g Fe_2O_3 相当于 FeO 的质量。

解 换算因数为：

$$F = \frac{2M(FeO)}{M(Fe_2O_3)} = \frac{2 \times 71.85 \text{g} \cdot \text{mol}^{-1}}{159.7 \text{g} \cdot \text{mol}^{-1}} = 0.8998$$

由换算因数计算 FeO 的质量：

$$m(FeO) = Fm(Fe_2O_3) = 0.8998 \times 0.1000\text{g} = 0.08980\text{g}$$

8.6.2 重量分析结果的计算

由称得的称量形式质量 m，换算因数 F 及所称取试样质量 m_s，即可求得被测组分的质量分数。

$$w = \frac{mF}{m_s}$$

例 8-3 称取某试样 0.3621g，用 $MgNH_4PO_4$ 重量法测定其中镁的含量，得到 $Mg_2P_2O_7$ 0.6300g，求 MgO 的质量分数。

解

$$w(MgO) = \frac{m(Mg_2P_2O_7) \times \frac{2M(MgO)}{M(Mg_2P_2O_7)}}{m_s}$$

$$= \frac{0.6300\text{g} \times \frac{2 \times 40.31 \text{g} \cdot \text{mol}^{-1}}{222.6 \text{g} \cdot \text{mol}^{-1}}}{0.3621\text{g}} = 63.00\%$$

8.6.3 沉淀重量法应用实例

（1）二水合氯化钡中钡含量的测定

二水合氯化钡中钡含量可采用 $BaSO_4$ 重量法进行测定，以 H_2SO_4 为沉淀剂在 HCl 介质中将 Ba^{2+} 沉淀为 $BaSO_4$。具体操作步骤如下：

称取一定量 $BaCl_2 \cdot 2H_2O$ 用水溶解，加稀 HCl 溶液酸化，加热至微沸，在不断搅动下，慢慢地加入稀、热的 H_2SO_4，Ba^{2+} 与 SO_4^{2-} 反应，形成晶形沉淀。沉淀经陈化、过滤、洗涤、烘干、炭化、灰化、灼烧后，经过多次恒重后准确称得 $BaSO_4$ 形式的质量，根据沉淀和样品的质量，可求出 $BaCl_2 \cdot 2H_2O$ 中 Ba 的含量。

Ba^{2+} 可生成一系列微溶化合物，如 $BaCO_3$、BaC_2O_4、$BaCrO_4$、$BaHPO_4$、$BaSO_4$ 等，其中以 $BaSO_4$ 溶解度最小，100mL 溶液中，100℃时溶解 0.4mg，25℃时仅溶解 0.25mg。

当过量沉淀剂存在时，溶解度大为减小，一般可以忽略不计。

硫酸钡重量法一般在 0.05mol·L^{-1} 左右盐酸介质中进行沉淀，它是为了防止产生 BaCO$_3$、BaHPO$_4$、BaHAsO$_4$ 沉淀以及防止生成 Ba(OH)$_2$ 共沉淀。同时，适当提高酸度，增加 BaSO$_4$ 在沉淀过程中的溶解度，以降低其相对过饱和度，有利于获得较好的晶形沉淀。

用 BaSO$_4$ 重量法测定 Ba^{2+} 时，一般用稀 H$_2$SO$_4$ 作沉淀剂。为了使 BaSO$_4$ 沉淀完全，H$_2$SO$_4$ 必须过量。由于 H$_2$SO$_4$ 在高温下可挥发除去，故沉淀带下的 H$_2$SO$_4$ 不致引起误差，因此沉淀剂可过量 50%~100%。如果用 BaSO$_4$ 重量法测定 SO$_4^{2-}$ 时，沉淀剂 BaCl$_2$ 只允许过量 20%~30%，因为 BaCl$_2$ 灼烧时不易挥发除去。

PbSO$_4$、SrSO$_4$ 的溶解度均较小，Pb^{2+}、Sr^{2+} 对钡的测定有干扰。NO$_3^-$、ClO$_3^-$、Cl$^-$ 等阴离子和 K$^+$、Na$^+$、Ca^{2+}、Fe^{3+} 等阳离子均可以引起共沉淀现象，故应严格掌握沉淀条件，减少共沉淀现象，以获得纯净的 BaSO$_4$ 晶形沉淀。

（2）可溶性硫酸盐中 SO$_4^{2-}$ 的测定

可溶性硫酸盐中的 SO$_4^{2-}$，也可用 BaSO$_4$ 沉淀重量法进行测定。以 BaCl$_2$ 为沉淀剂在 HCl 介质中将 SO$_4^{2-}$ 沉淀为 BaSO$_4$，陈化后经过过滤、洗涤、烘干、灼烧，以作为称量形式，经过多次恒重后准确称得质量，按下式即可求得 SO$_4^{2-}$ 的含量。

$$w(SO_4^{2-}) = \frac{m(BaSO_4)\frac{M(SO_4^{2-})}{M(BaSO_4)}}{m_{样}}$$

（3）钢铁中镍含量的测定

钢铁中镍含量的测定可采用丁二酮肟镍重量法进行测定。丁二酮肟是一种高选择性的有机沉淀剂，它只与 Ni^{2+}、Pd^{2+}、Fe^{2+} 生成沉淀，与 Co^{2+}、Cu^{2+} 生成水溶性化合物，不仅会消耗丁二酮肟，还会引起共沉淀现象，最好能进行二次沉淀或预先分离；由于 Fe^{3+}、Al^{3+}、Ti^{4+} 等在氨性溶液中生成氢氧化物沉淀，干扰测定，故在加氨水之前，需加入酒石酸使其生成水溶性化合物。

钢铁样品在测定前要事先进行预处理。准确称取一定量的钢铁试样，加入盐酸和硝酸的混合酸低温加热溶解后，煮沸除去氮的氧化物，加入掩蔽剂酒石酸后使其成为水溶性溶液待测。然后在样品溶液中加入 pH=8~9 的氨性溶液，将镍离子沉淀为红色的丁二酮肟镍，沉淀陈化后经过过滤、洗涤、烘干、灼烧，以作为称量形式，经过多次恒重后准确称得质量，根据沉淀和样品的质量，计算钢铁中的镍含量。

思政案例

【案例一】重量分析法的产生历史

案例描述	重量分析法指通过物理或化学反应将试样中待测组分与其他组分分离，然后用称量的方法测定该组分的含量。重量分析包括分离和称量两个过程，将被测成分以单质或纯净化合物的形式分离出来，然后准确称量单质或化合物的质量，再以单质或化合物的质量及供试样品的质量来计算被测成分的百分含量。那么重量分析法是如何产生和发展的呢？ 重量分析法兴起于 18 世纪，曾对建立质量守恒定律和定比定律等有过一定贡献。重量分析法曾用于测定原子量、金属和非金属物质。在当时和以后一段时间内，重量分析法一直在分析化学中占有重要位置。最早的有机分析也采用重量分析法。18 世纪以后，重量分析在方法、试剂、仪器等方面不断改进，试样用量渐趋减少。分析天平的感度为 0.1mg，微量化学天平的感度可达 1μg。由于有机试剂具有选择性和灵敏度高的特点，19 世纪末，无机重量法中引入了有机试剂，改用 1-亚硝基-2-萘酚在镍存在下测定钴。20 世纪上半叶，则在沉淀方法中引入了均相

案例描述	沉淀。用在水中溶解度低的试剂(如二苯基羟乙酸)作沉淀剂时,比其水溶性铵盐更优异,这是由于它能延长沉淀作用的时间,与均相沉淀类似。在加热方法上,从19世纪末即开始使用电热板和电炉了。 称量形式为重量分析法的一大课题,最初都是灼烧为氧化物,但这并不是唯一的,应视情况而定,只要加热至具有一定组成的物质即成。例如草酸钙沉淀在500℃加热能定量地转变为碳酸钙,加热至800℃以上才分解为氧化钙。因此以碳酸钙作为称量形式,既经济又节省时间,换算因数又大,并可避免氧化钙潮解。C.杜瓦尔曾用热天平测定了几百种沉淀的热重曲线。 20世纪下半叶,仪器分析发展以后,重量法的使用相对减少,但是不可能全部由仪器分析代替,重量法的准确度和精密度是公认的,又比较经济,只是分析时间较长。目前,大气中颗粒物质(如,总悬浮颗粒物浓度、可吸入颗粒物浓度和自然降尘量)等的测定和淀粉样品中水分含量的测定都采用重量分析法,且为国家标准方法。 重量分析法是最早建立的化学分析法,只需要天平、加热设备等较为简单的仪器,迄今为止,已经历300多年的发展和完善并成为目前仍在应用的方法。在其发展过程中,促进了分析天平(精度越来越高)和加热设备(加热的温度由低到高)的发展;杜瓦尔提供的几种沉淀的热重曲线也为现今广泛使用的热重仪器分析法的建立奠定了良好的基础;采用重量分析法测定的原子量也促进了化学学科的发展。
案例启示	1.任何一种分析方法或理论的创立都是由复杂到简单、再由简单到复杂的过程,需要经过漫长的时间不断发展和完善。 2."由复杂到简单,再由简单到复杂"是马克思主义思想认识的两个过程。第一步要学会将复杂的事物,经过提炼和概括,将其归纳成一般结论(理论),做到简单化。第二步再将简单化的一般结论(理论)应用到具体工作中去,要认真详细地分析具体工作的各个方面,做到全面而不片面。在这一步切忌犯教条主义错误,一定要看结论在应用时是否产生好的效果。如果是,那么这个结论就是有效的、正确的。如果不是,那么就要再研究一下具体实际,看看实际情况发生了哪些新的变化,根据这些变化,对原有的结论进行调整、完善和提高,这时的结论就变成了适应新情况的新结论。

【案例二】 重量分析法和滴定分析法的比较

案例描述	重量分析法和滴定分析法都属于化学分析法,都适用于常量组分分析(被测组分含量大于1%)。滴定分析有时也可用于测定微量组分。那么它们各自有什么优缺点呢? 重量分析法的优点:无需与标准样品或基准物质进行比较,因为该法直接用天平称量而获得分析结果;对于高含量组分的测定,准确度高(相对误差≤0.1%)。对高含量的硅、磷、钨、镍、稀土元素等试样的精确分析,至今仍常使用重量分析;可测定某些无机化合物和有机化合物的含量;在药物纯度检查中常应用重量法进行干燥失重、灼烧残渣、灰分及不挥发物的测定等。缺点:操作较繁,费时较多,不适于生产中的控制分析;对低含量组分的测定误差较大。 滴定分析法的优点:方法多,有四大类滴定分析法;操作简便,省时快速;准确度较高(测定的相对误差在0.2%左右);所用仪器简单;针对性强,应用范围较广。缺点:需要指示剂和基准物质。 因此,对于同一大类化学分方法,既可以是相对的(滴定分析法),也可以是绝对的(重量分析法);它们应用领域有所不同,不能相互代替,可以相互补充,但缺一不可。其中蕴含着"相对与绝对的辩证关系"。
案例启示	正确运用绝对和相对辩证统一的原理,做好我们的工作。相对与绝对反映事物性质的两个不同方面,是同一事物既相互联系又相互区别的两重属性。马克思主义哲学认为,世界上一切事物既包含有相对的方面,又包含有绝对的方面,任何事物都既是绝对的,又是相对的,是辩证的对立统一关系。

思考题

1. 沉淀形式和称量形式有何区别?试举例说明。
2. 沉淀法为什么用过量的沉淀剂?又为什么沉淀剂不宜过量太多?
3. 重量分析对沉淀的要求是什么?
4. 沉淀是怎样形成的?重量分析中根据什么原则选择沉淀剂?
5. 沉淀中混有杂质的主要原因是什么?如何减少?
6. 晶形沉淀沾污的主要原因是什么?如何予以减少?

7. 制备晶形沉淀时，陈化过程有何意义？制备无定形沉淀时，要不要陈化？为什么？

8. 晶形沉淀与无定形沉淀的沉淀条件各是什么？

9. AgCl 和 BaSO$_4$ 的 $K_{sp}^{\ominus}$ 差不多，为什么可以控制条件得到 BaSO$_4$ 晶形沉淀，而 AgCl 只能得到无定形沉淀？

10. 什么是换算因数？如何计算？

习 题

1. 用重量法测定莫尔盐 $(NH_4)_2SO_4 \cdot FeSO_4 \cdot 6H_2O$ 的纯度，若天平称量误差为 0.2mg，为了使灼烧后 Fe_2O_3 的称量误差不大于 0.1%。应最少称取样品多少克？

2. 计算下列微溶化合物在给定介质中的溶解度［除（1）题外，均采用 I = 0.1 时的常数］。
(1) ZnS 在纯水中［$pK_{sp}^{\ominus}$(ZnS) = 23.8，$pK_{a1}^{\ominus}$(H$_2$S) = 7.1，$pK_{a2}^{\ominus}$ = 12.9］；
(2) CaF$_2$ 在 0.01 mol·L^{-1} HCl 溶液中（忽略沉淀溶解所消耗的酸）；
(3) AgBr 在 0.01 mol·L^{-1} NH$_3$·H$_2$O 溶液中；
(4) BaSO$_4$ 在 pH 7.0 EDTA 浓度为 0.01 mol·L^{-1} 溶液中；
(5) AgCl 在 0.01 mol·L^{-1} HCl 溶液中。

3. MgNH$_4$PO$_4$ 饱和溶液中 [H$^+$] = 2.0×10^{-10} mol·L^{-1}，[Mg^{2+}] = 5.6×10^{-4} mol·L^{-1}，计算其溶度积 K_{sp}。

4. 灼烧过的 BaSO$_4$ 沉淀质量为 0.5013g，其中含有少量的 BaS，用 H$_2$SO$_4$ 润湿，使 BaS 转变成 BaSO$_4$，过量的 H$_2$SO$_4$ 蒸发除去，再灼烧，称得沉淀的质量为 0.5024g，求原来 BaSO$_4$ 中 BaS 的质量分数。

5. 取含银的试样 0.2500g，用重量法测定时，得 AgCl 0.3010g，问（1）若沉淀为 AgI，可得沉淀多少克？（2）试样中银的质量分数为多少？

6. 称量试样 0.6000g，经一系列分解处理过程后，得到纯的 NaCl 和 KCl 共 0.1803g，将此氯化物溶于水后，加入 AgNO$_3$ 沉淀剂，得到 AgCl 0.3904 g，求试样中 Na$_2$O 和 K$_2$O 的含量。

7. 用重量法测定铁矿石中铁的含量时，称样 0.2500g，经处理沉淀为 Fe(OH)$_3$，然后灼烧转化为 Fe$_2$O$_3$，称其质量为 0.2490g，求此铁矿石中 Fe 及 Fe$_2$O$_3$ 含量。

拓展内容

第 9 章

电位分析法[※]
(Potentiometric Analysis)

【学习要点】
① 了解电位分析法的基本原理，参比电极和指示电极，膜电位，工作电池等概念。
② 了解离子选择性电极的结构，掌握离子选择性电极的基本公式，了解玻璃电极的膜电位理论。
③ 掌握直接电位法测 pH 值和离子活度的方法及结果计算，如 pH、pF 的测定。
④ 掌握电位滴定法的基本原理，掌握确定电位滴定终点的方法。

9.1 电位分析法概述

电位分析法是电化学分析法的一个重要组成部分。它是基于测量被测试液中两电极间的电动势或电动势变化来研究在化学电池内发生的特定现象，并对物质的组成和含量进行定性、定量分析的一种电化学分析方法。根据测量方式，可分为直接电位法和电位滴定法。

① 直接电位法　此法是将参比电极和指示电极插入被测溶液中构成原电池。根据原电池的电动势与被测离子活度（或浓度）间的函数关系直接测定离子活度（或浓度）的方法。

② 电位滴定法　此法是根据测量滴定过程中电池电动势的突变来确定滴定终点的方法。

近年来，由于离子选择性电极的迅速发展，使直接电位法得到进一步的发展和广泛的应用。这种方法与其他电化学方法相比，具有如下特点。

（1）选择性好　由于采用了对被测离子具有较高选择性响应的离子选择性电极后，共存离子干扰小，因此对一些组成复杂的试样经常可不经分离、掩蔽处理，就可直接测定，且不受试样颜色、浑浊、悬浮物或黏度的影响。

※ 表示自学内容。

(2) 操作简便，分析速度快　直接电位法所用仪器简单，易操作。离子选择性电极的响应速度快，单次分析只需 1~2min。

(3) 灵敏度高，测量范围宽　测定灵敏度高，检出限一般为 10^{-6} mol·L^{-1}，测量的浓度范围可达 4~6 个数量级。如果采用离子选择性微电极技术，可对几微升试样进行定量分析，甚至可在生物体内进行原位分析。

(4) 易实现连续分析和自动分析　由于电极输出为电信号，无需转换可直接放大和测量、记录，而实现自动分析。直接电位法和流动注射分析技术相结合，可对试样进行连续测定。

因此，电位分析法目前已愈来愈成为一种重要的分析测试手段，广泛地应用于食品、生化、环保、农业等领域。

9.2　电位分析法的基本原理

电位分析法是通过测定含有待测溶液的化学电池的电动势，进而求得溶液中待测组分含量的方法。电极电位与相应离子活度之间的关系可用能斯特方程式来表示。例如将某金属 M 插入含有其离子 M^{n+} 的水溶液中，即组成 $M^{n+}|M$ 电极。该电极的电极电位与溶液中 M^{n+} 的浓度 $[M^{n+}]$ 的关系为：

$$\varphi = \varphi^{\ominus} + \frac{RT}{nF} \lg[M^{n+}] \tag{9-1}$$

从 Nernst 方程式可以看出，电极电位 φ 随着溶液中金属离子的浓度 $[M^{n+}]$ 变化而变化。如果测得这支电极的电极电位，可以通过式(9-1)求出金属离子的活度，但实际上这是不可能的。在电位分析中，需要用一支电极电位随待测离子活度不同而变化的电极（称为指示电极），与一支电极电位恒定的电极（称为参比电极），和待测溶液组成原电池。若电池为

$$M|M^{n+} \| 参比电极$$

该电池的电动势 E 表示为

$$E = \varphi_{参比} - \varphi = \varphi_{参比} - \varphi^{\ominus} - \frac{0.059\text{V}}{n} \lg[M^{n+}] \quad (25℃) \tag{9-2}$$

式中，$\varphi_{参比}$ 和 $\varphi^{\ominus}$ 在一定条件下是定值，将它们合并为常数 K。因此只要测出电池电动势 E，就可求得 $[M^{n+}]$，这便是直接电位法的基本原理。

若滴定金属离子 M^{n+}，在滴定过程中 φ 随 $[M^{n+}]$ 的变化而变化，E 也随之变化。在化学计量点附近，由于 $[M^{n+}]$ 发生突变，从而可根据 E 的突变确定滴定终点。然后根据滴定剂的浓度和消耗的体积求出被测离子的浓度或含量，这就是电位滴定法的测定原理。

9.2.1　参比电极

电极电位恒定已知且完全不受所研究溶液组成改变影响的电极称为参比电极。在测定过程中要求其装置简单，使用方便，电极重现性好，使用寿命长。通常把氢电极定为参比电极的一级标准。但由于它制作麻烦，使用不便，所以一般使用甘汞电极或银-氯化银电极作参比电极。

9.2.1.1　甘汞电极

甘汞电极是由金属 Hg 和 Hg_2Cl_2 及 KCl 溶液组成的电极，其构造如图 9-1 所示。内玻

璃管中封接一根铂丝,铂丝插入纯汞中,下置一层甘汞(Hg_2Cl_2)和汞的糊状物,外玻璃管中装入 KCl 溶液,即构成甘汞电极。电极下端与待测溶液接触部分是熔结陶芯或玻璃砂芯等多孔物质或是一细管通道。其电池组成为:$Hg|Hg_2Cl_2(s)|KCl(a)$。

电极反应:$Hg_2Cl_2+2e^- \rightleftharpoons 2Hg+2Cl^-$

电极电位:$\varphi = \varphi^\ominus - 0.059V\lg[Cl^-]$ (25℃)

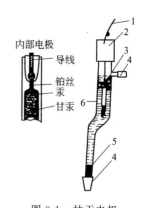

图 9-1 甘汞电极
1—导线;2—绝缘体;
3—内部电极;4—橡皮帽;
5—多孔物质;6—KCl 饱和溶液

当温度一定时,甘汞电极的电极电位决定于$[Cl^-]$。当$[Cl^-]$一定时,其电极电位是个定值。而不同浓度的 KCl 溶液的甘汞电极电位,具有不同的恒定值。如表 9-1 所示。

如温度不是 25℃,其电极电位值应进行校正,对饱和甘汞电极(SCE)t℃时电极电位为:

$$\varphi = 0.2438 - 7.6 \times 10^{-4}(t-25)\text{(V)}$$

表 9-1 25℃时甘汞电极的电极电位

名 称	KCl 溶液的浓度	电极电位 φ/V
0.1mol·L^{-1}甘汞电极	0.1mol·L^{-1}	+0.3365
标准甘汞电极	1.0mol·L^{-1}	+0.2828
饱和甘汞电极	饱和溶液	+0.2438

9.2.1.2 银-氯化银电极

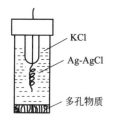

图 9-2 银-氯化银电极

银-氯化银电极的构造如图 9-2 所示。银丝镀上一层 AgCl,浸在一定浓度的 KCl 溶液中,其电池组成为:$Ag,AgCl(s)|KCl(a)$。

电极反应:$AgCl + e^- \rightleftharpoons Ag(s) + Cl^-$

电极电位:$\varphi = \varphi^\ominus - 0.059V\lg[Cl^-]$ (25℃)

当温度及$[Cl^-]$一定时,银-氯化银电极的电极电位不变。与甘汞电极一样,当 KCl 溶液的浓度不一样时,其银-氯化银电极电位的值也不一样。在 25℃时,当 KCl 溶液的浓度为 0.1mol·L^{-1}时,银-氯化银电极电位 φ = +0.2880V;当 KCl 溶液的浓度为饱和溶液时,φ = +0.2000V。

并且对 Ag-AgCl 电极在温度为 t℃时,电极电位校正值为:

$$\varphi = 0.2223 - 6 \times 10^{-4}(t-25) \text{ (V)}$$

9.2.2 指示电极

电极电位随着所研究溶液的组成及浓度的变化而变化的一类电极称为指示电极。电位分析中要求指示电极具有灵敏度高、选择性好、重现性好、响应快等特点。

常用的指示电极主要是金属指示电极和膜电极,即离子选择性电极(ISE)两大类。前者常用于电位滴定法中,后者常用于直接电位法中。

9.2.2.1 金属指示电极

有金属参与电极反应或作为提供电子转移的场所的这类电极称为金属指示电极。该类电极的主要特征是电极电位的产生与电子的转移有关,即半反应是氧化还原反应。

(1) 第一类电极 这类电极是由金属与该金属离子溶液($M|M^{n+}$)所组成,也称一级

阳离子电极。

电极反应：$M^{n+} + ne^- \rightleftharpoons M$

电极电位：$\varphi = \varphi^\ominus + \dfrac{0.059\text{V}}{n}\lg[M^{n+}]$ （25℃） (9-3)

例如将银丝插入 $AgNO_3$ 溶液中组成金属银电极，该电极的电极电位为：

$$\varphi = \varphi^\ominus + 0.059\text{Vlg}[Ag^+] \quad (25℃)$$

由此可知，电极反应达到平衡时，电极电位与溶液中金属离子活度的对数呈直线关系，因此可以用作测定该金属离子活度的指示电极。常见的有 Ag、Cu、Hg、Pb、Cd 浸入含它们的离子的溶液中形成此类电极。

（2）第二类电极　这类电极是由金属及其难溶盐所组成的电极体系，它能间接地反映与该金属离子生成难溶盐的阴离子或生成配离子的配合剂的浓度。

例如 Ag-AgCl 电极，将镀有 AgCl 的银丝插入含有 Cl^- 的溶液中组成的电极。其电极电位为：

$$\varphi = \varphi^\ominus - 0.059\text{Vlg}[Cl^-] \quad (25℃) \tag{9-4}$$

Ag-AgCl 电极可作为测定 $a(Cl^-)$ 的指示电极。这类电极易于制作，电位稳定，常用的还有 Ag、Cu、Hg、Al 等电极。

（3）零类电极　它是一种将惰性金属（铂或金）浸在某电对的氧化态和还原态组成的溶液中所构成的电极，也称均相氧化还原电极。

电池组成：$Pt \mid M^{x+}, M^{y+}$

电极反应：$M^{x+} + ne^- \rightleftharpoons M^{y+}$

电极电位：$\varphi = \varphi^\ominus + \dfrac{0.059\text{V}}{n}\lg\dfrac{[M^{x+}]}{a[M^{y+}]}$ （25℃） (9-5)

例如，最常用的是金属铂电极，它是将铂金属插入含有 Fe^{3+} 和 Fe^{2+} 的溶液中所构成的电极。其电极电位为：

$$\varphi = \varphi^\ominus + 0.059\text{Vlg}\dfrac{[Fe^{3+}]}{[Fe^{2+}]} \quad (25℃)$$

氢电极、氧电极和卤素电极也属零类电极。

9.2.2.2　膜电极

膜电极就是通常所说的离子选择性电极（ISE），它是 20 世纪 60 年代发展起来的一类新型电化学传感器。它能选择性地响应待测离子的活度（浓度），而对其他离子不响应，或响应很弱，其电极电位与溶液中待测离子活度的对数有线性关系，即遵循能斯特方程。其响应机理是由于在相界面上发生了离子的交换和扩散，而非电子转移。这类电极具有灵敏度高、选择性好等优点。

这类电极种类繁多，应用十分广泛，特别是在土壤、生物样品分析中的应用有着十分广阔的前景。土壤、植物、蔬菜、人尿及血清中氟的测定，土壤、食品、岩矿及水中碘、氢、氨和土壤中代换性钾、硝态氮等分析方法已被广泛采用。下面将介绍离子选择性电极。

9.3　离子选择性电极

离子选择性电极是一类电化学传感器，由于它能够迅速、简便和连续对某些特定离子进行测定,且仪器设备简单、易操作,不受或较少受样品颜色、浊度、悬浮物或黏度的影响,故它是电位分析中最广泛使用的指示电极。

9.3.1 离子选择性电极的构造及分类

9.3.1.1 电极的基本构造

离子选择性电极的品种有很多,其基本构造如图 9-3 所示。不论何种离子选择性电极都是由对特定离子有选择性响应的薄膜(敏感膜或传感膜)及其内部的参比溶液与参比电极所构成,故称其为膜电极。传感膜能将内部参比溶液与外部的待测离子溶液分开,是电极的关键部件。

9.3.1.2 离子选择性电极的主要类型

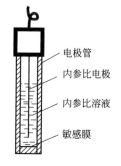

图 9-3 离子选择性电极的基本结构

随着离子选择性电极分析技术的迅速发展,以及在各个领域的广泛应用,适用于各种分析环境及分析对象的各类离子选择性电极越来越多,1975 年 IUPAC 根据膜电位响应机理、膜的组成和结构,建议将离子选择性电极分为以下几类:

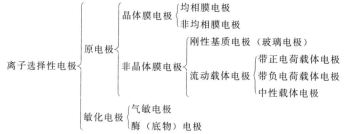

(1) **晶体膜电极** 这类电极的敏感膜材料一般为难溶盐加压拉制成的单晶、多晶或混晶的活性膜,它对形成难溶盐的阳离子或阴离子产生响应。

单晶膜电极如测氟用的氟离子选择性电极。电极膜由掺有 EuF_2(有利于导电)的 LaF_3 单晶切片而成。将膜封在硬塑料管的一端,管内一般装 $0.1 mol \cdot L^{-1}$ NaCl 和 $0.1 \sim 0.01 mol \cdot L^{-1}$ NaF 混合溶液作内参比溶液,以 Ag-AgCl 作内参比电极(F^- 用于控制膜内表面的电位,Cl^- 用于固定内参比电极的电位)。

由于 LaF_3 的晶格有空穴,在晶格上的 F^- 可以移入晶格邻近的空穴而导电。当氟电极插入含氟溶液中时,F^- 在电极表面进行交换。如溶液中 F^- 活度较高,则溶液中 F^- 可以进入单晶的空穴。反之,单晶表面的 F^- 可以进入溶液。由此产生的膜电位与溶液中 F^- 活度的关系,当 $a(F^-)$ 大于 $10^{-5} mol \cdot L^{-1}$,遵守 Nernst 方程式

$$\varphi_{膜}=k-0.059 V \lg[F^-]=k+0.059 V pF \quad (25℃) \quad (9-6)$$

氟离子选择性电极的选择性较高,为 F^- 量 1000 倍的 Cl^-、Br^-、I^-、SO_4^{2-}、NO_3^- 等的存在无明显干扰,但测试溶液的 pH 值需控制在 5~7。此外,溶液中能与 F^- 生成稳定配合物或难溶化合物的离子(如 Al^{3+}、Ca^{2+}、Mg^{2+} 等)也有干扰,通常可通过加掩蔽剂来消除干扰。

多晶膜电极的品种有:用 $CuS-Ag_2S$ 压制成的铜离子选择性电极;用 AgCl、AgBr、AgI 分别添加 Ag_2S 压片制成的氯、溴、碘离子选择性电极等。

多晶膜电极测定浓度范围一般为 $10^{-1} \sim 10^{-6} mol \cdot L^{-1}$。

均相膜是由单晶或多晶直接压片而成。

非均相膜是由多晶中加入惰性物质如聚乙烯（PVC）、聚苯乙烯或石蜡等热压而成的。

(2) 非晶体膜电极　这类电极的膜是由一种含有离子型物质或电中性的支持体组成。支持体物质是多孔的塑料膜或无孔的玻璃膜。膜电位是由于膜相中存在离子交换物质而引起的。

① 刚性基质电极　它是由离子交换型的刚性基质薄膜玻璃熔触烧制而成的，如pH玻璃膜电极、钠离子玻璃膜电极等。

② 流动载体电极　这类电极也称为液膜电极。它的电极薄膜是由待测离子的盐类、螯合物等溶解在不与水混溶的有机溶剂中，再使这种有机溶液掺入惰性多孔物质而制成。

Ca^{2+} 电极是这类电极的代表。

Ca^{2+} 电极属带负电荷的流动载体电极，流动载体为磷酸二酯衍生物 $[(RO)_2PO_4^-]$。

NO_3^- 电极属带正电荷的流动载体电极，流动载体为溶于邻硝基苯二烷醚的季铵盐。

K^+ 电极属中性载体膜电极，流动载体是大环聚醚化合物。

(3) 敏化电极　敏化电极是将离子选择性电极与另一种特殊的膜组成的复合电极，可分为气敏电极和酶（底物）电极两种。气敏电极是对某些气体敏感的电极，在主体电极敏感膜上覆盖一层透气膜，属于覆膜电极。例如氨电极是由pH玻璃电极的敏感膜外加一透气膜组成。透气膜具有疏水性，在玻璃膜与透气膜之间形成一层中介液（$0.1 mol \cdot L^{-1}$ NH_4Cl 溶液）薄膜，当氨电极浸入强碱性试液中时，试液中 NH_4^+ 生成气体氨分子（$NH_4^+ + OH^- \rightleftharpoons NH_3 + H_2O$）穿过透气膜，进入中介液，发生反应（$NH_3 + H_2O \rightleftharpoons NH_4^+ + OH^-$）而使中介液的pH值发生变化，并由pH玻璃膜电极测出。

中介液中有大量 NH_4^+ 存在，进而可测定试样中微量铵，测定范围为 $10^{-6} mol \cdot L^{-1}$ 数量级。

此外，还有 CO_2、SO_2、NO_2、HCN、HF 等气敏电极。

(4) 酶（底物）电极　它是由涂有生物酶的离子选择性电极传感膜所组成。酶能促使待测物质发生某种反应，产生一种可由电极响应而测定的产物。由于酶的专一性强，故酶电极具有极高的选择性。如 CO_2、NH_4^+、CN^-、F^-、SCN^-、I^- 等大多数可被该类电极所响应。但酶电极稳定性差，其制备有一定困难，目前酶电极可应用于测定血液与其他体液中的氨基酸、葡萄糖、尿素、胆固醇等有机物质。

9.3.2　离子选择性电极的响应机理

9.3.2.1　膜电位

离子选择性电极的电位是内参比电极的电位 $\varphi_{内参}$ 与膜电位 $\varphi_{膜}$ 之和，即

$$\varphi_{ISE} = \varphi_{内参} + \varphi_{膜}$$

不同类型的离子选择性电极，其响应机理虽然各有特点，但其膜电位产生的机理是相似的。当电极置于溶液中时，在电极膜和溶液界面间将发生离子交换和扩散作用，这就改变了两相界面原有的电荷分布，因而形成了双电层结构而产生膜电位。由于内参比电极电位固定，所以离子选择性电极的电极电位只随溶液中待测离子的活度变化而变化，二者的关系符合能斯特方程，即

$$\varphi_{ISE} = K \pm \frac{2.303RT}{nF} \lg[M] \tag{9-7}$$

pH玻璃电极就是对溶液中H^+浓度响应的第一支离子选择性电极，下面以pH玻璃电极为例，讨论其膜电位的产生。

pH玻璃电极的结构如图9-4所示。电极主要部分是由特殊成分的球形玻璃膜组成，膜厚度为0.05~0.1mm，球内装有含氯离子的pH缓冲液作为内参比溶液。在内参比溶液中插入一根Ag-AgCl电极作内参比电极。

pH玻璃电极对H^+产生选择性响应，主要是由玻璃膜的成分决定的，普通玻璃电极敏感膜的成分一般为Na_2O 22%、CaO 6%、SiO_2 72%。此玻璃膜的结构为三维固体结构，网格由带负电性的硅酸根骨架构成，Na^+可以在网格中移动或者被其他离子所交换，而带有负电性的SiO_3^{2-}骨架对H^+有较强的选择性。当这种玻璃膜与水分子接触时，水分子会渗透到膜中，使之形成约0.1μm厚的水化层。由于玻璃膜的结构中存在着扩散能力较强的Na^+，当玻璃膜浸入水溶液后，溶液中的H^+可进入玻璃膜与Na^+交换而占据Na^+的点位。其交换反应为

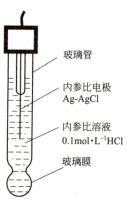

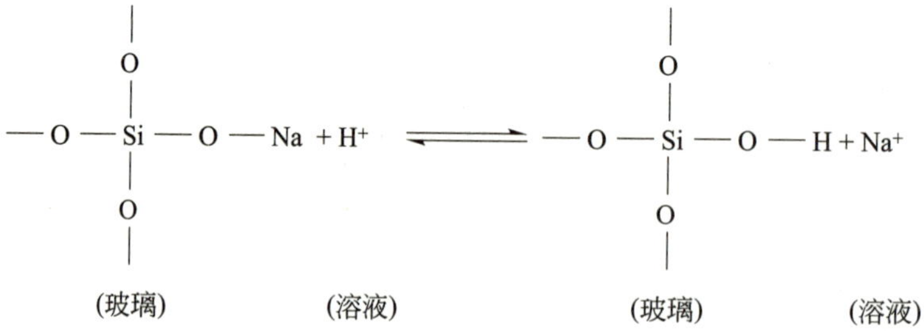

图9-4 pH玻璃电极

$$—O—Si—O—Na + H^+ \rightleftharpoons —O—Si—O—H + Na^+$$

(玻璃)   (溶液)   (玻璃)   (溶液)

当玻璃膜长时间浸在水溶液中时，H^+将继续渗透到玻璃中，当交换平衡时，玻璃表面几乎全部由硅酸组成。从玻璃表面到水化层内部，H^+逐渐减小，Na^+增多，两水化层间的干玻璃层中一价阳离子点位全由Na^+占据，如图9-5所示。

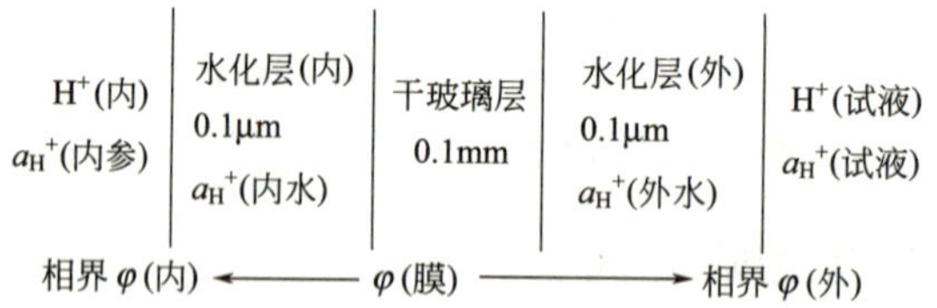

| H^+(内)
 a_{H^+}(内参) | 水化层(内)
 0.1μm
 a_{H^+}(内水) | 干玻璃层
 0.1mm | 水化层(外)
 0.1μm
 a_{H^+}(外水) | H^+(试液)
 a_{H^+}(试液) |

相界φ(内) ←—— φ(膜) ——→ 相界φ(外)

图9-5 水化后pH玻璃电极剖面示意图

当浸泡好的电极浸入被测试液中时，由于水化层表面与试液中的H^+活度不同，就发生了H^+的扩散迁移，其结果是破坏了膜外表面与试液间两相界面原来的电荷分布，形成了双电层，从而产生了外相界电位（$\varphi_{外}$）。同理，膜内表面与内参比液也产生内相界电位（$\varphi_{内}$），则

$$\varphi_{外} = K_1 + \frac{2.303RT}{F}\lg\frac{[H^+]_{试}}{[H^{+\prime}]_{外}} \tag{9-8}$$

$$\varphi_{内} = K_2 + \frac{2.303RT}{F}\lg\frac{[H^+]_{内}}{[H^{+\prime}]_{内}} \tag{9-9}$$

式中，$[H^+]_{试}$、$[H^+]_{内}$分别为被测试液和内参比液的H^+活度；$[H^{+\prime}]_{内}$、$[H^{+\prime}]_{外}$

分别为膜内、外表面水化层中的 H^+ 活度；K_1、K_2 为外和内水化层的结构系数。由于玻璃内、外表面的结构相同，故内、外膜的性质基本相同，所以 $K_1=K_2$，则 pH 玻璃电极的膜电位为：

$$\varphi_{膜}=\varphi_{外}-\varphi_{内}=\left(K_1+\frac{2.303RT}{F}\lg\frac{[H^+]_{试}}{[H^{+\prime}]_{外}}\right)-\left(K_2+\frac{2.303RT}{F}\lg\frac{[H^+]_{内}}{[H^{+\prime}]_{内}}\right) \quad (9-10)$$

因为水化层内、外的 H^+ 活度相同，$[H^{+\prime}]_{外}=[H^{+\prime}]_{内}$，则

$$\varphi_{膜}=\frac{2.303RT}{F}\lg\frac{[H^+]_{试}}{[H^+]_{内}} \quad (9-11)$$

又因为 $[H^+]_{内}$ 是内参比溶液的 H^+ 活度，其值恒定，故

$$\varphi_{膜}=k+\frac{2.303RT}{F}\lg[H^+]_{试}$$

$$=k-0.059\text{VpH}_{试} \quad (25℃) \quad (9-12)$$

由此可见，在一定温度下，玻璃电极的膜电位与被测试样的 pH 值呈线性关系。但应该说明的是，膜电位的产生不是由于电子的得失和转移，而是由于离子的交换和扩散的结果。

又由式(9-11)可知，若当 $[H^+]_{试}=[H^+]_{内}$ 时，$\varphi_{膜}=0$，但实际上在仪器上测得 $\varphi_{膜}$ 并不等于零，这种情况下的膜电位称为不对称电位($\varphi_{不对称}$)。它是由于膜内外两个表面情况不一致（如组成不均匀、表面张力不同、水化程度不同等）而引起的。对于同一个玻璃电极来说，条件一定时，$\varphi_{不对称}$ 也是一个常数。

通常在使用玻璃电极前，必须将电极在纯水中浸泡 24h 以上，这一方面是为了使其表面溶液形成水化层，以保持对 H^+ 的灵敏响应，因为玻璃电极的 pH 响应与吸水量很有关系，干燥的玻璃膜不能稳定响应 pH 值的变化；另一方面也是为了减小不对称电位并使电极达到稳定。对于一般类型的玻璃电极，在刚浸入溶液中时，不对称电位较大，随时间的加长降到一个固定值。

玻璃电极电位为：

$$\varphi_{玻}=\varphi_{内参}+\varphi_{膜}+\varphi_{不对称}=\varphi_{内参}+\varphi_{不对称}+k-0.059\text{VpH} \quad (9-13)$$

而由于 $\varphi_{内参}$、$\varphi_{不对称}$ 在一定条件下为常数，则

$$\varphi_{玻}=K-0.059\text{VpH}_{试液} \quad (9-14)$$

这说明在一定温度下，玻璃电极的电极电位与溶液的 pH 值呈直线关系。

将 pH 玻璃电极与外参比电极（饱和甘汞电极）组成测量电池，可测量溶液的 pH 值。后面将进行介绍。

9.3.2.2 离子选择性电极的测量原理

离子选择性电极的电极电位不能直接测出，通常是以离子选择性电极作为指示电极，饱和甘汞电极作为参比电极，插入被测溶液中组成原电池，然后通过测量原电池电动势来求得被测离子的活度（或浓度）。当离子选择性电极为正极，饱和甘汞电极为负极时，如果测定阳离子 M^{n+}，原电池电动势可表示为

$$E=K+\frac{2.303RT}{nF}\lg[M^{n+}]-\varphi(甘汞)$$

令 $K-\varphi(甘汞)=K'$，则

$$E=K'+\frac{2.303RT}{nF}\lg[M^{n+}] \quad (9-15)$$

同理，测定阴离子 R^{n-} 时，原电池电动势可表示为：

$$E = K' - \frac{2.303RT}{nF} \lg[\text{R}^{n-}] \tag{9-16}$$

式(9-15)和式(9-16)表明：在一定条件下，原电池的电动势与被测离子活度的对数呈线性关系。因此，通过测量原电池电动势，便可对被测离子进行定量测定，这就是离子选择性电极的测量原理。

9.3.3 离子选择性电极的性能

9.3.3.1 电极的选择性系数

所谓电极的选择性是指电极对被测离子和干扰离子响应差异的特性，其大小用电极选择性系数 K_{ij} 表示。K_{ij} 表示能提供相同电位时被测离子的浓度 c_i 和干扰离子活度 c_j 之比，即

$$K_{ij} = \frac{c_i}{(c_j)^{n_i/n_j}} \tag{9-17}$$

式中，n_i 及 n_j 分别为待测离子和干扰离子的电荷数。例如，选择性系数为 0.1，意味着干扰离子的浓度等于被测离子活度的 10 倍时，二者的电位值相等，或者说电极对被测离子的响应程度等于对干扰离子响应程度的 10 倍。显然选择性系数越小，表明电极对被测离子的选择性越好，即干扰离子的影响越小。

如果考虑到干扰离子对电极电位的影响，则可用 Nernst 公式表示如下：

$$\varphi = \varphi^{\ominus} + \frac{2.303RT}{nF} \lg[c_i + K_{ij}(c_j)^{n_i/n_j}] \tag{9-18}$$

一般 K_{ij} 值在 10^{-4} 以下不呈现干扰，K_{ij} 值应至少接近 10^{-2}，否则不宜使用。

选择比是选择性系数的倒数，即选择比愈大，电极选择性愈高，干扰就愈小。选择性是离子选择性电极一个重要的基本特征。

9.3.3.2 响应斜率和检测下限

电极电位随离子活度变化的特征称为响应。若这种响应变化服从 Nernst 方程，则称为 Nernst 响应。通过实验，可绘制出任一离子选择性电极的 E-$\lg a$ 关系曲线，如图 9-6 所示。曲线中直线部分 bc 段的斜率为实际响应斜率，即在恒定温度下，待测离子活度变化 10 倍引起电位值的变化。实际斜率往往与理论斜率（$S_{\text{理}} = \frac{2.303RT}{nF}$）有一定的距离，一般用转换系数 K_{ir} 值表示这一偏离的大小。

$$K_{ir} = \frac{S_{\text{实}}}{S_{\text{理}}} \times 100\% = \frac{E_1 - E_2}{S_{\text{理}} \lg \frac{a_1}{a_2}} \times 100\% \tag{9-19}$$

式中，E_1、E_2 分别为离子活度为 a_1、a_2 时的实测电动势。当 $K_{ir} \geqslant 90\%$ 时，电极有着较好的 Nernst 响应。

离子选择性电极的检测下限，可以用 E-$\lg a$ 曲线的线性关系来判断。图 9-6 中两直线外推交点 b 所对应的待测离子的活度，为该电极的检测下限。溶液的组成、电极的情况、搅拌速度、温度等因素，均影响检测下限的数值。

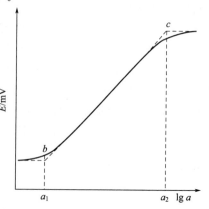

图 9-6 E-$\lg a$ 关系曲线

在图 9-6 中 c 点所对应的活度，称为电极的检测上限，它是电极电位与待测离子活度的对数呈线性关系所允许的该离子的最大活度。检测上、下限之间，即 b、c 拐点所对应的活度 a_1 到 a_2 的范围称为电极的线性范围。在实验时，应将待测离子的活度控制在电极的线性范围内。

9.3.3.3 响应时间、稳定性和重现性

从一对电极插入待测试液开始至读出稳定电位值所需的时间称为响应时间。响应时间越短越好。它与被测离子到达电极表面的速率、被测离子的浓度、介质的离子强度、膜的厚度及粗糙度等因素有关。膜越薄，粗糙度越小，响应时间越短；被测离子活度越大，响应越快，否则相反。

电极的稳定性是指电极的稳定程度，用"漂移"来标度。漂移是指在恒定组成和温度的溶液中，离子选择性电极的电位随时间缓慢地改变，一般漂移应小于 $24\mathrm{mV} \cdot (24\mathrm{h})^{-1}$。

重现性是指电极在多次重复测定一系列浓度的溶液时，电位值重现的程度。

9.3.3.4 有效 pH 值范围

电极产生 Nernst 响应的 pH 值范围称为电极的有效 pH 值范围。分析时必须控制到有效 pH 值范围内，否则溶液的 pH 值会影响离子选择性电极的测量，并产生分析误差。一般来说，酸度过大，会使难溶盐固态电极膜溶解，使电位向正方向移动；碱浓度过大，又会在电极表面形成氢氧化物，使电位向负方向移动。因而除特殊要求的 pH 值条件外，一般电极均适于在微酸或微碱性溶液中进行测定。

9.3.3.5 不对称电位

两支结构完全相同的电极置于同一溶液中，其电极间电位差应为零。事实上，这样构成的原电池总会有几 mV 的电位差，其主要来源是由于电极内、外膜表面的不对称性而产生的不对称电位的差异。该不对称电位数值很小，并随着电极的使用逐渐趋于恒定。因此，测定中将不会影响 E-$\lg a$ 曲线的线性关系，一般会使标准曲线平移。不对称电位也是使用相同型号电极所测得的电位绝对值有微小差异的原因之一。

9.3.3.6 电极寿命

电极使用寿命除取决于电极制作材料、结构和使用保管情况外，通常与被测定溶液浓度有关。测高浓度溶液时电极寿命变短。一般固膜电极比液膜电极寿命要长些。目前国内商品电极在保管使用良好的情况下，晶体膜电极寿命可达 1～2 年以上，液膜电极则为数月至半年。

9.4 直接电位法

通过测量电池电动势直接求出待测物质含量的方法，称为直接电位法。

9.4.1 直接电位法测定溶液 pH 值

9.4.1.1 测定原理

电位法测定溶液的 pH 值，是以玻璃电极作指示电极，饱和甘汞电极作参比电极，浸入试液中组成测量电池，可写为

$$\text{Ag} | \text{AgCl(s), 内充液} | \text{玻璃膜} | \text{试液} \| \text{KCl(饱和)}, \text{Hg}_2\text{Cl}_2(\text{s}) | \text{Hg}$$

|←——— pH 玻璃电极 ———→|←——— 饱和甘汞电极 ———→|

测量电池的电动势为

即

$$E = \varphi_{SCE} - \varphi_{玻}$$

$$E = \varphi_{SCE} - K_{玻} + \frac{2.303RT}{F}\text{pH}_{试} \tag{9-20}$$

在一定条件下 φ_{SCE} 为常数，则

$$E = K' + \frac{2.303RT}{F}\text{pH}_{试} \tag{9-21}$$

由式(9-21)可知，在一定条件下，测量电池的电动势与被测试液的 pH 值呈线性关系，所以通过测量该电池的电动势，便可达到对溶液中 H^+ 浓度进行定量的目的。

式(9-21)中的 K' 不能由理论计算求得，可采用标准校正法将 K' 值相互抵消。即在测量被测溶液 pH 值之前，要先用标准 pH 缓冲溶液校正仪器，然后，再测定待测溶液，则根据式(9-21)可分别得到标准 pH 缓冲溶液和被测溶液的测量电池电动势为：

$$E_s = K' + \frac{2.303RT}{F}\text{pH}_s \tag{9-22}$$

$$E_x = K' + \frac{2.303RT}{F}\text{pH}_x \tag{9-23}$$

将式(9-23)减去式(9-22)得：

$$\text{pH}_x = \text{pH}_s + \frac{E_x - E_s}{2.303RT/F} \tag{9-24}$$

式中，pH_s 为已知数值，在相同的条件下测定出 E_x、E_s，就可以得出 pH_x 的值。用于校正仪器的 pH 缓冲液是 pH 测量的基准，它的 pH 值的准确度直接影响测定结果的准确度。

表 9-2 中列出了常用的标准 pH 缓冲溶液在 0~60℃ 的 pH 值。

表 9-2　常用标准 pH 缓冲溶液的 pH 值

温度	四草酸氢钾 (0.05mol·kg^{-1})	25℃饱和酒石酸氢钾	邻苯二甲酸氢钾 (0.05mol·kg^{-1})	混合磷酸盐 (0.025mol·kg^{-1})	硼砂 (0.05mol·kg^{-1})
0℃	1.67	—	4.01	6.98	9.46
5℃	1.67	—	4.00	6.95	9.39
10℃	1.67	—	4.00	6.92	9.33
15℃	1.67	—	4.00	6.90	9.28
20℃	1.68	—	4.00	6.88	9.23
25℃	1.68	3.56	4.00	6.86	9.18
30℃	1.68	3.55	4.01	6.85	9.14
35℃	1.69	3.55	4.02	6.84	9.10
40℃	1.69	3.55	4.03	6.84	9.07
45℃	1.70	3.55	4.04	6.83	9.04
50℃	1.71	3.56	4.06	6.83	9.02
55℃	1.71	3.56	4.07	6.83	8.99
60℃	1.72	3.57	4.09	6.84	8.97

9.4.1.2　测定条件

(1) 碱差和酸差　pH 玻璃电极的 φ-pH 关系曲线只有在一定范围呈线性关系。普通 pH 玻璃电极的膜材料为 Na_2O、CaO、SiO_2，它的测定范围为 pH1~9.5。当用此电极测定 pH 值 >9.5 或 Na^+ 浓度较高的溶液时，pH 的测定值低于真实值，产生负误差，称为碱差或钠差。

而当 pH 玻璃电极测定 pH<1 的强酸溶液时，pH 值的测定值高于真实值，产生正误差，称为酸差。玻璃组成不同的 pH 玻璃电极，所适用的 pH 值范围也不同，如用 Li_2O 代

替 Na_2O 的 pH 玻璃电极（膜材料为 Li_2O、Cs_2O、La_2O_3、SiO_2），其测定范围为 pH1～14，可解决测定强碱溶液时的钠差问题。

（2）不对称电位　由于 pH 玻璃电极一般存在着 1～30mV 的不对称电位，因此，在使用电极前将玻璃电极放在水或溶液中充分浸泡（一般浸泡 24h 左右），使 $\varphi_{不对称}$ 降至最低并趋于恒定，同时也使玻璃膜表面充分水化，有利于对 H^+ 的响应。

（3）电极的内阻　玻璃电极的内阻很大，为 50～500MΩ，所以，必须使用高输入阻抗的测量仪器测量。

9.4.2　氟离子选择性电极测定 F^- 含量

9.4.2.1　测量原理

前面已经介绍了氟离子选择性电极的构造，它属于晶体膜电极，是目前应用最为普遍的离子选择性电极之一。

测定样品中 F^- 含量时，是将氟离子选择性电极与饱和甘汞电极置于待测的 F^- 试液中组成电池，若指示电极为正极，则电池表示为：

$Hg|Hg_2Cl_2(s)|KCl(饱和)\|试液|LaF_3 膜|F^-(0.1mol\cdot L^{-1}),Cl^-(0.1mol\cdot L^{-1})|AgCl(s)|Ag$

电池电动势为：$E=\varphi_{指示}-\varphi_{甘汞}$

$$E=K-\frac{2.303RT}{F}\lg[F^-]-\varphi_{甘汞}=K'-\frac{2.303RT}{F}\lg[F^-]$$

若指示电极为负极，则

$$E=\varphi_{甘汞}-\varphi_{指示}=K'+\frac{2.303RT}{F}\lg[F^-] \tag{9-25}$$

9.4.2.2　测定条件

① 氟离子选择性电极应在 pH 4～6 的范围内使用。以防过于碱性时有 $La(OH)_3$ 沉淀生成，在膜的表面形成覆盖阻挡层而产生干扰；或者由于溶液的过于酸性，形成 HF 或 HF_2^- 而影响界面电位；溶液中的共存离子应以不与 F^- 或 La^{3+} 反应为宜，还应保持溶液中的离子强度固定不变，以保证 F^- 的活度系数为常数。

② 氟电极可测 F^- 的浓度范围通常为 $10^0～10^{-6}$ mol·L^{-1} 或 $10^{-1}～10^{-6}$ mol·L^{-1}。氟电极的检测下限不能低于 10^{-6} mol·L^{-1}。但实验测得的 F^- 电极的 Nernst 线性响应为 5×10^{-7} mol·L^{-1}。

③ 氟电极与溶液接触需要一定的响应时间，电位才能达到平衡，测量 F^- 的活度越小，响应时间越长。接近检测限的稀溶液，响应时间长达 1h 左右；电极的晶体膜薄且粗糙度小，则响应时间短，增加溶液的离子强度和搅拌速度，可加速离子到达电极表面的速度，缩短响应时间。由于产生膜电位需要响应时间，因此，测量时应注意在响应时间后进行读数。

9.4.3　直接电位法的定量方法

9.4.3.1　直接比较法

直接比较法主要用于其活度以负对数表达测定结果的分析中，如溶液 pH 值的测定，还有对试样组分较稳定的试液，如测 Na^+、Ca^{2+} 等溶液的浓度。其测量通常可以 pH 值或 pM 直接从仪器上读出。测量时，要用一、两个标准溶液校正仪器，然后测量试液，即可直接读取试液的 pH 值或 pM 值。

9.4.3.2 标准曲线法

配制一系列待测离子的标准溶液及样品溶液,各溶液中均加入同样量的总离子强度调节缓冲溶液(TISAB)。其作用是保持各溶液的离子强度,并起控制溶液的 pH 值和掩蔽干扰离子的作用。恒定以使待测离子的活度系数为常数,各溶液的最后总体积相同。

测量各标准溶液的 $E_{电池}$,以 E 对 $-\lg c_i$ 作图,得到标准曲线。根据测得试液的电池电动势 E_x 的数值,从标准曲线上查找相应的 $\lg c_x$ 值,求反对数可得 c_x。

9.4.3.3 标准加入法

当待测试液的成分较复杂、离子强度比较大时,难以控制试液与标准溶液中待测离子的活度系数一致,这种情况下,采用标准加入法定量分析较为适宜,该法是电位测定法中较精确的方法之一。

设试液中被测离子活度系数 γ,游离离子浓度与其总浓度的比值为 x,被测液中被测离子总浓度为 c_x,取体积为 V 的试液,与电极组成测量电池,测得电动势为 E_1:

$$E_1 = K \pm S\lg\gamma x c_x$$

式中,$S = \dfrac{2.303RT}{F}$ 为斜率。

然后准确加入体积 V_s、浓度 c_s 的被测离子的标准溶液,若加入后不致引起 γ 和 x 的变化,则此时测量电池电动势 E_2 为:

$$E_2 = K \pm S\lg\gamma x(c_x + \Delta c)$$

式中:

$$\Delta c = \frac{c_s \cdot V_s}{V + V_s}$$

将 $E_2 - E_1$ 得:

$$E_2 - E_1 = S\lg\left(1 + \frac{\Delta c}{c_x}\right)$$

即:

$$c_x = \frac{\Delta c}{10^{\frac{\Delta E}{S}} - 1} \tag{9-26}$$

此法关键是标准溶液的加入量。过少,ΔE 过小,测量误差较大;过多,则引起 γ 和 x 的明显变化。一般控制 c_s 为 c_x 的 100 倍,V_s 为 V 的 $\dfrac{1}{100}$。加入后,ΔE 以 20~50mV 为宜。

另外式中 S 值应当与温度及电极的性能有关,应通过实验测得。配制两个浓度相差 10 倍的被测离子的标准溶液,加入同样量的总离子强度调节缓冲溶液,稀释至相同体积,分别测出它们的电动势,二者之差便是 Nernst 斜率 S 的值。

$$E_{S_1} = K - S\lg c_1$$
$$E_{S_2} = K - S\lg c_2$$
$$\Delta E = E_{S_1} - E_{S_2} = S\lg\frac{c_2}{c_1} = S\lg\frac{10c_1}{c_1} = S$$

将测得的 S 及 ΔE 值代入式(9-26)中,可求得 c_x,并计算被测离子在原试液中的浓度。

9.4.4 直接电位法的应用

(1) 土壤中氟含量的测定 氟离子选择性电极性能十分优良,采用该电极测定各样品中的氟含量已成为标准方法。

土壤中氟的测定一般分为：水溶性氟、速效性氟和难溶性氟。水溶性氟：土样于70℃热水中搅拌浸提30min，离心式过滤吸取上清液，加入TISAB后测定。速效性氟：以0.5mol·L^{-1} NaOH 或 0.1mol·L^{-1}EDTA-0.5mol·L^{-1}NaOH 在90℃搅拌浸提土样1h，取上清液用醋酸调pH值至约5.5，必要时添加适量柠檬酸钠后进行测定。难溶性氟：以25% AlCl$_3$-0.01mol·L^{-1}HCl 在90℃搅拌浸提经速效氟处理后的残渣30min，取清液用高浓度柠檬酸钠作配合剂进行测定。

（2）土壤酸碱度的测定　土壤酸碱度是影响土壤肥力的因素之一，测定土壤pH值时采用玻璃电极为指示电极，甘汞电极为参比电极组成电池，用直接电位法进行测定。将制备好的风干土壤样品，称取20g置于烧杯中，加入50mL中性蒸馏水，间歇搅拌数次，使土体分散开，每次间隔约30min。停止搅拌后，立即插入玻璃电极和甘汞电极，用pH计测定其pH值。经风干的土壤所含CO_2已挥发，故室内测定值与田间实际值有一定的差别。

（3）还原糖含量的测定　糖是植物中天然存在的一类化合物，它与蛋白质和脂肪一起组成动物的主要营养成分。离子选择性电极测定还原糖的方法是加入一种过量的氧化剂将糖氧化，然后用合适的电极测定剩余的氧化剂的量，间接测定糖的含量。常用的氧化剂有酶、铜、汞或高碘酸盐等。测定时常用铜离子选择性电极为指示电极，双液接饱和甘汞电极为参比电极，Cu^{2+}为氧化剂。基于在弱碱性溶液中葡萄糖可被Cu^{2+}氧化成羧酸：

$$R-CHO+2Cu^{2+}+5OH^- \rightleftharpoons Cu_2O+RCOO^-+3H_2O$$

过量的Cu^{2+}可用铜离子选择性电极测得，从而求得还原糖的含量。

该实验采用标准加入法测定，溶液适宜的pH值为2～5，可用乙酸缓冲溶液调pH4.1，该缓冲溶液兼有离子调节缓冲液的作用。

9.5　电位滴定法

9.5.1　电位滴定方法的原理及特点

电位滴定法是基于电位突跃来确定终点的方法。进行电位滴定时，在被测溶液中插入一支指示电极和一支参比电极组成一个原电池。随着滴定剂的加入，由于发生化学反应，被测离子的浓度不断发生变化，指示电极的电位也相应改变。在化学计量点附近，离子浓度变化较大，引起电位的突跃，因此测量电池电动势的变化，就可确定滴定的终点。

电位滴定分析与普通滴定分析相比较，具有以下特点：
① 能用于浑浊或有色溶液的滴定与缺乏合适指示剂的滴定。
② 能用于非水溶液中某些有机物的滴定。
③ 能用于测定热力学常数，诸如弱酸、弱碱的电离常数，配合物的稳定常数。
④ 能用于连续滴定和自动滴定，适用于微量分析。
⑤ 准确度较直接电位法高，测定的相对误差与普通滴定分析一样，可低至0.2%。

9.5.2　电位滴定法常用仪器

随着计算机技术与电子技术的发展，各种自动电位滴定仪相继出现。但其工作方式不外乎有两种，即为自动记录滴定曲线的方式和自动终点停止方式。前者是将滴定过程中体系的pH值或mV值对所加的滴定剂体积变化的曲线自动记录下来，然后由计算机找出滴定终点，并给出所消耗滴定剂的体积。后者则需先找出滴定的终点，再将仪器终点电位先置于预定终点处,在滴定过程中,当电位达到预定值时,滴定自动停止。现在实验室中普遍使用的是 ZD-2 型自动电位滴定仪,属于自动终点停止方式。

9.5.2.1 基本装置

ZD-2 型自动电位滴定是利用预设化学计量点电位到达时自动停止滴定剂的加入,实现自动滴定的分析仪器。可配合使用各种电极,进行 pH 值及 mV 值的自动滴定。其电子线路的控制原理基本装置方框图如图 9-7 所示。

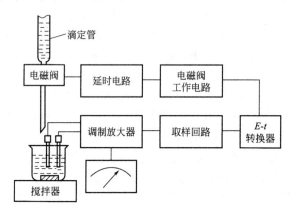

图 9-7　ZD-2 型自动电位滴定仪原理

图 9-7 中主要装置介绍如下。

(1) 电磁阀　是根据通电线圈能吸引磁性物质的原理进行工作。当直流电压供给线圈,线圈吸引磁铁,具有弹性的橡皮管打开,液体自动流下;无电压加入线圈,阀自动关闭,滴液停止。

(2) $E\text{-}t$ 转换器　是供给电磁阀电源的装置,也是一个脉冲电压发生器。它的作用是产生开通和关闭电磁阀两种状态的脉冲电压,此电压是一个周期电压,从开通到关闭整个周期为 5s 左右。在一个周期内开通时间的长短是由电路输入电压自动控制调节的,当输入电压大时,开通的时间长,所以这个装置可将输入电压 E 转换成开通时间 t。

(3) 终点给定和取样电路　$E\text{-}t$ 转换器的输入电压由滴定过程中溶液的实际电位 E 和化学计量点电位 E_0 的差值决定。由差减法可得到 ΔE。

(4) 滴液开关　对于不同的滴定对象,滴定曲线的形状不同。滴定中电位由高向低变化,经过化学计量点,即 $\Delta E > 0$;而滴定中电位由低到高变化,再经过化学计量点,即 $\Delta E < 0$。而 $E\text{-}t$ 转换器只在 ΔE 为正时才正常工作,因此仪器中有一滴液开关装置,根据实际滴定情况选择其方向"+"或"−"。

(5) 预控调节器　可利用此装置选择合适的滴定速度,但必须满足分析准确度的要求。一般电位突跃较大或精密度要求不高时,可选择较快的滴定速度;反之,则选较慢的滴定速度。

9.5.2.2 工作原理

用手动滴定法将化学计量点的电位 E_0 求出后,将仪器的终点调节到所求出的 E_0 电位值处,被测溶液的浓度由电极转变为电位信号,经调制放大器放大后,一方面送至电表指示出来,另一方面由取样回路取出正比于电极信号的电位 E,与给定的化学计量点电位 E_0 比较,其差值 ΔE 送至 $E\text{-}t$ 转换器作为控制信号,通过脉冲电压控制电磁阀开启和关闭时间,以调节滴定液流出的速度。当滴定远离 E_0 时,ΔE 相差较大,脉冲电压开通时间长,滴定液流出速度快;当滴定接近 E_0 时,滴定液流出速度减慢;当滴定恰好到达 E_0 时,$E = E_0$,

此时脉冲电压为0，电磁阀自动关闭，停止滴定。

具体仪器操作，请参考 ZD-2 型自动电位滴定仪使用说明书。

9.5.3 电位滴定终点的确定方法

滴定过程中，应在不断搅拌下逐渐滴入滴定剂，滴定至接近化学计量点时，应仔细记录测量数据，直到超过化学计量点为止。根据加入不同体积滴定剂（V）时，测得的相应的电动势（E）的数据，采用三种方法确定滴定终点。表 9-3 是用 $0.1000\text{mol}\cdot\text{L}^{-1}$ $AgNO_3$ 溶液滴定 Cl^- 溶液时的实验数据，测量电池是由指示电极银电极、参比电极饱和甘汞电极组成。

根据表 9-3 所列数据，可用下列方法确定终点。

9.5.3.1 E-V 曲线法

用表 9-3 所列数据绘制 E-V 曲线，如图 9-8(a) 所示。E（纵轴）代表电池电动势（V 或 mV），V（横轴）代表所加滴定剂的体积。在 S 形滴定曲线上，作两条与滴定曲线相切的平行直线，两平行线的等分线与曲线的交点为曲线的拐点，对应的体积即为滴定至终点时所需的体积。

9.5.3.2 一阶微商曲线法

$\Delta E/\Delta V$ 代表 E 的变化值与相对应的加入滴定剂体积的增量（ΔV）的比，它是 $\dfrac{\text{d}E}{\text{d}V}$ 的估计值。例如，在 $24.10\sim24.20\text{mL}$ 之间，相应的

$$\frac{\Delta E}{\Delta V}=\frac{0.194\text{V}-0.183\text{V}}{24.20\text{V}-24.10\text{V}}=0.110\text{V}\cdot\text{mL}^{-1}$$

用表 9-3 中 $\Delta E/\Delta V$ 值绘成 $\Delta E/\Delta V$-V 曲线，如图 9-8(b) 所示。曲线的最高点对应于滴定终点。

表 9-3 以 $0.1000\text{mol}\cdot\text{L}^{-1}$ $AgNO_3$ 溶液滴定 NaCl 溶液的电位值

加入 $AgNO_3$ 的体积/mL	E/V	$\dfrac{\Delta E/\Delta V}{\text{V}\cdot\text{mL}^{-1}}$	$\dfrac{\Delta^2 E}{\Delta V^2}$	加入 $AgNO_3$ 的体积/mL	E/V	$\dfrac{\Delta E/\Delta V}{\text{V}\cdot\text{mL}^{-1}}$	$\dfrac{\Delta^2 E}{\Delta V^2}$
5.00	0.062	0.002		24.20	0.194	0.390	2.80
15.0	0.085	0.004		24.30	0.233	0.830	4.40
20.0	0.107	0.008		24.40	0.316	0.240	−5.90
22.0	0.123	0.015		24.50	0.340	0.110	−1.30
23.0	0.138	0.016		24.60	0.351	0.070	−0.40
23.50	0.146	0.050		25.00	0.373	0.024	
23.58	0.161	0.065		25.00	0.373	0.024	
24.00	0.174	0.090		25.50	0.385		
24.10	0.183	0.110					

9.5.3.3 二阶微商法

这种方法是基于 $\dfrac{\Delta E}{\Delta V}$-$V$ 曲线的最高点正是二阶微商 $\dfrac{\Delta^2 E}{\Delta V^2}$ 等于零处。可以通过绘制二阶微商曲线，如图 9-8(c) 所示，或通过计算求得终点。例如，对应于 24.30mL

$$\frac{\Delta^2 E}{\Delta V^2}=\left(\frac{\Delta E}{\Delta V}\right)_2-\left(\frac{\Delta E}{\Delta V}\right)_1 \quad ❶$$

---

❶ 为简便计算，$\dfrac{\Delta^2 E}{\Delta V^2}$ 之间可用表 9-3 中第三栏内 $\Delta E/\Delta V$ 的后一数值减去前一数值而得到。

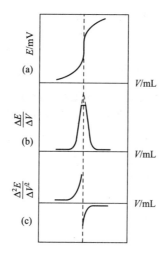

图 9-8 电位滴定法终点的确定

$$= \frac{0.83-0.39}{24.30-24.20} = +4.4$$

对应于 24.40mL

$$\frac{\Delta^2 E}{\Delta V^2} = \frac{0.240-0.830}{24.40-24.30} = -5.90$$

用内插法算出对应于 $\frac{\Delta^2 E}{\Delta V^2}$ 等于零时的体积;

$$V = 24.30 + 0.10 \times \frac{4.4}{4.4+5.9} = 24.34 \text{mL}$$

这就是滴定终点时标准溶液的消耗量。

9.5.4 电位滴定法的应用

电位滴定法适合于各类滴定分析。所不同的是,要根据滴定反应类型不同,选择合适的指示电极。

(1) 酸碱滴定 这类电位滴定通常采用 pH 玻璃电极为指示电极,饱和甘汞电极为参比电极。此方法判断滴定终点要比普通酸碱滴定灵敏得多。它可检测出零点几个 pH 的变化,因此它更适合于测定弱酸(碱)或不易溶于水而溶于有机溶剂的酸(碱)。如在 HAc 介质中可以用 $HClO_4$ 溶液滴定吡啶;在乙酸介质中可以用 HCl 溶液滴定三乙醇胺;在丙酮介质中可以滴定高氯酸、盐酸、水杨酸的混合物;在有机溶剂中用氢氧化钾的乙醇溶液测定润滑剂、防腐剂、有机工业原料等物质中游离酸的混合物。

(2) 沉淀滴定 根据不同的沉淀反应,选用不同的指示电极。最常用的是用银电极作指示电极,甘汞电极或玻璃电极作参比电极,测定卤素离子浓度、CNS^-、S^{2-}、CN^- 等离子以及一些有机酸的阴离子。当滴定剂与数种待测离子生成的沉淀的溶度积差别很大时,可以进行连续滴定而不需事先进行分离。例如,用 $AgNO_3$ 作滴定剂可对 Cl^-、Br^- 和 I^- 的混合物可以进行连续滴定。

采用银电极作指示电极,用 $AgNO_3$ 溶液连续滴定氯化物、溴化物、碘化物混合溶液的滴定曲线。由于 AgI 的溶度积最小,碘离子的滴定突跃最先出现,然后是溴离子,最后是氯离子。

(3) 氧化还原滴定　惰性铂电极被用来作氧化还原滴定的指示电极，铂电极可以快速响应许多重要的氧化还原电对，并产生与电对的活度有关的电位。采用铂电极系统，可以用 $KMnO_4$ 溶液滴定 I^-、NO_2^-、Fe^{2+}、V^{4+}、Sn^{2+}、Sb^{3+} 等；用 $K_2Cr_2O_7$ 溶液滴定 Fe^{2+}、I^-、Sb^{3+}、Sn^{2+} 等。

(4) 配位滴定　金属电极和离子选择性电极均可作为配合物形成滴定的指示电极，但至今为止，应用最多的是以 J 型 Hg 电极作为指示电极用于 EDTA 滴定金属离子。如用 EDTA 滴定 Bi^{3+}、Cd^{2+} 和 Ca^{2+} 的混合物溶液，先将溶液 pH 值调至 1.2，可滴定溶液中的 Bi^{3+}；在 Bi^{3+} 被完全滴定之后，再将溶液调至 pH=4 左右，加入 HAc-NaAc 缓冲溶液，可继续滴定 Cd^{2+} 至终点，最后将溶液调至碱性，加入 NH_3-NH_4Cl 缓冲溶液可滴定 Ca^{2+} 至终点。

以氟离子选择性电极作指示电极，可以用镧滴定氟化物，可以用氟化物滴定铝；以钙离子选择性电极作指示电极，可用 EDTA 滴定 Ca^{2+} 等。

思考题

1. 什么是直接电位法和电位滴定法？
2. 什么是参比电极和指示电极？电位法中常用的参比电极有哪些？写出一例典型的参比电极的电极反应及电极电位的关系式？
3. 直接电位法常用的指示电极有哪些？
4. 以 pH 玻璃膜电极为例说明离子选择性电极的膜电位产生的机理。什么是不对称性电位，其产生的原因是什么？
5. 概述氟离子选择性电极的膜电位产生的机理。
6. 写出测定溶液 pH 值时所需组成的原电池及电池电动势关系式，并说明式中各项的意义。
7. 讨论膜电位、电极电位和电池电动势三者之间的关系。
8. 什么是电极选择性系数 k_{ij}，它有何用途？
9. 测定 F^- 浓度时，在溶液中加入 TISAB 的作用是什么？
10. 在直接电位法测量中，如何解决活度与浓度的关系？有哪两种定量分析方法？
11. 电位滴定法的基本原理是什么？有哪些确定终点的方法？
12. 对于 pH 玻璃膜电极的适用 pH 范围有什么要求？什么是酸差、碱差？
13. 用 $AgNO_3$ 溶液电位滴定含相同浓度的 Cl^- 和 I^- 的溶液时，当 AgCl 开始沉淀时，AgI 是否已沉淀完全？
14. pH 玻璃电极在使用前，一般要浸泡 24h 是为什么？
15. 在下列各电位滴定中，应选择什么样的电极来组成测量电池，测量下列物质
(1) NaOH 滴定 H_3PO_4；(2) $KMnO_4$ 滴定 NO_2^-；(3) EDTA 滴定 Ca^{2+}；
(4) $AgNO_3$ 滴定 Cl^-、Br^-、I^- 的混合物。

习　题

1. 当下述电池中的溶液是 pH=4.00 的缓冲溶液时，在 25℃，用 mV 计测得下列电池

的电动势为 0.209V；

$$\text{玻璃电极} | H^+(a=x) \| \text{饱和甘汞电极}$$

当缓冲溶液由三种未知溶液代替时，mV 计的读数如下：（a）0.312V；（b）0.088V；（c）-0.017V，试计算每种未知液的 pH 值。

2. 以 SCE 作正极，氟离子选择性电极作负极，放入 $0.001 \text{mol} \cdot L^{-1}$ 的氟离子溶液中，测得 $E=-0.159V$。换用含氟离子试液，测得 $E=-0.212V$。计算试液中氟离子浓度。

3. 某钠离子选择性电极，$K_{Na^+, H^+}=30$，用该电极测定 pNa=3 的 Na^+ 溶液，要求测定误差小于 3%，试液的 pH 值必须大于多少？

4. 用钙离子选择性电极测得浓度为 $1.00 \times 10^{-4} \text{mol} \cdot L^{-1}$ 和 $1.00 \times 10^{-5} \text{mol} \cdot L^{-1}$ 的 Ca^{2+} 标准溶液的电动势为 0.208V 和 0.180V。在相同条件下测得试液的电动势为 0.195V，计算试液中 Ca^{2+} 的浓度。

5. 25℃时，测量电池"镁离子电极 | $Mg^{2+}(a=1.8 \times 10^{-3} \text{mol} \cdot L^{-1})$ ‖ 饱和甘汞电极"的电动势为 0.411V。用含 Mg^{2+} 试液代替已知溶液，测得电动势为 0.439V，试求试液中 pMg 的值。

6. 25℃时，电池"NO_3^- 离子电极 | $NO_3^-(a=6.87 \times 10^{-3} \text{mol} \cdot L^{-1})$ ‖ 饱和甘汞电极"的电动势为 0.367V，用含 NO_3^- 试液代替已知活度的 NO_3^- 溶液，测得电动势为 0.446V，求试液的 pNO_3^- 值。

7. 用标准加入法测定离子浓度时，于 100mL 铜盐溶液中加入 1.0mL $0.1 \text{mol} \cdot L^{-1}$ 的 $Cu(NO_3)_2$ 溶液后，测得的电动势减少 4mV，求铜溶液的原来浓度。

8. 用钙离子选择性电极和饱和甘汞电极置于 100mL Ca^{2+} 试液中，测得电位为 0.415V。加入 2mL 浓度为 $0.218 \text{mol} \cdot L^{-1}$ 的 Ca^{2+} 标准溶液后，测得电位为 0.430V。试计算 Ca^{2+} 的浓度。

拓展内容

第10章 分光光度法
(Absorption Spectrophotometry)

【学习要点】

① 了解物质对光的选择性吸收的原理。
② 掌握朗伯-比耳定律及了解偏离吸收定律的原因。
③ 了解分光光度法误差的计算方法。
④ 了解可见分光光度计仪器构造和各主要部件的作用,掌握测定原理、技术及应用。
⑤ 掌握可见分光光度法的基本原理和定量分析方法;分光光度法分析结果的计算。

分光光度法是基于物质对光的选择性吸收而建立起来的分析方法,包括比色法、可见分光光度法、红外分光光度法等。本章将重点介绍可见分光光度法的基本原理及其应用。

分光光度法属于仪器分析法,主要用于微量组分的测定。

与化学分析法相比,分光光度法具有如下特点:

(1) 灵敏度高　常可不经富集用于测定质量分数为 $10^{-2} \sim 10^{-5}$ 的微量组分,甚至可测定低至质量分数为 $10^{-6} \sim 10^{-8}$ 的痕量组分。通常所测试的浓度下限达 $10^{-5} \sim 10^{-6} \text{mol} \cdot \text{L}^{-1}$。

(2) 准确度高　一般目视比色法的相对误差为 5%～10%,分光光度法为 2%～5%。

(3) 仪器简单、操作方便、快速　近年来,由于新的、灵敏度高、选择性好的显色剂和掩蔽剂不断出现,以及化学计量学方法的应用,常常可以不经分离就能直接进行比色或分光光度测定。

(4) 应用广泛　几乎所有的无机离子和许多有机化合物都可以直接或间接地用分光光度法进行测定。不仅用于测定微量组分,也能用于高含量组分的测定、配合物组成、化学平衡等的研究。如农业部门常用于品质分析、动植物生理生化及土壤、植株等的测定。

10.1 物质对光的选择性吸收

10.1.1 光的基本性质

光是一种电磁波,具有波粒二象性。光的传播,如光的折射、衍射、偏振和干涉等现象可用光的波动性来解释。描述波动性的重要参数是波长 λ(m)、频率 ν(Hz),它们与光速 c 的关系是:

$$\lambda \nu = c \tag{10-1}$$

在真空介质中光速为 $2.9979 \times 10^8 \text{m} \cdot \text{s}^{-1}$,约等于 $3 \times 10^8 \text{m} \cdot \text{s}^{-1}$。还有一些现象,如光电效应、光的吸收和发射等,只能用光的微粒性才能说明,即把光看作是带有能量的微粒流。这种微粒称为光子或光量子,其能量 E 决定于光的频率。

$$E = h\nu = h\frac{c}{\lambda} \tag{10-2}$$

式中,E 为光子的能量;h 为普朗克常数 ($6.626 \times 10^{-34} \text{J} \cdot \text{s}$)。

由式(10-2)可知,λ 越小,E 越大,所以短波能量高,长波能量低。如果按其频率或波长的大小排列,则可得如表 10-1 所示的电磁波谱表。

表 10-1 电磁波谱及各谱区相应分析方法

光谱名称	波长范围	能量 E/J	辐射源	分析方法
X 射线	0.1~10nm	$1.99 \times 10^{-15} \sim 1.99 \times 10^{-17}$	X 射线管	X 射线光谱法
远紫外光	10~200nm	$1.99 \times 10^{-17} \sim 9.94 \times 10^{-19}$	氢、氘、氙灯	真空紫外光谱法
近紫外光	200~400nm	$9.94 \times 10^{-19} \sim 4.97 \times 10^{-19}$	氢、氘、氙灯	紫外光谱法
可见光	400~750nm	$4.97 \times 10^{-19} \sim 2.65 \times 10^{-19}$	钨灯	比色及可见光谱法
近红外光	0.75~2.5μm	$2.65 \times 10^{-19} \sim 7.95 \times 10^{-20}$	碳化硅热棒	近红外光谱法
中红外光	2.5~5.0μm	$7.95 \times 10^{-20} \sim 3.97 \times 10^{-20}$	碳化硅热棒	中红外光谱法
远红外光	5.0~1000μm	$3.97 \times 10^{-20} \sim 1.99 \times 10^{-22}$	碳化硅热棒	远红外光谱法
微波	0.1~100cm	$1.99 \times 10^{-22} \sim 1.99 \times 10^{-25}$	电磁波发生器	微波光谱法
无线电波	1~1000m	$1.99 \times 10^{-25} \sim 1.99 \times 10^{-28}$		核磁共振光谱法
声波	15~10^6km	$1.32 \times 10^{-29} \sim 1.99 \times 10^{-34}$		光声光谱法

我们将眼睛能够感觉到的那一小段的光称为可见光,它只是电磁波中一个很小的波段(400~750nm),也就是日常所见的日光、白炽光,都是由红、橙、黄、绿、青、蓝、紫七种不同色光组合而成的复合光(即由不同波长的光所组成的光)。理论上,将仅具有某一波长的光称为单色光,单色光由具有相同能量的光子所组成。由不同波长的光组成的光称为复合光。单色光其实只是一种理想的"单色",实际上常含有少量其他波长的色光。各种单色光之间并无严格的界限,例如黄色与绿色之间就有各种不同色调的黄绿色。不仅七种单色光可以混合成白光,两种适当颜色的单色光按一定强度比例混合也可得到白光。这两种单色光称为互补色,如图 10-1 所示,图中处于对角线上的两种单色光为互补色光。例如绿色光和紫色光互补、黄色光和蓝色光互补等。

10.1.2 光吸收曲线

颜色是物质对不同波长光的吸收特性表现在人视觉上所产生的反映。一种物质呈现何种颜色,是与入射光的组成和物质本身的结构有关。如果把不同颜色的物体放在暗处,什么颜

图 10-1 互补色光与波长（nm）范围示意图

色也看不到。当光束照射到物体上时，由于不同物质对于不同波长光的吸收、透射、反射、折射的程度不同而呈现不同的颜色。溶液呈现不同的颜色是由溶液中的质点（离子或分子）对不同波长的光具有选择性吸收而引起的。当白光通过某一有色溶液时，该溶液会选择性地吸收某些波长的色光而让那些未被吸收的色光透射过去，即溶液呈现透射光的颜色，亦即呈现的是它吸收光的互补色光的颜色。图 10-1 所示也是物质的颜色与吸收光之间的关系。例如，$KMnO_4$ 溶液选择性吸收了白光中的绿色光，与绿色光互补的紫色光因未被吸收而透过溶液，所以 $KMnO_4$ 溶液呈现紫色。

依次将各种波长的单色光通过某一有色溶液，测量每一波长下有色溶液对该波长光的吸收程度（吸光度 A），然后以波长为横坐标，吸光度为纵坐标作图，得到一条曲线，称为该溶液的吸收曲线，亦称为吸收光谱。图 10-2 是三种浓度 $KMnO_4$ 溶液的吸收曲线。从图中可得出以下结论。

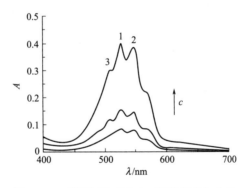

图 10-2 不同浓度 $KMnO_4$ 溶液的吸收曲线

曲线从下至上 $KMnO_4$ 溶液的浓度分别为：3.5×10^{-5} mol·L^{-1}、6.5×10^{-5} mol·L^{-1}、1.7×10^{-4} mol·L^{-1}。
吸收峰 1 的波长为 525nm；吸收峰 2 的波长为 545nm；吸收峰 3 的波长为 507nm

① 同一溶液对不同波长的光的吸收程度不同。如：$KMnO_4$ 对绿色光区中 525nm 的光吸收程度最大，此波长称为最大吸收波长，以 λ_{max} 或 $\lambda_{最大}$ 表示，所以吸收曲线上有一高峰。相反，对红色和紫色光基本不吸收，完全透过。所以，$KMnO_4$ 溶液呈现紫红色。

② 不同浓度的 $KMnO_4$ 溶液的光吸收曲线形状相似，其最大吸收波长不变；不同物质吸收曲线的形状和最大吸收波长均不相同。光吸收曲线与物质特性有关，故据此可作为物质定性分析的依据。

③ 同一物质不同浓度的溶液，在一定波长处吸光度随溶液浓度的增加而增大。这个特性可作为物质定量分析的依据。在测定时，只有在 λ_{max} 处测定吸光度，其灵敏度最高，因

此,吸收曲线是分光光度法中选择测量波长的依据。

10.1.3 吸收光谱产生的原理

吸收光谱一般有原子吸收光谱和分子吸收光谱。原子吸收光谱是由原子外层电子选择性地吸收某些波长的电磁波产生跃迁而引起的。我们所讨论的溶液的吸光度,属于分子吸收,所产生的光谱为分子吸收光谱,是分子中的价电子在分子轨道间跃迁产生的。在分子中,除了电子相对于原子核的运动之外,还有原子核的相对运动,分子作为整体围绕其重心的转动、分子的平动,以及原子之间的相对振动和分子中基团间的内旋转运动。因此,在分子中,除了电子运动能 E_e、原子的核能 E_n、分子转动能 E_r 和分子平动能 E_t 外,还有原子间的相对振动能 E_v,和基团间的内旋转能 E_i 等。当不考虑各种运动之间的相互作用时,可近似地认为分子的总能量为

$$E = E_e + E_n + E_r + E_t + E_v + E_i$$

由于在一般化学实验条件下,E_n 不发生变化,E_t 和 E_i 又比较小,所以一般只需考虑电子运动能量、振动能量和转动能量:

$$E \approx E_e + E_v + E_r$$

而这三种能量又都是量子化的,对应于一定的能级。

图 10-3 是双原子分子的能级示意图。图中 A 和 B 表示不同能量的电子运动能级(简称电子能级),A 是电子能级的基态,B 是电子能级的最低激发态。在同一电子能级内,分子的能量还因振动能量的不同而分成若干支级,称为振动能级。当分子处于某一电子能级中某一振动能级时,分子的能量还会因转动能量的不同再分为若干分级,称为转动能级。显然,电子能级的能量差 ΔE_e、振动能级的能量差 ΔE_v 和转动能级的能量差 ΔE_r 间相对大小的关系为

$$\Delta E_e > \Delta E_v > \Delta E_r$$

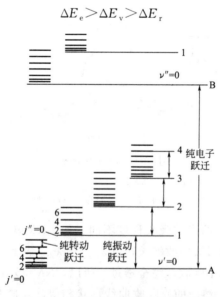

图 10-3 双原子分子的能级示意图

当分子状态一定时,分子的总能量就是分子所处的电子能级、振动能级和转动能级的能量之和。

分子的转动能级能量差一般为 0.005~0.05eV,产生此能级的跃迁,需吸收波长约为

250~25μm 的远红外线,这种光谱称为转动光谱或远红外光谱。

分子的振动能级能量差一般为 0.05~1eV,需吸收波长为 25~1.25μm 的红外线才能产生跃迁。在分子振动时,同时有分子的转动运动。这样,分子振动产生的吸收光谱中,必然包括转动光谱,所以常称为振-转光谱。振-转光谱是一系列波长间隔很小的谱线,加上谱线变宽和仪器分辨率低的原因,观察到的是一个谱峰,或称吸收带。因此它是带状光谱,每一不同的吸收带对应于不同的振动跃迁。由于它所吸收的能量处于红外线区,所以常称为红外光谱。各种物质的分子对红外线的选择吸收与其分子结构密切相关,故红外吸收光谱可应用于分子结构的研究。

分子的电子能级能量差为 1~20eV,比分子振动能级差要大几十倍,所吸收光的波长为 1.25~0.06μm,主要在真空紫外到可见光区,相应形成的光谱,称为电子光谱或紫外、可见光谱。通常,分子是处在电子能级基态的振动能级上。当用紫外、可见光照射分子时,价电子可以跃迁产生的吸收光谱,在电子能级变化的同时,不可避免地伴随分子振动和转动的能级变化。因此它包含了大量谱线,并由于这些谱线的重叠而成为连续的吸收带。

10.2 光吸收的基本定律

10.2.1 朗伯-比耳定律

现在讨论溶液对光的吸收规律。当一束平行的单色光照射均匀的溶液时,光强度减弱。其对光的吸收情况如图 10-4 所示。

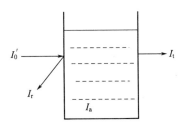

图 10-4 溶液对光的反射、吸收与透过

其中,I_a 为溶液吸收的光强;I_0' 为入射光强度;I_r 为溶液界面(或容器界面)反射光的强度;I_t 为透射光强度。实际测量过程中,由于使用相同的容器(比色皿)及空白参比,溶液的反射光强 I_r 为常数,可将 $(I_0'-I_r)$ 合并为 I_0;于是,有 $I_0=I_a+I_t$。

其实早在 1760 年,朗伯(Lamber)就指出,当单色光通过浓度一定的、均匀的吸收溶液时,该溶液对光的吸收程度与液层厚度 b 成正比。这种关系称为朗伯定律,数学表达式为

$$\lg \frac{I_0}{I}=k_1 b \tag{10-3}$$

1852 年,比耳(Beer)指出,当单色光通过液层厚度一定的、均匀的吸收溶液时,该溶液对光的吸收程度与溶液中吸光物质的浓度 c 成正比。这种关系称为比耳定律,数学表达式为

$$\lg \frac{I_0}{I}=k_2 c \tag{10-4}$$

如果同时考虑溶液浓度与液层厚度对光吸收程度的影响,即将朗伯定律与比耳定律结合

起来，则可得

$$\lg \frac{I_0}{I} = Kbc \tag{10-5}$$

该式称为朗伯-比耳定律的数学表达式。上述式中，b 为光通过的液层厚度，cm；c 为吸光物质的浓度，$mol \cdot L^{-1}$；k_1、k_2 和 K 均为比例常数，与吸光物质的性质、入射光波长及温度等因素有关。上式的物理意义为：当一束平行的单色光通过均匀的某吸收溶液时，溶液对光的吸收程度 $\lg \frac{I_0}{I}$ 与吸光物质的浓度和光通过的液层厚度的乘积成正比。

由于式(10-5)中的 $\lg \frac{I_0}{I}$ 项表明了溶液对光的吸收程度，定义为吸光度，并用符号 A 表示；同时，I_0/I_t 是透射光强度与入射光强度之比，表示了入射光透过溶液的程度，称为透光度（以%表示，为透光率），以 T 表示，所以式(10-5) 又可表示为

$$A = \lg \frac{I_0}{I} = \lg \frac{1}{T} = Kbc \tag{10-6}$$

应用该定律时，应注意：①朗伯-比耳定律不仅适用于有色溶液，也可适用于其他均匀非散射的吸光物质（包括液体、气体和固体）；②该定律应用于单色光，既适用于可见光，也适用于红外线和紫外线，是各类分光光度法的定量依据；③吸光度具有加和性，是指溶液的总吸光度等于各吸光物质的吸光度之和。根据这一规律，可以进行多组分的测定及某些化学反应平衡常数的测定。这个性质对于理解分光光度法的实验操作和应用都有着极其重要的意义。

10.2.2 吸光系数和摩尔吸光系数

式(10-6) 中的比例常数 K 值随 c、b 所用单位不同而不同。如果液层厚度 b 的单位为 cm，浓度 c 的单位为 $g \cdot L^{-1}$，K 用 a 表示，a 称为吸光系数，其单位是 $L \cdot g^{-1} \cdot cm^{-1}$，则式(10-6) 写为

$$A = abc \tag{10-7}$$

如果液层厚度 b 的单位仍为 cm，但浓度 c 的单位为 $mol \cdot L^{-1}$，则常数 K 用 ε 表示，ε 称为摩尔吸光系数，其单位是 $L \cdot mol^{-1} \cdot cm^{-1}$，此时式(10-6) 写为

$$A = \varepsilon bc \tag{10-8}$$

吸光系数 a 和摩尔吸光系数 ε 是吸光物质在一定条件、一定波长和溶剂情况下的特征常数。同一物质与不同显色剂反应，生成不同的有色化合物时具有不同的 ε 值，同一化合物在不同波长处的 ε 也可能不同。在最大吸收波长处的摩尔吸光系数，常以 ε_{max} 表示。ε 值越大，表示该有色物质对入射光的吸收能力越强，显色反应越灵敏。所以，可根据不同显色剂与待测组分形成有色化合物的 ε 值的大小，比较它们对测定该组分的灵敏度。以前曾认为 $\varepsilon > 1 \times 10^4$ 的反应即为灵敏反应，随着近代高灵敏显色反应体系的不断开发，现在，通常认为 $\varepsilon \geq 6 \times 10^4$ 的显色反应才属灵敏反应，$\varepsilon < 2 \times 10^4$ 已属于不灵敏的显色反应。目前已有许多 $\varepsilon \geq 1.0 \times 10^5$ 的高灵敏显色反应可供选择。

应该指出的是，ε 值仅在数值上等于浓度为 $1 mol \cdot L^{-1}$、液层厚度为 1cm 时有色溶液的吸光度，在分析实践中不可能直接取浓度为 $1 mol \cdot L^{-1}$ 的有色溶液测定 ε 值，而是根据低浓度时的吸光度，通过计算求得。

例 10-1 纯化后的胡萝卜素（$C_{40}H_{56}$，其摩尔质量为 $536 g \cdot mol^{-1}$），用氯仿配成浓度

为 2.50mg·L^{-1} 的溶液,在 $\lambda_{max}=465\text{nm}$,比色皿厚度为 1.0cm,测得吸光度为 0.550,试计算胡萝卜素的 ε 值?

解 $c(C_{40}H_{56}) = \dfrac{m(C_{40}H_{56})}{M(C_{40}H_{56})V(C_{40}H_{56})}$

$= \dfrac{2.50 \times 10^{-3}\text{g}}{536\text{g·mol}^{-1} \times 1.00\text{L}} = 4.66 \times 10^{-6}\text{mol·L}^{-1}$

$\varepsilon = \dfrac{A}{bc} = \dfrac{0.550}{1.0\text{cm} \times 4.66 \times 10^{-6}\text{mol·L}^{-1}} = 1.2 \times 10^{5}\text{L·mol}^{-1}\text{·cm}^{-1}$

还应指出的是,上例求得的 ε 值是把待测组分看作完全转变为有色化合物计算的。实际上,溶液中的有色物质浓度常因副反应和显色反应平衡的存在,并不完全符合这种化学计量关系,因此,求得的摩尔吸光系数称为表观摩尔吸光系数。

10.2.3 偏离朗伯-比耳定律的原因

朗伯-比耳定律是建立在大量实验事实的基础之上的,但同时又是一种理论升华。其描述的是理想状态下,溶液中的吸光质点对光的吸收行为;而实际测定的过程是复杂的,测定溶液的性质也是多样的。由于仪器或溶液的实际条件与朗伯-比耳定律所要求的理想条件不完全一致,因此,难免会出现实际测量结果与朗伯-比耳定律不一致的情况,我们称之为对朗伯-比耳定律的偏离(图 10-5 朗伯-比耳定律的偏离)。引起这种偏离的因素很多,大致可分为两类:一类是物理性的,即仪器性的因素;另一类是化学性因素。

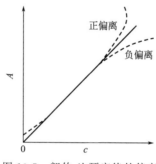

图 10-5 朗伯-比耳定律的偏离

10.2.3.1 物理性因素

由于物理性因素引起的偏离,包括入射光不是真正的单色光,单色器内的内反射,以及因光源的波动,检测器灵敏度波动等引起的偏离,其中最主要的是非单色光作为入射光引起的偏离。

严格地说,朗伯-比耳定律只适用于单色光,但采用任何方法都不可能得到纯的单色光,实际上得到的都是具有某一波段的复合光。由于物质对不同波长光的吸收程度不同,因而导致对朗伯-比耳定律的偏离。

实验证明,只有在选用的入射光波带宽度中,吸光度随波长变化不大时,朗伯-比耳定律才成立。所以实际工作中,并不严格要求很纯的单色光。一般应将入射光波长选择在被测物质的最大吸收处,这不仅保证了测定有较高的灵敏度,而且此处的吸收曲线较为平坦,在 λ_{max} 附近各波长的光 ε 值大体相等,非单色光引起的偏离比在其他波长处小得多。

10.2.3.2 化学性因素

不同物质,甚至同一物质的不同型体对光的吸收程度可能不同。溶液中的吸光物质因解离、缔合、溶剂化作用或化合物形式的改变，可能引起对朗伯-比耳定律的偏离。

如 $Cr_2O_7^{2-}$ 水溶液在 450nm 处有最大吸收，但因存在下列平衡：

$$Cr_2O_7^{2-} + H_2O \rightleftharpoons 2HCrO_4^- \rightleftharpoons 2CrO_4^{2-} + 2H^+$$

当 $Cr_2O_7^{2-}$ 溶液按一定程度稀释时，$Cr_2O_7^{2-}$ 的浓度并不按相同的程度降低，而 $Cr_2O_7^{2-}$、$HCrO_4^-$、CrO_4^{2-} 对光的吸收特性明显不同，此时，若仍以 450nm 处测得的吸光度制作工作曲线，将严重地偏离朗伯-比耳定律。如果控制溶液均在高酸度时测定，由于六价铬均以重铬酸根形式存在，就不会引起偏离。

另外，按吸收定律假定，所有的吸光质点（分子或离子）的行为必须是相互无关的，而不论其数量和种类如何，这一假定也是利用光吸收的加和性同时测定多组分混合物的基础。但事实证明，这种假设只是在稀溶液（$<10^{-2} mol \cdot L^{-1}$）时才是基本正确的。当溶液浓度较大时，往往因凝聚、聚合或缔合作用、水解及配合物配位数的改变等改变了物质的吸光特性，结果使吸收曲线的位置、形状及峰高随着浓度的增加而改变。

所以在用分光光度法进行分析测定时，要控制溶液的条件，使被测组分以一种形式存在，就可以克服化学因素引起的偏离。

10.3 比色法和分光光度法及其仪器

10.3.1 目视比色法

用眼睛比较待测溶液与标准溶液颜色深浅的比色方法，称目视比色法。最常用的是标准系列法。在一套比色管中逐一加入体积逐渐增加的标准溶液，并加入相同体积的试剂（显色剂、掩蔽剂等），然后稀释到相同体积，即形成颜色由浅到深的标准色阶。另取一只同一型号的比色管，在其中加入待测溶液和与标准色阶相同体积的试剂（显色剂、掩蔽剂等），并稀释到相同体积。然后从该比色管管口垂直向下观察并与标准色阶比较，若试液与色阶中某一溶液颜色相同，则二者浓度相等；如被测溶液颜色介于两标准溶液之间，则被测溶液浓度约为两标准溶液浓度的平均值。

目视比色法的优点是仪器简单、操作方便；所用比色管较长，对浓度很小的溶液（显色后溶液颜色很淡）也能进行比较、测定，因而测定的灵敏度较高。目视比色法对样品的测定并不依据朗伯-比耳定律（仅通过颜色对比实现），故某些显色反应不符合朗伯-比耳定律时，也可用该法进行测定。

这一方法的缺点是由于许多溶液显色后不够稳定，因此标准系列不能久存，经常要在测定时现配现用。此外，由于标准色阶的数量有限、不同观察者对颜色的辨别存在差异等原因，方法的准确度不高。

10.3.2 光电比色法

利用光电比色计（由光源、滤光片、吸收池架、光电池等构成）测定溶液的吸光度，进行定量分析的方法称为光电比色法。光电比色法与目视比色法在原理上不尽相同。光电比色法是比较有色溶液对单色光的吸收情况，而目视比色法是比较白光（复合光）透过有色溶液后的剩余光强。如测定 $KMnO_4$ 溶液浓度时，光电比色法测定的是 $KMnO_4$ 溶液对单色光（$\lambda_{max}=525nm$）的吸收情况，而目视比色法是比较 $KMnO_4$ 溶液吸收了 450~600nm 区带宽度的光线后，白光所剩余的复合光（紫红色光）的强度。

由于以光电池代替人的眼睛进行测量，不仅消除了主观误差，也提高了方法的准确度和重现性。但因仅有少量滤光片可供使用，测量波长无法自由选择且滤光后提供的单色光纯度不高，使该方法的应用受到限制。

10.3.3 分光光度法

10.3.3.1 方法原理

分光光度法是借助分光光度计测定溶液的吸光度，根据朗伯-比耳定律确定物质溶液的浓度。分光光度法与目视比色法在原理上也不一样。分光光度法是比较有色溶液对某一波长光的吸收情况，目视比色法则是比较透过光的强度。例如，测定溶液中 $KMnO_4$ 的含量时，分光光度法测量的是 $KMnO_4$ 溶液对黄绿色光的吸收情况，目视比色法则是比较 $KMnO_4$ 溶液透过红紫色光的强度。

10.3.3.2 测定方法

（1）比较法　比较法是先配制与被测试液浓度相近的标准溶液 c_s 被测试液 c_x，在相同条件下显色后，测其相应的吸光度为 A_s 和 A_x，根据朗伯-比耳定律：

$$A_s = \varepsilon b_s c_x ; A_x = \varepsilon b_x c_s$$

两式相比得：

$$\frac{A_s}{A_x} = \frac{\varepsilon b c_s}{\varepsilon b c_x}$$

则得

$$c_x = \frac{A_x}{A_s} c_s \tag{10-9}$$

应当注意，利用式(10-9)进行计算时，只有当 c_x 与 c_s 相近时，结果才可靠，否则可能有较大误差。

（2）标准曲线法　借助分光光度计来测量一系列标准溶液的吸光度，将吸光度对浓度作图，绘制标准曲线，然后根据被测试液的吸光度，从标准曲线上查得被测物质的浓度或含量。如图 10-6 所示。当测试样品较多时，利用标准曲线法比较方便，而且误差较小。

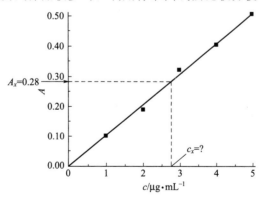

图 10-6　吸光度与浓度关系的标准曲线

分光光度法的特点是：因入射光是纯度较高的单色光，故使偏离朗伯-比耳定律的情况大为减少，标准曲线直线部分的范围更大，分析结果的准确度较高。因可任意选取某种波长的单色光，故利用吸光度的加和性，可同时测定溶液中两种或两种以上的组分。由于入射光的波长范围扩大了，许多无色物质，只要它们在紫外或红外区域内有吸收峰，都可以用分光光度法进行测定。

10.3.4 分光光度计及其基本部件

分光光度计一般按工作波长范围分类，紫外-可见分光光度计主要应用于无机物和有机物含量的测定，红外分光光度计主要用于结构分析。分光光度计又可分为单光束和双光束两类。

分光光度计通常由下列五个基本部件组成：

10.3.4.1 光源

一般采用钨灯（350～800nm，可见光用）和氘灯（190～400nm，紫外光用），根据不同波长的要求选择使用。要求光源有一定的强度且稳定。光源的作用是提供分析所需的复合光。

10.3.4.2 单色器

其作用是将光源发出的复合光分解为按波长顺序排列的单色光，并能通过出射狭缝分离出某一波长的单色光。它由入射狭缝和出射狭缝、反射镜和色散元件组成，其关键部分是色散元件。常用的色散元件有棱镜和衍射光栅。

(1) 棱镜 由玻璃或石英玻璃制成。玻璃棱镜用于可见光区，石英棱镜用于紫外和可见光区。复合光通过棱镜时，由于棱镜材料的折射率不同而产生折射。但是，折射率与入射光的波长有关。对一般的棱镜材料，在紫外-可见光区内，折射率与波长之间的关系可用科希经验公式表示

$$n = A + \frac{B}{\lambda^2} + \frac{C}{\lambda^2} \tag{10-10}$$

式中，n 为波长为 λ 的入射光的折射率；A、B、C 均为常数。所以，当复合光通过棱镜的两个界面发生两次折射后，根据折射定律，波长小的偏向角大，波长大的偏向角小（参见图10-7），故而能将复合光色散成不同波长的单色光。

(2) 衍射光栅 衍射光栅有多种，光谱仪中多采用平面闪耀光栅（见图10-8）。它由高度抛光的表面（如铝）上刻划许多根平行线槽而成。一般为 600 条/mm、1200 条/mm，多的可达 2400 条/mm，甚至更多。当复合光照射到光栅上时，光栅的每条刻线都产生衍射作用，而每条刻线所衍射的光又会互相干涉而产生干涉条纹。光栅正是利用不同波长的入射光产生的干涉条纹的衍射角不同，波长长的衍射角大，波长短的衍射角小，从而使复合光色散成按波长顺序排列的单色光。如图10-8是光栅衍射原理示意图。

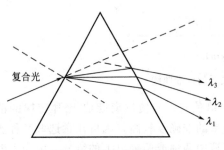

图 10-7 棱镜的色散作用

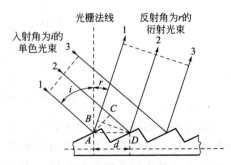

图 10-8 光栅衍射原理的示意图

10.3.4.3 样品室

样品室包括吸收池架和吸收池。吸收池（又称比色皿）由玻璃或石英玻璃制成，用于盛放试液。有不同厚度和规格的吸收池。玻璃吸收池只能用于可见光区，而石英池既可用于可见光区，亦可用于紫外线区。使用时应注意保持清洁、透明，避免磨损透光面。

10.3.4.4 检测器

检测器是一种光电转换元件，其作用是将透过吸收池的光信号强度变成可测量的电信号强度进行测量。目前，在可见-紫外分光光度计中多用光电管和光电倍增管。

光电管是一个真空二极管。阳极为一金属丝，阴极是金属做成的半圆筒，内侧涂有光敏物质。根据光敏物质的性能不同，有红敏和紫敏两种。红敏光电管阴极表面涂有银和氧化铯，适用波长范围为 625~1000nm；紫敏光电管是阴极表面涂有锑和铯，适用波长为 200~625nm。

光电倍增管是利用二次电子发射放大光电流的一种真空光敏器件，在现代的分光光度法中被广泛使用。它由一个光电发射阴析，一个阳极以及若干级倍增极所组成。图 10-9 是光电倍增管的结构和光电倍增管原理示意图。当阴极 K 受到光撞击时，发出光电子，K 释放的一次光电子再撞击倍增极，就可产生增加了若干倍的二次光电子，这些电子再与下一级倍增极撞击，电子数依次倍增，经过 9~16 级倍增，最后一次倍增极上产生的光电子可以比最初阴极放出的光电子多功能 10^6 倍，最高可达 10^9 倍，最后倍增了的光电子射向阳极 A 形成电流。阳极电流与入射光强度及光电倍增管的增益成正比，改变光电倍增管的工作电压，可改变其增益。光电流通过光电倍增管的负载电阻 R，即可变成电压信号，送入放大器进一步放大。

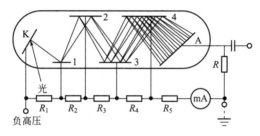

图 10-9　光电倍增管的结构和原理

K—光敏阴极；1~4—倍增极；R，R_1~R_5—电阻；A—阳极

10.3.4.5 显示仪表和记录仪

早期的分光光度计多采用检流计、微安表作显示装置，直接读出吸光度或透光率。近代的分光光度计则多采用数字显示记录仪等显示和用 X-Y 记录仪直接扫描出吸收（或透射）曲线，并配有计算机数据处理器。近年来发展起来的二极管阵列检测器，可做实时测量，并可以扫描出时间-波长-吸光度的三维图谱。

10.4　显色反应与反应条件

10.4.1　显色反应

测定某种物质时，如果待测物质本身有较深的颜色，则灵敏度较高，就可以进行直接测定，但大多数待测物质是无色或很浅的颜色，故需要选用适当的试剂与被测离子反应生成有色化合物再进行测定，这是分分光度法测定金属离子最常用的方法。此反应称为显色反应，所用的试剂称为显色剂。

10.4.1.1 显色反应的选择

显色反应主要有配位反应和氧化还原反应,当同一组分可与多种显色剂反应生成不同的有色化合物。选用哪一种显色反应呢?显色反应一般应满足下列要求。

① 灵敏度足够高,即摩尔吸光系数大的反应。但是,在分析化学中接触到的试样大多是成分复杂的物质,必须考虑共存组分的干扰,即希望显色反应的选择性好,干扰少。需要指出的是,在满足测定灵敏度的前提下,选择性的好坏常常成为选择显色反应的主要依据。例如,Fe(Ⅱ)与1,10-邻二氮菲在pH=2~9的水溶液中生成橙红色配合物的反应,虽然灵敏度不是很高,$\varepsilon_{508nm}=1.1\times10^4 L\cdot mol^{-1}\cdot cm^{-1}$,但由于选择性好,在实际分析中仍广泛被采用。

② 有色化合物的组成恒定,符合一定的化学式。对于形成不同配位比的配位反应,必须注意控制实验条件,使其生成一定组成的配合物,以免引起误差。

③ 有色化合物的化学性质应足够稳定,至少保证在测量过程中溶液的吸光度基本恒定。这就要求有色化合物不容易受外界环境条件的影响,如日光照射、空气中的氧和二氧化碳的作用等,此外,也不应受溶液中其他化学因素的影响。

④ 有色化合物与显色剂的关系差别要大,即显色剂对光的吸收与配合物的吸收有明显区别,一般要求两者的吸收峰波长之差$\Delta\lambda$(称为对比度)大于60nm。

10.4.1.2 显色剂

灵敏的分光光度法是以待测物质与显色剂之间的反应为基础的。多数无机配位剂与金属离子生成的配合物,如Cu^{2+}与NH_3形成的蓝色配合物,Fe^{3+}与SCN^-形成的红色配合物等,组成不恒定,也不够稳定,反应的灵敏度不高;选择性较差,所以应用不多。目前不少高灵敏度的方法是基于金属的硫氰酸盐、氟化物、氯化物、溴化物和碘化物的配阴离子与碱性染料的阳离子形成的离子缔合物的反应,特别是基于这些离子缔合物的萃取体系和引入表面活性剂或水溶性高分子的多元体系。例如,在$0.12 mol\cdot L^{-1} H_2SO_4$介质中,在聚乙烯醇存在下,$Hg^{2+}$-$I^-$-乙基罗丹明B离子缔合物显色体系的$\varepsilon$高达$1.14\times10^6 L\cdot mol^{-1}\cdot cm^{-1}$,$\lambda_{max}=605nm$,汞的测量范围是$0\sim2.5\mu g/25mL$。

分光光度法中主要使用有机显色剂。有机显色剂及其与金属离子反应产物的颜色和它们的分子结构有密切关系。由于显色剂分子结构的复杂性和各基团间相互影响的多样性,分子结构与颜色的关系十分复杂。根据近代发色理论,显色分子中多含有不饱和的共轭链,如—C=C—、—N=N—、苯环、C=S等,其一端与某些供电子基(如—OH、—NH$_2$、N(R)(R')、N(R)(H)等)或吸电子基(—NO$_2$、C=O等)相连,而另一端一般再与另一供电性相反的基团相连。当吸收一定波长的光量子能量后,从电子给予体通过共轭作用,传递到电子接收基团,显色分子发生极化并产生一定的偶极矩,使价电子在不同能级间跃迁而得到不同的颜色。

有机显色剂的种类繁多,分类方法各异。本书不做赘述。

10.4.1.3 多元配合物

(1) 三元(多元)混配配合物 由一种中心离子和两种(或三种)配位体形成的配合物称为三元混配配合物。例如Mo(Ⅳ)NH$_2$OH和硝基磺酚K形成的三元配合物。其结构为:

混配配合物形成的条件首先是中心离子应能分别与这两种配位体单独发生配位反应,其次是中心离子与一种配位体形成的配合物必须是配位不饱和的,只有再与另一种配位体配位后,才能满足其配位数的要求。混配配合物 ML_1L_2 中,L_1 和 L_2 可能都是有机配位体,亦可能其中之一是无机配位体。由于配位反应的空间效应,其中一种配位体最好是体积小的单齿配位体,如 NH_2OH、H_2O_2、F^- 等,另一种是多齿配位体。混配配合物的特点是极为稳定,并且具有不同于单一配位体配合物的性质,不仅能提供具有分析价值的特殊灵敏度和选择性,并且常常能改善其可萃性和溶解性。例如,用 H_2O_2 测定 V(Ⅴ),灵敏度太低 ($\varepsilon_{450nm}=2.7\times10^2 L\cdot mol^{-1}\cdot cm^{-1}$),用 PAR 显色灵敏度虽较高 ($\varepsilon_{550nm}=3.6\times10^4 L\cdot mol^{-1}\cdot cm^{-1}$),但选择性很差。如果在一定条件下使之形成 V(Ⅴ)-H_2O_2-PAR 三元配合物,不仅灵敏度较高 ($\varepsilon_{540nm}=1.4\times10^4 L\cdot mol^{-1}\cdot cm^{-1}$),选择性亦较好。

(2) 三元离子缔合物　离子缔合物型三元配合物与三元混配配合物的区别是一种配位体已满足中心离子配位数的要求,但彼此间的电性并未中和,因此,形成的是带有电荷的二元配离子,当带有相反电荷的第二种配位体离子参与反应时,便可通过电价键结合成离子缔合物型的三元配合物。这类配合物体系多属 M-B-R 型。M 为金属离子,B 为有机碱,如吡啶、喹啉、安替比林类、邻二氮菲及其衍生物、二苯胍和有机染料等阳离子,R 为电负性配位体,如卤素离子 X^-、SCN^-、SO_4^{2-}、ClO_4^-、HgI_4^{2-}、水杨酸、邻苯二酚等。

离子缔合物型三元配合物在金属离子的萃取分离和萃取光度法中占有重要地位。由于在光度测定之前需要经萃取法分离、富集。因此,提高了测定的灵敏度和选择性。例如:在硫酸溶液中,InI_4^- 配阴离子可与孔雀绿阳离子 (B^+) 形成离子缔合物 $[InI_4]^-$,用苯萃取,测定吸光度 ($\varepsilon=1.05\times10^5 L\cdot mol^{-1}\cdot cm^{-1}$),用于测定铟,非常灵敏。需要指出的是,为了克服离子缔合物用于光度分析需经萃取分离,操作比较麻烦且存在有机污染,近些年提出了用水溶性高分子,如聚乙烯醇、阿拉伯树胶等增溶分散的方法,不仅可以直接在水相中进行测定,而且提高了测定灵敏度。例如,在 $1.1 mol\cdot L^{-1}$ HCl 介质中,在聚乙烯醇存在下,Zn^{2+}-SCN-罗丹明体系的 $\varepsilon_{607nm}=2.6\times10^4 L\cdot mol^{-1}\cdot cm^{-1}$。

(3) 金属离子-配位剂-表面活性剂体系　许多金属离子与显色剂反应时,加入某些表面活性剂,可以形成胶束化合物,它们的吸收峰向长波方向移动(红移),而测定的灵敏度显著提高。目前,常用于这类反应的表面活性剂有溴化十六烷基吡啶、氯化十四烷基二甲基苄铵、氯化十六烷基三甲基铵、溴化十六烷基三甲基铵、溴化羟基十二烷基三甲基铵、OP 乳化剂。例如,稀土元素、二甲酚橙及溴化十六烷基吡啶反应,生成三元络合物,在 pH 值为 8～9 时呈蓝紫色,用于痕量稀土元素总量的测定。

(4) 杂多酸　溶液在酸性的条件下,过量的钼酸盐与磷酸盐、硅酸盐、砷酸盐等含氧的阴离子作用生成杂多酸,可作为分光光度法测定相应的磷、硅、砷等元素的基础。杂多酸法需要还原反应的酸度范围较窄,必须严格控制反应条件。很多还原剂都可应用于杂多酸中。氯化锡及某些有机还原剂,例如 1-氨基-2-萘酚-4-磺酸加亚硫酸盐和氢醌常用于磷的测定。硫酸肼在煮沸溶液中作砷钼酸盐和磷钼酸盐的还原剂。抗坏血酸也是较好的还原剂。

10.4.2 显色反应条件的选择

确定了显色反应以后，还要确定合适的反应条件，这一般是通过实验研究来确定的。这些实验条件包括：溶液酸度、显色剂用量、试剂加入顺序、显色时间、显色温度、有机配合物的稳定性及共存离子的干扰等。

10.4.2.1 反应体系的酸度

反应时，介质溶液的酸度常常是首先需要确定的问题。因为酸度的影响是多方面的，表现为：

R 的不同型体可能有不同的颜色，产生不同的吸收；M 离子可能形成羟基配合物乃至沉淀，影响显色反应的定量完成；有干扰组分时，可能会影响主反应进行的程度；影响显色配合物存在的型体，甚至组成比，产生不同的吸收。例如，Fe(Ⅲ)与磺基水杨酸的反应随 pH 值的改变，产物的组成和颜色会产生明显的改变。pH 值为 1.8～2.5 时，形成 1∶1 的紫红色配合物；在 pH=4～8 时，生成 1∶2 的橙红色配合物；pH 值为 8～11.5 时，生成 1∶3 的黄色配合物；pH>12 时，只能生成棕红色的 $Fe(OH)_3$ 沉淀。

对某种显色体系，最适宜的 pH 范围与显色剂、待测元素以及共存组分的性质有关。目前，虽然已有从有关平衡常数值估算显色反应适宜酸度范围的报道，但在实践中，仍然是通过实验来确定。其方法是保持其他实验条件相同，分别测定不同 pH 值条件下显色溶液和空白溶液相对于纯溶剂的吸光度，显色溶液和空白溶液吸光度的差值呈现最大而平坦的区域，即为该显色体系最适宜的 pH 值范围，如图 10-10 所示。控制溶液酸度的有效方法是加入适宜的缓冲溶液。缓冲溶液的选择，不仅要考虑其缓冲 pH 值范围和缓冲容量，还要考虑缓冲溶液阴、阳离子可能引起的干扰效应。

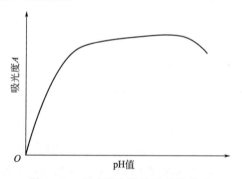

图 10-10 吸光度和溶液酸度的关系

10.4.2.2 显色剂用量

为保证显色反应进行完全，需加入过量显色剂，但也不能过量太多，因为过量显色剂的存在有时会导致副反应发生，从而影响测定。确定显色剂用量的具体方法是：保持其他条件不变仅改变显色剂用量，分别测定其吸光度，以显色剂浓度为横坐标，以吸光度为纵坐标，

绘制 A-c_R 曲线，可得图 10-11 所示的几种情况。

显色剂用量对显色反应的影响一般有三种可能的情况，图中（a）是显色剂用量达到一定量后吸光度变化不大，显色剂用量可选范围（图中 XY 段）较宽；（b）与（a）不同的是显色剂过多会使吸光度变小，只能选择吸光度大且平坦的范围（$X'Y'$ 段）；（c）的吸光度随显色剂用量的增加而增大，这可能是由于生成颜色不同的多级配合物造成的，这种情况下必须非常严格地控制显色剂的用量。

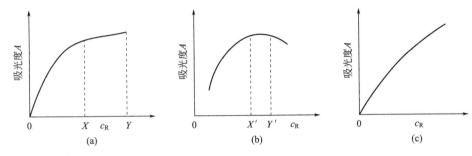

图 10-11　试液吸光度和显色剂浓度的关系

例如用 SCN^- 测定 Mo(V) 时，Mo(V) 与 SCN^- 生成 $[Mo(SCN)_3]^{2+}$（浅红）、$[Mo(SCN)_5]$（橙红）、$[Mo(SCN)_6]^-$（浅红）配位数不同的络合物，用分光光度法测定时，通常测得的是 $[Mo(SCN)_5]$ 的吸光度。因此，如果 SCN^- 浓度太高，由于生成浅红色的 $[Mo(SCN)_6]^-$ 络合物，将使试液的吸光度降低。遇此情况，必须严格控制显色剂的量，否则得不到正确的结果。(c) 与前两种情况完全不同，随显色剂用量增大，试液的吸光度也增大。例如用 SCN^- 测定 Fe^{3+}，随着 SCN^- 浓度的增大，生成颜色越来越深的高配位数络合物 $[Fe(SCN)_4]^-$ 和 $[Fe(SCN)_5]^{2-}$，溶液颜色由橙黄色变至血红色。对于这种情况，只有严格地控制显色剂的用量，才能得到准确的结果。

10.4.2.3　显色反应时间

有些显色反应瞬间完成，溶液颜色很快达到稳定状态，并在较长时间内保持不变；有些显色反应虽能迅速完成，但有色配合物的颜色很快开始褪色；有些显色反应进行缓慢，溶液颜色需经一段时间后才稳定。因此，必须经实验来确定最合适测定的时间区间。实验方法为配制一份显色溶液，从加入显色剂起计算时间，每隔几分钟测量一次吸光度，制作吸光度-时间曲线，根据曲线来确定适宜时间。

10.4.2.4　显色反应温度

通常，显色反应大多在室温下进行。但是，有些显色反应必须加热至一定温度才能完成。例如：用硅钼酸法测定硅的反应，在室温下需 10min 以上才能完成；而在沸水浴中，则只需 30s 便能完成。许多有色化合物在温度较高时容易分解，如 MnO_4^- 溶液长时间煮沸就会与水中的微生物或有机物反应而褪色。同样可以通过实验确定显色反应的适宜温度。

10.4.2.5　溶剂

由于溶质与溶剂分子的相互作用对可见吸收光谱有影响，因此在选择显色反应条件的同时需选择合适的溶剂。一般尽量采用水相测定。如果水相测定不能满足测定要求（如灵敏度差、干扰无法消除等），则应考虑使用有机溶剂。对于大多数不溶于水的有机物的测定，常使用脂肪烃、甲醇、乙醇和乙醚等有机溶剂。如在 $[Fe(SCN)_3]$ 的溶液中加入与水混溶的有机溶剂（如丙酮），由于降低了 $[Fe(SCN)_3]$ 的解离度而使颜色加深，提高了测定的灵敏度。此外，有机溶剂还可能提高显色反应的反应速率，影响有色配合物的溶解度和组成等。

如用偶氮氯膦Ⅲ法测定 Ca^{2+}，加入乙醇后，吸光度显著增大。又如，用氯代磺酚 S 法测定铌(Ⅴ)时，在水溶液中显色需几小时，加入丙酮后，则只需 30min。

10.4.2.6 干扰及其消除方法

试样中存在干扰物质会影响被测组分的测定。例如干扰物质本身有颜色或与显色剂反应，在测量条件下也有吸收，造成正干扰。干扰物质均与被测组分反应或与显色剂反应，使显色反应不完全，也会造成干扰。干扰物质在测量条件下从溶液中析出，使溶液变浑浊，无法准确测定溶液的吸光度。

为消除以上原因引起的干扰，可采取以下几种方法。

（1）控制溶液酸度　例如用二苯硫脲法测定 Hg^{2+} 时，Cd^{2+}、Cu^{2+}、Co^{2+}、Ni^{2+}、Sn^{2+}、Zn^{2+}、Pb^{2+}、Bi^{3+} 等均可能发生反应，但如果在稀酸（$0.5mol \cdot L^{-1} H_2SO_4$）介质中进行萃取，则上述离子不再与二苯硫脲作用，从而消除其干扰。

（2）加入掩蔽剂　选取的条件是掩蔽剂不与待测离子作用，掩蔽剂以及它与干扰物质形成的配合物的颜色应不干扰待测离子的测定。如用二苯硫脲法测 Hg^{2+} 时，即使在 $0.5mol \cdot L^{-1} H_2SO_4$ 介质中进行萃取，尚不能消除 Ag^+ 和大量 Bi^{3+} 的干扰。这时，加 KSCN 掩蔽 Ag^+，EDTA 掩蔽 Bi^{3+} 可消除其干扰。

（3）利用氧化还原反应，改变干扰离子的价态　如用铬天青 S 比色测定 Al^{3+} 时，Fe^{3+} 有干扰，加入抗坏血酸将 Fe^{3+} 还原为 Fe^{2+} 后，干扰即消除。

（4）利用校正系数　例如，用 SCN^- 测定钢中钨时，可利用校正系数扣除钒(Ⅴ)的干扰，因为钒(Ⅴ)与 SCN^- 生成蓝色 $(NH_4)_2[VO(SCN)_4]$ 配合物而干扰测定。实验表明，质量分数为 1% 的钒相当于 0.20% 钨（随实验条件不同略有变化）。这样，在测得试样中钒的量后，就可以从钨的结果中扣除钒的影响。

（5）利用参比溶液消除显色剂和某些共存有色离子的干扰　例如，用铬天青 S 比色法测定钢中的铝，Ni^{2+}、Co^{2+} 等干扰测定。为此可取一定量试液，加入少量 NH_4F，使 Al^{3+} 形成 AlF_6^{3-} 配离子而不再显色，然后加入显色剂及其他试剂，以此作参比溶液，以消除 Ni^{2+}、Co^{2+} 对测定的干扰。

（6）选择适当的波长　例如 MnO_4^- 的最大吸收波长为 525nm，测定 MnO_4^- 时，若溶液中有 $Cr_2O_7^{2-}$ 存在，由于它在 525nm 处也有一定的吸收，故影响 MnO_4^- 的测定。为此，可选用 545nm，甚至 575nm 波长进行 MnO_4^- 的光度测定。这时，测定灵敏度虽较低，但却在很大程度上消除了 $Cr_2O_7^{2-}$ 的干扰。

（7）增加显色剂的用量　当溶液中存在有消耗显色剂的干扰离子时，可以通过增加显色剂的用量来消除干扰。

（8）分离　若上述方法均不能奏效时，只能采用适当的预先分离的方法。

10.5　仪器测量误差和测量条件的选择

10.5.1　吸光度测量的误差

在分光光度法分析中，除了前面已讲述的偏离朗伯-比耳定律所引起的误差外，仪器测量不准确也是误差的主要来源。这些误差可能来源于光源不稳定、实验条件的偶然变动、读数不准确及仪器噪声等。其中透光率与吸光度的读数误差是衡量测定结果的主要因素。也是衡量仪器精度的主要指标之一。透光率与吸光度的读数误差对浓度测量的相对误差有何影响呢？现讨论如下。

在分光光度计中，透光率的标尺刻度是均匀的，吸光度与透光率成负对数关系，故吸光度的标尺刻度是不均匀的。光度计算尺上吸光度与透光率的关系，如图10-12所示。

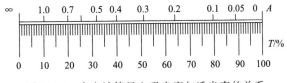

图 10-12　光度计算尺上吸光度与透光率的关系

由图中可见，对一给定的分光光度计，透光率读数误差 ΔT 为 0.01～0.02，基本上为一常数。但在不同吸光度范围内读数将对测定带来不同程度的误差，因为吸光度测量的误差不为常数。吸光度越大，读数波动所引起的吸光度读数误差也越大。

为了提高分光光度法分析结果的准确度，透光率（或吸光度）在什么范围内具有较小的浓度测量误差呢？可推证如下：

若在测量吸光度 A 时产生了一个微小的绝对误差 dA，则测量 A 的相对误差 E_r 为：

$$E_r = \frac{dA}{A} \tag{1}$$

根据朗伯-比耳定律：　　　　　　$A = \varepsilon bc$

当 b 值一定时，两边微分得：　　$dA = \varepsilon b \, dc$

dc 为测量浓度 c 的微小的绝对误差。两式相除得：

$$\frac{dA}{A} = \frac{dc}{c} \tag{2}$$

由此可见，吸光度测量的相对误差 $\left(\dfrac{dA}{A}\right)$ 与浓度测量的相对误差 $\dfrac{dc}{c}$ 相等

又因为　　　　　　　　　　　$A = -\lg T = -0.434 \ln T$

微分得：　　　　　　　　　　$dA = -0.434 \dfrac{dT}{T}$

$$\frac{dA}{A} = \frac{dT}{T \ln T} \tag{3}$$

由式(1)～式(3)得：

$$E_r = \frac{dc}{c} \times 100\% = \frac{dA}{A} \times 100\% = \frac{dT}{T \ln T} \times 100\% \tag{4}$$

由于 T 的测量绝对误差或不确定度是固定的，即 $dT = \Delta T$，故

$$E_r = \frac{\Delta c}{c} = \frac{\Delta T}{T \ln T} \times 100\% = \frac{0.434 \Delta T}{T \lg T} \times 100\% \tag{10-11}$$

由式(10-11)可知，浓度的相对误差，不仅与透光度的绝对误差 ΔT 有关，还与透光率读数范围有关。表10-2列出了不同 ΔT 和不同的 T 值时计算的浓度相对误差。将表10-2中数据（$\Delta T = \pm 1.0\%$）作图，可得图10-13。

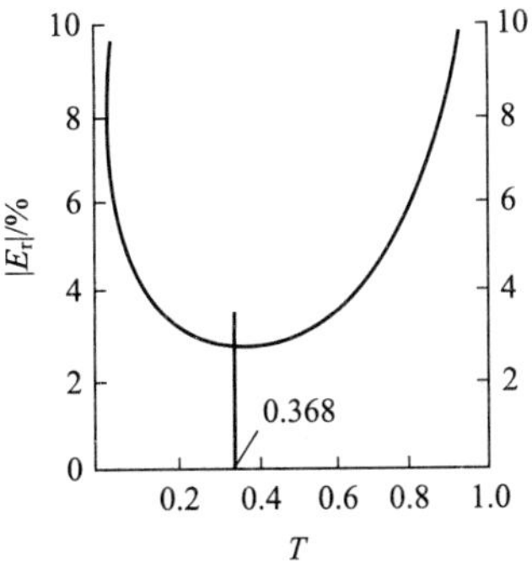

由表10-2和图10-13均可看出透光率很大或很小时相对误差都较大，即吸光度读数最好落在标尺的中间，而不要落

图 10-13　$|E_r|$-T 关系图

表 10-2 不同 T（或 A）值时浓度测量的相对误差

透光率 $T/\%$	吸光度 A	浓度相对误差 $\Delta c/c = 0.434\Delta T/(T\lg T)/\%$	
		$\Delta T = \pm 1.0\%$	$\Delta T = \pm 0.5\%$
95	0.022	±20.5	±10.3
90	0.045	±10.6	±5.30
80	0.097	±5.60	±2.80
70	0.155	±4.01	±2.00
60	0.222	±3.26	±1.63
50	0.301	±2.88	±1.44
40	0.398	±2.73	±1.37
36.8	0.434	±2.72	±1.36
30	0.523	±2.77	±1.39
20	0.699	±3.11	±1.56
10	1.000	±4.34	±2.17
5	1.301	±6.70	±3.43

在标尺的两端。

在实际测定时，只有使待测溶液的透光率 T 在 15%～65% 之间，或使吸光度 A 在 0.2～0.8 之间，才能保证浓度测量的相对误差较小（$|E_r|<4\%$）。当透光率 $T=36.8\%$ 或 $A=0.434$ 时，浓度测量的相对误差最小。

10.5.2 测量条件的选择

10.5.2.1 测量波长的选择

根据吸收曲线，以选择被测组分具有最大吸收时的波长（$\lambda_{\max}$）的光作为入射光，这称为"最大吸收原则"。选用 $\lambda_{\max}$ 的光作为测量波长，不仅灵敏度高，而且能够减少或消除由非单色光引起的对朗伯-比耳定律的偏离。但是若在 $\lambda_{\max}$ 处有其他吸光物质干扰测定时，则应根据"吸收最大，干扰最小"的原则来选择测量波长，即可选用灵敏度稍低但能避开干扰的入射光进行测定。

现以图 10-14 为例。显色剂和钴配合物在 420nm 波长处均有最大吸收峰。如用此波长测定钴，则未反应的显色剂会产生干扰而降低测定的准确度。这时可选择 500nm 波长测定，在此波长下显色剂不产生吸收，而钴配合物则有一吸收平台。因此，用此波长测定，灵敏度虽有所下降，却消除了干扰，提高了测定的准确度和选择性。

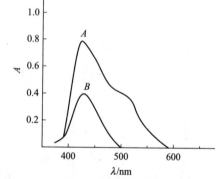

图 10-14 吸收曲线
曲线 A—钴配合物的吸收曲线；
曲线 B—1-亚硝基-2-萘酚-3,6-二磺酸钠显色剂的吸收曲线

10.5.2.2 选择适当的参比溶液

基于吸光度具有加和性，可选择适当的参比溶液来调节仪器的零点。它可以消除由于吸

收池壁及溶剂、试剂对入射光的反射和吸收带来的误差,并可扣除干扰的影响。参比溶液的选择方法如下。

① 如果仅待测物与显色剂的反应产物有色时,可用纯溶剂作参比溶液,称为"溶剂空白"。一般用蒸馏水作参比溶液。

② 当样品溶液无色,而显色剂及试剂有色时,可用不加样品的显色剂、试剂的溶液作参比溶液,称为"试剂空白"。

③ 当样品溶液中其他离子有色,而试剂、显色剂无色时,应采用不加显色剂的样品溶液作参比溶液,称为"样品空白"。

此外,有时可改变加入试剂的顺序,使待测组分不发生显色反应,可以用此溶液作为参比溶液。总之,选择参比溶液总的原则是,使试液的吸光度真正反映待测组分的浓度。

10.5.2.3 控制合适的吸光度读数范围

前面已指出,吸光度在 0.2~0.8 时,测量结果的准确度较高,因此,一般应控制标准溶液和被测试液的吸光度在 0.2~0.8 范围内。可通过控制溶液的浓度或选择不同厚度的吸收池来达到目的。

10.6 可见分光光度法的应用

分光光度法广泛地应用于微量组分的测定,也能用于多组分和常量组分的测定。同时还用于研究化学平衡、配合物组成及弱酸(或弱碱)解离常数的测定等。这里仅简单介绍高含量组分和多组分的测定。

10.6.1 示差分光光度法

10.6.1.1 示差分光光度法的原理

分光光度法广泛应用于微量组分的测定,对于常量或高含量组分的测定无能为力,这是因为当待测组分浓度高时会偏离朗伯-比耳定律,也会因测得的分光度值超出适宜的读数范围产生较大的测量误差。若采用示差分光光度法(简称示差法),则能较好地解决这一问题。目前,主要有高浓度示差分光光度法、低浓度示差分光光度法和使用两个参比溶液的精密示差分光光度法。它们的基本原理相同,这里只讨论应用最多的高浓度示差分光光度法。

示差分光光度法与普通分光光度法的主要区别是它所采用的参比溶液不同。示差分光光度法是采用比待测溶液浓度稍低的标准溶液作参比溶液,测量待测溶液的吸光度,从测得的吸光度求出它的浓度。其原理如下:

设用作参比的标准溶液浓度为 c_s,待测试液浓度为 c_x,且 $c_x > c_s$。

根据朗伯-比耳定律得:

$$A_s = \varepsilon b c_s \qquad A_x = \varepsilon b c_x$$

两式相减得相对吸光度为:

$$A_{相对} = \Delta A = A_x - A_s = \varepsilon b(c_x - c_s) = \varepsilon b \Delta c = \varepsilon b c_{相对} \qquad (10\text{-}12)$$

式(10-12)表明,所得吸光度之差与这两种溶液的浓度差成正比。这样便可以用标准曲线法或比较法进行测定。

标准曲线法是通过用一系列的标准溶液与作为参比溶液的稀标准溶液 c_s 测得的吸光度 ΔA,对相应的浓度差 Δc 作标准曲线,根据测得的待测液的 ΔA_x,在图中查出 Δc_x 值,再从 $c_x = c_s + \Delta c_x$ 求出待测试液的浓度。

10.6.1.2 示差分光光度法的误差

如图 10-15 所示,设按一般分光光度法用试剂空白作参比溶液,测得试液的透光度 $T_x=5\%$,显然,这时的测量误差是很大的。采用示差分光光度法时,若按一般分光光度法测得 $T_1=10\%$ 的标准溶液作参比溶液,即使其透光率从标尺上的 $T_1=10\%$ 处调至 $T_2=100\%$ 处时,相当于把标尺扩展到原来的十倍($T_2/T_1=100\%/10\%=10$)。这样待测试液透光率原来为 5%,读数落在测量误差很大的区域,改为用示差法测定时,透光率则为 50%,读数落在测量误差较小的区域,从而提高了测定的准确度。因此,用示差分光光度法测定浓度过高或过低的试液,其准确度比一般分光光度法要高。只要选择合适的参比溶液,参比溶液的浓度越接近待测试液的浓度,测量误差越小,最小误差可达 0.3%。

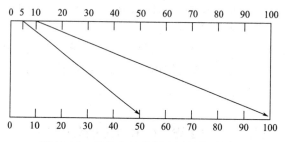

图 10-15　示差分光光度法标尺扩展原理

图 10-16 中曲线 2~4 是不同 T_s 的溶液作参比时的误差曲线(假定 $\Delta T=\pm 0.5\%$)。由图可见随着参比溶液浓度的增加(T_s 减小),浓度相对误差也减小。若参比溶液选择适当,即待测溶液浓度与参比溶液的浓度差小,示差法的准确度高,可接近于滴定分析法的准确度。

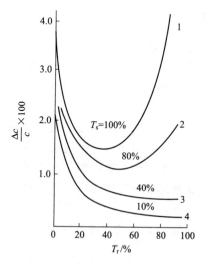

图 10-16　不同浓度的标准溶液作参比时的误差曲线

应用示差法时,要求仪器光源有足够的发射强度或能增大光电流的放大倍数,以便能调节示差法所用参比溶液的透光率为 100%。因此,示差法要求仪器具有质量较高的单色器和足够稳定的电子系统。

10.6.2 双波长分光光度法

对于吸收曲线有重叠的单组分(显色剂与有色络合物的吸收光谱重叠)或多组分(两种

性质相近的组分所形成的有色络合物吸收光谱重叠）试样、浑浊试样以及背景吸收较大的试样，由于存在很强的散射和特征吸收，难以找到一个合适的参比溶液来抵消这种影响。利用双波长分光光度法，使两束不同波长的单色光以一定的时间间隔交替地照射同一吸收池，测量并记录两者吸光度的差值。这样就可以从分析波长的信号中扣除来自参比波长的信号，消除上述各种干扰，求得待测组分的含量。该法不仅简化了分析手续，还能提高分析方法的灵敏度、选择性及测量的精密度。因此，被广泛用于环境试样及生物试样的分析。

10.6.2.1 双波长分光光度法的原理

双波长分光光度法的原理如图 10-17 所示。从光源发射出来的光线分成两束，分别经过两个单色器，得到两束波长不同的单色光。借助切光器，使这两道光束以一定的频率交替照到装有试液的吸收池，最后由检测器显示出试液对波长为 λ_1 和 λ_2 的光的吸光度差 ΔA。

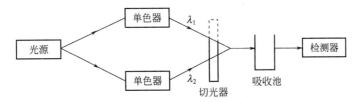

图 10-17　双波长分光光度法的原理

设波长为 λ_1 和 λ_2 的两束单色光的强度相等，则有：

$$A_{\lambda_1} = \varepsilon_{\lambda_1} bc \quad A_{\lambda_2} = \varepsilon_{\lambda_2} bc$$

所以
$$\Delta A = A_{\lambda_1} - A_{\lambda_2} = (\varepsilon_{\lambda_1} - \varepsilon_{\lambda_2})bc \tag{10-13}$$

可见 ΔA 与吸光物质浓度成正比。这是用双波长分光光度法进行定量分析的理论依据。由于只用一个吸收池，而且以试液本身对某一波长的光的吸光度为参比，因此消除了因试液与参比液及两个吸收池之间的差异所引起的测量误差，从而提高了测量的准确度。

10.6.2.2 双波长分光光度法的应用

(1) 浑浊试液中组分的测定　浑浊试液中组分的测定在一般分光光度法中必须使用相同浊度的参比溶液，但在实际中很难找到合适的参比溶液。在双波长分光光度法中，作为参比的不是另外的参比溶液，而是试液本身，它只需要用一个比色皿盛装试液，用两束不同波长的光照射试液时，两束光都受到同样的悬浮粒子的散射，当 λ_1 和 λ_2 相距不大时，由同一试样产生的散射光可认为大致相等，不影响吸光度差 ΔA 的值。一般选择待测组分的最大吸收波长为测量波长 (λ_1)，选择与 λ_1 相近而两波长相差在 40~60nm 范围内且又有较大的 ΔA 值的波长为参比波长。

(2) 单组分的测定　用双波长分光光度法进行定量分析，是以试液本身对某一波长的光的吸光度作为参比，这不仅避免了因试液与参比溶液或两吸收池之间的差异所引起的误差，而且还可以提高测定的灵敏度和选择性。在进行单组分的测定时，以配合物吸收峰作测量波长，参比波长的选择：以等吸收点为参比波长、以有色配合物吸收曲线下端的某一波长作为参比波长或以显色剂的吸收峰为参比波长。

(3) 两组分共存时的分别测定　当两种组分（或它们与试剂生成的有色物质）的吸收光谱有重叠时，要测定其中一个组分就必须设法消除另一组分的光吸收。对于相互干扰的双组分体系，它们的吸收光谱重叠，选择参比波长和测定波长的条件是：待测组分在两波长处的吸光度之差 ΔA 要足够大，干扰组分在两波长处的吸光度应相等，这样用双波长法测得的吸光度差只与待测组分的浓度呈线性关系，而与干扰组分无关，从而消除了干扰。

10.6.3 多组分的分析

应用分光光度法,常常可能在同一试样溶液中不进行分离而测定一个以上的组分。假定溶液中同时存在两种组分 x 和 y,它们的吸收光谱一般有图 10-18 和图 10-19 所示两种情况。

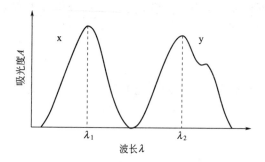

图 10-18　吸收光谱不重叠

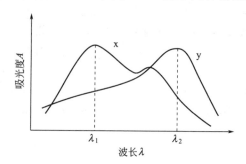

图 10-19　吸收光谱重叠

(1) 吸收光谱不重叠　或至少可能找到某一波长处 x 有吸收而 y 不吸收,在另一波长处,y 吸收而 x 不吸收,则可分别在波长 λ_1 和 λ_2 时,测定组分 x 和 y 而相互不产生干扰。

(2) 吸收光谱重叠　可找出两个波长,在该波长下,两组分的吸光度差值 ΔA 较大,如图 10-19 所示。在波长为 λ_1 和 λ_2 测定吸光度 A_1 和 A_2,由吸光度的加和性得联立方程:

$$A_1 = \varepsilon_{x,1} b c_x + \varepsilon_{y,1} b c_y$$
$$A_2 = \varepsilon_{x,2} b c_x + \varepsilon_{y,2} b c_y \tag{10-14}$$

式中,c_x、c_y 分别为 x 和 y 的浓度;$\varepsilon_{x,1}$、$\varepsilon_{y,1}$ 分别为 x 和 y 在波长 λ_1 时的摩尔吸光系数;$\varepsilon_{x,2}$、$\varepsilon_{y,2}$ 分别为 x 和 y 在波长 λ_2 时的摩尔吸光系数。

摩尔吸光系数值,可用 x 和 y 的标准溶液在两波长处测得,解联立方程可求出 c_x 和 c_y 值。

原则上对任何数目的组分都可以用此方法建立方程求解,在实际应用中通常仅限于两个或三个组分的体系。如能利用计算机解多元联立方程,则不会受到这种限制。但随着测量组分的增多,实验结果的误差也将增大。

除此之外,分光光度法同时还用于研究化学平衡、配合物组成及弱酸(或弱碱)解离常数的测定等,如摩尔比法和连续变化法。

思政案例

【案例一】朗伯-比耳定律的创立历史

案例描述	朗伯-比耳定律,是光吸收的基本定律和分光光度法的理论基础,也是所有光谱分析定量的基础。适用于所有的电磁辐射和所有的吸光物质,包括气体、固体、液体、分子、原子和离子。其物理意义是当一束平行单色光垂直通过某一均匀非散射的吸光物质时,其吸光度 A 与吸光物质的浓度 c 及吸收层厚度 b 成正比,而与透光率 T 成反相关。其在仪器分析的光谱分析(如分光光度法、红外光谱法、原子吸收光谱法等)中起着非常重要的作用。那么,朗伯-比耳定律是如何创立和发展的呢? 早在 18 世纪科学家们就对物质对光吸收的定量关系进行了研究。皮埃尔·布格(Pierre Bouguer)和约翰·海因里希·朗伯(Johann Heinrich Lambert)分别在 1729 年和 1760 年阐明了物质对光的吸收程度和吸收介质厚度之间的关系;1852 年奥古斯特·比耳(August Beer)又提出光的吸收程度和吸光物质浓度也具有类似关系,两者结合起来就得到有关光吸收的基本定律:朗伯-比耳定律。其中,皮埃尔·布格(1698 年 2 月 16 日~1758 年 8 月 15 日)是法国数学家、地球物理学家、大地测量学家和天文学家,他也是"造船工程之父"。1729 年布格出版了《Essai d'optique sur la gradation de la lumière》,该篇论文讨论了光线通过一定范围大气

案例描述	层时所损失的能量,因此是已知最早讨论比耳-朗伯定律的文献。他发现了太阳光的强度是月球的 300 倍,从而进行了历史上最早的几次测光实验。1730 年布格在勒阿弗尔担任水文地理学教授,并接任皮埃尔·莫佩尔蒂的法国科学院几何学副教授一职。他也发明了后来被约瑟夫·夫琅和费改良的太阳仪。之后布格升任到莫佩尔蒂原本的职务,并迁往巴黎。约翰·海因里希·朗伯(1728 年 8 月 26 日～1777 年 9 月 25 日),德国数学家。他的重要贡献为:对光学进行了研究,提出了朗伯定律;首度将双曲函数引入三角学;研究非欧几何现象,包括双曲三角形的角度和面积;证明了 π(3.1415926……)是无理数。奥古斯特·比耳(1825 年 7 月 31 日～1863 年 11 月 18 日),德国物理学家和数学家,出生于特里尔,他在那里学习了数学和自然科学。此后,他在波恩为尤利乌斯·普吕克工作,并在 1848 年得到了哲学博士的学位。1850 年,他成为一名讲师。1854 年,比耳发表了《高级光学启蒙》(Einleitung in die höhere Optik)一书。他与约翰·海因里希·朗伯共同发现了比耳-朗伯定律。 另一方面,随着科学技术的不断发展,朗伯-比耳定律的应用范围也不断扩大。例如,由初始只能应用于液体,发展到可适用于固体、气体等;由初始只能应用于分子,发展到可适用于原子和离子等;由初始只能应用于比色分析及紫外-可见分光光度法,发展到可适用于红外吸收光谱法、原子吸收光谱法、分子荧光光谱法等所有光谱分析法,对分析化学的发展和进步起到了巨大作用。
案例启示	1. 科学的发展不是一蹴而就的,而是不断积累和进步的过程,需要几代人的潜心研究、共同努力才能使科学理论得到不断发展和完善。 2. 各个学科及各个分析方法之间不是孤立的,是可以相互联系和相互促进的。

【案例二】 分光光度法在食品检测和食品安全中的应用

案例描述	分光光度法是目前历史最悠久、使用最多、覆盖面最广的分析方法之一,已在生命科学、材料科学、环境科学、农业科学、计量科学、食品科学、医疗卫生、化学化工等各个领域的科研、生产、教学中得到了广泛应用。例如在食品检测与食品安全分析中常使用分光光度法。 苏丹红是一种常见的化学合成偶氮类染色剂,其着色艳丽,广泛应用于生物、日用和化学工业等领域的染色。苏丹红依据化学结构不同分为 I、II、III、IV 号,均为三类致癌物,其代谢产物为人类可能致癌物,因此食品中禁止添加苏丹红,其含量的测定是食品安全检测的重要指标。苏丹红常被不法商贩添加到饲料中制造红心鸭蛋。其测定原理为:蛋黄样品经预处理后利用分光光度计在 560nm 处测定吸光度,并用外标法分析定量。当苏丹红IV含量为 $1\sim 12~\mu g \cdot mL^{-1}$ 时,其特征峰的吸光度值与苏丹红IV含量呈良好线性关系。分光光度法应用于蛋黄实际样品检测,检出限低至 $0.05\mu g$,该方法具有简单、快速、准确度高等特点。 除此之外,分光光度法还常应用于酸奶中维生素 A、食品中磷脂酰胆碱等食品营养成分的检测;也常用于与食品安全分析相关的食品中重金属(砷、铅、铜、镉等)、农药、甜蜜素、硝酸盐、防腐剂(过氧化氢、苯甲酸、亚硫酸盐等)、香兰素等成分的检测。
案例启示	1. 不论在生活、学习和工作中,都要树立产品质量安全意识。 2. 要有勇于担当和探索的科学精神。要积极学习精准的检测技术,同时与时俱进,不断探索新型先进的检测技术,以此来有效地保证流入市场中的产品不会存在质量上的问题,有效地保证人们的生活品质。 3. 遵守法律法规,内心要有道德底线,提高社会责任感,自觉地把人类的健康放在第一位,努力为产品质量安全保驾护航。

思考题

1. 解释下列名词

a. 光吸收曲线及标准曲线; b. 互补色光及单色光; c. 吸光度及透光率。

2. 符合朗伯-比耳定律的某一吸光物质溶液,其最大吸收波长和吸光度随吸光物质浓度的增加,其变化情况如何?

3. 光物质的摩尔吸光系数与下列哪些因素有关? 入射光波长,被测物质的浓度,配合物的解离度,掩蔽剂。

4. 研究一种新的显色体系,建立一种新的分光光度法时,必须做哪些实验条件的研究?为什么?

5. 试说明分光光度法中标准曲线不通过原点的原因。

6. 酸度对显色反应的影响主要表现在哪些方面?

7. 在分光光度法中,选择入射光波长的原则是什么?

8. 分光光度计是由哪些主要部件组成的?各部件的作用如何?

9. 测量吸光度时,应如何选择参比溶液?

10. 示差分光光度法的原理是什么?为什么它能提高测定的准确度?

11. 某有色溶液,当用 1cm 吸收池时,其透光率为 T,若改用 2cm 吸收池,则透光率应为多少?

拓展内容

习 题

1. 计算并绘制吸光度和透光率的关系标尺。

2. 某试液用 2cm 比色皿测量时,$T=60\%$,若改用 1cm 或 3cm 比色皿,T 及 A 等于多少?

3. 某钢样含镍约为 0.12%,用丁二酮肟分光光度法($\varepsilon=1.3\times10^4 \text{L}\cdot\text{mol}^{-1}\cdot\text{cm}^{-1}$)进行测定。试样溶解后,转入 100mL 容量瓶中,显色,并加水稀释至刻度。取部分试液于波长 470nm 处用 1cm 比色皿进行测量。如要求此时的测量误差最小,应称取试样多少克?

4. 有一溶液,含铁量 $0.056\text{mg}\cdot\text{mL}^{-1}$,吸取此试液 2.00mL 于 50mL 容量瓶中显色,用 1cm 比色皿于 508nm 处测得吸光度 $A=0.400$,计算吸光系数 a 和摩尔吸光系数 ε。

5. 用一般分光光度法测量 $0.00100\text{mol}\cdot\text{L}^{-1}$ 锌标准溶液和含锌的试液,分别测得 $A=0.700$ 和 $A=1.000$,两种溶液的透光率相差多少?如用 $0.00100\text{mol}\cdot\text{L}^{-1}$ 标准溶液作参比溶液,试液的吸光度是多少?与示差分光光度法相比较,读数标尺放大了多少倍?

6. 以示差分光光度法测定高锰酸钾溶液的浓度,以含锰 $10.0\text{mg}\cdot\text{mL}^{-1}$ 的标准溶液作参比液,其对水的透光率为 $T=20.0\%$,并以此调节透光率为 100%,此时测得未知浓度高锰酸钾溶液的透光率为 $T_x=40.0\%$,计算高锰酸钾的质量浓度。

7. 用磺基水杨酸分光光度法测铁,称取 0.5000g 铁铵矾 $\text{NH}_4\text{Fe}(\text{SO}_4)_2\cdot12\text{H}_2\text{O}$,溶于 250mL 水中制成铁标准溶液,取 6.0mL 该标准溶液于 50mL 容量瓶中显色,测得吸光度值为 0.480,吸取 5.00mL 试样溶液稀释至 250mL,从中吸取 2.00mL 按标准溶液显色条件显色定容至 50mL,测得 $A=0.500$,求试样溶液中铁的含量(以 $\text{g}\cdot\text{L}^{-1}$ 计),已知 $A_\text{r}(\text{Fe})=55.85$,$M_\text{r}[\text{NH}_4\text{Fe}(\text{SO}_4)_2\cdot12\text{H}_2\text{O}]=482.18$。

8. 称取含铬、锰的钢样 0.500g,溶解后定容至 100mL,吸取此试液 10.0mL 置于 100mL 容量瓶中,加硫磷混酸,在沸水浴中,以 Ag^+ 作催化剂,用 $(\text{NH}_4)_2\text{S}_2\text{O}_8$ 将 Cr 和 Mn 分别定量氧化为 $\text{Cr}_2\text{O}_7^{2-}$ 和 MnO_4^-。冷却后,用水稀释至刻度,摇匀。再取 5.00mL 锰标准溶液(含 Mn $1.00\text{mg}\cdot\text{mL}^{-1}$),分别置于 2 只 100mL 容量瓶中,按上述钢样的显色方法处理。用 2cm 比色皿,在波长 440nm 和 540nm 处分别测量各显色溶液的吸光度列于下表中,计算钢样中 Cr 和 Mn 的质量分数。

溶液	c/mg·100mL^{-1}	A_1(440nm)	A_2(540nm)
Mn	1.00	0.032	0.780
Cr	5.00	0.380	0.011
试液		0.368	0.604

9. 某有色络合物的 0.0010% 水溶液在 510nm 处，用 2cm 比色皿测得透光率 T 为 0.420，已知其摩尔吸光系数为 $2.5×10^3$ L·mol^{-1}·cm^{-1}。试求此有色配合物的摩尔质量。

10. NO_2^- 在波长 355nm 处 $\varepsilon_{355}=23.3$ L·mol^{-1}·cm^{-1}，$\varepsilon_{355}/\varepsilon_{302}=2.50$；$NO_3^-$ 在波长 355nm 处的吸收可忽略，在波长 302nm 处 $\varepsilon_{302}=7.24$ L·mol^{-1}·cm^{-1}。今有一含 NO_2^- 和 NO_3^- 的试液，用 1cm 比色皿测得 $A_{302}=1.010$，$A_{355}=0.730$。计算试液中 NO_2^- 和 NO_3^- 的浓度。

11. 采用双硫腙分光光度法测定含铅试液，于 520nm 处用 1cm 比色皿以水作参比，测得透光率为 8.0%。已知 $\varepsilon=1.0×10^4$ L·mol^{-1}·cm^{-1}。若改用示差法测定上述试液，问需多大浓度的 Pb^{2+} 标准作参比溶液，才能使浓度测量的相对标准偏差最小？

12. 浓度为 $2.0×10^{-4}$ mol·L^{-1} 的甲基橙溶液，在不同 pH 值的缓冲溶液中，于 520nm 波长下用 1cm 比色皿测得下列数据。计算甲基橙的 pK_a 值。

pH 值	0.88	1.17	2.99	3.41	3.95	4.89	5.50
A	0.890	0.890	0.692	0.552	0.385	0.260	0.260

13. 利用二苯氨基脲分光光度法测定铬酸钡的溶解度时，加过量的 $BaCrO_4$ 与水在 30℃ 的恒温水浴中，让其充分平衡，吸取上层清液 10.0mL 于 25mL 容量瓶中，在酸性介质中以二苯氨基脲显色并用水稀释至刻度，用 1cm 比色皿于 540nm 波长下，测得吸光度为 0.200。已知 10.0mL 铬标准溶液（含 Cr 2.00mg·mL^{-1}）在同样条件下显色后，测得吸光度为 0.440，试计算 30℃ 时铬酸钡的溶解度及溶度积 K_{sp}。已知 $M_r(Cr)=52.00$，$M_r(BaCrO_4)=253.32$。

14. 已知 ZrO^{2+} 的总浓度为 $2.0×10^{-5}$ mol·L^{-1}，芪唑显色剂的总浓度为 $4.0×10^{-5}$ mol·L^{-1}，连续变化法测得最大吸光度为 0.420，外推法得 $A_{max}=0.520$，配位比为 1:2，求 $K_{稳}$ 值？

15. 某有色溶液以试剂空白作参比，用 1cm 比色皿于最大吸收波长处，测得 $A=1.120$，已知有色溶液的 $\varepsilon=2.5×10^4$ L·mol^{-1}·cm^{-1}。若用示差法测定上述溶液时，使其测量误差最小，则参比溶液的浓度为多少？（示差法使用比色皿亦为 1cm 厚）

16. 以试剂空白调节光度计透光率为 100%，测得某试液的吸光度为 1.301，假定光度计透光率读数误差 $\Delta T=0.003$，光度测量的相对误差为多少？

17. 钴和镍的配合物有如下数据

λ/nm	510	656
ε_{Co}/ L·mol^{-1}·cm^{-1}	$3.64×10^4$	$1.24×10^3$
ε_{Ni}/ L·mol^{-1}·cm^{-1}	$5.52×10^3$	$1.75×10^4$

将 0.376g 土壤样品溶解后定容至 50mL。取 25mL 试液进行处理，以除去干扰元素，显色后定容至 50mL，用 1cm 比色皿在 510nm 处和 656nm 处分别测得吸光度为 0.467 和 0.374，计算土壤样品中钴和镍的质量分数。已知 $A_r(Co)=58.93$，$A_r(Ni)=58.69$。

第 11 章

定量分析中常用的分离与富集方法※
(Common Separation and Enrichment Methods in Quantitative Analysis)

【学习要点】

① 学习各种常用分离和富集方法的原理、特点及应用，掌握复杂体系的分离与分析；分离法的选择、无机和有机成分的分离与分析。

② 掌握各种常用分离和富集方法的原理、特点及应用。

③ 萃取分离的基本原理、实验方法和有关计算。

在实际分析工作中，遇到的样品往往含有多种组分，进行测定时彼此发生干扰，不仅影响分析结果的准确度，甚至无法进行测定。为了消除干扰，比较简单的方法是控制分析条件或采用适当的掩蔽剂。但是在许多情况下，仅仅控制分析条件或加入掩蔽剂，不能消除干扰，还必须把被测元素与干扰组分分离以后才能进行测定。所以定量分离是分析化学的重要内容之一。

11.1 概　　述

在痕量分析中，试样中的被测元素含量很低，如饮用水中 Cu^{2+} 的含量不能超过 $0.1mg·L^{-1}$、$Cr(Ⅵ)$ 的含量不能超过 $0.65mg·L^{-1}$ 等。这样低的含量直接用一般方法是难以测定的，因此可以在分离的同时把被测组分富集起来，然后进行测定。所以分离的过程也同时起到富集的作用，提高测定方法的灵敏度。

(1) 分离在定量分析中的作用

① 将被测组分从复杂体系中分离出来后测定。

② 把对测定有干扰的组分分离除去。

③ 将性质相近的组分相互分开。

※ 为自学内容。

④ 把微量或痕量的待测组分通过分离达到富集的目的。

分离前的体系为均相，而分离体系总是为两相，如液-液体系、液-固体系和气-液体系。

(2) 回收率　一种分离方法的分离效果，是否符合定量分析的要求，可通过回收率的大小来判断。回收率 R 由式（11-1）进行计算。

$$回收率\ R = \frac{分离后测得的待测组分的质量}{原来所含待测组分的质量} \times 100\% \quad (11-1)$$

式中，R 表示被分离组分回收的完全程度。在分离过程中，R 越大（最大接近于 1），分离效果越好。常量组分的分析，要求 $R \geqslant 99\%$；微量组分的分析，要求 $R \geqslant 95\%$；如果被分离组分含量极低（例如 $0.001\% \sim 0.0001\%$），则 $R \geqslant 95\%$ 就可以满足要求。

(3) 分离因数　如果在分离时，是为了将物质 A 与物质 B 分离开来，则希望两者分离得越完全越好，其分离效果可用分离因数 $S_{B/A}$ 表示。

$$S_{B/A} = \frac{R_B}{R_A} \quad (11-2)$$

式中，$S_{B/A}$ 表示分离的完全程度。在分离过程中，$S_{B/A}$ 越小，分离效果越好。对常量组分的分析，一般要求 $S_{B/A} \leqslant 10^{-3}$；对痕量组分的分析，一般要求 $S_{B/A} = 10^{-6}$ 左右。

(4) 常用分离方法　分离方法可分为沉淀分离法、萃取分离法、离子交换分离法、色谱分离法和膜分离技术等。本章主要介绍前四种分离方法。

11.2　沉淀分离法

利用沉淀反应使被测离子与干扰离子分离的方法称为沉淀分离法。它是根据溶度积原理，某种沉淀剂能选择性地沉淀一些离子，使另一些离子不形成沉淀而留在溶液中，从而达到分离的目的。根据沉淀剂性质的不同，可分为无机沉淀分离法、有机沉淀分离法和共沉淀分离法；根据被测组分含量的不同，可分为常量组分沉淀分离法和微量或痕量组分沉淀分离法。

11.2.1　无机沉淀分离法

无机沉淀分离法主要适用于常量组分的沉淀分离，无机沉淀剂种类很多，形成的沉淀类型也很多，主要有氢氧化物沉淀、硫酸盐沉淀、卤化物沉淀、硫化物沉淀和磷酸盐沉淀等几种方法，下面主要介绍氢氧化物沉淀法。

11.2.1.1　pH 值对氢氧化物沉淀法的影响

碱金属氢氧化物除 $Ba(OH)_2$ 易溶于水，$Ca(OH)_2$、$Sr(OH)_2$ 溶解度较小，其余金属离子的氢氧化物几乎都难溶于水。因此利用生成氢氧化物沉淀进行分离是分析上常用的分离方法之一。

由于每种金属离子产生氢氧化物沉淀的溶度积不同，所以可以利用控制溶液的 pH 值使某些金属离子以氢氧化物沉淀析出。表 11-1 列出了一些金属离子生成氢氧化物沉淀的有关 pH 值。

11.2.1.2　常用的氢氧化物沉淀剂

(1) NaOH　NaOH 是强碱，可使两性元素和非两性元素分离。用这种方法所得的氢氧

表 11-1 某些金属离子生成氢氧化物沉淀的 pH 值

氢氧化物	pH 值				
	初始浓度 1mol·L^{-1}	初始浓度 0.01mol·L^{-1}	沉淀完全(残留离子浓度<10^{-5}mol·L^{-1})	沉淀开始溶解	沉淀溶解完全
HgO	1.3	2.4	5.0	11.5	
Fe(OH)$_3$	1.5	2.3	4.1	14.0	
Al(OH)$_3$	3.3	4.0	5.2	7.3	10.8
Cr(OH)$_3$	4.0	4.9	6.8	12.0	14.0
Be(OH)$_2$	5.2	6.2	8.8		
Zn(OH)$_2$	5.4	6.4	8.0	10.5	12~13
Ag$_2$O	6.2	8.2	11.2	12.7	
Fe(OH)$_2$	6.5	7.5	9.7	13.5	
Co(OH)$_2$	6.6	7.6	9.2	14.1	
Ni(OH)$_2$	6.7	7.7	9.5		
Cd(OH)$_2$	7.2	8.2	9.7		
Mn(OH)$_2$	7.8	8.8	10.4	14	
Mg(OH)$_2$	9.4	10.4	12.4		
Pb(OH)$_2$	6.4	7.2	8.7	10	13
Sn(OH)$_2$	0.9	2.1	4.7	10	13.5

化物沉淀是胶状的,吸附能力强,共沉淀现象严重,因而分离的效果不够理想。分离情况见表 11-2。

表 11-2 NaOH 沉淀分离法的分离情况

定量沉淀的离子	部分沉淀的离子	溶液中存留的离子
Mg^{2+}、Cu^{2+}、Ag^+、Au^+、Cd^{2+}、Hg^{2+}、Ti^{4+}、Zr^{4+}、Hf^{4+}、Th^{4+}、Bi^{3+}、Fe^{3+}、Co^{2+}、Ni^{2+}、Mn^{4+}、稀土等	Ca^{2+}、Sr^{2+}、Ba^{2+}、碳酸盐、Nb(V)、Ta(V)	AlO_2^-、CrO_2^-、ZnO_2^{2-}、PbO_2^{2-}、SnO_3^{2-}、GeO_3^{2-}、GaO_2^-、BeO_2^{2-}、SiO_3^{2-}、WO_4^{2-}、MoO_4^{2-}、VO_3^- 等

(2) 氨水 在铵盐的存在下,用 $NH_3·H_2O$ 调节溶液的 pH 值范围为 8~9,可使大部分一、二价金属离子和部分高价金属离子(Fe^{3+}、Al^{3+} 等)分离,分离情况如表 11-3 所示。

表 11-3 氨水沉淀分离法的分离情况

定量沉淀的离子	部分沉淀的离子	溶液中存留的离子
Hg^{2+}、Be^{2+}、Fe^{3+}、Al^{3+}、Cr^{3+}、Bi^{3+}、Sb^{3+}、Sn^{4+}、Ti^{4+}、Zr^{4+}、Hf^{4+}、Tb^{4+}、Mn^{4+}、Nb(V)、Ta(V)、U(Ⅵ)、稀土等	Mn^{2+}、Fe^{2+}(有氧化剂存在时,可定量沉淀);Pb^{2+}(有 Fe^{3+}、Al^{3+} 共存时,将被共沉淀)	$[Ag(NH_3)_2]^+$、$[Cu(NH_3)_4]^{2+}$、$[Cd(NH_3)_4]^{2+}$、$[Co(NH_3)_6]^{2+}$、$[Ni(NH_3)_6]^{2+}$、$[Zn(NH_3)_4]^{2+}$、Ca^{2+}、Sr^{2+}、Ba^{2+}、Mg^{2+} 等

(3) 有机碱 如吡啶、六亚甲基四胺、苯胺和苯肼等,与其共轭酸组成缓冲溶液,可以控制溶液的 pH 值,使某些金属离子析出氢氧化物沉淀。

例如,对于 Mn^{2+}、Co^{2+}、Ni^{2+}、Cu^{2+}、Zn^{2+}、Cd^{2+} 与 Fe^{3+}、Al^{3+}、Ti^{4+}、Th^{4+}

等的分离，可将六亚甲基四胺加到酸性溶液中，构成了缓冲体系可生成六亚甲基四铵盐，控制溶液的 pH 值范围为 5～6，即可使它们分离。

（4）ZnO 悬浊液　在酸性溶液中加入 ZnO 悬浊液，它与 H^+ 的反应为：

$$ZnO(s) + 2H^+(aq) \Longrightarrow Zn^{2+}(aq) + H_2O(l)$$

从反应看出，溶液中 H^+ 不断被消耗，而 Zn^{2+} 的浓度在不断增加，当 $c(Zn^{2+}) \cdot c^2(OH^-) = K_{sp}$ 时，ZnO 不再溶解，即达平衡状态，可以维持溶液 pH≈6。利用 ZnO 悬浊液法进行沉淀分离情况如表 11-4 所示。

表 11-4　ZnO 悬浊液法进行沉淀分离情况

定量沉淀的离子	部分沉淀的离子	溶液中存留的离子
Fe^{3+}、Cr^{3+}、Ce^{4+}、Tl^{4+}、Zr^{4+}、Hf^{4+}、Sn^{4+}、Bi^{3+}、$V(V)$、$Nb(V)$、$Ta(V)$、$W(VI)$ 等	Be^{2+}、Cu^{2+}、Ag^+、Hg^{2+}、Pb^{2+}、Sb^{3+}、Sn^{2+}、$V(V)$、Au^{3+}、稀土等	Ni^{2+}、Co^{2+}、Mn^{2+}、Mg^{2+} 等

氢氧化物沉淀分离法的缺点是费时，且分离效果不够理想，目前应用较多的是加入有机沉淀剂进行分离。

11.2.2　有机沉淀分离法

有机沉淀分离法主要适用于常量组分的沉淀分离。有机沉淀剂的特点是，其一般是非极性或极性很小的分子，能与金属离子生成微溶性化合物，它的表面一般没有强电场。故此法具有表面吸附少、选择性高、沉淀溶解度很小、分离效果较好、沉淀的组成稳定和易于过滤和洗涤等优点。

有机沉淀剂的种类繁多，按生成物质的类型，有机沉淀剂大致可分为以下两类。

11.2.2.1　离子缔合物沉淀剂

对于含有—COOH、—OH、=NOH、=NH、—NH_2、—SO_3H 等官能团的有机试剂，其官能团中的 H 在一定条件下能被金属离子取代而生成离子缔合物难溶性的沉淀。

例如，苯胂酸与四价锆离子（Zr^{4+}）反应生成盐

此盐溶解度很小，可以把 Zr^{4+} 和其他金属离子分离。

11.2.2.2　有机配合物沉淀剂

有机沉淀剂的种类很多，主要有 8-羟基喹啉、铜铁试剂、草酸和二乙酰二肟等。例如有机沉淀剂二乙酰二肟可与金属离子 Ni^{2+} 生成红色的有机配合物沉淀：

由于不少有机沉淀剂具有弱酸性，所以有机沉淀剂也和无机沉淀剂类似，生成沉淀时也需要一定的 pH 值。如 8-羟基喹啉在不同的 pH 值时与金属离子生成配合物沉淀的情况如表 11-5 所示。

表 11-5　8-羟基喹啉配合物沉淀的 pH 值

金属离子	不能析出沉淀的最高 pH 值	定量沉淀的 pH 值
Cu^{2+}	2.2	5.3～14.6
Be^{2+}	6.3	8.0～8.4
Mg^{2+}	6.7	9.4～12.7
Zn^{2+}	2.8	4.6～13.4
Ca^{2+}	6.1	9.2～13.0(NH_3 介质)
Sr^{2+}		NH_3 介质
Al^{3+}	2.3	4.2～9.8
Ba^{2+}		NH_3 介质
La^{3+}		6
Sn^{2+}		NH_3 介质
Pb^{2+}	4.8	8.4～12.3
VO_3^-	1.1	2.7～6.1
Sb^{3+}		＞1.5
Bi^{3+}	3.5	4.5～10.5
MoO_4^{2-}		3.6～7.3
Cr^{3+}		NH_3 介质
Mn^{2+}	4.3	5.9～10.0
Fe^{3+}	2.4	2.8～11.2
Co^{2+}	2.8	4.4～11.6
Ni^{2+}	2.8	4.3～14.6

11.2.3　微、痕量组分的分离和富集

如果要测定的组分属于微痕量组分，并且共存大量的干扰杂质时，因此除了将被测组分分离出来以外，还要对被测组分进行富集，这样既排除了干扰，又提高了浓度，便于对该组分进行准确测定。常采用共沉淀分离法进行分离和富集。根据沉淀剂的性质，可分为无机共沉淀和有机共沉淀两种。

11.2.3.1　无机共沉淀

无机共沉淀主要有表面吸附而引起的共沉淀、由于共晶作用生成的共沉淀和形成晶核而引起的共沉淀等几种类型。

例如金、铂等金属离子，在溶液中的含量极其微小，分离起来很困难。往往是用一还原剂把它们还原成金属单质，让这些分散的金属单质作晶核，使别的物质在它上面生长成晶体而在溶液中析出。比如往溶液中加入亚碲酸钠，然后再加还原剂亚硫酸或二氯化锡，就可以同时把金或铂还原成金属微粒，把亚碲酸钠还原成游离碲，大量的单质碲就以铂（或金）的金属微粒为核心生成晶体而从溶液中析出。

由于无机共沉淀的选择性不高，分离痕量元素与载体还要增加其他分离手续，故应用不多。

11.2.3.2 有机共沉淀

有机共沉淀剂的优点主要有：选择性高，吸附其他离子的倾向少，共沉淀作用易控制，用简单的燃烧法就可将有机物除掉并使痕量元素与载体得到很好的分离。因此应用广泛。

有机共沉淀大致可分以下几种类型。

(1) 生成有机难溶盐形式的共沉淀　这是两种盐之间的共沉淀。被沉淀的金属配阴离子和有机阳离子生成一种盐，作为被共沉淀的化合物；有机阳离子同时和一种无机阴离子生成另一种难溶盐，作为载体，这两种盐彼此结合形成沉淀，在溶液中一齐析出。结晶紫、甲基紫、亚甲基蓝等是常用的阳离子有机试剂。

例如用共沉淀法分离溶液中的痕量锌元素，先把溶液调成弱酸性，加入硫氰化铵将锌转变成配阴离子 $[Zn(SCN)_4]^{2-}$，再向溶液中加入甲基紫（在溶液中解离成有机阳离子），便生成含锌的有机盐。甲基紫同时和阴离子 SCN^- 也生成一种难溶盐，作为载体，而与含有锌的有机盐产生共沉淀。将沉淀过滤、洗涤，放入高温炉灼烧，SCN^- 及甲基紫均可除掉，得到的氧化锌再用酸溶解，便可对锌进行测定。

(2) 利用大分子胶体的凝聚作用进行共沉淀　常用的共沉淀剂有甲基紫丹宁盐、亚甲基丹宁盐、辛可宁、明胶等，被共沉淀的组分有钼酸、钨酸等。

例如 H_2WO_4 在酸性溶液中带负电荷不易凝聚，形成胶体溶液，而丹宁、辛可宁这些大分子胶体溶液中，其质点都带有正电荷。将丹宁加到 H_2WO_4 胶体溶液中时，由于电性中和便产生胶体凝聚，在大分子胶体凝聚时把 H_2WO_4 共沉淀析出。

(3) 使用"惰性"共沉淀剂产生共沉淀　例如，镍与二乙酰二肟可以生成红色的配合物沉淀，但当镍含量极微时，虽加入二乙酰二肟，并无沉淀析出。假如向此溶液中加入二乙酰二肟二烷酯试剂的乙醇溶液，则分散于溶液中的二乙酰二肟镍就会被二乙酰二肟二烷酯萃取形成固溶体而一起沉淀。二乙酰二肟二烷酯并没有和其他离子反应，仅仅起到溶剂的作用，因此，它叫惰性共沉淀剂。

11.3　萃取分离法

被分离物质由一液相转入互不相溶另一液相的过程称为萃取。萃取分离法是利用与水不相溶的有机溶剂同试液一起振荡，放置分层后，一些组分进入有机相中，一些组分仍留在水相中，从而达到分离的目的。主要包括液-液、固-液、气-液等几种萃取法，其中液-液萃取法又叫溶剂萃取分离法，它是使金属元素分离及提纯的重要方法之一。萃取分离法具有设备简单、操作快速、选择性高和分离效果好等特点，既可用于常量元素的分离，也可用于微量元素的分离和富集。因此它是应用较广的分离方法。但也有费时、工作量大、萃取溶剂易挥发、易燃和有毒等缺点，在应用时应加以注意。

11.3.1　溶剂萃取的基本原理

物质易溶于水而难溶于有机溶剂的性质叫亲水性，金属离子在水中形成水合离子，具有亲水性，常见亲水基团有—OH、—SO_3H、—NH_2、=NH 等；相对来说，物质易溶于有机溶剂而难溶于水的性质叫疏水性，常见疏水基团有烷基、卤代烷基、芳基等。萃取的原理是根据被分离组分在两液相中的溶解度具有较大的差异而进行分离的，而萃取过程的本质就是将物质由亲水性转化为疏水性的过程，萃取分离法正是根据物质的亲水性和疏水性的差异来进行萃取。

一般来说，亲水性的极性化合物易溶于亲水性的极性溶剂中，疏水性的非极性化合物易溶于疏水性的非极性溶剂中，这一规律称为相似相溶原理。例如，无机盐类溶于水中并发生解离时便形成水合离子，如 $[Cu(H_2O)_4]^{2+}$、$[Al(H_2O)_6]^{3+}$、$[Zn(H_2O)_4]^{2+}$、$[Fe(H_2O)_2Cl_4]^-$ 等，无论是水合阳离子还是水合阴离子，它们都是典型的极性离子，易溶于极性溶剂中。

物质的亲水性或疏水性程度，除和物质的极性有关外，还与物质的溶剂化能力、形成氢键的能力等多种因素有关。一般来说，凡是离子型物质都有亲水性；物质分子中含亲水基团越多，其亲水性越强；物质分子中含疏水基团越多，分子量越大，其疏水性越强。

为了从水溶液中萃取某种金属离子，就必须设法脱去水合离子周围的水分子，并中和所带的电荷，使之变为极性很弱的可溶于有机溶剂的化合物。就是说将亲水性的离子变成疏水性的化合物。下面以萃取 Ni^{2+} 为例，说明在萃取过程中，Ni^{2+} 如何由亲水性转化为疏水性的。

Ni^{2+} 在水溶液中以水合离子 $[Ni(H_2O)_6]^{2+}$ 的形式存在，是亲水性的，要使它转化为疏水性，必须中和它的电荷，并用疏水基团取代水合离子中的水分子，形成疏水性的、易溶于有机溶剂的化合物。为此，可在 pH ≈ 9 的氨性溶液中，加入二乙酰二肟，与 Ni^{2+} 形成螯合物二乙酰二肟镍。形成螯合物后，水合离子中的水分子已被置换出去，螯合物不带电荷，而且引入了两个大的有机分子，带有许多疏水基团，因此具有疏水性，若此时加入 $CHCl_3$ 振荡，二乙酰二肟镍螯合物就被萃取入有机相中。

如果需要把有机相中的物质再转入水相中，这种过程叫反萃取。

例如上例中的螯合物二乙酰二肟镍，若往其中加入 HCl 使其浓度达到 $0.5\sim1\text{mol}\cdot\text{L}^{-1}$ 时，螯合物完全被破坏，Ni^{2+} 恢复其水合离子的亲水性，重新回到水溶液中，这就是反萃取。为了提高萃取分离的选择性，有时萃取和反萃取配合使用。

溶质在两相中分配情况常用分配系数、分配比、萃取百分率和分离效果表示，下面分别讨论。

11.3.1.1 分配定律和分配系数

物质在水相和有机相中都有一定的溶解度，亲水性强的物质在水相中溶解度较大；疏水性强的物质在有机相中溶解度较大。当萃取过程达到平衡状态时，被萃取物质在有机相和水相中都有一定的浓度，它们的浓度之比是一个定值，称为分配定律。

当有机相和水相的混合物中溶有物质 A，达到溶解平衡时，A 在有机相中浓度为 $c_{\text{有}}(A)$，在水相中浓度为 $c_{\text{水}}(A)$，根据分配定律，则

$$K_D = \frac{c_{\text{有}}(A)}{c_{\text{水}}(A)} \tag{11-3}$$

式中，K_D 为分配系数。

若物质 A 在两相中的饱和溶解度分别为 $S_{\text{有}}$ 和 $S_{\text{水}}$，则有下列关系

$$K_D = \frac{c_{\text{有}}(A)}{c_{\text{水}}(A)} = \frac{S_{\text{有}}}{S_{\text{水}}}$$

K_D 越大，说明物质越容易被萃取。分配系数 K_D 的大小与溶质和溶剂的特性及温度等因素有关。

分配定律只适用于较低的溶质浓度和溶质在两相中的存在形式相同时。当浓度较高时，应用活度之比代替 K_D，且溶质在两相中没有解离、缔合等副反应发生。

11.3.1.2 分配比

当遇到溶质在水相和有机相中具有多种存在形式的情况时,分配定律就不适用了。此时可以用分配比来表示分配情况,分配比用 D 来表示:

$$D = \frac{c_{\text{有}}}{c_{\text{水}}} \tag{11-4}$$

式中,$c_{\text{有}}$、$c_{\text{水}}$ 分别表示溶质在有机相和水相中各种存在形式的总浓度。

若两相体积相等,当 $D > 1$ 时,说明溶质进入有机相的量比留在水相中的量多。在实际工作中,如果要求溶质绝大部分进入有机相,则 D 应大于 10。

像 CCl_4 萃取 I_2 的简单体系,溶质在两相中的存在形式相同,则 K_D 和 D 相等。

$$K_D = \frac{c_{\text{有}}(I_2)}{c_{\text{水}}(I_2)} = \frac{c_{\text{有}}}{c_{\text{水}}}$$

对于复杂体系,K_D 和 D 不相等。例如用 CCl_4 萃取 OsO_4 时,在水相中 $Os(Ⅷ)$ 以 OsO_4、OsO_5^{2-} 和 $HOsO_5^-$ 三种形式存在;在有机相中以 OsO_4 和 $(OsO_4)_4$ 两种形式存在,此时用分配系数表示,则 $K_D = \frac{c_{\text{有}}(OsO_4)}{c_{\text{水}}(OsO_4)}$,显然不能说明有多少 $Os(Ⅷ)$ 被萃取,但分配比可以说明萃取情况:

$$D = \frac{c_{\text{有}}(Os)}{c_{\text{水}}(Os)} = \frac{c_{\text{有}}[(OsO_4)_4] + c_{\text{有}}(OsO_4)}{c_{\text{水}}(OsO_4) + c_{\text{水}}(HOsO_5^-) + c_{\text{水}}(OsO_5^{2-})}$$

D 的表示式虽然很复杂,但它的数值容易测得。只要把有机相和水相分开,分别测定其中 $Os(Ⅷ)$ 的总浓度,即可算出 D。D 的大小与溶质的本性、萃取体系和萃取条件有关。

11.3.1.3 萃取率

对于某种物质的萃取效率的大小,常用萃取率 E 来表示。

$$E = \frac{\text{被萃取物质在有机相中的总量}}{\text{被萃取物质的总量}}$$

$$= \frac{c_{\text{有}} V_{\text{有}}}{c_{\text{有}} V_{\text{有}} + c_{\text{水}} V_{\text{水}}} \tag{11-5}$$

$$= \frac{D}{D + V_{\text{水}}/V_{\text{有}}} \tag{11-6}$$

式中,$V_{\text{有}}$、$V_{\text{水}}$ 为两相的体积,当 $V_{\text{有}} = V_{\text{水}}$ 时,则上式为:

$$E = \frac{D}{D+1}$$

如果 $D = 18$,则萃取一次时:

$$E = \frac{18}{18+1} = 94.73\%$$

由上可见,选择的 D 越大,则有机溶剂萃取效率越高。

此时,萃取率完全取决于分配比。当两相体积相等时,若 $D = 1$,则萃取一次的萃取百分率为 50%;若要求萃取百分率大于 90%,则 D 必须大于 9。在实际工作中,当分配比 D 不高时,一次萃取不能满足分离或测定的要求,通常采用连续萃取即增加萃取次数的方法来提高萃取率。

设 V_W mL 水溶液中含有被萃取物 A 的质量为 m_0 g,用 V_O mL 有机溶剂萃取一次,水

相中剩余被萃取物为 m_1g，则进入有机相的质量是 (m_0-m_1)g，则分配比为

$$D=\frac{c_O}{c_W}=\frac{(m_0-m_1)/V_O}{m_1/V_W}$$

所以
$$m_1=m_0\frac{V_W}{DV_O+V_W}$$

这样，每次用 V_O mL 有机溶剂萃取，n 次后，水相中剩余 A 的质量为

$$m_n=m_0\left[\frac{V_W}{DV_O+V_W}\right]^n \tag{11-7}$$

显而易见，同量萃取剂，萃取次数越多效率越高。但应注意，增加萃取次数，会增加萃取操作工作量和由此导入的误差，影响工作效率。

例 11-1 有 50mL 含 $HgCl_2$ 3mg 的水溶液，用 10mL $CHCl_3$ 分别按照下列情况进行萃取：

（1）全量一次萃取；（2）每次用 5mL 分两次萃取。求萃取率各为多少？

已知 $D=98$。

解 （1）全量一次萃取时

$$m_1=3\times\frac{50}{98\times10+50}=0.15(\text{mg})$$

$$E=\frac{m_0-m_1}{m_0}=\frac{3\text{mg}-0.15\text{mg}}{3\text{mg}}=95.00\%$$

（2）每次用 5mL 分两次萃取时

$$m_3=3\times\left(\frac{50}{98\times5+50}\right)^2=0.026(\text{mg})$$

$$E=\frac{m_0-m_3}{m_0}=\frac{3-0.026}{3}=99.13\%$$

显然，同体积溶剂进行萃取，少量多次萃取率高，分离效果好，但因此必然增加工作量，也会加大被分离组分的损失，因此萃取次数应根据实际情况而定。根据式（11-7），可以预测在一定条件下要达到某一萃取率所需的萃取次数。

11.3.1.4 分离效果

要达到分离目的，不仅萃取效率要高，还要考虑共存组分间的分离效果。分离效果取决于 A、B 两种共存组分分配比的比值 β，称为分离效果，如式（11-8）所示。

$$\beta=\frac{D_A}{D_B} \tag{11-8}$$

D_A 与 D_B 相差愈大，β 愈大，两种物质愈容易定量分离，如果 D_A 与 D_B 相差不大，β 接近于 1，则 A、B 两种物质就难以分离。

11.3.2 重要的萃取体系

根据萃取反应的类型，萃取体系可分为螯合物萃取体系、离子缔合物萃取体系、溶剂化合物萃取体系和简单分子萃取体系。下面只介绍前两种。

11.3.2.1 螯合物萃取体系

于水溶液中加入有机配位剂，使被萃取的金属阳离子生成螯合物，然后加 CCl_4、

$CHCl_3$ 等有机萃取溶剂进行萃取操作,此时,螯合物进入有机相,分出有机相后,即可进行测定。这种萃取体系广泛地应用于金属阳离子的萃取。常用的有机配位萃取剂有乙酰丙酮、铜试剂、8-羟基喹啉、铜铁试剂、双硫腙等。

例如在 pH=9 的氨性溶液中,Cu^{2+} 与铜试剂反应生成螯合物:

$$2 \begin{array}{c} C_2H_5 \\ \\ N-C \\ \\ C_2H_5 \end{array} \begin{array}{c} S \\ \| \\ \\ \\ SNa \end{array} + Cu^{2+} \rightleftharpoons \left[\begin{array}{c} C_2H_5 \\ \\ N-C \\ \\ C_2H_5 \end{array} \begin{array}{c} S \\ \| \\ \\ \\ S \end{array} Cu/2 \right] + 2Na^+$$

加入氯仿振荡,螯合物被萃取到有机相,这种有机配位剂称为萃取剂。在萃取过程中加入的有机试剂称为萃取溶剂。在萃取分离中常用的配位萃取剂见表 11-6。

表 11-6 萃取分离中常用的配位萃取剂

配位萃取剂	有机溶剂	被萃取的金属离子
乙酰丙酮	$CHCl_3$	Al、Be、Cu、Fe、Zn
	CCl_4	Al、Cu、Be、Fe、Mn、Ti、V、Zn
双硫腙	$CHCl_3$	Ag、Bi、Cu、Cd、Zn、Pb、Sn(Ⅱ)、Hg
	CCl_4	Co、Cu、Cd、Fe、Hg、Mn、Ni、Pb、Zn
铜铁试剂	CCl_4	Al、Bi、Cu、Fe(Ⅱ)、Hg(Ⅱ)、Mo、Sb(Ⅳ)、Ti、V(Ⅳ)、Zr(Ⅳ)
8-羟基喹啉	$CHCl_3$	Al、Bi、Cd、Co、Cu、Fe、Ca、Mn、Mo、Ni、Sn(Ⅱ)
噻吩甲酰三氟丙酮	C_6H_6	Be、Ca、Fe、Hf、Zr、Th、Pb、Ti

螯合物萃取体系在实际应用时应注意以下几点。

(1) 萃取剂的选择 即螯合剂的选择。所选择的螯合剂与被萃取的金属离子生成的螯合物越稳定,则萃取效率越高。此外,螯合剂必须具有一定的亲水基团,易溶于水,才能与金属离子生成螯合物;但亲水基团过多了,生成的螯合物反而不易被萃取到有机相中。因此要求螯合剂的亲水基团要少,疏水基团要多。亲水基团有—OH、—NH_2、—COOH、—SO_3H,疏水基团有脂肪基(—CH_3、—C_2H_5 等)、芳香基(苯基和萘基)等。EDTA 虽然能与许多种金属离子生成螯合物,但这些螯合物多带有电荷,不易被有机溶剂萃取,故不能用作萃取螯合剂。

(2) 萃取溶剂的选择 被萃取的螯合物在萃取溶剂中的溶解度越大,则萃取效率越高,萃取溶剂与水的密度差别要大,黏度要小,这样容易分层,有利于分离操作的进行;萃取溶剂挥发性、毒性要小,而且不易燃烧。

溶剂选择的一般规律如下:

① 选择一种对被分离物质溶解度大而对杂质溶解度小的溶剂,使被分离物质从混合组分中有选择性地分离;

② 选择一对被分离物质溶解度小而对杂质溶解度大的溶剂,使杂质分离;

③ 溶剂的选择原则是"相似相溶"。

常见溶剂的极性大小顺序:

饱和烃类＞全氯代烃类＞不饱和烃类＞醚类＞未全氯代烃类＞酯类＞芳胺类＞酚类＞酮类＞醇类。

(3) 溶液的酸度 溶液的酸度越小,则被萃取的物质分配比越大,越有利于萃取。但酸度过低可能引起金属离子的水解或其他干扰反应发生。因此应根据不同的金属离子控制适宜的酸度。例如,用双硫腙作螯合剂,用 CCl_4 从不同酸度的溶液中萃取 Zn^{2+} 时,萃取 Zn^{2+}

pH 值必须大于 6.5，才能完全萃取，但是当 pH 值大于 10 以上，萃取效率反而降低，这是因为生成难络合的 ZnO_2^{2+} 所致，所以萃取 Zn^{2+} 最适宜的 pH 值范围为 6.5~10。

(4) 掩蔽剂的使用　如果通过控制酸度尚不能消除干扰时，可以加入掩蔽剂，使干扰离子生成亲水性化合物而不被萃取，常用的掩蔽剂有氰化物、EDTA、酒石酸盐、柠檬酸盐和草酸盐等。

11.3.2.2　离子缔合物萃取体系

离子缔合物是金属配离子与导电性离子借静电引力的作用结合而成不带电的化合物。它具有疏水性而能被有机溶剂萃取。通常离子的体积越大，电荷越低，越容易形成疏水性的离子缔合物。

离子缔合物主要分为以下几类。

(1) 金属配阳离子的离子缔合物　使水合金属阳离子与适当的有机配位剂反应，生成没有水分子配位的阳离子配合物，然后再和阴离子缔合，生成疏水性的离子缔合物，易被适当的有机溶剂所萃取。

例如水溶液中 Cu^{2+} 的萃取，往含 Cu^{2+} 的水溶液中加入还原剂（盐酸羟胺等），将 Cu^{2+} 还原为 Cu^+，然后加入 2,2′-双喹啉（Bq），生成 $[Cu(Bq)_2]^+$ 配阳离子，与阴离子 Cl^- 或 ClO_4^- 等生成离子缔合物 $[Cu(Bq)_2^+ \cdot Cl^-]$ 失去亲水性，控制 pH 值在 4.5~7.5 范围内，可被异戊醇萃取。

(2) 金属配阴离子的离子缔合物　由许多金属离子形成配阴离子，如 $GaCl_4^-$、$TiBr_4^-$、$FeCl_4^-$ 等，或酸根阴离子如 MnO_4^-、ClO_4^- 等能和许多大的有机阳离子，如四苯钾离子 $[(C_6H_5)_4As]^+$、四苯鏻离子 $[(C_6H_5)_4P]^+$ 等生成疏水性的离子缔合物，而被 $CHCl_3$ 萃取。

(3) 形成𬭩盐的缔合物　含氧的有机萃取剂如醚类、醇类、酮类和酯类等，它们的氧原子具有孤对电子，因而能与 H^+ 或其他阳离子结合而形成𬭩离子，它可以与金属离子结合形成易溶于有机溶剂的𬭩盐而被萃取。

在离子缔合物的萃取体系中，如果加入某些与被萃取化合物具有相同的阴离子盐类（或酸类），往往有助于提高萃取效率。这种作用称为盐析作用，加入的盐类称为盐析剂。例如，用甲基异丁酮萃取 $UO_2(NO_3)_2$ 时，加入盐析剂 $Mg(NO_3)_2$，可以显著地提高萃取效率。

11.3.3　萃取分离操作方式

实际工作中常用的萃取方法主要有以下三种方式。

(1) 单级萃取　又称为分批萃取法或间歇萃取法，是最简单和最广泛应用的萃取方法。这种方法是取一定体积的被萃取溶液，加入适当的萃取剂，调节至应控制的酸度。然后移入 60~125mL 的梨形分液漏斗中，加入一定体积的溶剂，充分振荡至达到平衡为止。静置待两相分层后，轻轻转动分液漏斗的活塞，使水溶液层或有机溶剂层流入另一容器中，使两相彼此分离。如果被萃取物质的分配比足够大时，则一次萃取即可达到定量分离的要求。

静置分层时，有时在两相交界处会出现一层乳浊液，其原因很多。主要有：在萃取过程中，如果在被萃取离子进入有机相的同时，还有少量干扰离子亦转入有机相中，可以采用洗涤的方法以除去杂质离子。洗涤液的组成与试液基本相同，但不含试样。洗涤的方法与萃取操作相同。通常洗涤 1~2 次即可达到除去杂质的目的；分离以后，如果需要将被萃取的物质再转到水相中进行测定，可改变条件进行反萃取。例如 Fe^{3+} 在盐酸介质中形成 $FeCl_4^-$，与甲基异丁酮结合成蟒盐而被萃取到有机相中,再用水反萃取到水溶液中(由于酸度降低),即可进行测定。

(2) 错流萃取 又称连续萃取。如果被萃取物质的分配比不够大,经第一次分离之后,再加入新鲜溶剂,重复操作,进行二次或三次或 n 次萃取,这种萃取方法称为错流萃取。即将水相固定,多次用新鲜的有机相进行萃取,可提高分离效果。但萃取次数太多,不仅操作费时,而且容易带入杂质或损失萃取的组分。

(3) 逆流萃取 使溶剂得到循环使用,用于待分离组分的分配比不高或分离系数较小的情况。这种萃取方式常用于植物中有效成分的提取及中药成分的提取研究。

11.4 色谱分离法

色谱分离法也叫层析分离法,是一种应用广泛的物理化学分析方法。根据所用样品混合物中各组分物理、化学性质的差异,各组分程度不同地分配到互不相溶的两相中。当两相相对运动时,各组分在两相中反复多次重新分配,结果使混合物得到分离。其最大特点是分离效率高,可将各种性质相近的物质彼此分离。根据操作形式的不同,又可分为纸色谱和薄层色谱等方法。

11.4.1 纸色谱法

11.4.1.1 纸色谱法的基本原理

纸色谱法是以滤纸作载体,利用滤纸纤维素中吸附的水分或某些溶剂为固定相,用与水或某些溶剂不相溶的溶剂作流动相(展开剂),将试液点样在滤纸条的原点处,如图 11-1 所示,然后使展开剂从试液斑点的一端靠滤纸的毛细管作用向另一端扩散。当展开剂通过斑点时,试液中的各组分便随着展开剂向前流动,并在两相间进行分配。由于各种组分的分配系数不同,移动速度各不相同,使彼此分离开来。

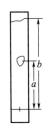

图 11-1 R_f 值计算示意图

各种物质定性分析的依据用比移值 R_f 表示,R_f 是指各组分在滤纸上移动的距离,可用下式进行计算。

$$R_f = \frac{原点至斑点中心的距离}{原点至溶剂前沿的距离} \tag{11-9}$$

R_f 最大等于 1,即该组分随溶剂上升至溶剂前沿;最小等于 0,即该组分不随溶剂移动而留在原点。R_f 与分配系数 K 有关,与色谱条件也有关,在一定条件下 K 不变,所以每种物质都有其特定的 R_f,因此,R_f 的大小也就成为各种物质定性分析的依据。从各物质的 R_f 间的相差大小即可判断彼此能否分离,在一般情况下,如果斑点比较集中,则 R_f 相差 0.02 以上时,即可以彼此分离。

纸上色谱分离法用样量少，设备和操作简单，分离效果好，所以特别适用于少量试样中微量成分或性质差别不大的组分的分离。因此，在有机化学、生物化学、植物和医药成分分析等方面应用较为广泛。在无机分析中，特别是稀有元素的分离与分析中，也常常被采用。

11.4.1.2 纸色谱法操作步骤

（1）色谱用滤纸的选择 滤纸必须质地均匀，平整无折痕，边缘整齐；纸质要纯净，杂质量要少，不能有明显的斑点；疏松度适当，过于疏松易使斑点扩散，反之则流速太慢；强度较大，不易破裂。国产新华色层滤纸可以满足上述要求。

（2）点样 先用铅笔在距纸条一端2~3cm处划一直线（起始线），并在线上隔一定距离划一"×"号表示点样位置。用一支毛细管（内径约0.5mm）吸取试样溶液，轻轻与"×"号处接触，使点样斑点的直径为0.2~0.5cm。如果试液浓度较小，则点样之后放在红外灯下或以热吹风机将其干燥，再在原位置进行第二次或第三次点样。点样之后，一定要使其干燥后再进行展开。

（3）展开剂 常用的展开剂是用有机溶剂、酸和水混合配成的。如果被分离物质各组分间的R_f之差小于0.02，无法分开时，可以改变展开剂的极性大小以增大R_f之差。例如增大展开剂中极性溶剂的比例，可以增大极性物质的R_f，同时减小非极性物质的R_f。

（4）显色 试样在滤纸上展开以后，即可根据物质的特性喷洒适宜的显色剂进行显色。如氨基酸可用茚三酮显色；有机酸用酸碱指示剂显色；Cu^{2+}、Fe^{3+}、Co^{3+}、Ni^{2+}可用二硫代乙二酰胺显色等。配制显色剂时，尽量选择挥发性大的溶剂，以免喷在滤纸上后引起斑点扩散、移动。显色之后，应立即用铅笔划出各色斑点的位置，以免褪色或变色后不易寻找到。

（5）比移值的测定 滤纸显色以后，找出各有色斑点的中心点，用尺量出各中心点至原始点的位置之间的距离，再量出溶剂前沿到原始点之间的距离，即可算出各物质的比移值R_f。

（6）定量测定 经纸上色谱分离法将各组分分开之后，可以在相同条件下，制得一系列标准色，与待测斑点颜色相比较，测定各组分含量。也可以将斑点剪下经灰化之后，用适当溶剂溶解，再用其他方法测定各组分含量。

11.4.2 薄层色谱法

薄层色谱法也叫薄层层析法，是在纸色谱法的基础上发展起来的。它是在一平滑的玻璃条上铺一层厚约0.25mm的吸附剂（氧化铝、硅胶、纤维素粉等），代替滤纸作为固定相。此法按其分离机理主要分为两种：利用试样中各组分对吸附剂吸附能力不同来进行分离的称为吸附色谱；利用试样中各组分在固定相和流动相中溶解度的不同而进行分离的称为分配色谱。两种色谱所用的展开剂不同，前者一般用非极性或弱极性展开剂处理弱极性物质；后者一般选用极性展开剂来处理极性物质。

此法可以用于定性，测定出比移值R_f（同纸色谱）与标样R_f比较即可确定是何物质；也可用于定量，定量可分为直接法和间接法。直接法是测定斑点的面积或比较斑点颜色的深浅，然后同标准物质比较即可求得该组分含量，此法简单快速，但是误差较大；间接法是将薄板上的斑点用适当溶剂洗脱下来，再用其他分析方法（如分光光度法等）进行定量，间接法操作复杂，然而准确度较高。

薄层色谱法的优点是展开所需时间短，比纸色谱分离速度快、效率高。斑点不容易扩散，因而检出灵敏度比纸色谱高10~100倍。薄板负荷样品的量大，为试样纯化分离提供了方便。由于薄层色谱法还可以使用腐蚀性的显色剂（浓HNO_3、H_2SO_4、$KMnO_4$等），令组分炭化而显色斑，所以近年来应用日益广泛。

11.5 离子交换分离法

离子交换分离法是通过试样离子在离子交换剂（固相）和淋洗液（液相）之间的分配（离子交换）而达到分离的方法。其显著的优点是分离效率高。不仅能用于带相反电荷的离子之间的分离，还可用于带相同电荷或性质相近的离子之间的分离，同时还广泛地应用于大量干扰元素的除去、微量组分的富集、高纯物质的制备、水及化学试剂的纯化等。这种方法的缺点是操作较麻烦，分离时间长，洗脱液耗量大。所以，分析化学中一般只用它来解决某些比较困难的分离问题。

分配过程就是一离子交换反应过程。离子交换剂主要分为无机离子交换剂和有机离子交换剂。近年应用较广的是有机离子交换剂——离子交换树脂。

11.5.1 离子交换剂的类型、结构和性能

11.5.1.1 离子交换剂的类型

离子交换剂的种类很多，主要分为无机离子交换剂和有机离子交换剂两大类。

（1）无机离子交换剂　包括一大批天然化合物（黏土、沸石型矿物等）和合成化合物（合成沸石、分子筛、水合金属氧化物和杂多酸盐等）。许多其他材料，如玻璃和硅石等也显示出离子交换的性质。

（2）有机离子交换剂　又称离子交换树脂，是一种人工合成的具有网状结构的由骨架和活性基团组成的高分子聚合物，目前应用最广泛。离子交换树脂网状结构的骨架部分是由单体和交联剂聚合而成的，一般很稳定，难溶于水、酸和碱中，对有机溶剂、氧化剂、还原剂和其他化学试剂具有一定的稳定性，对热也较稳定；活性基团又称交换官能团，由固定基和可交换离子组成，例如—$N(CH_3)_3OH$、—SO_3H、—$COOH$ 等。按性能可分为七类。

① 阳离子交换树脂　能交换阳离子的树脂称为阳离子交换树脂。酸性基团是这类树脂的活性交换基团，如—SO_3H、—CH_2SO_3H、—PO_3H、—$COOH$、—OH 等。

② 阴离子交换树脂　能交换阴离子的树脂称为阴离子交换树脂。碱性基团是这类树脂的活性交换基团，如—NH_3OH、—$NH_2(CH_3)OH$、—$NH(CH_3)_2OH$、—$N(CH_3)_3OH$ 等，都含有可与溶液中其他阴离子交换的—OH。

③ 螯合型离子交换树脂　这类树脂是在离子交换树脂中引入某些特殊的活性基团，可与特定的金属离子形成螯合物，在交换过程中能选择性地交换某些金属离子，所以对化学分离有重要意义。利用这种方法可以制备含有某一金属离子的树脂来分离含有某些官能团的有机化合物。

④ 大孔树脂　这类树脂主要是大环聚醚及穴醚类树脂，在聚合时加入适当的致孔剂，使在网状固化和链节单元形成过程中，填垫惰性分子，预留孔穴，它们不参与反应，在骨架形成后提出致孔剂，留下永久孔道。大孔树脂一般具有空穴多、表面积大，离子容易迁移扩散，富集速度快，且耐氧化、耐磨、耐冷热变化、稳定性高的特点。一方面，对阳离子具有选择性的吸附性能；另一方面为保持电中性，在吸附阳离子的同时也等量吸附阴离子。因此这类树脂既可用于阳离子的色谱分离，亦可用于阴离子的色谱分离。

⑤ 电子交换树脂（氧化还原树脂）　它既不是阳离子交换树脂，也不是阴离子交换树脂。这类树脂含有可逆的氧化还原基团，可与交换体系中的某些离子发生氧化还原反应，交

换过程是电子的转移，所以称为氧化还原树脂。显著优点是反应过程中无杂质导入，常用于样品的纯化。

⑥ 萃淋树脂 又称萃取树脂，是一种含有液态萃取剂的树脂，是以苯乙烯-二乙烯苯为骨架的大孔结构和有机萃取剂的共聚物，对金属离子的选择性，由所含的萃取剂决定，兼有离子交换法和萃取法的优点。例如，PMBP 萃淋树脂用于分离测定钙中的稀土元素。

⑦ 离子交换膜（纤维交换剂） 天然纤维素上的羟基进行酯化、磷酸化、羧基化后，可制成阳离子交换剂；经过胺化后制成阴离子交换剂。聚乙烯、聚丙烯、聚氯乙烯、氟碳高聚物的苯乙烯接枝高聚物等是常用的制备离子交换膜的高分子材料。例如用膦酸纤维素色谱分离汞、镉、锌和铅。

11.5.1.2 离子交换树脂的结构

离子交换树脂是人工合成的具有网状结构的复杂的有机高分子聚合物。网状结构的骨架部分一般很稳定，不溶于酸、碱和一般溶剂。在网状结构的骨架上有许多可被交换的活性基团，根据活性基团的不同，离子交换树脂可分为阳离子交换树脂和阴离子交换树脂两大类。

阳离子交换树脂含有酸性基团，其酸性基团中的 H^+ 可同溶液中的阳离子交换。各种阳离子交换树脂含有不同的活性基团，常见的有磺酸基（—SO_3H）、羧基（—COOH）和羟基（—OH）等。又根据活性基团解离出 H^+ 能力的不同，阳离子交换树脂可分为强酸型和弱酸型两种。例如，含—SO_3H 的为强酸型阳离子交换树脂，常以 RSO_3H 表示（R 表示树脂的骨架）；含—COOH 和—OH 的为弱酸型阳离子交换树脂，分别用 RCOOH 和 ROH 表示。交换反应为：

$$nRSO_3H + M^{n+} \Longleftrightarrow (RSO_3)_nM + nH^+$$

式中，M^{n+} 代表阳离子。

这种交换反应是可逆的，已交换过的树脂可用酸处理，反应便向相反方向进行，树脂便又恢复原状，这一过程称为"树脂再生过程"，亦称洗脱过程。

强酸型阳离子交换树脂应用较广泛，弱酸型阳离子交换树脂中的 H^+ 不易电离，所以在酸性溶液中不宜应用（羧基在 pH>4，酚基在 pH>9.5 时才具有交换能力），但它的选择性高，而且易于洗脱。

阴离子交换树脂与阳离子交换树脂具有同样的有机骨架，只不过所连的活性基团为碱性基团。碱性基团中的 OH^- 与溶液中的阴离子发生离子交换。如含季铵基 [—$N^+(CH_3)_3$] 的树脂称为强碱型阴离子交换树脂；含伯氨基（—NH_2）、仲氨基（—$NHCH_3$）和叔氨基 [—$N(CH_3)_2$] 的树脂为弱碱型阴离子交换树脂。强碱型阴离子交换树脂在酸性、中性、碱性溶液中均能使用，弱碱型阴离子交换树脂对 OH^- 亲和力大，只能在酸性溶液中使用。阴离子交换树脂水化后分别形成 RNH_3OH、$RNH_2(CH_3)OH$、$RNH(CH_3)_2OH$、$RN(CH_3)_3OH$ 等氢氧型阴离子交换树脂，所连的 OH^- 可被溶液中阴离子交换。交换和洗脱过程可用下式表示：

$$nRN(CH_3)_3OH + X^{n-} \Longleftrightarrow [RN(CH_3)_3]_nX + nOH^-$$

阴离子交换树脂的化学稳定性及耐热性不如阳离子交换树脂。

11.5.1.3 离子交换树脂的性能

(1) 交联度 离子交换树脂合成过程中，将链状分子相互连接成网状结构的过程称交联。交联的程度用交联度表示，它是离子交换树脂的重要性质之一。

$$交联度 = \frac{交联剂质量}{干树脂质量} \tag{11-10}$$

一般树脂的交联度为 8%～10%。

（2）交换容量　离子交换树脂交换离子量的大小，可用交换容量表示。交换容量是指在给定条件下每克干树脂所能交换离子的物质的量（mmol），它取决于网状结构中活性基团的数目。交换容量可用实验的方法测定。

例如，H^+ 或强酸性阳离子交换树脂的交换容量，可用下法测定。称取 1g 干燥树脂，放在 250mL 干燥的锥形瓶中，准确加入 $0.1 mol \cdot L^{-1}$ NaOH 标准溶液 100mL，塞紧后振荡，放置过夜，移取上层清液 25mL，以酚酞为指示剂，用 $0.1 mol \cdot L^{-1}$ HCl 标准溶液滴定，按下式计算树脂的交换容量

$$交换容量 = \frac{c(NaOH)V(NaOH) - c(HCl)V(HCl)}{树脂质量} \tag{11-11}$$

对于 OH^- 或强碱性阴离子交换树脂，可加入一定量的 HCl 标准溶液，用 NaOH 标准溶液滴定。

一般的离子交换树脂的交换容量为 $3 \sim 6 mmol \cdot g^{-1}$。

（3）溶胀性　溶胀是指将干燥的树脂浸泡在水溶液中，因吸水而体积膨胀的过程。其溶胀程度与交联度、交换容量、所交换离子的价态等因素有关。一般强酸性和强碱性离子交换树脂的溶胀性大；交联度小的树脂，交换容量大，溶液中所交换离子价态低，树脂溶胀程度就大；同类离子交换树脂其交换容量越大，溶胀性越大；离子交换树脂中可交换离子的水合程度越大，树脂溶胀性也越大；在电解质浓度越大的溶液中，树脂溶胀性越小。

（4）有效 pH 范围　由于离子交换树脂所具有的活性基团（酸性或碱性）在水溶液中的解离度受溶液酸度的影响，从而影响交换作用。因此不同活性基团的树脂，要求在不同的 pH 范围内进行交换作用，该范围称树脂的有效 pH 范围，或称为有效酸碱性。

（5）稳定性　离子交换树脂的稳定性包括热稳定性、化学稳定性和辐射稳定性。热稳定性受树脂机械强度大小和温度的影响，一般阳离子变换树脂比阴离子交换树脂稳定，盐式离子交换树脂比氢式、氢氧式的离子交换树脂耐热。实际分析中使用离子交换树脂时，绝大多数情况是在室温下进行的，只有在测定水分时才需将离子交换树脂在 105℃ 干燥，因此，热稳定性对操作影响不大，但温度升高会对离子交换树脂的交联度和活性基团造成损失。树脂结构不同，化学稳定性不同。

11.5.2　离子交换平衡和选择性

11.5.2.1　离子交换平衡

离子交换是一个复杂的过程。一般认为离子交换反应是可逆的，当溶液中的离子和树脂中离子进行交换达到平衡状态时，可近似地用质量作用定律来表示离子交换过程。如：

$$RH + M^{n+} \rightleftharpoons RM + H^+$$
$$\text{树脂} \quad \text{溶液} \quad \text{树脂} \quad \text{溶液}$$

$$K_H^M = \frac{c(RM)c(H^+)}{c(RH)c(M^{n+})}$$

式中，K_H^M 是平衡常数，在此叫交换常数。

K_H^M 的大小，反映了 H^+ 与 M^{n+} 两种离子的相对交换能力。K_H^M 越大，说明该金属离子越容易与树脂进行交换。反之，该金属离子就不容易与树脂进行交换。不同的金属离子对同一种树脂的交换能力不同。

由于交换常数受树脂膨胀、金属离子水解等因素的影响，所以交换常数偏差较大。因

此，在实际工作中常用分配系数（K_d）表示金属离子在溶液和树脂间的平衡关系：

$$K_d = \frac{n(\text{MR})}{c(\text{M})}$$

式中，$n(\text{MR})$ 为每克交换树脂结合离子的物质的量；$c(\text{M})$ 为溶液中金属离子的平衡浓度。

K_d 的大小也反映了金属离子同某树脂交换能力的大小。K_d 同 K_H^M 一样，K_d 越大，说明该金属离子越容易交换到树脂上。

11.5.2.2 离子交换的选择性规律

离子交换树脂的选择性是指离子交换剂吸收离子的性能。交换常数 K_H^M 和分配系数 K_d 均能反映出指定交换剂对某金属离子的吸收能力。即反映出哪些离子易被吸收，哪些离子不易被吸收。

离子交换能力受温度、pH 值、金属离子浓度等条件的影响。现归纳规律如下。

① 在常温和低浓度水溶液中，离子交换能力随离子的价数增高而增大，如：

$$\text{Na}^+ < \text{Ca}^{2+} < \text{Al}^{3+} < \text{Th}^{4+}$$

而等价离子的交换能力随离子半径的增大而增大。如：

$$\text{Li}^+ < \text{H}^+ < \text{Na}^+ < \text{NH}_4^+ < \text{K}^+ < \text{Rb}^+ < \text{Cs}^+ < \text{Ag}^+$$

$$\text{Mg}^{2+} < \text{Zn}^{2+} < \text{Co}^{2+} < \text{Cu}^{2+} < \text{Ni}^{2+} < \text{Ca}^{2+} < \text{Sr}^{2+} < \text{Pb}^{2+} < \text{Ba}^{2+}$$

② 不同的 H^+ 和 OH^- 型树脂，其交换能力不一样。在强酸型阳离子交换树脂中，H^+ 交换能力很弱；但在弱酸型阳离子交换树脂中，H^+ 的交换能力比其他阳离子都大。OH^- 在强碱型阴离子交换树脂中，交换能力弱，但在弱碱型阴离子交换树脂上，其交换能力大于其他任何阴离子。

③ 对于阴离子交换顺序

常温稀溶液，在强碱型交换树脂上：

$$\text{SO}_4^{2-} > \text{NO}_3^- > \text{Cl}^- > \text{OH}^- > \text{F}^- > \text{HCO}_3^- > \text{HSiO}_3^-$$

常温稀溶液，在弱碱型交换树脂上：

$$\text{OH}^- > \text{SO}_4^{2-} > \text{NO}_3^- > \text{PO}_4^{3-} > \text{Cl}^- > \text{HCO}_3^-$$

11.5.3 离子交换操作方法

在分析过程中，为了分离或富集某种离子，通常采用动态交换。这种分离方法一般是在交换柱中进行，其步骤如下。

(1) 树脂的选择 依据分析对象的不同选择合适类型和粒度的树脂（一般要求粒度为 80~100 目）。要分离阳离子时常选用强酸型树脂，并预先用酸将树脂处理成氢型，以免引入其他盐类；如要分离阴离子时常选用强碱型树脂，并首先将树脂处理成氯型。

(2) 树脂的处理 新树脂在使用前必须进行预先处理，除去树脂在制造过程中夹杂的杂质。先用蒸馏水浸洗以除去浮起的少量微粒，然后用 $4\text{mol} \cdot \text{L}^{-1}$ HCl 溶液浸泡 1~2 天，以溶解各种杂质，再用蒸馏水洗涤至中性。用盐酸浸泡后，阳离子交换树脂就处理成 H^+ 型，阴离子交换树脂则成为 Cl^- 型。如果需要钠型阳离子交换树脂，则用 NaCl 处理氢型阳离子交换树脂；如果需要 SO_4^{2-} 型阴离子交换树脂，则用 H_2SO_4 处理氯型阴离子交换树脂，这一过程称为转型。转型之后亦需要用蒸馏水洗净。处理好的树脂应浸泡在蒸馏水中备用。

(3) 装柱 进行离子交换通常在离子交换柱中进行。离子交换柱一般用玻璃制成。装交换柱时，在交换柱的下端垫上一层润湿的玻璃棉，然后在交换柱充满水的情况下把处理好的树脂倒入柱中。树脂高度应为柱高的 90%，然后再在树脂上面覆盖一层玻璃棉，使液面高于树脂层。

（4）交换　在交换柱的上面慢慢注入待分离的溶液，控制出口流速，使待分离溶液从上向下流过交换柱进行交换。由于 K_d 的大小不同，所以 K_d 大的被吸附在交换柱顶部，K_d 小的被吸附在下部，使得分离溶液得到初步的分离。

（5）洗脱　当交换完毕之后，一般用蒸馏水洗去残存溶液，然后选用适当的淋洗剂（也叫洗脱剂），将交换到树脂上的离子再重新被置换到溶液中，这个过程叫洗脱，所使用的溶液叫洗脱剂。阳离子交换树脂常用 HCl 作洗脱剂，阴离子交换树脂常用 HCl、NaCl 或 NaOH 作洗脱剂。一种洗脱剂只能洗脱一种离子，将几种洗脱剂分别通过交换柱，收集各洗脱液，从而达到各组分分离的目的。

（6）再生　使树脂恢复到交换前型式的过程叫再生。有时洗脱的过程就是再生的过程。阳离子交换树脂再生多用盐酸或硫酸，阴离子交换树脂多用 NaOH 作再生液。

11.5.4　离子交换分离法的应用

（1）水的净化　天然水中含有各种电解质，可用离子交换法净化。该法用 H^+ 型强酸阳离子交换树脂除去水中的阳离子，再用强碱阴离子交换树脂除去水中的离子。以 $CaCl_2$ 的去除为例：

$$R(SO_3H)_2 + Ca^{2+} \Longrightarrow R(SO_3)_2Ca + 2H^+$$
$$RN(CH_3)_3OH + Cl^- \Longrightarrow RN(CH_3)_3Cl + OH^-$$

交换出来的 H^+ 和 OH^- 结合生成水。净化水都用复柱法，把阴、阳离子交换柱串联起来，串联的级数增加，水的纯度提高。但仅增加串联级数不能制得超纯水，因为柱上的交换反应多少会发生一些逆反应，例如 H^+ 又将 Ca^{2+} 交换下来，OH^- 又将 Cl^- 交换下来，因此在串联柱后增加一级"混合柱"（阳离子树脂和阴离子树脂按 1:2 体积比混合装柱），这样交换出来的 H^+ 及时与 OH^- 结合成水，可以得到超纯水。

（2）微量组分的预富集　用离子交换技术可将微量组分从溶液中交换到小柱上，然后用淋洗液洗脱，微量组分的富集倍数可达 $10^3 \sim 10^5$。一种测定到 $10^{-6} mol \cdot L^{-1}$ 的方法，经离子交换富集后可测定到 $10^{-9} \sim 10^{-11} mol \cdot L^{-1}$。为了富集微量组分必须选择合适的离子交换剂——洗脱剂体系，使被富集元素对离子交换剂有很高的亲和力，被分离的离子间分配比相差很大，才能达到定量回收和有效分离的目的。一般分离过程是首先将样品转化成溶液，溶液中的待测微量元素强烈地被吸附到树脂上，而基体元素则不被吸附。例如，柱分离原子吸收法测定海水中的 Au，取 250L 海水，先用 HCl 酸化，采用 IRA-400 柱，经过交换、洗涤、灼烧除去树脂，灰分制成溶液，富集倍数可达 10^7。

（3）干扰元素的分离　用离子交换法分离干扰离子比较方便。例如，重量法测定 SO_4^{2-} 时，试样中大量的 Fe^{3+} 会与 $BaSO_4$ 沉淀共沉淀，从而影响 SO_4^{2-} 的测定。如果将试液的稀溶液通过阳离子交换树脂，则 Fe^{3+} 被吸附，然后在流出液中测定 SO_4^{2-}。

（4）性质相似元素的分离　选择适当的交换剂，将几种性质相近且带有相同电荷的离子同时交换在树脂上，再用合适的淋洗剂将它们逐一洗脱并分离，这种方法称为高效离子交换色谱分离法。用这种方法可以分离性质相似的元素。例如用细颗粒阳离子交换柱，$0.4mol \cdot L^{-1}$ α-羟基异丁酸，pH 值为 3.1~6.0 进行梯度淋洗，可在 38min 内将 14 种镧系元素和 Sc^{3+}、Y^{2+} 分离。Zr^{4+}与Hf^{5+}很难分离，用Dowex 50阳离子交换柱，$0.25mol·L^{-1}$ H_2SO_4为淋洗剂，先流出Zr^{4+}，其中含$Hf^{5+}<0.01\%$，再以$0.75mol·L^{-1}$ H_2SO_4淋洗，流出Hr^{5+}。

离子交换色谱法分离Li^+、Na^+、K^+三种离子，将试液通过H^+型强酸性阳离子交换柱，Li^+、Na^+、K^+都交换于柱的上端。用$0.1mol·L^{-1}$ HCl淋洗，由于树脂对Li^+、Na^+、K^+的亲和力大小顺序是$K^+>Na^+>Li^+$，因此Li^+先被洗脱，其次是Na^+，最后是K^+，淋洗曲线见图11-2。

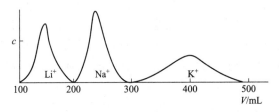

图11-2　Li^+、Na^+、K^+的淋洗曲线

（5）生物大分子的分离　离子交换分离极性相似的生物大分子，是根据物质的酸碱度、极性及分子大小的不同进行的，离子交换分离极性相似生物大分子的工作基础决定于带相反电荷颗粒之间的静电吸引，这是一个包括吸附、吸收、穿透、扩散、范德华力和静电引力在内的复杂过程，由于不同的分子携带不同的电荷，与离子交换树脂的亲和能力不同，混合物中的不同分子按所携带电荷的性质及总数按先后顺序依次洗脱，达到分离的目的。

离子交换色谱主要用于蛋白质、氨基酸和多肽的分离。核酸也是强极性分子，用离子交换色谱也能得到很好的分离效果。例如选用Dowex50交换树脂，pH值为3.4～11.0的柠檬酸盐缓冲溶液作洗脱剂，可以达到分离氨基酸的目的。

11.6　现代分离与富集方法简介

现代分离与富集方法主要有液膜萃取分离法、超临界流体萃取分离法、固相微萃取分离法、微波萃取分离法和电化学分离法等。

（1）液膜萃取分离法　是将第三种液体展成膜状以隔开两个液相，使料液中的某些组分透过液膜进入接收液，从而实现料液组分的分离。其萃取原理为：中性分子通过扩散溶入吸附在多孔聚四氟乙烯上的有机液膜中，再进一步扩散进入萃取相中，中性分子受萃取相中化学条件的影响又分解为离子（处于非活化态），而无法再返回液膜中去，结果使被萃取相中的物质（离子）通过液膜进入萃取相中。具有传质推动力大、试剂用量少、萃取和反萃取同时一步进行和选择性好等优点。广泛应用于环境试样的分离与富集，例如大气中微量有机胺的分离，水中铜和钴离子的分离，水体中酸性农药的分离测定等。

（2）超临界流体萃取分离法　利用超临界流体作萃取剂在两相之间进行的一种萃取分离方法，称为超临界流体萃取分离法。超临界流体具有密度大、黏度小、既非气态又非液态的特点，所以，与溶质分子的作用力强，传质速率高，可使萃取过程在高效、快速的条件下完成。超临界流体萃取中，低极性和非极性的化合物，常用二氧化碳作萃取剂；极性较大的化合物，用氨或氧化亚氮作萃取剂。

（3）固相微萃取分离法　固相微萃取（SPME）是在固相萃取基础上发展起来的新的萃取分离技术，由加拿大Waterloo大学Pawliszyn于1990年提出，具有操作简便、不需溶剂、萃取速度快等突出优点。该技术使用的是一支携带方便的萃取器，适于室内使用和野外的现场取样分析,能在一个简单过程中同时完成了取样、萃取和富集,因此在短短的十几年间,得到了迅速发展。广泛应用于环境监测部门的大气、土壤、水体中挥发性及半挥发性有机污染物的测定,包括苯及其同系物、多环芳烃、酚类化合物、多氯联苯、卤代烷烃、农药等;食品及饮料、精选食品中挥发性卤代烃的测定,饮料中咖啡因的分析,葡萄酒中的酒香组分分析等;生物材料分析中的前处理,由于生物材料组成复杂或样品基体的强烈干扰对生物样品的分析往往较困难。目前已经分析了人体内的医药代谢及农药残留,鱼体内有机汞、空气中昆虫信息素等。

(4) 微波萃取分离法　微波萃取分离法是利用微波能内部均匀加热、热效率高、萃取效率高的特点,在保持待测物原始状态时,实现干扰组分与基体有效的分离。微波萃取分离法包括试样粉碎、与溶剂混合、微波辐射、分离萃取液等步骤,萃取过程一般在特定的密闭容器中进行。微波萃取分离法具有快速、节能、环境污染小、易于操作等优点,实际工作中得到了广泛的应用。

(5) 电化学分离法　电化学分离法是基于物质在溶液中的电化学性质来实现分离的一种重要的化学分离手段。除电解分离法外,电泳分析法、化学修饰电极分离富集法、介质交换伏安法等都是高选择性、高灵敏的新的电化学分离、分析技术。该方法在富集分离痕量元素、排除性质相近的物质干扰方面应用广泛。

思考题

1. 分离方法在定量分析工作中有什么重要意义?
2. 定量分离中回收率一般的要求范围是多少?如何表达回收率?
3. 如何估算氢氧化物沉淀分离时溶液的 pH 值?
4. 常用的无机沉淀剂有哪些?试列举它们分别沉淀的离子。
5. 何谓分配定律?如何计算分配比、分配系数?
6. 为什么进行螯合萃取时要控制体系的 pH 值?
7. 举例说明萃取剂和萃取溶剂的区别。
8. 举例说明分配系数和分配比的区别,二者在何种情况下相等。
9. 阳离子交换树脂含有哪些活性基团?阴离子交换树脂含有哪些基团?
10. 怎样测定 R_f? 它在分析工作中有何实际意义?

习　题

1. 称取 1.0g 干燥阴离子交换树脂,置于锥形瓶中,加入 100.0mL 0.1000mol·L^{-1} NaOH 溶液,振荡后,放置过夜。吸取上层清液 25.00mL,以酚酞为指示剂,用 0.1000mol·L^{-1} HCl 溶液滴定至终点,用去 15.05mL HCl 溶液。问该树脂对 OH$^-$ 的交换容量为多少?

2. 某溶液含 Fe^{3+} 10mg,将它萃取于某有机溶剂中,分配比 $D=99$,问用等体积溶剂萃取一次、两次剩余 Fe^{3+} 多少?萃取百分率各为多少?

3. 试计算当保持 Zn^{2+} 浓度在 0.01～0.1mol·L^{-1} 时,酸性溶液中 ZnO 悬浊液的可控

pH 值范围。

4. 在 6mol·L^{-1} HCl 溶液中，用乙醚萃取 Ga^{3+}，当 Ga^{3+} 的浓度为 10μg·mL 时，$D=18$，若萃取时 $V_O=V_W$，求一次萃取后的萃取百分率。

5. 某体系中，A 组分的 $R_f=0.40$，B 组分的 $R_f=0.50$。展开后若斑点直径均为 1.0cm，要求斑点距离为 1cm（中心距离为 2cm），计算所需滤纸条的长度。

拓展内容

第 12 章

仪器分析方法简介[※]
(Introduction To Instrument Analysis)

12.1 原子发射光谱分析法

原子发射光谱分析法（Atomic Emission Spectrometry，AES）是仪器分析法中历史较悠久的一种仪器分析技术。二十世纪三十年代以来，它在地质、冶金、农业、生物、环保等领域中无机成分分析方面曾发挥过重大作用，这一分析技术仍是现代仪器分析的重要方法之一。

原子发射光谱分析具有如下特点：

① 选择性好　只要选择适宜的实验条件，被测元素激发后，均可产生不受其他元素干扰的一组特征谱线，可据此对该元素进行定性，并可同时测定多种元素。

② 灵敏度高　可进行痕量分析，对多数金属元素和非金属元素，其检测限可达 10～0.1$\mu g \cdot mL^{-1}$。若采用电感耦合等离子体（ICP）激发光源，则检测限可达 $ng \cdot mL^{-1}$ 级。

③ 准确度高　一般激发光源相对误差为 5%～10%，若采用新光源如 ICP，相对误差为 1% 以下。

④ 取样量少，分析速度快　一般只需几毫克到几十毫克试样即可完成分析任务，若用光电直读光谱仪，可在几分钟内给出合金中 20 多种元素的分析结果。该测定方法如与流动注射分析、气相色谱、液相色谱、质谱仪等联用，可扩大其应用范围。

12.1.1 发射光谱分析原理

原子发射光谱分析是根据原子所发射的光谱来测定物质的化学组分的。不同物质由不同元素的原子所组成，而原子都包含着一个结构紧密的原子核，核外围绕着不断运动的电子。每个电子处于一定的能级上，具有一定的能量。在正常情况下，原子处于稳定状态，它的能

[※] 为自学内容。

量是最低的，这种状态称为基态。但当原子受到能量（如热能、电能等）作用时，原子由于与高速运动的气态粒子和电子相互碰撞而获得了能量，使原子中外层的电子从基态跃迁到更高的能级上，处在这种状态的原子称激发态。处于激发态的原子是十分不稳定的，在极短的时间内便跃迁至基态或其他较低能级上。当原子从较高能级跃迁到基态或其他较低能级的过程中，将释放出多余的能量，这种能量是以一定波长的电磁波的形式辐射出去的，其辐射的能量可用下式表示：

$$\nu = \frac{E_2 - E_1}{h} = \frac{hc}{\lambda} \tag{12-1}$$

式中，E_2、E_1 分别为高能级、低能级的能量；h 为普朗克常数；ν 及 λ 分别为所发射电磁波的频率及波长；c 为光在真空中的速度。

由于不同原子的能级图各不相同，因而能级间跃迁而产生的光谱也各不相同，具有明显的特征。例如 K 的原子光谱中有波长 766.49nm 的强度很大的谱线。Na 在 588.995nm 和 589.59nm 处有两条强度很大的谱线。这些谱线的出现，表征了试样中有该元素的存在。但是，各元素的所有光谱线并不是在任何条件下都同时出现，当然理论上可以计算它们的跃迁概率。例如 Cd，在某条件下，当它的含量为 1% 时，有 14 条谱线出现，为 0.1% 时，有 10 条谱线出现；为 0.01% 有 7 条谱线；为 0.001% 时，仅有 2 条谱线出现，它们的波长分别为 226.502nm 和 228.802nm，这两条谱线叫 Cd 的最后线，又叫灵敏线。根据它们可进行定性分析，判断试样中是否有该元素的存在。这些元素含量很低但仍然出现的光谱线，一般是共振线或激发电位最低的谱线，这样的谱线跃迁概率是最大的。

光谱定量的基础是光谱线强度和元素浓度的关系，通常利用罗马金和赛伯提出的经验公式：

$$I = Ac^b \tag{12-2}$$

式中，I 为待测元素谱线强度；A 为常数，是与试样的组成、蒸发和激发过程等因素等有关的参数；c 为被测元素的浓度；b 为自吸系数，是与谱线自吸性质有关的参数。自吸越大，b 值越小（当被测元素浓度很低时，谱线无自吸时，$b=1$；反之，有自吸时，$b<1$）。因此，在摄谱条件一定时，被测元素在一定浓度范围，谱线的强度和浓度成正比，这是发射光谱分析的定量依据。

12.1.2 发射光谱仪

用来观察和记录原子发射光谱并进行光谱分析的仪器称为原子发射光谱仪。在现代原子发射光谱分析中，通常分为光栅摄谱仪和光电直读光谱仪两大类。这两种仪器都是由光源、分光系统及检测系统三大部分组成的。

12.1.2.1 光源

在发射光谱分析中，光源的主要作用是对试样的蒸发与激发提供必需的能量。传统的光源有下面几种。

① 电弧激发　在光谱分析中，常用的是直流电弧激发，电压 180~240V。电极可用碳、石墨或金属试样本身。碳电极也能用交流电弧激发，电压 220V。电弧温度可为 3500~8000℃，能激发所有的金属和 B、P、As、Si 等非金属元素。

② 电火花激发　用直流 1000~5000V 电源可激发所有金属和大部分非金属，它比电弧激发稳定，准确度比较高。

③ ICP 光源　ICP 是一种新型光源，即电感耦合等离子体光源，它是由气体电离而成

的。因此该光源必须具备高频电磁场、工作气体（通常用纯氩气）及等离子体炬管。当氩气流经等离子体炬管时，高频电源感应产生的电磁场使氩气电离，形成由电子、离子和原子组成的导电气体。气体的涡流区域温度高达 10000K 左右，成为试样原子化和激发发光的热源。ICP 光源灵敏度高、稳定性好，试样消耗少，工作线性范围宽，特别适合于液态样品分析。

12.1.2.2 分光系统（光谱仪）

光谱仪是通过光的色散作用将复合光分解为单色光，并将单色光按一定次序排列，用照相的方法记录光谱的仪器。根据其分光本领的大小，可分为大型、中型和小型光谱仪，常用的是中型光谱仪。根据色散元件的不同，可分为棱镜光谱仪和光栅光谱仪。

① 棱镜光谱仪 是利用棱镜对光的折射原理进行分光，其色散率随波长而变化。如图 12-1 所示，棱镜光谱仪由照明系统、准光系统、色散系统及投影系统四大部分组成

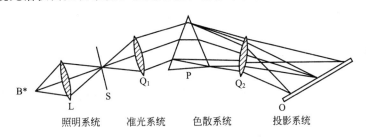

图 12-1 棱镜光谱仪示意图

样品在光源 B 处激发所发射的复合光，经聚光镜 L 投射到狭缝 S 上。通过狭缝后的光线，经准光镜 O_1 的作用，变成平行线。平行光线被棱镜 P 分解为不同波长的单色平行光束，经物镜 O_2 聚焦在焦面或感光板上，就得到了一系列按波长排列的光谱。

② 光栅光谱仪 该光谱仪的构造与棱镜光谱仪相似，只是光栅光谱仪的色散元件是衍射光栅。由于光栅的色散率均匀，散射光少，分辨本领强。近年来又由性能更加优良的全息光栅出现，对于分析那些谱线复杂，基本组成变化大的土壤、植物等试样具有重要意义。

12.1.2.3 检测系统

在发射光谱分析中，常用摄谱法和光电直读法来检测分析结果。

① 摄谱法 摄谱法的优点是通过照相能在一块感光板上同时记录多种试样的光谱，并可长期保存，在紫外光区和可见光区有较高的灵敏度，广泛用于定性与半定量分析中。

② 光电直读法 光电直读法是用光电倍增管来接受谱线的辐射，把光信号转变成电信号，并将其放大，再通过电子系统测量谱线强度的方法。

因此，光电直读光谱仪也是更为先进但也更为复杂昂贵的分光记录仪器。这种仪器对一般的直流交流电弧、电火花光源均不适用，多配以 ICP 光源。这种方法的优点是快速、准确、应用范围广；其缺点是仪器由于采用固定狭缝，使分析元素受到限制，对试样种类的变化适应能力差。

12.1.3 光谱定性分析

每种元素都有它固定的发射光谱，并有表示其特征的谱线，所以可进行各种试样的定性分析。确定试样中某元素存在与否，不是根据该元素的所有谱线，而是根据少数几条灵敏线。如果在试样中某种元素的含量逐渐减少，则元素的谱线也逐渐减少，最后只剩下几条线，称为最后线。灵敏线及最后线常用作定性分析的分析线。

12.1.3.1 标准试样光谱比较法

将要检出元素的纯物质和纯化合物与试样并列摄谱于同一感光板上,在映谱仪上检查试样光谱与纯物质光谱,若两者谱线出现在同一波长位置上,即可说明某一元素的某条谱线存在。例如,欲检查某 TiO_2 试样中是否含有 Pb,只需将 TiO_2 试样和已知含 Pb 的 TiO_2 标准试样并列摄于同一感光板上,比较并检查试样光谱中是否含有 Pb 的谱线存在,便可确定试样中是否含有 Pb。

显然,这种方法只适用试样中指定元素的定性,不适用光谱全分析。

12.1.3.2 铁光谱比较法(元素标准光谱图比较法)

一般光谱定性分析法是用铁的光谱来进行比较,将试样和纯铁并列摄谱。因为铁的光谱谱线较多,在我们常用的铁光谱的 210.0~660.0nm 波长范围内,大约有 4600 条谱线,其中每条谱线的波长,都已作了精确的测定,载于谱线表内。所以用铁的光谱线作为波长的标尺是很适宜的。"元素标准光谱图"就是将各个元素的分析线按波长位置标插在放大 20 倍的铁光谱图的相应位置上制成的。

在进行定性分析时,将试样和纯铁并列摄谱。只要在映谱仪上观察所得谱片,使元素标准光谱图上的铁光谱谱线与谱片上摄取的铁谱线相重合,因为每一元素都有它的最后线。如果试样中未知元素的谱线与标准光谱图中已标明的某元素谱线出现的位置相重合,则该元素就有存在的可能。图 12-2 为元素标准光谱图的一部分。在一底片上并列地摄取试样光谱和铁光谱。在 15~20 倍的放大器下,使铁光谱与元素光谱图上的铁光谱相重合,这时试样谱线和元素谱线也相重合,通过检查最后线的有无而确定该元素在试样中是否存在。

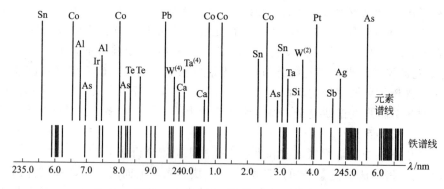

图 12-2 元素标准光谱图的一部分

12.1.4 光谱定量分析

谱线的强弱随元素的含量而变化,含量增加时,谱线增强;含量减少,谱线减弱。用照相法或光电直读法测量谱线强度,是光谱定量分析中常用的方法,这里只介绍相对强度测量法,也称内标法。

12.1.4.1 内标法

内标法是相对强度法。首先要选择分析线对,即先选择一条被测元素的谱线为分析线,再选择其他元素的一条谱线为内标线,所选内标线的元素称为内标元素。内标元素可以是试样的基体元素,也可以是加入一定量试样中不存在的元素。分析线与内标线组成分析线对。

分析线强度为 I,内标线强度为 I_0,被测元素浓度与内标元素浓度分别为 c 与 c_0,b 与 b_0 分别为分析线与内标线的自吸系数。根据式(12-2),分别有

$$I = ac^b \tag{1}$$
$$I_0 = ac_0^{b_0} \tag{2}$$

分析线与内标线强度之比 R 称为相对强度

$$R = \frac{I}{I_0} = \frac{ac^b}{ac_0^{b_0}} \tag{3}$$

式中，内标元素的 c_0 为常数，光源波动对 a 及 a_0 的影响几乎相同，则 $A = a/(a_0 c_0^{b_0})$ 为常数。

即
$$R = \frac{I}{I_0} = Ac^b \tag{4}$$

取对数，得
$$\lg R = \lg A + b\lg c \tag{12-3}$$

式(12-3)为内标法光谱定量分析的基本关系式。

在摄谱法中，往往测得的是相板上谱线的黑度，而不是强度 I。但分析线对的黑度差（ΔS）与谱线相对强度（R）的对数成正比，即

$$\Delta S = \gamma \lg R \tag{12-4}$$

为提高定量分析准确度，内标元素和分析线对选择应满足下列条件。

① 内标元素选择　内标元素与被测元素应具有相近的物理化学性质，在激发光源中具有相近的蒸发性；内标元素与被测元素具有相近的激发能；若内标元素是外加的，试样中不得含有内标元素。

② 分析线对的选择　分析线对应具有相近或相同的激发能；分析线对的波长、强度、宽度应尽量相近；分析线附近不要有干扰谱线；分析线对无自吸或自吸很小。

12.1.4.2　定量分析方法

① 三标准试样法　将三个以上的标准样品与试样在相同条件下，摄谱于同一块感光板上。每一标样和试样均重复摄谱 2~3 次，并分别测定标样及待测元素分析线对的黑度差。以标准样品的分析线对的 ΔS 值对应于被测元素的浓度（或含量）的对数作用，得到标准曲线。由试样的分析线对的 ΔS 值在标准曲线上查找试样中被测元素浓度（或含量）的对数值，可计算求得被测元素的浓度（或含量）。

该方法所用标准样品的数目不能少于三个。该法测定准确度高，但配制标准样品（要求基体与试样一致）费时，不适于快速分析。

② 标准加入法　当测定低含量元素时，找不到合适的基体来配制标准试样时，一般采用标准加入法。设试样中被测元素含量为 c_x，在几份试样中分别加入不同浓度 c_1、c_2、c_3… 的被测元素；在同一实验条件下，激发光谱，然后测量试样与不同加入量样品分析线对的强度比 R。在被测元素浓度低时，自吸系数 $b=1$，分析线对强度 $R \propto c$，R-c 图为一直线，将直线外推，与横坐标相交截距的绝对值即为试样中待测元素含量 c_x。

12.2　原子吸收分光光度法

原子吸收光谱法（Atomic Absorption Spectroscopy，AAS）又称原子吸收分光光度分析法，是于二十世纪五十年代由澳大利亚物理学家瓦尔什（A. Walsh）提出，而在六十年代发展起来的一种金属元素分析方法。它是基于含待测组分的原子蒸气对光源辐射出来的待测元素的特征谱线（或光波）的吸收作用来进行定量分析的。例如，欲测定试液中镁离子的含

量，首先将试液通过吸管喷射成雾状进入燃烧的火焰中，含有镁盐的雾滴在火焰温度下，挥发并解离成镁原子蒸气。以镁空心阴极灯作光源，当由光源辐射出波长为 2852Å（285.2nm）的镁的特征谱线光，通过具有一定厚度的镁原子蒸气时，部分光就被蒸气中的基态镁原子吸收而减弱。再经单色器和检测器测得镁特征谱线光被减弱的程度，即可求得试液中镁的含量。

由于原子吸收分光光度计中所用空心阴极灯的专属性很强，因此，一般不会发射那些与待测金属元素相近的谱线，所以，原子吸收分光光度法的选择性高，干扰较少且易克服。而且在一定的实验条件下，原子蒸气中的基态原子数比激发态原子数多得多，故测定的是大部分的基态原子，这就使得该法测定的灵敏度较高。由此可见，原子吸收分光光度法是特效性、准确性和灵敏度都很好的一种金属元素定量分析法。

12.2.1 原子吸收光谱分析的基本原理

12.2.1.1 共振线与吸收线

原子光谱是由于其价电子在不同能级间发生跃迁而产生的。当原子受到外界能量的激发时，根据能量的不同，其价电子会跃迁到不同的能级上。电子从基态跃迁到能量最低的第一激发态时要吸收一定的能量，同时由于其不稳定，会在很短的时间内跃迁回基态，并以光波的形式辐射出同样的能量。这种谱线称为共振发射线（简称共振线），使电子从基态跃迁到第一激发态所产生的吸收谱线称共振吸收线（亦称共振线）。

根据 $\Delta E=h\nu$ 可知，各种元素的原子结构及其外层电子排布不同，则核外电子从基态受激发而跃迁到其第一激发态所需要的能量也不同，同样，再跃迁回基态时所发射的光波频率即元素的共振线也就不同，所以，这种共振线就是所谓的元素的特征谱线。加之从基态跃迁到第一激发态的直接跃迁最易发生，因此，对于大多数元素来说，共振线就是元素的灵敏线。在原子吸收分析中，就是利用处于基态的待测原子蒸气对从光源辐射的共振线的吸收来进行的。

12.2.1.2 吸收定律与谱线轮廓

让不同频率的光（入射光强度为 I_0）通过待测元素的原子蒸气，则有一部分光将被吸收，其透光强度与原子蒸气的宽度（即火焰的宽度）的关系，和有色溶液吸收入射光的情况类似，遵从朗伯定律：

$$A=\lg\frac{I_0}{I_t}=\lg(e^{-K_\nu L})=0.434K_\nu L \tag{12-5}$$

式中，K_ν 为吸收系数，所以：

$$I_t=I_0 e^{-K_\nu L} \tag{12-6}$$

吸光系数 K_ν 随光源频率的变化而变化。若将 K_ν 随 ν 的变化关系作图则可得到图 12-3。原子从基态跃迁到激发态所吸收的谱线并不是绝对单色的几何线，而具有一定的宽度，常称为谱线的轮廓（形状）。此时可用吸收线的半宽度（$\Delta\nu$）来表示吸收线的轮廓。图中，ν_0 称为中心频率，$\Delta\nu$ 为吸收线半宽度（0.001~0.005Å）。当然，共振发射线也有一定的谱线宽度，不过要小得多（0.0005~0.002Å）。

12.2.1.3 积分吸收与峰值吸收

在原子吸收分析中，常将原子蒸气所吸收的全部能量称为积分吸收，即吸收线下所包括的整个面积。依据经典色散理论，积分吸收与原子蒸气中基态原子的密度有如下关系：

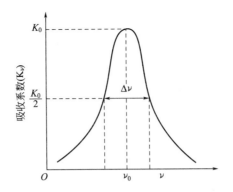

图 12-3 原子吸收光谱线轮廓图

$$\int K_\nu d\nu = \left(\frac{\pi e^2}{mc}\right) N_0 f_0 \tag{12-7}$$

式中，e 为电子电荷；m 为电子质量；c 为光速；N_0 为单位体积的原子蒸气中吸收辐射的基态原子数，即原子密度；f_0 为振子强度（代表每个原子中能够吸收或发射特定频率光的平均电子数，通常可视为定值）。

该式表明，积分吸收与单位体积原子蒸气中吸收辐射的原子数存在简单的线性关系，它是原子吸收分析法的一个重要理论基础。因此，若能测定积分值，即可计算出待测元素的原子密度，从而使原子吸收分析法成为一种绝对测量法。但要测得半宽度为 0.001～0.005Å 的吸收线的积分值是相当困难的。所以，直到 1955 年才由 A. Walsh 提出解决的办法。即：以锐线光源（能发射半宽度很窄的发射线的光源）来测量谱线的峰值吸收，并以峰值吸收值来代表吸收线的积分值。

根据光源发射线半宽度 $\Delta\nu_e$ 小于吸收线半宽度 $\Delta\nu_a$ 的条件，经过数学推导与数学上的处理，可得到吸光度与原子蒸气中待测元素的基态原子数存在线性关系，即：

$$A = kN_0 L \tag{12-8}$$

为实现峰值吸收的测量，除要求光源的发射线半宽度 $\Delta\nu_e < \Delta\nu_a$ 外，还必须使发射线的中心频率（ν_e）恰好与吸收线的中心频率（ν_0）相重合。这就是测定时必须使用待测元素的锐线光源作为特征辐射源的原因。

12.2.1.4 基态原子数与原子吸收定量基础

在原子吸收分析仪中，常用火焰原子化法把试液进行原子化，且其温度一般小于 3000 K。在这个温度下，虽有部分试液原子可能被激发为激发态原子，但大部分的试液原子处于基态。也就是说，在原子蒸气中既有激发态原子，也有基态原子，且两状态的原子数之比在一定的温度下是一个相对确定的值，它们的比例关系可用玻尔兹曼（Boltzmann）方程式来表示：

$$N_j/N_0 = (P_j/P_0) e^{-(E_j - E_0)/kT} \tag{12-9}$$

式中，N_j 与 N_0 分别为激发态和基态原子数；P_j 与 P_0 分别为激发态和基态能级的统计权重；k 为玻尔兹曼常数；T 为热力学温度。

对共振吸收线来说，电子从基态跃迁到第一激发态，则 $E_0 = 0$，所以：

$$N_j/N_0 = (P_j/P_0) e^{-E_j/kT} = (P_j/P_0) e^{-h\nu/kT} \tag{12-10}$$

在原子光谱法中，对于一定波长的谱线，P_j/P_0 和 E_j 均为定值，因此，只要 T 值确定，则 N_j/N_0 即为可知。

由于火焰原子化法中的火焰温度一般都小于 3000K，且大多数共振线的频率均小于 6000Å，因此，多数元素的 N_j/N_0 都较小（<1%），所以，在火焰中激发态的原子数远远小于基态原子数，故而可以用 N_0 代替吸收发射线的原子总数。但在实际工作中测定的是待测组分的浓度，而此浓度又与待测元素吸收辐射的原子总数成正比，因而，在一定的温度和一定的火焰宽度（L）条件下，待测试液对特征谱线的吸收程度（吸光度）与待测组分的浓度的关系符合比耳定律：

$$A = k'c \tag{12-11}$$

所以，通过测量试液的吸光度即可确定待测元素的含量。

12.2.2 原子吸收分光光度计

原子吸收分光光度计分为单光束型和双光束型，其基本结构与一般的分光光度计相似，由光源、原子化系统、光路系统和检测系统四个部分组成，如图 12-4 所示。

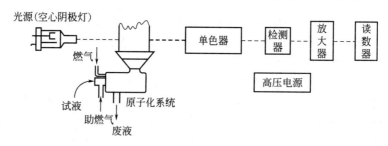

图 12-4　原子吸收分光光度计示意图

12.2.2.1 光源

光源的作用是辐射出一定强度的待测元素的特征光谱，以供吸收测量之用。为使元素分析有较高的灵敏度和准确度，所使用的光源应该满足以下要求：

a. 发射待测元素的共振线，并具有足够的强度；
b. 能辐射锐线光源；
c. 辐射光必须稳定，杂散光少。

当前普遍使用的是空心阴极灯。普通空心阴极灯是一种气体放电管，当正负两极间施加适当电压时，电子将从空心阴极内壁流向阳极，在电子通路上与惰性气体原子碰撞而使之电离，带正电荷的惰性气体离子在电场作用下，向阴极内壁猛烈轰击，使阴极表面金属原子溅射出来。溅射出来的金属原子再与电子、惰性气体原子及离子发生碰撞而被激发，从而发射出阴极物质的共振线。

空心阴极灯发射的光主要是阴极元素的特征谱线，因此用不同的待测元素作阴极材料，可制成各相应待测元素的空心阴极灯。

空心阴极灯的优点是发射的谱线强度高而稳定，谱线宽度窄。缺点是制造较难，寿命不长，每测定一个元素均需要更换相应的待测元素的灯。

12.2.2.2 原子化器

原子化器的作用是将试样中的待测元素转变成原子蒸气状态。使试样原子化的方法，有火焰原子化法和无火焰原子化法两种。

（1）火焰原子化器　用于原子吸收光谱分析的燃烧器有两种类型，即全消耗型和预混合型。全消耗型燃烧器是将试液直接喷入火焰。预混合型燃烧器是用雾化器将试液雾化成均匀的雾滴，然后喷入火焰中。一般仪器均采用预混合型，如图 12-5 所示。试液雾化后进入预混合室（雾化室），与燃气（如乙炔、氢气、丙烷等）在室内充分混合，最后细小雾滴喷入火焰。在高温火焰中，试样雾粒蒸发、干燥并经过热解离，产生大量基态原子。原子吸收法常用的火焰有空气-乙炔、氧化亚氮-乙炔、空气-氢气等多种。

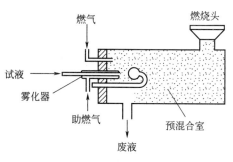

图 12-5　预混合型燃烧器示意图

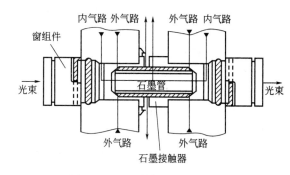

图 12-6　石墨管原子化器示意图

（2）无火焰原子化器　无火焰原子化器中应用较多的是电热高温石墨管原子化器，如图 12-6 所示。它由电源、炉体和石墨管组成。电源提供原子化能量，可使管内最高温度达 3000K。炉体有保护气体控制系统，外、内气路通以 Ar 气，来保护石墨管不被烧坏，自由原子不被氧化。测定时分干燥、灰化、原子化过程而使待测元素成为基态原子，最后升温至 3000℃，净化除去残渣。两种方法的比较见表 12-1。

表 12-1　两种原子化方法的比较

原子化方法	原子化效率	检测限	灵敏度	精密度	试样量	测定速度	仪器装置
火焰原子化	低(10%)	10^{-9}g	低	高	大	快	简单
无火焰原子化	高(90%)	10^{-12}g	高	低	小	慢	复杂

12.2.2.3　光路系统

原子吸收分光光度计的光路系统分为外部光路系统和分光系统。

（1）外部光路系统　其作用是使光源发射出来的共振线准确地透过被测试液的原子化蒸气，并投射到单色器的入射狭缝上。通常用光学透镜来达到这一目的。

（2）分光系统　由入射狭缝 S_1(Slot) 投射出来的被待测试液的原子蒸气吸收后的透射光，经反射镜 M、色散元件光栅 G 及出射狭缝 S_2，最后照射到光电检测器 PM（Photometer）上，以备光电转换。

在分光系统中，单色器 G 的作用是将待测元素的共振线与其邻近的谱线分开，通常在 G 确定后，狭缝的宽度（S_1 和 S_2）就成为分光系统中一个重要的参数。所以一般应根据实际情况，来调节合适的狭缝宽度并使之与单色器 G 相匹配。

12.2.2.4　检测系统

检测系统包括检测器、放大器、对数转换器及显示装置等。

从狭缝 S_2 照射出来的光先由光电检测器 PM（光电倍增管）转换为电信号，经放大器（同步检波放大器）将信号放大后，再传给对数转换器（三极管运算放大器直流型对数转换电路），并根据 $I_\nu = I_{0\nu} e^{-K_\nu L}$ 将放大后的信号转换为光度测量值，最后在显示装置（仪表表头显示或数字显示）上显示出来。

当然，配合计算机及相应的数据处理工作站，则会直接给出测定的结果。

12.2.3 定量分析方法

12.2.3.1 标准曲线法

用纯的试剂配制成各种浓度的标准溶液,喷雾测定吸光度数值。以浓度为横坐标,吸光度为纵坐标,绘制吸光度(A)-浓度(c)的标准曲线,在曲线上内插试样的吸光度数值即可求出试样的浓度,如图12-7所示。

测定时应该注意的是:标准溶液浓度范围应尽可能将试液中待测元素的浓度包括在内;标准溶液的储备溶液的浓度不应小于$1000\mu g \cdot mL^{-1}$;测定时,先由低浓度样品开始测定,然后测定高浓度样品,以避免记忆效应。

此法适合于基体和共存元素对被测元素无显著干扰的试样。

12.2.3.2 标准加入法

当试样的基体效应对测定有影响或干扰不易消除,标准溶液配制麻烦,分析样品数量少时,用标准加入法较好。

标准加入法的原理是:取两份体积相同的未知样溶液,分别加入两个容量瓶中,在其中一个容量瓶中加入一定体积已知浓度的标准溶液,然后将两个容量瓶定容,测定吸光度。设未加标准溶液的容量瓶中未知样的浓度为c_x,吸光度为A_x,加入的标准溶液的浓度为$c_0 = (c_s V_s)/V$,总的吸光度为A_0,则

$$A_x = K c_x$$
$$A_0 = K(c_x + c_0)$$

由以上两式解得:

$$c_x = \frac{A_x}{A_0 - A_x} \cdot c_0 \tag{12-12}$$

式(12-12)为标准加入法的基本关系式。

标准加入法还可用作图法(即外推法)。将已知的不同浓度的几个标准溶液加入几个相同量的待测样品溶液中去,然后依次测定,并绘制工作曲线。将绘制的直线延长,与横轴相交,交点至原点所对应的浓度即为待测试样的浓度,如图12-8所示。

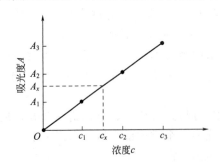

图12-7 标准曲线法示意图

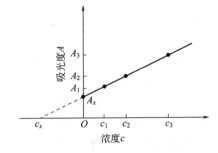

图12-8 标准加入法示意图

该法能消除试样中的某些物理及化学干扰,但并不能消除散射光、分子吸收的背景干扰。由于手续繁锁,也不适合于常规的大批量样品的测定。

12.2.4 干扰及消除

原子吸收光谱分析中的干扰可分为四种类型:光谱干扰、化学干扰、电离干扰和物理干扰。在实际测定中,明确干扰的性质,便可采取适当措施,消除或校正所存在的干扰。

12.2.4.1 光谱干扰

光谱干扰是由于待测元素吸收线与其他吸收线或辐射不能完全分离所引起的干扰,包括谱线重叠,在光谱通带内多于一条吸收线;光谱通带内存在非吸收线、分子吸收、光散射等。光谱干扰主要来自光源及原子化器。

光谱干扰,可根据不同的情况进行消除。如通过减小狭缝宽度,提高光源发射强度来克服多重谱线发射干扰;通过减小狭缝克服光谱通带内存在的非吸收线的干扰;还可通过现代原子吸收分光光度计中的扣背景装置,如氘灯扣背景、塞曼效应扣背景装置克服分子吸收,光散射等干扰。

12.2.4.2 化学干扰

原子吸收中最普遍的干扰就是化学干扰。火焰中某些化学反应影响火焰中被测元素基态原子的浓度,叫化学干扰。如在盐酸介质中测定 Ca、Mg 时,若存在 PO_4^{3-},在较高温度时形成磷酸盐或焦磷酸盐等难挥发、难离解的化合物,致使测定结果受到影响。

消除化学干扰的方法很多,需针对具体问题,分析其原因,再确定消除干扰的办法。通常可以采用化学分离,使用高温火焰;在试液及标准液中添加释放剂、保护剂、使用基体改进剂等。以上这些方法,可单独使用,也可几种方法联用。

12.2.4.3 电离干扰

火焰温度较高,能提供足够的能量使原子电离形成离子时,就会发生电离干扰。碱金属及部分碱土金属,由于它们的电离能较小,容易发生此类干扰。这样会使得基态原子数目减小,吸光度降低,灵敏度降低。通常可通过加入更易电离的碱金属盐来抑制干扰。例如测定 Ba 时,适当加入钾盐可消除 Ba 的电离干扰。

12.2.4.4 物理干扰

物理干扰指由于试样和参比液不同的物理性质如黏度、表面张力、密度等,以及试样在转移、蒸发和原子化过程中物理性质的变化而引起原子吸收强度变化的效应。消除物理干扰的主要方法是配制与被测试样相似组成的标准溶液,在不知道试样组成和无法匹配参比溶液时,可采用标准加入法或稀释法来减小和消除物理干扰。

12.2.5 测试条件的选择原则

如上所述,影响分析测试的光谱干扰、物理干扰和化学干扰三大类干扰因素,根据情况的不同又分别涉及诸如共振发射线不纯、火焰成分对光的吸收(背景吸收)、试液的黏度、试液的表面张力及某些化学作用的存在等方面的内容。所以,在实际测试中,应综合各方面的因素,做好分析测试最佳条件的选择。通常主要考虑原子吸收分光光度计的操作条件,即元素灵敏线、灯电流、火焰、燃烧器的高度及狭缝宽度等。

12.2.5.1 分析线的选择

待测元素的特征谱线就是元素的共振线(也称元素的灵敏线),也称待测元素的分析线。在测试待测试液时,为了获得较高的灵敏度,通常选择元素的共振线作为分析线。但并非在任何情况下都作这样的选择。例如:

① As、Se、Hg 等元素的测定,它们的灵敏线都处于远紫外区。而在这个光谱区间内,由于不同组成的火焰都有较为强烈的背景吸收,所以,此时选择这些元素的共振线作为分析线,显然是不合适的。

② 在待测组分的浓度较高时,即使共振线不受干扰,也不宜选择元素的灵敏线作分析线用。因为灵敏线是待测元素的原子蒸气吸收最强烈的入射线,若选择元素的共振线为分析

线，吸收值有可能会突破标准曲线的有效线性范围，给待测元素的准确定量带来不必要的误差。所以，应考虑选择灵敏度较低的元素的共振线作为分析线用。但在微量元素的分析测定中，必须选择吸收最强的共振发射线。

当然，最佳分析线的选择应根据具体情况，通过实验来确定。

12.2.5.2 灯电流的选择

空心阴极灯作为光度计的光源，其主要任务是辐射出能用于峰值吸收的待测元素的锐线光谱即特征谱线。那么欲达到这个目的，就须选择有良好发射性能的空心阴极灯，可空心阴极灯的发射特性又取决于灯电流的大小，所以，选择最适宜的灯电流就成为能否准确分析的操作条件之一。一般情况下，尽管市售商品空心阴极灯都标有允许使用的最大工作电流，但也并不是工作电流越大越好，其确定的基本原则是：在保证光谱稳定并具有适宜强度的条件下，应使用最低的工作电流。

12.2.5.3 火焰的确定

对装配有火焰原子化器的光度计来说，火焰选择是否恰当，直接关系到待测元素的原子化效率，即基态原子的数目。这就需要根据试液的性质，选择火焰的温度；根据火焰的温度，再选择火焰的组成。但同时还要考虑到，在测定的光谱区间内，火焰本身是否有强吸收。因为组成不同火焰其最高温度有着明显的差异，所以，对于难解离化合物的元素，应选择温度较高的火焰，如空气-C_2H_2、N_2O-C_2H_2等。反之，应选择低温火焰，以免引起电离干扰。当然，确定火焰类型后，还应通过实验进一步地确定燃助比。

12.2.5.4 燃烧器的高度

不同性质的元素，其基态原子浓度随燃烧器的高度即火焰的高度的分布是不同的。如氧化稳定性高的Cr，随火焰高度的增加，其氧化特性增强，形成氧化物的倾向增大，基态原子数目减少，因而吸收值相对降低；而不易氧化的Ag，其吸收值随火焰高度的增加而增大。但对于氧化物稳定性居中的Mg来说，其吸收值开始时是随火焰高度的增加而增加，但达到一峰值后却又随火焰高度的增加而降低。所以，测定时应根据待测元素的性质，仔细调节燃烧器的高度，使光束从 N_0 最大的火焰区穿过，以获得最佳的灵敏度。

12.2.5.5 狭缝宽度

在原子吸收光谱分析法中，谱线重叠的可能性一般比较小，因此，测定时可选择较宽的狭缝，从而使光强增大，提高信噪比。但还应考虑到单色器分辨能力的大小、火焰背景的发射强弱以及吸收线附近是否有干扰线或非吸收线的存在等。

如果单色器的分辨能力强、火焰背景的发射弱、吸收线附近无干扰线，则可选择较宽的狭缝，否则，应选择较窄的狭缝。

总之，对于通常所遇到的上述条件，原则上均应以实验手段来确定最佳操作条件。

12.3 气相色谱分析法

气相色谱法（Gas Chromatography，GC）是色谱法中的一种，是当前应用最为广泛的一种分离、分析方法。它最初因分离植物色素而得名，后来不仅用于分离有色物质，而且广泛用于分离无色的物质，因此"色谱"的名称沿用至今。

色谱法有很多种，可以有不同的分类方法。如果按两相所处的状态来分，用气体作流动相的称为气相色谱法，用液体作流动相的称为液相色谱法。固定相也可以有两种状态，即以固体吸附剂作固定相，或附载在固体上的液体作固定相，故色谱法可分为下列四类：

$$\text{气相色谱} \begin{cases} \text{气-固色谱（GSC）} \\ \text{气-液色谱（GLC）} \end{cases}$$

$$\text{液相色谱} \begin{cases} \text{液-固色谱（LSC）} \\ \text{液-液色谱（LLC）} \end{cases}$$

本节主要介绍气相色谱法。气相色谱法的主要特点如下。

① 分离效能高　能分离组分复杂的混合物。

② 选择性好　能分离性质极为相近的物质如同位素、同分异构体等。

③ 灵敏度高　可检测出 $10^{-2} \sim 10^{-14}$ g 的物质，非常适用于微量和痕量分析。

④ 分析速度快　完成一个分析周期一般只需几分钟或几十分钟。而目前，由于现代色谱仪器的不断推出，使色谱操作及数据处理等都趋于简单、快速，有时样品分析只需几秒钟即可完成。

⑤ 应用广泛　气相色谱法可分析液体和固体，可分析有机物和部分无机物。

气相色谱法的不足之处在于缺乏标准试样时作定性较困难，而且不能直接分析难挥发和受热易潮解分解的物质。因此采用化学衍生手段，可以扩大它的应用范围。

12.3.1　色谱法的原理

12.3.1.1　基本原理

气相色谱法是先分离，后鉴定。目前大部分的气相色谱是以液体为固定相的气-液色谱。气-液色谱的流动相是气体，固定相是在一种惰性固体表面涂上一层很薄的高沸点有机物的液膜，这种有机物称为固定液。惰性固体物质是用来支持固定液的，把这种惰性固体物质称为载体。这种固定相填充到色谱柱中，就是气-液填充柱色谱。

载气带着被测试样进入色谱柱时，气相中的被测组分（溶质）溶解到固定液中，随后又挥发到气相中，经过无数次溶解和挥发过程，在色谱柱的两相中不断建立新的分配平衡。这种溶质在两相之间发生的溶解和挥发、吸附和脱附过程，称为分配过程，在平衡时气-液两相中溶质的浓度比，定义为分配系数，即

$$K = \frac{c_s}{c_m} \tag{12-13}$$

式中，K 为平衡常数；c_s、c_m 分别表示组分在固定相和流动相中的浓度。

在恒温条件下，一种物质在指定的固定相和流动相之间，分配系数 K 是常数。由于试样各组分在色谱柱两相间的分配系数不同，各组分在色谱柱中的滞留时间也就不同。随着流动相不断流过，组分在柱中两相间经过了反复多次的分配和平衡过程，当移动一定柱长以后，试样中各组分即可得到较完整的分离。

12.3.1.2　色谱流出曲线及常用术语

色谱分析时，混合物中各组分流出色谱柱后，由检测器检测到各组分的浓度信号，并将其变为电信号。因此记录仪上记录下来的就是每个组分的信号强度-时间的变化曲线，称为色谱流出曲线，或称色谱峰，如图 12-9 所示。

（1）基线　在实验操作条件下，使纯载气通过检测器时，检测器所检测出的信号，叫基线。稳定的基线在记录纸上走出的是一条直线。基线反映仪器噪声随时间的变化情况。

（2）保留值　表示试样中各组分在色谱柱中停留时间的数值。通常用时间或用将组分带出色谱柱所需载气的体积表示。

① 死时间 t_M　不能被固定相保留的组分从进样到出现峰最大值所需时间。如气相色谱

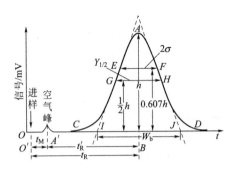

图 12-9 色谱流出曲线

中空气峰出峰的时间，即为 t_M。

② 保留时间 t_R　组分从进样到出峰最大值所需时间。

③ 调整保留时间 t_R'　指扣除了死时间后的保留时间，它体现了待测组分在色谱柱中真实的滞留时间。

$$t_R' = t_R - t_M \tag{12-14}$$

在一定的色谱操作条件下（固定相、温度、流动相流速等），保留时间依组分的性质有一确定数值，因此它是色谱定性的基本参数。

④ 死体积 V_M　指不被固定相保留的组分从进样到出峰所流过的流动相的体积。

$$V_M = t_M F_0 \tag{12-15}$$

式中，F_0 为一定柱温、柱压下的载气流速，mL·min^{-1}。

⑤ 保留体积 V_R　组分从进样到出现峰最大值时所通过的流动相的体积。

$$V_R = t_R F_0 \tag{12-16}$$

当载气流速大时，保留时间相应减小，两者乘积仍为常数，因此，V_R 与载气流速无关。

⑥ 调整保留体积 V_R'　指扣除死体积后的保留体积。

$$V_R' = V_R - V_M \tag{12-17}$$

V_R' 也同样与载气流速无关，是色谱定性参数。

⑦ 相对保留值 $r_{2,1}$　指组分在相同条件下，组分 2 与组分 1 的调整保留值之比。

$$r_{2,1} = \frac{t_{R_2}'}{t_{R_1}'} = \frac{V_{R_2}'}{V_{R_1}'} \tag{12-18}$$

(3) 峰高 h　峰顶点与基线之间的垂直距离。

(4) 峰宽 Y　有下面三种表示方法。

① 标准偏差 σ　即 0.607 倍峰高处色谱峰宽度的一半。

② 峰底宽 Y　两个拐点处所作切线与基线相交点之间的距离。

$$Y = 4\sigma \tag{12-19}$$

③ 半峰宽 $Y_{1/2}$　即峰高一半处色谱峰宽度。

$$Y_{1/2} = 4\sigma\sqrt{\ln 2} = 2.354\sigma \tag{12-20}$$

(5) 峰面积 A　色谱峰与峰底之间的面积。它是色谱定量的依据。色谱峰的面积可用下式计算：

$$A = 1.065 h Y_{1/2} \text{（对称的色谱峰）} \tag{12-21}$$

$$A = 1.065 h \frac{Y_{0.15} + Y_{0.85}}{2} \text{（不对称的色谱峰）} \tag{12-22}$$

也可由色谱仪的微处理机或积分仪求得面积。

12.3.2 气相色谱仪

气相色谱仪主要由气路系统、进样系统、分离系统、温度控制系统、检测系统及放大记录系统组成。气相色谱的流程如图 12-10 所示。分析前，把载气调到所需流速，把气化室、色谱柱、检测器的温度升到预定值。样品被注入气化室气化后，由载气带入色谱柱内，分离后的组分依次进入检测器，产生一定的电信号，由放大器放大后记录仪记录，便得到每个组分的色谱峰。

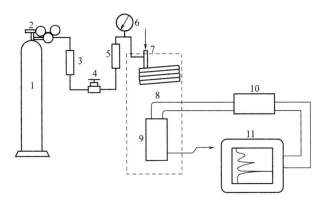

图 12-10　气相色谱流程图

1—载气钢瓶；2—减压阀；3—净化干燥管；4—针形阀；5—流量计；6—压力表；
7—进样器和气化室；8—色谱柱；9—检测器；10—放大器；11—记录仪

12.3.2.1　气路系统

包括气源、气体净化、气体流速的控制和测量。气相色谱常用的载气有 N_2、H_2、He 等气体。

12.3.2.2　进样系统

包括进样器和气化室。气相色谱分析中，试样为气体时，用六通阀进样，试样为液体时，用微量注射器进样。试样在气化室内瞬间气化。

12.3.2.3　分离系统

色谱柱是气相色谱的分离系统，它是色谱仪的心脏。试样在色谱柱内完成分离过程，因此分离的成败在很大程度上取决于色谱柱的选择和制备。现在常用的色谱柱有填充柱和毛细管色谱柱。

12.3.2.4　温度控制系统

温度是色谱操作中的重要操作参数，它直接影响色谱柱的选择性、分离效率以及检测器的稳定性。温度控制系统主要控制气化室温度、检测器温度和色谱柱温度。

12.3.2.5　检测系统

主要是指检测器，它是色谱仪的关键部件。根据检测原理的不同，可将检测器（detector）分为浓度型检测器和质量型检测器两种。在气相色谱分析中常用的检测器有以下四种。

(1) 热导池检测器（TCD）　这是气相色谱仪中应用最广泛的一种通用的浓度型检测器。它基于不同的物质具有不同的热导率，采用热敏元件来检测被分离的组分。该检测器具有结构简单、稳定性好、线性范围宽、操作简便、分离出的组分不被破坏等特点，对无机物、有机物皆可分析。其不足是灵敏度较低，一般检测限为 $10^{-6} g \cdot g^{-1}$。

(2) 氢火焰离子化检测器（FID）　它是利用空气与氢气燃烧生成的火焰为能源，检测那些在火焰中发生离子化反应的有机化合物。其灵敏度很高，能检出 $ng \cdot g^{-1}$ 的化合物，是目前应用最广泛的检测器之一。

(3) 电子捕获检测器（ECD）　是一种专用的浓度型检测器，它只对含电负性元素（如 X、S、P、N、O）的官能团有高的响应。它能检测出 $10^{-14} g \cdot g^{-1}$ 的电负性元素物质，如农药残留分析大多使用这种检测器。

(4) 火焰光度检测器（FPD）　也称硫、磷检测器，它是一种对含硫、磷的有机化合物具有高选择性和高灵敏度的质量型检测器。

12.3.2.6　记录系统

包括放大器和记录仪。现代气相色谱仪都带有微处理机，来自动记录数据和进行数据处理。

12.3.3　气相色谱操作条件的选择

在气相色谱分析中，为了获得较理想的分析结果，要选择最佳的色谱操作条件，以提高色谱柱的分离效能，增大分离度，满足分离的需要。

12.3.3.1　载气及其流速的选择

载气种类及其流速对分离效率及分离时间有明显的影响。在气相色谱分析中可根据范氏方程式(12-23)将 $\mu_{最佳}$ 计算出来，并在实验中采用稍大于 $\mu_{最佳}$ 的载气流速，以缩短分析时间（见图 12-11）。

$$H = A + \frac{B}{u} + Cu \tag{12-23}$$

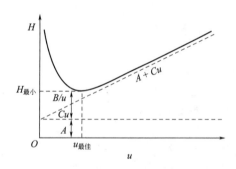

图 12-11　塔板高度 H 与载气流速 u 的关系

常用的载气有 N_2、H_2、He、Ar 等惰性气体。所选用的载气可根据检测器的适应性和载气的流速选择。一般热导池检测器用 N_2、H_2、He 作载气，氢火焰离子化检测器用 N_2 作载气，电子捕获检测器用高纯 N_2 作载气。另外，若载气流速小时，宜选用分子量较大的载气如 N_2、Ar 等；当载气流速大时，宜选用分子量较小的载气，如 H_2、He 等气体。

12.3.3.2　柱温的选择（T_c）

柱温是最重要的色谱操作条件。柱温的选择原则是在保证最难分离的组分得到好的分离度的前提下，尽可能选择较低的柱温，以保留时间适宜、峰形不拖尾为度。一般来说：

① 分析永久性气体和气态烃等低沸点组分，$T_c < 50℃$；

② 分析沸点在 100~200℃ 的混合物，T_c 稍低于其中高沸点组分的沸点；

③ 分析沸点在 200~300℃ 的混合物，T_c 应比平均沸点低 50~100℃ 左右；

④ 分析高沸点混合物，T_c 可在低于沸点 100~200℃ 的柱温下分析；

⑤ 对于宽沸程的多组分混合物，可采用程序升温气相色谱法（TPGC）。

12.3.3.3　载体处理及固定液的选择

载体应是一种化学惰性的、多孔性的固体微粒，能提供较大的惰性表面，使固定液以液膜状态均匀地分布在其表面。

固定液的选择是样品组分之间分离成败的关键，根据"相似相溶"的原则，选择与分析样品物化性质及结构匹配的固定液，并依照分析任务的要求，确定固定液的用量。

12.3.3.4　其他条件的选择

（1）气化室温度（T_r）　为使试样以气体状态进入色谱柱进行分离，T_r 一般应稍高于试样沸点温度，以保证快速、完全气化。通常 T_r 比 T_c 高 30~70℃ 为宜。

（2）检测器温度（T_D）　检测器温度一般与气化室温度接近。若采用程序升温，检测器温度控制在最高柱温即可。

（3）进样量和进样时间　进样量应控制在瞬间气化，而且达到测定分离要求和线性响应的范围之内。气体试样，一般为 0.1~1.0mL；液体试样，一般为 0.01~10μL。进样时间的长短，对柱子的分离效率影响很大，进样必须迅速，一般要求进样时间小于 1s。

以上色谱条件的选择，可作一般参考原则，对于具体物质的分析，仍需做大量的实验，以确定最佳色谱分离条件。

12.3.4　气相色谱的定性分析

12.3.4.1　绝对保留值定性

在一定的固定相和恒定的操作条件下（如柱温、载气流速、柱长等），不同的物质都有一定的保留值（t_R 或 V_R），它一般不受其他组分的影响，表现为某一组分的特征值。因此可利用已知物的保留值和未知物的保留值对照进行定性。

12.3.4.2　相对保留值定性

利用绝对保留值定性时，要求严格控制色谱操作条件，否则重现性较差。采用相对保留值作定性分析，则可消除某些操作条件差异的影响。常用标准物是苯、正丁烷、对二甲苯、环氧乙烷、2,3,4-三甲基戊烷等。对于组分较简单的已知范围的混合物试样，可采用此法定性。若无该组分的纯物质进行比较，可利用文献中的 r_{21} 值或色谱手册中的 Y_{21} 值对照定性。

12.3.4.3　加入已知物增高峰高法

若试样组分复杂，峰之间距离太近或操作条件不易控制稳定，保留值很难测定时，采用此法定性。首先用被测试样作色谱图，再将已知纯物质加到试样中，在相同的条件下作色谱图。对比两个色谱图，若后一色谱图中某一色谱峰相对增高时，则色谱峰增高的组分原则上与加入的已知纯物质是同一种化合物。

12.3.4.4　双柱定性法

将试样和标准物的混合物在两根极性相差较大的色谱柱上进行色谱分离，如果两色谱峰在这两根柱子上始终重合，便可确定是同一组分。此法可避免不同组分由于保留值的偶然一致性导致定性判断的错误。

12.3.4.5　与其他方法联合定性

将复杂组分的混合物经色谱柱分离为单组分，再利用与红外光谱、质谱或核磁共振谱等联用进行定性分析，可充分利用红外光谱、质谱等仪器分析方法对组分的分子结构、物质的摩尔质量或官能团等特点进行定性分析。特别是色谱质谱联用技术，是现在分析和鉴定未知物的有效手段。

12.3.5 气相色谱的定量分析

在一定的操作条件下，被测组分的质量（m_i）与检测器产生的响应信号（色谱图上表现为峰面积A_i或峰高h_i）成正比，可用下式表示

$$m_i = f'_i A_i \quad \text{或} \quad m_i = f'_i h_i \tag{12-24}$$

式中，A_i为混合物中i组分的色谱峰面积；h_i为色谱峰峰高；f'_i为峰面积的绝对校正因子。

由于在定量分析中，实际采用相对校正因子f_i，即某组分i与标准物质的绝对校正因子的比值，即

$$f_i = \frac{f'_i}{f'_s} \tag{12-25}$$

f'_i根据检测器的类型不同而异，一般热导池检测器常用苯作标准物，氢火焰离子化检测器常用正庚烷作标准物质。校正因子还可用质量校正因子（f_m）、摩尔校正因子（f_M）及体积校正因子（f_V）表示。

根据峰面积与组分含量的定量关系，现介绍以下几种常用的定量方法。

12.3.5.1 归一化法

这种方法应用的条件是混合物中各组分都能流出色谱柱，在检测器上都能产生信号，显示出色谱峰。当测量参数为峰面积时，归一化法的计算公式为：

$$w_i = \frac{A_i f_i}{A_1 f_1 + A_2 f_2 + \cdots + A_n f_n} \times 100\% \tag{12-26}$$

归一化法的特点是操作简便、准确，操作条件变化对测定结果影响较小，宜于分析组分试样中各组分的含量。

12.3.5.2 内标法

若混合物中所有组分不能全部出现色谱峰时，或只要求对试样中某些组分定量时，可采用内标法。将一定量的纯物质作内标物，加入准确称量的试样中，根据

$$m_i = f_i A_i \quad \text{和} \quad m_s = f_s A_s$$

则

$$\frac{m_i}{m_s} = \frac{f_i A_i}{f_s A_s}$$

得

$$m_i = \frac{f_i A_i}{f_s A_s} \cdot m_s \tag{12-27}$$

组分在试样中的含量为

$$w_i = \frac{m_i}{m} \times 100\% = f_{is} \times \frac{A_i}{A_s} \times \frac{m_s}{m} \times 100\% \tag{12-28}$$

式中，m_s、m分别为内标物和被测试样的质量；A_s、A_i分别是内标物和被测组分i的峰面积；f_{is}为组分i与内标物s的校正因子比值。

内标法的特点是测定结果较准确，可在一定程度上消除操作条件变化引起的误差。但该法操作程序较烦琐，每次分析时内标物和试样都要准确称量，有时寻找合适的内标物也有困难。

12.3.5.3 外标法

将待测组分的纯物质配制成系列标准溶液，在相同操作条件下测定标样的峰高或峰面积

并在相同条件下分别定量进样，得到色谱峰。以标准系列的浓度 c_1、c_2……c_n 作为横坐标，以峰面积（或峰高）A_1、A_2……A_n（h_1、h_2……h_n）作为纵坐标，做标准曲线。再在相同条件下，进相同体积被测试样，然后从标准曲线上查出对应的浓度 c_i 或含量。

外标法简便，不需要校正因子，但进样要求十分准确，操作条件也需严格控制。

12.4 高效液相色谱分析法

自俄国植物学家 Tsweet 提出经典液相色谱法后，色谱分析法取得了迅速的发展，而且，在相当长的一段时间内，气相色谱法占据着色谱分离与分析的"统治地位"。但气相色谱法对高沸点有机物的分析有一定的局限性，因而人们又重新认识到液相色谱可弥补这一点。经典液相色谱柱的柱效太低（$n=2\sim50$）始终是制约其发展的"瓶颈"因素，所以，20 世纪 60 年代末，伴随着色谱理论的不断完善与发展，色谱工作者经过大量的科学实验发现：采用"微粒固定相"是提高液相柱色谱柱效的重要途径之一。因此，随着"高效微粒固定相"的研制成功，液相色谱仪制造商在借鉴气相色谱仪研制经验的基础上，又成功地制造了"高压输液泵"和"高灵敏度检测器"等组成部件，使液相色谱成为以"三高"（高效微粒固定相、高压输液泵和高灵敏度检测器）为特征的方法，即高效液相色谱分析法（High Performance Liquid Chromatography，HPLC）。

12.4.1 HPLC 法的主要特点

（1）分离效能高　由于高效微粒固定相的使用，使理论塔板数可达到 $10^3\sim10^4$ 块/m。

（2）选择性高　因为流动相可与样品组分发生相互作用，所以，通过改变流动相的组成，可以达到控制和改善分离过程选择性的目的。因此，HPLC 不仅可以分析不同类型的有机物及其同分异构体，而且已在药物合成和生化药物的生产与控制分析中发挥了重要作用。

（3）检测灵敏度高　HPLC 中应用的检测器大多数都有较高的灵敏度。如：

① 紫外检测器最低检出量达 $10^{-9}\sim10^{-10}$ $g\cdot g^{-1}$；

② 荧光检测器最低检出量达 $10^{-12}\sim10^{-13}$ $g\cdot g^{-1}$；

③ 电化学检测器最低检出量达 $10^{-9}\sim10^{-12}$ $g\cdot g^{-1}$。

（4）分析速度快　高压输液泵的使用，使 HPLC 分析一个样品仅需几分钟至几十分钟。

12.4.2 HPLC 与 GC 的比较

（1）HPLC 的优势

① GC 的分析对象仅限于蒸气压低、沸点低的样品（仅占有机物总数的 20%），不适于分析高沸点有机物、高分子化合物、热稳定性差的有机物及生物活性物质。而 HPLC 不受此限制，能对 80% 的有机物进行分离与分析。

② GC 流动相为惰性气体，不能与待测组分发生作用。HPLC 流动相选择余地大（极性、非极性、弱极性、离子型等溶剂），可与待测组分发生作用，而且通过改变流动相的组成，可改善分离的选择性（相当于增加了一个控制和改进分离条件的参数）。

③ GC 通常在高温下进行，HPLC 可在室温下进行。

④ 非破坏性检测器在 HPLC 中的使用，可使样品回收（特别是少量珍贵样品）或样品的纯化制备成为可能（大多数情况下，样品在分析后，可移去流动相而留下纯的组分）。

（2）HPLC 的局限性

① 在 HPLC 中，所用流动相不止一种（多种），因此其分析成本高，且易引起环境污染；当进行"梯度洗脱"操作时（相当于 GC 中的程序升温技术），比 GC 的程度升温操作要复杂得多；

② HPLC 目前还缺少 GC 中的通用型检测器（如 TCD、FID）；

③ HPLC 不能替代 GC。当要求柱效高达 10 万块理论塔板数以上时，只能用 GC 中的毛细管色谱柱；

④ 在 200kPa～1MPa 柱压下易分解、变性的生物活性的生化样品，不宜用 HPLC 分析。

所以说，HPLC 适于分析高沸点不易挥发的、受热不稳定易分解的、分子量大、不同极性的有机化合物，生物活性物质和多种天然产物，合成的和天然的高分子化合物等。涉及石油化工、食品、合成药物、生物化工产品及环境污染物的分离与分析等，约占全部有机物的 80%。其余 20% 的有机物（含永久性气体、易挥发低沸点及中等分子量的化合物）只能用 GC 分析。

12.4.3　高效液相色谱仪

HPLC 仪器的工作过程为：高压泵将贮液器（或槽、罐）中的流动相溶剂经进样器送入色谱柱，然后从控制器的出口流出（通常要回收）。当注入待测样品时，流经进样器的流动相将样品各组分带入色谱柱中进行分离，分离后的各组分依一定的顺序进入检测器，检测器产生的信号由记录仪记录下来，最后形成液相色谱图。

因此，HPLC 仪可分为四个主要组成部分，即：高压输液系统、进样系统、分离系统和检测系统，如图 12-12 所示。

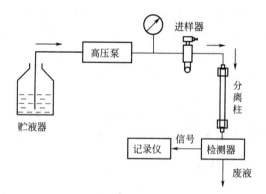

图 12-12　液相色谱流程图

12.4.3.1　高压输液系统

这是 HPLC 仪器中的重要部件之一。它一般由贮液器、高压输液泵、过滤器等组成。高压输液泵应该具备密封性好、输出流量恒定、压力平稳、可调范围宽、便于更换溶剂及耐腐蚀等条件。常用的输液泵有恒流泵和恒压泵两种，而恒流泵用得较多（因为它的输出流量能始终保持恒定，与色谱柱引起的阻力大小无关），而恒压泵用得较少。恒流泵又分为机械注射泵和机械往复泵，后者用得最多。

12.4.3.2　进样系统

由于 HPLC 色谱柱比 GC 色谱柱短得多（5～30cm），所以，引起色谱峰峰形变宽的因素以柱外因素为主（即：进样系统、连接管道及检测器中存在的死体积）。而柱外展宽（色谱柱外因素引起的峰形变宽) 又分柱前和柱后展宽, 以进样系统所引起的柱前展宽为主要因素。因此, HPLC 对进样技术要求较严。常见的进样装置有:

① 隔膜注射进样器　这种进样技术虽有操作简单、死体积小等优点, 但进样量小、重现性差却是其"致命"的弱点;

② 高压进样阀　多采用六通阀进样。其特点是进样准确, 重现性好, 并可根据实际情况, 调整进样量 (更换不同体积的定量管)。

12.4.3.3　分离系统

色谱柱是其核心部件之一, 通常用 $\phi 4 \sim 5 \mathrm{mm}$、$5 \sim 30 \mathrm{cm}$ 长度的不锈钢管作高压色谱柱, 内装 $5 \sim 10 \mu \mathrm{m}$ 的全多孔型高效微粒固定相。

12.4.3.4　检测系统

用于 HPLC 仪的检测器有两类, 一类是溶质型检测器, 它仅对被测组分的物理或化学特性有响应, 属于此类的有: 紫外、荧光及电化学检测器等; 另一类是总体检测器, 它是对试样及洗脱液总的物理或化学性质有响应, 属于此类的有: 示差折光、电导等检测器。

在实际工作中, 应根据具体情况来选择适宜的检测器。而在 HPLC 仪器的常规分析中, 紫外检测器用得最多。

除了这四大部分之外, 还有一些附属的 (有的甚至是不可缺少的) 部件, 如: 脱气、梯度淋洗、自动进样、恒温、馏分收集及数据处理等装置。

12.4.4　液-固色谱与液-液分配色谱

12.4.4.1　液-固色谱分析法 (吸附色谱)

(1) 分离原理 (保留机制)　与 GC 分析类似, 液-固色谱所用固定相为固体多孔吸附剂, 其表面有很多分散的吸附中心, 当流动相 M 进入色谱柱时, M 首先以单分子层形式占据吸附表面的活性中心, 而当试样组分 X 被带入色谱柱后, X 与 M 会发生交换吸附作用, X 与 M 在吸附剂表面发生竞争吸附。随着流动相不断地流经色谱柱, X_{ad} 与 X_m 在两相间频频"交换", 并向前移动。经过无数次的"吸附-洗脱"过程, 试样中的各组分会因与 M 的竞争力大小不同, 以及与固定相吸附作用力的差别而被一一分离开来。

(2) 固定相　液-固色谱固定相分为极性和非极性两大类。常用的极性吸附剂为无机氧化物 (硅胶、氧化铝、氧化镁及分子筛等), 而非极性吸附剂为活性炭等。由于硅胶柱的柱效高、线性容量大, 因此最为常用。

(3) 流动相　一般应符合以下要求: 与色谱柱中的固定相不发生不可逆化学变化; 能溶解被分离的样品; 要与所用检测器相匹配; 黏度尽可能小; 价格低廉毒性小, 易于纯化。之后, 再根据不同的 HPLC 分析法, 选择适宜的流动相。如液固色谱中, 流动相选择的原则为: 极性大的试样用极性较强的流动相, 而极性小的试样则用极性低的流动相。

当然, 由于流动相直接参与试样组分与固定相之间的相互作用, 因此, 可选择混合溶剂为流动相, 并通过调整流动相中各溶剂的组成比例, 来达到更好地分离效果和更高的柱效。

12.4.4.2　液-液分配色谱

液-液分配色谱的基本原理与气-液色谱类似, 都符合液-液萃取的分配定律。

(1) 固定相　由于液-液色谱中流动相参与色谱柱内的选择竞争, 因此, 对固定相的选择较为简单, 只需几种极性不同的固定液即能解决分离问题。常见的如: β,β'-氧二丙腈、聚乙二醇及角鲨烷等。

但由物理法浸渍的固定液易发生流失, 导致色谱柱上保留行为发生改变, 所以, 近年来研制了一种新型固定相——化学键合固定相。它是将各种不同的有机官能团通过化学反应键合到载体表面的一种固定相（液液）制备方法。且据文献报道：除极少数色谱系统外，机械（物理）涂渍固定液的液-液色谱法，基本上被键合相色谱法所取代。

（2）流动相　对于液-液色谱中固定液流失的问题，除要求流动相尽可能不与固定相互溶外，还可考虑流动相与固定相极性差别越大越好。如前所述，当流动相的极性小于固定相的极性时，称正相分配色谱，适用于极性化合物的分离，其出峰顺序是按极性由小到大流出色谱柱；而若流动相的极性大于固定相极性，则称之为反相分配色谱，适用于非极性物质的分离，出峰顺序与正相色谱相反。

12.4.5　化学键合相色谱法

化学键合相色谱法（CBPC）是在液-液分配相色谱的基础上发展起来的液相色谱分析法。由于液-液分配色谱法是用物理浸渍将固定液涂渍在载体表面，但在分离过程中，载体表面的固定液易发生流失，会导致柱效和分离选择性下降，特别是不适合梯度淋洗操作。因此，为了解决固定液的流失问题，人们将各种不同的有机基团通过化学反应键合到载体（通常是硅胶）表面的游离羟基上，生成化学键合固定相，并进而发展成 CBPC 法。

化学键合固定相对各种极性溶剂均有良好的化学稳定性和热稳定性。由化学键合法制备的色谱柱柱效高、使用寿命长、重现性好，几乎对各种类型的有机化合物都有良好的选择性，特别适合有宽范围 k 值的样品分离，并可用于梯度洗脱操作。CBPC 已逐渐取代液液分配色谱。

在根据固定相与流动相相对极性大小所分类的正相键合色谱法和反相键合色谱法中，由于反相色谱法适于分离非极性、极性或离子型化合物，所以，反相键合相色谱法应用甚为广泛。据统计，在高效液相色谱分析的应用中，约 70%～80% 的任务是由反相键合相色谱法来完成的。

12.4.5.1　化学键合固定相

化学键合固定相的制备中，由于硅胶的机械强度好、表面硅羟基反应活性高、表面积和孔结构易控制，所以，常采用全多孔或薄壳型微粒硅胶作基体。

在键合反应进行前，为增加硅胶表面参与键合反应的硅羟基数量，以达到增大键合量的目的，通常用 $2mol \cdot L^{-1}$ 的盐酸溶液浸渍硅胶过夜，使其表面充分活化并除去表面的金属杂质。根据计算，经活化后每平方米的硅胶表面约有 $8\mu mol$ 的硅羟基，但由于位阻效应的存在，每平方米硅胶表面有 $4.5\mu mol$ 的硅羟基参与键合反应，其余部分被键合上去的官能团所屏蔽，并形成"刷子型"结构。显然，硅胶的表面积越大，键合量就越多。当然，被屏蔽的硅羟基与大多数溶质分子不会发生相互作用。

（1）化学键合固定相的制备　用于制备键合固定相的化学反应有三类。

① 形成 Si—O—C 键（硅酸酯键合固定相）　利用硅胶的酸性特性，使硅胶表面的硅羟基与醇类（如正辛醇、聚乙二醇 400 等）化合物进行酯化反应。

在硅胶表面形成单分子层的硅酸酯，此类固定相有良好的传质性和高柱效，但由于易水解、醇解和热解，当用水或醇作流动相时，Si—O—C 键易断裂，所以，一般只能使用极性弱的有机溶剂作流动相，来分离极性化合物。

② 形成 Si—C 键或 Si—N 键（共价键键合固定相）　使硅胶表面的硅羟基先与磺酰氯反应，生成的氯化硅胶与格氏试剂（R—MgBr）或烷基锂反应，生成具有硅碳键的苯基或烷基固定相。氯化硅胶与伯胺（如乙二胺）反应，则生成具有硅氮键的氨基键合固定相。这

两类键合固定相中的 Si—C 或 Si—N 键均比 Si—O—C 键稳定，耐热和抗水解力比硅酸酯的强，适于在 pH＝4～8 的介质中使用。

③ 形成 Si—O—Si—C 键（硅烷化键合固定相）　这是目前制备化学键合固定相最主要的方法，用氯代硅烷或烷氧基硅烷试剂与硅胶表面的硅羟基反应即可得此类键合固定相。

硅烷化试剂含有 1～3 个官能团，所以，当硅烷化试剂所含官能团数量不同时，所得的键合固定相的表面结构也有所不同。为了获得单分子层的键合相，使用的硅胶、硅烷化试剂及溶剂必须严格脱水，并在较高温度下进行键合反应。

由于空间位阻效应的存在，分子体积较大的硅烷化试剂，不可能与硅胶表面的所有硅羟基完全反应（只形成了"刷子"型结构），虽说未反应的硅羟基被键合上去的官能团所屏蔽而不与大多数的溶质分子发生相互作用，但也有发生作用的可能。所以，为防止残留硅羟基对键合固定相的分离性能产生影响（特别是对非极性键合固定相），通常在键合反应后，再用小分子的硅烷化试剂（如三甲基氯硅烷或六甲基二硅胺）进行封尾处理，以消除残余硅羟基，提高化学键合相的稳定性和色谱分离的重现性。

目前，应用最为广泛的是非极性键合固定相，其中尤以 ODS（十八烷基硅烷键合相）最常用，且已在反相高效液相色谱中发挥了重要的作用。

(2) 使用键合固定相的注意事项

① 键合相的稳定性　键合相的稳定性与有机官能团在硅胶表面的覆盖程度有密切关系。覆盖量较大时，稳定性会高些。

反相键合相的稳定性主要与流动相的 pH 值有关。一般情况下，溶液的 pH 值应保持在 2～8 之间，而正相键合相的稳定性通常要比反相键合相的低。

② 色谱分离的重现性　同一种键合相，生产厂家不同或同一厂家不同的批次，往往会表现出不同的色谱分离效能。所以，一般应在实验室准备一定数量的相同批号的键合相固定相或色谱柱，以保证分离结果有良好的重现性。

③ 不定期对色谱柱进行再生　当长期使用键合相色谱柱时，大量极性或非极性样品的经常性注入，往往会使柱子的分离效能变差，严重时会引起色谱峰峰形变宽或拖尾，所以要根据具体情况，适时地对色谱柱进行再生处理。

反相键合相柱子可用甲醇流动相再生，若效果不好可再用丙酮进行再生。而正相键合相色谱柱的再生则用 1∶1 甲醇-氯仿流动相进行。

12.4.5.2　反相键合相色谱法

反相键合相色谱法中使用的固定相是非极性或极性较小的键合固定相。它是将全多孔（或薄壳）微粒硅胶载体，经氧化处理后与含烷基（C_8、C_{18}）或苯基的硅烷化试剂反应，生成表面具有烷基或苯基的非极性固定相。如硅胶-$C_{18}H_{37}$、硅胶-苯基等；流动相是采用极性较强的溶剂，如甲醇-水、乙腈-水、水和无机盐的缓冲溶液等。它多用于分离多环芳烃等低极性化合物；若采用含一定比例的甲醇或乙腈的水溶液为流动相，也可用于分离极性化合物；若采用水和无机盐的缓冲液为流动相，则可分离一些易解离的样品，如有机酸、有机碱、酚类等。反相键合相色谱法具有柱效高、能获得无拖尾色谱峰的优点。

反相色谱的分离机制有多种，但多倾向于吸附色谱的作用机制。吸附色谱的作用机制认为，溶质在固定相上的保留是疏溶剂作用的结果（即所谓的疏溶剂理论）。根据疏溶剂理论，当溶质分子进入极性流动相时，即占据流动相中相应的空间而排挤一部分溶剂分子；当溶质分子被流动相推动与固定相接触时，溶质分子的非极性部分（或非极性分子）会将附着在非极性固定相上的溶剂膜挤开，直接与非极性固定相上的烷基官能团相结合（吸附）形成缔合络合物,构成单分子吸附层,而极性部分暴露在溶剂中。也就是说溶质分子和固定相之间的"结合",是由于溶质和极性溶剂之间的斥力造成的,而不是非极性溶质和非极性固定相之间的微弱的非极性作用力的缘故。这种疏溶剂斥力作用是可逆的,当流动相极性减弱时,这种疏溶剂斥力下降,会发生解缔,并将溶质分子释放而被洗脱下来。所以,流动相的极性越强,缔合作用就越强。显然,烷基键合固定相对每种溶质分子缔合作用和解缔作用之差,就决定了溶质分子在色谱过程中的保留值。

12.4.5.3 正相键合相色谱法

此法是以极性的有机基团,如—CN、—NH_2 及双羟基等键合在硅胶表面,作为固定相;而在非极性或极性小的溶剂(如烃类)中加入适量的极性溶剂(如氯仿、醇、乙腈等)为流动相,分离极性化合物。此时,组分的分配比 k 值随其极性的增加而增大,但随流动相极性的增加而降低。

这种色谱方法主要用于分离异构体、极性不同的化合物,特别适用于分离不同类型的化合物。

12.4.6 HPLC 分析方法的一般步骤

用 HPLC 分离与分析未知样品,主要用的是吸附色谱、分配色谱、体积排阻色谱及离子色谱四种基本方法;若分析对象为生物分子或生物大分子,则还可考虑采用亲和色谱法。

建立一种切实可行的 HPLC 分析方法(方案),尽管须考虑多种因素才能确定,但通常在确定被分析的样品之后,大体上从以下四个方面来考虑:

① 根据被分析样品的特性,选择一种适用于样品分析的 HPLC 方法(或分离模式);
② 选择一根适用的色谱柱,并确定柱的规格(内径和柱长),选用固定相(粒径和孔径);
③ 选择适当的或优化的分离操作条件,确定流动相的组成、流速及洗脱方法(恒定流动相组成洗脱法和梯度洗脱法);
④ 由色谱图进行定性和定量分析。

当然,所确定的分析方法必须具有适用、快速和准确等特点。

12.4.6.1 样品的性质及柱分离模式的选择

了解被测样品的基本性质,是选择柱分离模式的重要基础。因此,首先应了解样品的溶解性质、判断样品分子量的大小及可能存在的分子结构和分析特性,最后再选择高效液相色谱的分离模式,并完成对样品的分析。

(1) 样品的溶解度　根据样品在有机溶剂中溶解度的大小,可初步判断样品的极性特性(极性或非极性),以确定溶样溶剂的类别。

① 若溶于非极性溶剂(如:己烷、庚烷、戊烷等)中,则属于非极性化合物,通常可选择吸附色谱法或正相分配色谱法、正相键合相色谱法进行分析。
② 若溶于极性溶剂(如:二氯甲烷、氯仿、乙酸乙酯、甲醇、乙腈等)中,则样品属于极性化合物,可考虑用反相分配色谱或反相键合相色谱法进行分析。
③ 若样品溶于水,则首先检查溶液的 pH 值:呈中性,则为非离子型化合物,常用反相(或正相)键合相色谱分析;呈弱酸性,可采用抑制样品电离的方法,向流动相中加入 H_2SO_4、H_3PO_4 调节 pH=2~3,再用反相键合相色谱法分析;呈弱碱性,可采用离子对色谱法分析;呈强酸性或强碱性,则可用离子色谱法进行分析。

(2) 样品的分子量范围　对样品分子的大小或分子量的范围,可用体积排阻色谱法获得相关信息,无论是水溶性样品还是油溶性样品,均可用体积排阻色谱法进行分析。

从分子量大小的角度来考虑分离模式的选择时，一般以分子量等于 2000 作为是否需要进一步详细考查样品其他性质并选定分离模式的大致"分界线"。

对于油溶性样品：

① 若分子量大于 2000，则最好采用聚苯乙烯凝胶渗透色谱法分析；

② 若分子量小于 2000，还要考查分子量的差别：分子量差别很大，则只能用刚性凝胶的凝胶渗透色谱或键合相色谱法分析；分子量差别不大，还应进一步判定样品分子的"离子化"属性（若为离子型，则可用离子色谱法进行分析；若为非离子型，可考虑吸附色谱法或键合相色谱法）。

如果是水溶性样品：

① 若分子量大于 2000，则可采用以聚醚为基体凝胶的凝胶过滤色谱法；

② 若分子量小于 2000，判断分子量的差别大小：分子量差别不大，可考虑选用吸附色谱法或分配色谱法；分子量差别较大，只能选用刚性凝胶的凝胶过滤色谱进行分离与分析；分子量差别较大，且呈离子型，再分析其电离程度（或倾向）的大小（强电离，可使用离子对色谱法；弱电离，可使用离子色谱法）。

（3）样品的分子结构和分析特性

① 同系物的分离。同系物都具有相同的官能团，并表现出相同的分析特性，其分子量也呈现有规律的增加。这类物质的分离与分析，可采用吸附色谱法、分配色谱法或键合相色谱法进行分析。同系物在色谱图上表现出随分子量的增加保留时间相应增大的特点。

② 同分异构体的分离。对于双键位置异构体（顺反异构体）或芳香族取代基位置不同的邻、间、对位异构体，由于硅胶吸附剂对它们具有高选择性吸附，因此，这类物质宜选用吸附色谱法。

除此之外，还有 HPLC 研究热点的"对映异构体"及"生物大分子"的分离与分析，应根据具体的情况选择相应的分离模式。

由上述 HPLC 分离模式的选择可以看出，反相键合相色谱法得到了广泛的应用。它仅用 C_{18} 色谱柱，以甲醇-水或乙腈-水等为流动相，采用恒定流动相组成或梯度淋洗等不同的洗脱方式，能在较短的时间内获得较为满意的分离与分析结果。当然，其他分析模式也各有千秋，只有在了解样品更多信息的基础上，才能选择出适用的分离模式。

12.4.6.2 分离操作条件的选择

确定了样品的色谱分离与分析方法，就需要进一步确定适当的分离条件（尽量采用优化的分离操作条件），使样品中的不同组分以最满意的分离度、最短的分析时间、最低的流动相消耗和最大的检测灵敏度获得完全的分离。

（1）色谱柱操作参数的选择　柱操作参数是指：柱长、柱内径、固定相粒度、柱压降及理论塔板数。一般的选择原则如下。

柱长（L）：10～25cm。

柱内径（ϕ）：4～6mm。

固定相粒度（d_p）：5～10μm。

柱压降（Δp）：5～14MPa。

理论塔板数（n）：$(2\sim5)\times10^3\sim(2\sim10)\times10^4$ 块/m。

（2）样品组分的保留值和容量因子的选择　在上述常用参数选定后，对于简单样品，通常的分析时间希望控制在 10～30min 之内，而对于复杂组成的多组分样品，分析时间控制在 60min 之内。

使用恒定组成的流动相洗脱，与组分保留时间相对应的容量因子 k 应保持在 1～10 之间。而对于组成复杂的样品，且混合物的 k 值较宽，则欲使所有组分在所希望的时间内流出色谱柱，就需要使用梯度淋洗技术，因为流动相组成的改变，可以调节保留时间和容量因子。

（3）相邻组分的选择性系数和分离度的选择　如前所述，两组分的色谱峰达到完全分离的标志是 $R=1.5$，而对多组分来说，其优化分离的最低指标也应该是 $R=1.0$。

根据影响分离度 R 的各种因素的计算公式可看出，分离度受热力学因素（k 与 α）和动力学因素（n）的控制。经过大量的实验和计算可知：在预期的色谱柱的柱效 $n=10^3 \sim 10^5$ 块/m 时，若相邻组分的容量因子 $1<k<10$，且选择性系数 $\alpha \geqslant 1.05 \sim 1.10$，还是比较容易达到满足多组分优化分离的最低分离度指标 $R=1.0$ 的。

进行未知样品的分离与分析时，经常遇到的一个问题是：样品中的所有组分是否全部流出来了？是否有强保留组分仍被色谱固定相吸留？虽然解决这个问题比较困难，但通常用两种不同的 HPLC 分析方法来判断。如：对于确定的试样，先用硅胶吸附色谱法分析，若考虑有强极性组分滞留，可再采用反相键合相法分析，此时，强极性组分应首先流出，从而可判断强极性组分的存在与否。

对大部分未知样品而言，至少应有两种完全独立的 HPLC 分析方法配合使用，以对样品的组成和含量能有一个准确的定论。

12.5　毛细管电泳

电泳是指溶液中带电粒子在电场作用下发生迁移的电动现象。毛细管电泳（Capillary Electrophoresis, CE）又叫高效毛细管电泳（HPCE），它是 20 世纪 80 年代初发展起来的一种高效快速的分离分析方法。同其他技术相比，毛细管电泳分辨率高，每米理论塔板数一般可达几万，高者可达几百万乃至千万；高灵敏度，常用的紫外检测器的检测限可达 $10^{-13} \sim 10^{-15}$ mol·L^{-1}，激光诱导检测荧光器可达 $10^{-19} \sim 10^{-21}$ mol·L^{-1}；高速度，最快可在 60s 内完成，已有报道可在 350s 内分离 10 种蛋白质，1.7min 内分离 19 种阳离子，在 30min 内分离 30 种阴离子；样品用量少，进样量为 nL（10^{-9} L）级；成本低，只需少量（每天几毫升）流动相和价格低廉的毛细管；CE 的仪器操作自动化程度高。由于 CE 符合以生物工程为代表的生命科学各领域对多肽、蛋白质（包括酶和抗体）、核苷酸乃至脱氧核糖核酸（DNA）的分离分析要求，短短几年内，它成为发展最迅速的分离分析方法之一。

12.5.1　毛细管区带电泳

CE 按照其分离原理、分离对象不同，可分为毛细管区带电泳、凝胶电泳、等速电泳、等电聚焦电泳和胶束电动色谱等，由于毛细管区带电泳是应用最为广泛的一种，本章只简要介绍这种方法。

12.5.1.1　仪器装置

毛细管区带电泳是以具有 pH 缓冲能力的电解质溶液为载体，以毛细管为分离室的一种高压区带电泳，其仪器装置较简单，如图 12-13 所示。

一般毛细管电泳仪包括高压电源、一根毛细管、两个供毛细管插入又可和高压电源连接的溶剂储槽、检测器、控制电泳仪和进行数据采集处理的计算机。

毛细管电泳仪所用的高压电源一般为 30kV，电流为 200～300μA。一般要求高压电源能以恒压、恒流方式供电。毛细管电泳的分离和检测过程在毛细管内完成，它是 CE 的最重

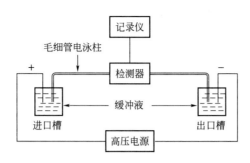

图 12-13　毛细管电泳仪示意图

要部件。最常用的是石英毛细管，毛细管电泳常采用电动进样和压力进样的方式。

12.5.1.2　基本原理

毛细管区带电泳是利用待测组分电泳淌度（也称迁移度）差异将其分离，根据组分的迁移时间进行定性，根据电泳峰的峰面积或峰高进行定量分析。如图 12-14 所示，当试样被进样到毛细管后，带电粒子在电场的作用下各向电性相反的电极作泳动。若电渗速率在数值上大于缓冲液中所有向正极泳动的阴离子的电泳迁移速率，那么所有的离子性和非离子性溶质被电渗携带而向负极运动，可使所有的溶质从毛细管的一端逐个洗脱出来。

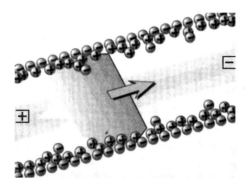

图 12-14　毛细管电泳中的电渗流示意图

由于毛细管能有效地散热，不会造成溶液中的密度梯度和对流，并且毛细管中无固定相，不存在涡流扩散，影响区带扩张的主要因素是纵向扩散。其理论塔板数（N）为

$$N = (\mu + \mu_0)U/(2D) \tag{12-29}$$

式中，μ 为溶质的迁移率；μ_0 为电渗迁移率；U 为外加电压；D 为扩散系数。

由式（12-29）可知，N 与 U 成正比，即高电压可得到高理论塔板数；N 与 D 成反比，说明大分子可得到高理论塔板数。通常条件下，理论塔板数可达 10 万～20 万，因此毛细管区带电泳有极高的分离效率。

溶质 1 和溶质 2 的分离度 R 为

$$R = 0.177(\mu_1 - \mu_2)\left[\frac{U}{D(\overline{\mu}_{ep} + \mu_0)}\right]^{\frac{1}{2}} \tag{12-30}$$

式中，μ_1 和 μ_2 分别为溶质 1 和溶质 2 的迁移度；$\overline{\mu}_{ep}$ 为两溶质的平均迁移度。故溶质 1 和溶质 2 能否分离，关键在于两者的迁移度差别是否足够大。

12.5.2　毛细管电泳仪的检测器

检测器是毛细管电泳仪的重要部件，CE 对检测器灵敏度要求极高，迄今为止，除原子吸收光谱和红外光谱未用于CE外，其他仪器分析检测手段均用于CE。

① 紫外检测器（UV） 这种检测器主要集中在提高灵敏度上，可分为固定波长或可变波长检测器及二极管阵列或波长扫描检测器两种。其线性范围和信噪比优于汞灯，但其进展不明显。

② 激光诱导荧光检测（LIF） LIF是CE最灵敏的检测器之一，和紫外检测器相比，检测限可降3～4个数量级，是一类高灵敏度和高选择性的检测器，已用于痕量分析和脱氧核糖核酸（DNA）序列分析。其不足在于被测物需用荧光试剂标记或染色，但一些适用于二极管激光器的荧光标记试剂正在开发，CE/LIF具有广泛的应用前景。

③ CE/MS联用 将当今最有力的分离手段CE和能提供组分结构信息的质谱（MS）联用，弥补了CE定性鉴定的不足。CE/MS联用技术的关键是接口系统，目前已有的商品CE/MS系统的接口设计有同轴接口和液体连接接口两类。

CE/MS特别适用于复杂生物体系的分离鉴定，目前已在蛋白质结构和分子量测定方面成为研究热点，CE/MS可以说是最具发展前途的技术之一。

在CE中，还有诸如电化学检测器（EC）、化学发光检测器（CL）等其他检测器，CE应用的十分广泛是与各种检测器的联用分不开的。

12.5.3 毛细管电泳的应用

① 肽和蛋白质分析 CE在生物大分子蛋白质和肽的应用方面，是对蛋白质一级结构进行表征，其内容包括纯度、含量、等电点、分子量、肽谱、氨基酸序列测定等；CE广泛用作最有效的纯度检测手段，可检测出多肽链上单个氨基酸的差异；CE/MS联用对肽谱进行分析，可推断蛋白质的分子结构。

② 药物分析和临床检测 CE已用于几百种药物及各种剂型中主药成分分析、相关杂质检测、纯度检查、无机离子含量测定及定性鉴别等。CE在临床化学中除进行临床分子生物学测定外，也广泛用于疾病临床诊断、临床蛋白分析、临床药物监测和药物代谢研究。

12.6 极谱和伏安分析法

极谱分析法是捷克杰出的物理化学家海洛夫斯基（T. Heyrovsky）1922年首先提出的一种电化学分析方法。这种方法是基于可氧化或还原的物质在电解池中电解时所获得的电流-电压曲线的特异性，从电流-电压曲线的特征可进行某种物质的定性和定量分析。极谱方法几乎可以分析所有的无机元素和许多不同类型的有机化合物。极谱分析有如下特点：

① 灵敏度高，适宜测定的浓度范围为 $10^{-12} \sim 10^{-15}$ mol·L^{-1}；

② 测定误差一般为 2%～5%；

③ 试样量少。一般只需 5～10mL，甚至可少到一滴；

④ 电解时通过的电流很小，电解前后溶液浓度不变，可对多种元素同时测定，且不需事先分离；

⑤ 待测溶液可重复测定使用；

⑥ 极谱法的主要缺点在于许多情况下还需要用大量有毒的汞。

极谱分析法目前广泛应用于电化学、界面化学、配合物化学、生物化学、环境化学等方面，是仪器分析中常用的方法之一。

12.6.1 极谱分析法的基本原理

12.6.1.1 仪器装置

极谱分析是在一个特殊的电解装置中进行的,图 12-15 所示为极谱分析基本装置示意图。图中电解池的一端为滴汞电极(指示电极或工作电极),是极化电极;而另一汞池阳极(参比电极)为去极化电极。R 为可调变电阻,DB 为滑动变阻器,借此可连续改变加在电解池两极上的外加电压,Ⓥ用来指示所加电压值,检流计Ⓖ用来测量流经电解池的电流,E 为电源。

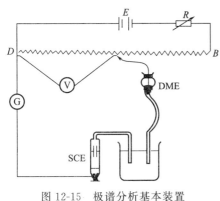

图 12-15 极谱分析基本装置

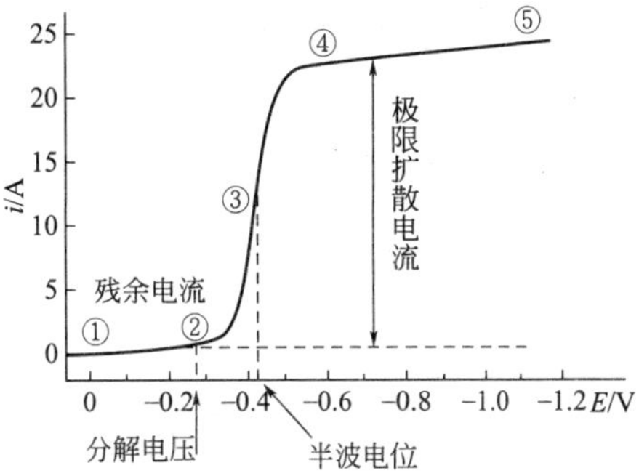

图 12-16 Cd^{2+} 的极谱图

12.6.1.2 极谱定量分析的原理

极谱分析中,如果电解池中含有被测物质,如浓度为 $5×10^{-4}$ mol·L^{-1} 的 $CdCl_2$ 溶液通入氩气除去溶解氧,汞滴以 3~4 滴/10s 的速度滴下,如图 12-16 所示。使两极电压自零逐渐向负电位移动进行电解,在未达到 Cd^{2+} 的分解电位以前只有极微弱的电流通过,这种电流称残余电流,见图中①~②部分。当电压增至 Cd^{2+} 的分解电位(-0.5~-0.6V)时,开始在滴汞电极上还原为金属 Cd,与汞形成汞齐。

$$Cd^{2+} + 2e^- + Hg \rightleftharpoons Cd(Hg)$$

此时在阳极(甘汞电极)上汞氧化为 Hg^{2+},并与溶液中的 Cl^- 形成甘汞。

$$2Hg + 2Cl^- \rightleftharpoons Hg_2Cl_2 + 2e^-$$

这时,外加电压稍增加,电解电流迅速增加,这段电流称为扩散电流,见图中②~④段,这段电流增加得极为显著。这时滴汞电极表面的 Cd^{2+} 浓度迅速减少,而离子在电极上的还原速度完全取决于 Cd^{2+} 的扩散速度。Cd^{2+} 的扩散速度与 Cd^{2+} 在溶液中的浓度 c 和在电极表面的浓度 c_0 之差 $(c-c_0)$ 成正比,即扩散速度 $\propto (c-c_0) = K(c-c_0)$,已知 c_0 趋近于零,故

$$扩散速度 = Kc$$

可见扩散速度取决于溶液主体的金属离子浓度,不随电压的增加而增加。此时电流达到最大值,这一电流称为极限电流,它与被还原的待测离子浓度成正比。上述现象通常称为"浓差极化"。

浓差极化时的扩散电流可以用尤考维奇公式表示:

$$I_{扩} = KnD^{1/2}m^{2/3}t^{1/6}c \tag{12-31}$$

式中,n 为电极上氧化还原反应得失电子数;D 为被测离子在溶液中的扩散系数,cm^2·s^{-1};m 为滴汞速度,mg·s^{-1};t 为在测量 $I_{扩}$ 的电压下的滴汞周期;c 为被测离子浓度,mmol·L^{-1};

K 在滴汞电极上称为尤考维奇常数。当 $I_扩$ 代表平均扩散电流时，$K=607$。所以：

$$I_扩 = 607nD^{1/2}m^{2/3}t^{1/6}c \tag{12-32}$$

上式即为极谱定量分析的理论依据。

12.6.1.3 极谱定性分析原理

在图 12-16 中，在极限扩散电流一半处相对应的滴汞电极的电位，称为半波电位（half-wave potential），用符号 $E_{1/2}$ 表示。$E_{1/2}$ 在一定条件下是离子的特性参数。不同的电解质具有不同的分解电位。而分解电位随待测溶液浓度的改变而稍有变化，所以在极谱分析中往往不用分解电位，而采用不随浓度变化的半波电位来作为极谱定性分析的基础。

12.6.2 极谱分析的定量分析方法

用极谱法作定量分析时，直接由尤考维奇公式计算待测离子的浓度是困难的。在实际工作中一般采用相对定量方法，如通过测量相对波高，用波高来计算被测物质的浓度。常用的相对定量方法有以下几种。

12.6.2.1 直接比较法

将浓度为 c_s 的标准溶液及浓度为 c_x 的待测试样在同一实验条件下，分别绘制极谱图并测得其波高 h_s 及 h_x，因为：

$$h_s = K_1 c_s, \qquad h_x = K_2 c_x$$

合并两式，在同样的实验条件下，$K_1 = K_2$，则：

$$c_x = \frac{c_s h_s}{h_x} \tag{12-33}$$

采用本法时，必须保证测定在相同条件下进行，即应使两溶液的底液组成、温度、毛细管、汞柱高度保持一致。

12.6.2.2 标准曲线法

分析大量同一类试样时，采用标准曲线法较为方便。其方法是配制一系列标准溶液，在相同的实验条件下制作极谱图，分别测量其波高，将波高与相应浓度绘制曲线。然后在相同的实验条件下测试液的波高，再由标准曲线上找出相应的待测试样的浓度。

12.6.2.3 标准加入法

该方法是先取一定体积（V）未知溶液测其极谱波高（h_x），然后于其中加入一定体积（V_s）的相同物质的标准溶液（c_s），在同一实验条件下再测定其极谱波高（H），由波高的增加计算出被测物的浓度。由扩散电流公式得：

$$h_x = K c_x, \qquad H = K\left(\frac{c_x V + c_s V_s}{V + V_s}\right)$$

合并两式，消去 K 值，即可求出被测物质浓度 c_x。

$$c_x = \frac{c_s V_s h_x}{H(V + V_s) - h_x V} \tag{12-34}$$

由于加入的标准溶液很少，底液浓度改变很小，对测定无明显影响。

以上三种方法，都要测量极谱图上的波高，因为波高就代表扩散电流的大小。通常测波高的方法有平行线法、矩形法和三切线法。其中以三切线法比较方便，并适用于不同波形。如图 12-17 所示，在极谱波上通过残余电流、极限电流和扩散电流分别作 AB、CD、EF 三条切线，AB 与 EF 相交于 O 点，CD 与 EF 相交于 P 点，通过 O 点与 P 点作与横轴的平行线，此平行线间的垂直距离（h）即为波高。

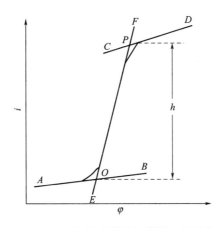

图 12-17 三切线法测量极谱图上的波高

12.6.3 极谱和伏安法的发展

经典的极谱法,过去已得到广泛应用,但目前已不能满足于新的分析任务的要求。同时在经典极谱法基础上逐渐又发展了单扫描示波极谱法、脉冲极谱法、阴极溶出伏安法以及各种极谱催化波方法。这些方法提高了极谱分析的灵敏度和选择性,有些方法极大地扩展了极谱方法的应用范围。

12.6.3.1 单扫描示波极谱法

经典极谱要获得一个极谱波,需要近百滴汞,扫描速度缓慢,一般为 $0.2V \cdot min^{-1}$;单扫描极谱则是在一滴汞的形成过程中的一段很短的时间内进行快速线性扫描,要用长余辉的阴极射线示波器来观察电流-电压曲线,又称示波极谱法。在单扫描法中,由于扫描速度快,因此电极反应速度对电流的影响很大。对电极反应为可逆的物质,极谱图出现明显的尖峰状。

12.6.3.2 脉冲极谱法

主要是减低方波频率以及叠加电压的方式,在方波极谱中方波电压是连续的,而脉冲极谱是在每一滴汞增大到一定时间(例如 3s)时,在直流线性扫描电压上叠加一个 10～100mV 的脉冲电压,脉冲持续时间 4～80ms(例如 60ms)。当直流扫描电压到达有关电活性物质的还原电压时,所加的脉冲电压就使电极产生脉冲电解电流和电容电流。其测定方法是:在脉冲电压叠加前(20ms)先取一次电流试样,在脉冲叠加后并经适当延时(20ms)再取出一次电流试样,将两次电流试样进行差分,则差别便是扣除了电容电流后的纯的脉冲电解电流,图形也呈峰形极谱图。该法称差分极谱法。

12.6.3.3 极谱催化法

催化极谱法是在经典极谱法的电极反应中,同时引入一个化学反应,将二者结合起来,使电解电流增大,从而提高方法的灵敏度。例如电极反应及化学反应为:

$$O + ne^- \longrightarrow R \qquad (电极反应)$$

$$R + Z \longrightarrow O \qquad (化学反应)$$

被分析物质 O 在电极上还原,生成 R,如果溶液中存在另一物质 Z 能将 R 重新氧化成 O,而 Z 本身在一定范围内不会在滴汞电极上直接还原,再生出来的 O 在电极上又一次被还原。由于电极表面附近这两个反应不断循环往复的进行,使极谱电流大大增高,从而提高了测定的灵敏度。电极反应与催化反应的结果是：物质 O 的浓度没有变化，在反应中消耗的是 Z 物质，物质 O 相当于催化剂，催化了 Z 的还原，所以 O 产生的还原电流称为催化电流，它与催化剂（被测物质）的浓度在一定范围内成正比关系。

例如用极谱法测定 Fe^{3+} 时，H_2O_2 就适宜作为催化还原物质 Z，它与 Fe^{3+} 共存时会产生催化波，其反应过程为：

$$Fe^{3+} + e^- \longrightarrow Fe^{2+}$$
$$2Fe^{2+} + H_2O_2 \longrightarrow 2OH^- + Fe^{3+}$$

当测定 Fe^{3+} 时，在其 H_2SO_4 溶液中加入少量的 H_2O_2，便会使 Fe^{3+} 还原的极限电流大大增加，从而提高其测定灵敏度。

在酸性介质中，H_2O_2 与 Mo(Ⅵ)、W(Ⅳ) 或 V(Ⅴ) 共存时也产生催化电流，故用极谱催化波的方法可测定低至 $2\times10^{-7} mol\cdot L^{-1}$ 的钼、$2\times10^{-8} mol\cdot L^{-1}$ 的钒和 $1\times10^{-6} mol\cdot L^{-1}$ 的钨。

除平行催化波外，还有吸附催化波以及氢催化波，这里不再介绍。

12.6.3.4 阳极溶出伏安法

阳极溶出伏安法可分为两个过程。首先是预电解或富集过程，被测定的金属离子在一定的电位下，电解一定的时间，使金属离子被还原富集于电极上。然后是溶出的过程，即反方向的电解，使工作电极电位向正方向进行扫描，达到某个电位时，富集在电极上的被测物质重新被氧化而溶解下来。根据溶出过程中的伏安曲线上峰电流的大小，可以进行定量分析。在溶出过程中，工作电极是固定表面的阳极，所以叫阳极溶出伏安法。该法由于把恒定电位电解与极谱法结合起来，是一种灵敏度很高，广泛应用的痕量分析法，一般可达 $10^{-8} \sim 10^{-9} mol\cdot L^{-1}$，有些元素甚至可达 $10^{-11} mol\cdot L^{-1}$，能测定 40 多种元素。

使用该方法应注意，峰电流大小与离子浓度、富集电解的时间、富集电解电位、电解的搅拌速度、溶出时外加电压改变的速度等因素有关，因此保持实验条件恒定和工作电极的重现性，是阳极溶出法中十分关键的问题。

12.6.4 极谱和伏安法的应用

12.6.4.1 极谱催化波法测天然水中钼

天然水和供水源中钼的含量为 $10^{-4} \sim 1 mg\cdot L^{-1}$，主要以 MoO_4^{2-} 形式存在。若用含钼污水灌溉农田，对农作物将产生危害。

测定时，在硫酸-苦杏仁酸-氯酸盐体系中，MoO_4^{2-} 在 $-0.24V$（对 SCE）处产生一灵敏的催化波，其反应为

$$MoO_4^{2-}\text{-苦杏仁酸} + e^- \rightleftharpoons Mo(V)\text{-苦杏仁酸}$$
$$6Mo(V)\text{-苦杏仁酸} + ClO_3^- + 6H^+ \rightleftharpoons 6MoO_4^{2-}\text{-苦杏仁酸} + Cl^- + 3H_2O$$

苦杏仁酸的作用是与 MoO_4^{2-} 形成配合物，并在汞电极上吸附，提高了测定灵敏度，该方法测定范围为 $0.1 \sim 40 \mu g\cdot L^{-1}$。

极谱条件：JP-2 型示波极谱仪；$0.5 mol\cdot L^{-1}$ H_2SO_4；$0.05 mol\cdot L^{-1}$ 苦杏仁酸-$KClO_3$ 体系。

12.6.4.2 海产物中 Cd、Pb、Cu 的测定

阳极溶出伏安法可用来测定海产物（海水、海草、鱼、鱼骨架等）中的 Cu、Pb、Cd，

检出限达 10^{-11} g·mL^{-1}。

将海产物样品进行适当的前处理后，在 5.0mL 样品中，加入 1.5mL 1mol·L^{-1} HClO$_4$，然后加入 0.2mL 0.01mol·L^{-1} Hg(NO$_3$)$_2$ 和 2mL 混合溶液（由 0.5mol·L^{-1} 柠檬酸钠和 1.25mol·L^{-1} NaNO$_3$ 组成），定容至 50mL。在 -1.0V 预电解 5~10min，并扫描到 0V，经过三次预电解-溶出过程，测量峰高。Cd、Pb、Cu 的峰分别在 -0.68V、-0.52V 和 -0.06V，同时必须作相应的空白进行校正。

思考题

1. 原子发射光谱定性的基本原理是什么？通常采用的方法是什么？
2. 原子发射光谱定量分析的依据是什么？为何要采用内标法进行定量分析？应如何选择内标元素和内标线？常用的定量分析方法有什么？
3. 发射光谱分析中使用的光源类型有哪些？
4. 原子吸收分光光度计由哪几部分组成？各部分的作用是什么？
5. 何谓锐线光源？原子吸收分光光度法为何要采用锐线光源？
6. 原子吸收分析中有哪几种原子化方法？
7. 预混合型火焰原子化器的工作原理是什么？
8. 比较火焰原子化法与石墨炉原子化法的优缺点。
9. 气相色谱仪的基本设备包括哪几部分？各有什么作用？
10. 对载体和固定液的要求是什么？如何选择固定液？
11. 气相色谱法中常用的检测器有哪几种？各有什么特点？
12. 常用的色谱定量方法有哪些？试比较它们的优缺点及适用情况？
13. 通过阐述极谱波的形成过程，说明极谱定量分析的基本原理？
14. 极谱分析有哪几种定量分析方法？
15. 为什么半波电位可作为定性分析的依据？
16. 极谱催化波与经典极谱相比较有何特点，举例说明极谱催化波的原理？

拓展内容

附 录

附录 1 常用浓酸浓碱的密度和浓度

试剂名称	密度/g·mL^{-1}	含量/%	c/mol·L^{-1}
盐酸	1.18～1.19	36～38	11.6～12.4
硝酸	1.39～1.40	65.0～68.0	14.4～15.2
硫酸	1.83～1.84	95～98	17.8～18.4
磷酸	1.69	85	14.6
高氯酸	1.68	70.0～72.0	11.7～12.0
冰醋酸	1.05	99.8(优级纯) 99.0(分析纯、化学纯)	17.4
氢氟酸	1.13	40	22.5
氢溴酸	1.49	47.0	8.6
氨水	0.88～0.90	25.0～28.0	13.3～14.8

附录 2 常用基准物质的干燥条件和应用

基准物质 名称	基准物质 分子式	干燥后组成	干燥条件/℃	标定对象
碳酸氢钠	NaHCO$_3$	Na$_2$CO$_3$	270～300	酸
碳酸钠	Na$_2$CO$_3$·10H$_2$O	Na$_2$CO$_3$	270～300	酸
硼砂	Na$_2$B$_4$O$_7$·10H$_2$O	Na$_2$B$_4$O$_7$·10H$_2$O	放在含 NaCl 和蔗糖饱和溶液的干燥器中	酸
碳酸氢钾	KHCO$_3$	K$_2$CO$_3$	270～300	酸
草酸	H$_2$C$_2$O$_4$·2H$_2$O	H$_2$C$_2$O$_4$·2H$_2$O	室温,空气干燥	碱或 KMnO$_4$
邻苯二甲酸氢钾	KHC$_8$H$_4$O$_4$	KHC$_8$H$_4$O$_4$	110～120	碱
重铬酸钾	K$_2$Cr$_2$O$_7$	K$_2$Cr$_2$O$_7$	140～150	还原剂
溴酸钾	KBrO$_3$	KBrO$_3$	130	还原剂
碘酸钾	KIO$_3$	KIO$_3$	130	还原剂
铜	Cu	Cu	室温,干燥器中保存	还原剂
三氧化二砷	As$_2$O$_3$	As$_2$O$_3$	室温,干燥器中保存	氧化剂
草酸钠	Na$_2$C$_2$O$_4$	Na$_2$C$_2$O$_4$	130	氧化剂
碳酸钙	CaCO$_3$	CaCO$_3$	110	EDTA
锌	Zn	Zn	室温干燥器中保存	EDTA
氧化锌	ZnO	ZnO	900～1000	EDTA
氯化钠	NaCl	NaCl	500～600	AgNO$_3$
氯化钾	KCl	KCl	500～600	AgNO$_3$
硝酸银	AgNO$_3$	AgNO$_3$	280～290	氯化物

附录3 常用弱酸、弱碱在水中的解离常数（25℃，$I=0$）

附录3-1 弱酸在水中的解离常数（25℃）

弱酸	分子式	K_a	pK_a
砷酸	H_3AsO_4	$6.3\times10^{-3}(K_{a_1})$	2.20
		$1.0\times10^{-7}(K_{a_2})$	7.00
		$3.2\times10^{-12}(K_{a_3})$	11.50
亚砷酸	$HAsO_2$	6.0×10^{-10}	9.22
硼酸	H_3BO_3	$5.8\times10^{-10}(K_{a_1})$	9.24
		$1.8\times10^{-13}(K_{a_2})$	12.74
		$1.6\times10^{-14}(K_{a_3})$	13.80
碳酸	H_2CO_3	$4.2\times10^{-7}(K_{a_1})$	6.38
		$5.6\times10^{-11}(K_{a_2})$	10.25
氢氰酸	HCN	6.2×10^{-10}	9.21
铬酸	$HCrO_4^-$	$3.2\times10^{-7}(K_{a_2})$	6.50
氢氟酸	HF	7.2×10^{-4}	3.14
亚硝酸	HNO_2	5.1×10^{-4}	3.29
磷酸	H_3PO_4	$7.6\times10^{-3}(K_{a_1})$	2.12
		$6.3\times10^{-8}(K_{a_2})$	7.20
		$4.4\times10^{-13}(K_{a_3})$	12.36
氢硫酸	H_2S	$5.7\times10^{-8}(K_{a_1})$	7.24
		$1.2\times10^{-15}(K_{a_2})$	14.92
硫酸	HSO_4^-	$1.0\times10^{-2}(K_{a_2})$	1.99
硫氰酸	HSCN	1.4×10^{-1}	0.85
甲酸	HCOOH	1.8×10^{-4}	3.74
乙酸	CH_3COOH	1.8×10^{-5}	4.74
丙酸	C_2H_5COOH	1.34×10^{-5}	4.87
氯乙酸	$CH_2ClCOOH$	1.4×10^{-3}	2.86
二氯乙酸	$CHCl_2COOH$	5.0×10^{-2}	1.30
氨基乙酸	$^+NH_3CH_2COOH$	$4.5\times10^{-3}(K_{a_1})$	2.35
	$^+NH_3CH_2COO^-$	$2.5\times10^{-10}(K_{a_2})$	9.60
乳酸	$CH_3CH(OH)COOH$	1.4×10^{-4}	3.86
草酸	$H_2C_2O_4$	$5.9\times10^{-2}(K_{a_1})$	1.22
		$6.4\times10^{-5}(K_{a_2})$	4.19
α-酒石酸	CH(OH)COOH | CH(OH)COOH	$9.1\times10^{-4}(K_{a_1})$	3.04
		$4.3\times10^{-5}(K_{a_2})$	4.37
邻苯二甲酸	$o\text{-}C_6H_4(COOH)_2$	$1.1\times10^{-3}(K_{a_1})$	2.95
		$3.9\times10^{-6}(K_{a_2})$	5.41
柠檬酸	CH_2COOH | $C(OH)COOH$ | CH_2COOH	$7.4\times10^{-4}(K_{a_1})$	3.13
		$1.7\times10^{-5}(K_{a_2})$	4.67
		$4.0\times10^{-7}(K_{a_3})$	6.40
苯甲酸	C_6H_5COOH	6.2×10^{-5}	4.21
苯酚	C_6H_5OH	1.1×10^{-10}	9.95

续表

弱酸	分子式	K_a	pK_a
乙二胺四乙酸(EDTA)	H_6Y^{2+}	$0.1(K_{a_1})$	0.9
	H_5Y^+	$3\times10^{-2}(K_{a_2})$	1.6
	H_4Y	$1\times10^{-2}(K_{a_3})$	2.0
	H_3Y^-	$2.1\times10^{-3}(K_{a_4})$	2.67
	H_2Y^{2-}	$6.9\times10^{-7}(K_{a_5})$	6.16
	HY^{3-}	$5.5\times10^{-11}(K_{a_6})$	10.26
水杨酸	$C_6H_4(OH)COOH$	$1.0\times10^{-3}(K_{a_1})$	3.00
		$4.2\times10^{-13}(K_{a_2})$	12.38
磺基水杨酸	$C_6H_3(SO_3H)(OH)COOH$	$4.7\times10^{-3}(K_{a_1})$	2.33
		$3\times10^{-12}(K_{a_2})$	11.6
硫代硫酸	$H_2S_2O_3$	$5\times10^{-1}(K_{a_1})$	0.3
		$1\times10^{-2}(K_{a_2})$	2.0
邻二氮菲	$C_{12}H_8N_2$	1.1×10^{-5}	4.96
8-羟基喹啉	C_8H_6NOH	$9.6\times10^{-6}(K_{a_1})$	5.02
		$1.55\times10^{-10}(K_{a_2})$	9.81

附录 3-2 弱碱在水中的解离常数（25℃）

弱碱	分子式	K_b	pK_b
氨水	$NH_3\cdot H_2O$	1.8×10^{-5}	4.74
联氨	H_2NNH_2	$3.0\times10^{-6}(K_{b_1})$	5.52
		$7.6\times10^{-15}(K_{b_2})$	14.12
羟胺	NH_2OH	9.1×10^{-9}	8.04
		(1.07×10^{-8})	(7.79)
甲胺	CH_3NH_2	4.2×10^{-4}	3.38
乙胺	$C_2H_5NH_2$	5.6×10^{-4}	3.25
二甲胺	$(CH_3)_2NH$	1.2×10^{-4}	3.93
二乙胺	$(C_2H_5)_2NH$	1.3×10^{-3}	2.89
乙醇胺	$HOCH_2CH_2NH_2$	3.0×10^{-5}	4.50
三乙醇胺	$(HOCH_2CH_2)_3N$	5.8×10^{-7}	6.24
六亚甲基四胺	$(CH_2)_6N_4$	1.4×10^{-9}	8.85
乙二胺	$H_2NCH_2CH_2NH_2$	$8.5\times10^{-5}(K_{b_1})$	4.07
		$7.1\times10^{-8}(K_{b_2})$	7.15
吡啶	C_6H_5N	1.7×10^{-9}	8.77
喹啉	C_9H_7N	6.3×10^{-10}	9.2

附录 4 配合物的稳定常数（18~25℃）

金属配合物	离子强度 $I/\text{mol}\cdot L^{-1}$	n	$\lg\beta_n$
氨配合物			
Ag^+	0.5	1,2	3.24;7.05

续表

金属配合物	离子强度 $I/\mathrm{mol\cdot L^{-1}}$	n	$\lg\beta_n$
Cd^{2+}	2	1,…,6	2.65;4.75;6.19;7.12;6.80;5.14
Co^{2+}	2	1,…,6	2.11;3.74;4.79;5.55;5.73;5.11
Co^{3+}	2	1,…,6	6.7;14.0;20.1;25.7;30.8;35.2
Cu^+	2	1,2	5.93;10.86
Cu^{2+}	2	1,…,5	4.31;7.98;11.02;13.32;12.86
Ni^{2+}	2	1,…,6	2.80;5.04;6.77;7.96;8.71;8.74
Zn^{2+}	2	1,…,4	2.37;4.81;7.31;9.46
溴配合物			
Ag^+	0	1,…,4	4.38;7.33;8.00;8.73
Bi^{3+}	2.3	1,…,6	4.30;5.55;5.89;7.82;—;9.70
Cd^{2+}	3	1,…,4	1.75;2.34;3.32;3.70
Cu^+	0	2	5.89
Hg^{2+}	0.5	1,…,4	9.05;17.32;19.74;21.00
氯配合物			
Ag^+	0	1,…,4	3.04;5.04;5.04;5.30
Hg^{2+}	0.5	1,…,4	6.74;13.22;14.07;15.07
Sn^{2+}	0	1,…,4	1.51;2.24;2.03;1.48
Sb^{3+}	4	1,…,6	2.26;3.49;4.18;4.72;4.72;4.11
氰配合物			
Ag^+	0	1,…,4	—;21.1;21.7;20.6
Cd^{2+}	3	1,…,4	5.48;10.60;15.23;18.78
Co^{2+}		6	19.09
Cu^+	0	1,…,4	—;24.0;28.59;30.3
Fe^{2+}	0	6	35
Fe^{3+}	0	6	42
Hg^{2+}	0	4	41.4
Ni^{2+}	0.1	4	31.3
Zn^{2+}	0.1	4	16.7
氟配合物			
Al^{3+}	0.5	1,…,6	6.13; 11.15; 15.00; 17.75; 19.37; 19.84
Fe^{3+}	0.5	1,…,6	5.28;9.30;12.06;—;15.77;—
Th^{4+}	0.5	1,…,3	7.65;13.46;17.97
TiO_2^{2+}	3	1,…,4	5.4;9.8;13.7;18.0
ZrO_2^{2+}	2	1,…,3	8.80;16.12;21.94
碘配合物			
Ag^+	0	1,…,3	6.58;11.74;13.68
Bi^{3+}	2	1,…,6	3.63;—;—;14.95;16.80;18.80
Cd^{2+}	0	1,…,4	2.10;3.43;4.49;5.41
Pb^{2+}	0	1,…,4	2.00;3.15;3.92;4.47
Hg^{2+}	0.5	1,…,4	12.87;23.82;27.60;29.83
磷酸配合物			
Ca^{2+}	0.2	CaHL	1.7

金属配合物	离子强度 I/mol·L^{-1}	n	$\lg\beta_n$
Mg^{2+}	0.2	MgHL	1.9
Mn^{2+}	0.2	MnHL	2.6
Fe^{3+}	0.66	FeHL	9.35
硫氰酸配合物			
Ag^+	2.2	1,⋯,4	—;7.57;9.08;10.08
Au^+	0	1,⋯,4	—;23;—;42
Co^{2+}	1	1	1.0
Cu^+	5	1,⋯,4	—;11.00;10.90;10.48
Fe^{3+}	0.5	1,2	2.95;3.36
Hg^{2+}	1	1,⋯,4	—;17.47;—;21.23
硫代硫酸配合物			
Ag^+	0	1,⋯,3	8.82;13.46;14.15
Cu^+	0.8	1,2,3	10.35;12.27;13.71
Hg^{2+}	0	1,⋯,4	—;29.86;32.26;33.61
Pb^{2+}	0	1,3	5.1;6.4
乙酰丙酮配合物			
Al^{3+}	0	1,⋯,3	8.60;15.5;21.30
Cu^{2+}	0	1,2	8.27;16.34
Fe^{2+}	0	1,2	5.07;8.67
Fe^{3+}	0	1,⋯,3	11.4;22.1;26.7
Ni^{2+}	0	1,⋯,3	6.06;10.77;13.09
Zn^{2+}	0	1,2	4.98;8.81
柠檬酸配合物			
Ag^+	0	Ag_2HL	7.1
Al^{3+}	0.5	AlHL	7.02
	0.5	AlL	0.0;
		AlOHL	30.6
Ca^{2+}	0.5	CaH_3L	10.9
		CaH_2L	8.4
		CaHL	3.5
Cd^{2+}	0.5	CdH_2L	7.9
		CdHL	4.0
		CdL	11.3
Co^{2+}	0.5	CoH_2L	8.9
		CoHL	4.4
		CoL	12.5
Cu^{2+}	0.5	CuH_3L	12.0
	0	CuHL	6.1
	0.5	CuL	18.0
Fe^{2+}	0.5	FeH_3L	7.3
		FeHL	3.1
		FeL	15.5
Fe^{3+}	0.5	FeH_2L	12.2
		FeHL	10.9
		FeL	25.0
Ni^{2+}	0.5	NiH_2L	9.0
		NiHL	4.8
		NiL	14.3

续表

金属配合物	离子强度 $I/\text{mol}\cdot\text{L}^{-1}$	n	$\lg\beta_n$
Pb^{2+}	0.5	PbHL	5.2
		PbH_2L	11.2
		PbL	12.3
Zn^{2+}	0.5	ZnH_2L	8.7
		ZnHL	4.5
		ZnL	11.4
草酸配合物			
Al^{3+}	0	1,2,3	7.26;13.0;16.3
Cd^{2+}	0.5	1,2	2.9;4.7
Co^{2+}	0.5	CoHL	5.5
	0	CoH_2L	10.6
		1,2,3	4.79;6.7;9.7
Co^{3+}	0	3	约 20
Cu^{2+}	0.5	CuHL	6.25
		1,2	4.5;8.9
Fe^{2+}	0.5~1	1,2,3	2.9;4.52;5.22
Fe^{3+}	0	1,2,3	9.4;16.2;20.2
Mg^{2+}	0.1	1,2	2.76;4.38
Mn(Ⅲ)	2	1,2,3	9.98;16.57;19.42
Ni^{2+}	0.1	1,2,3	5.3;7.64;8.5
Th(Ⅳ)	0.1	4	24.5
TiO^{2+}	2	1,2	6.6;9.9
Zn^{2+}	0.5	ZnH_2L	5.6
		1,2,3	4.89;7.60;8.15
磺基水杨酸配合物			
Al^{3+}	0.1	1,2,3	13.20;22.83;28.89
Cd^{2+}	0.25	1,2	16.68;29.08
Co^{2+}	0.1	1,2	6.13;9.82
Cr^{3+}	0.1	1	9.56
Cu^{2+}	0.1	1,2	9.52;16.45
Fe^{2+}	0.1~0.5	1,2	5.90;9.90
Fe^{3+}	0.25	1,2,3	14.46;25.18;32.12
Mn^{2+}	0.1	1,2	5.24;8.24
Ni^{2+}	0.1	1,2	6.42;10.24
Zn^{2+}	0.1	1,2	6.05;10.65
酒石酸配合物		3	
Bi^{3+}	0	3	8.30
Ca^{2+}	0.50	CaHL	4.85
		1,2	2.98;9.04
Cd^{2+}	0.5	1	2.8
Cu^{2+}	1	1,…,4	3.2;5.11;4.78;6.51
Fe^{3+}	0		7.49
Mg^{2+}	0.5	MgHL	4.65
		1	1.2
Pb^{2+}	0	1,2,3	3.78;—;4.7
Zn^{2+}	0.5	ZnHL	4.5
		1,2	2.4;8.32

续表

金属配合物	离子强度 $I/\text{mol·L}^{-1}$	n	$\lg\beta_n$
乙二胺配合物			
Ag^+	0.1	1,2	4.70;7.70
Cd^{2+}	0.5	1,2,3	5.47;10.09;12.09
Co^{2+}	1	1,2,3	5.91;10.64;13.94
Co^{3+}	1	1,2,3	18.70;34.90;48.69
Cu^+		2	10.8
Cu^{2+}	1	1,2,3	10.67;20.00;21.00
Fe^{2+}	1.4	1,2,3	4.34;7.65;9.70
Hg^{2+}	0.1	1,2	14.30;23.3
Mn^{2+}	1	1,2,3	2.73;4.79;5.67
Ni^{2+}	1	1,2,3	7.52;13.80;18.06
Zn^{2+}	1	1,2,3	5.77;10.83;14.11
硫脲配合物			
Ag^+	0.03	1,2	7.4;13.1
Bi^{3+}		6	11.9
Cu^+	0.1	3,4	13;15.4
Hg^{2+}		2,3,4	22.1;24.7;26.8
氢氧基配合物			
Al^{3+}	2	4	33.3
		$[Al_6(OH)_{15}]^{3+}$	163
Bi^{3+}	3	1	12.4
		$[Bi_6(OH)_{12}]^{6+}$	168.3
Cd^{2+}	3	1,⋯,4	4.3;7.7;10.3;12.0
Co^{2+}	0.1	1,3	5.1;—;10.2
Cr^{3+}	0.1	1,2	10.2;18.3
Fe^{2+}	1	1	4.5
Fe^{3+}	3	1,2	11.0;21.7
		$[Fe_2(OH)_2]^{4+}$	25.1
Hg^{2+}	0.5	2	21.7
Mg^{2+}	0	1	2.6
Mn^{2+}	0.1	1	3.4
Ni^{2+}	0.1	1	4.6
Pb^{2+}	0.3	1,2,3	6.2;10.3;13.3
		$[Pb_2(OH)]^{3+}$	7.6
Sn^{2+}	3	1	10.1
Th^{4+}	1	1	9.7
Ti^{3+}	0.5	1	11.8
TiO^{2+}	1	1	13.7
VO^{2+}	3	1	8.0
Zn^{2+}	0	1,⋯,4	4.4;10.1;14.2;15.5

注：β_n 为配合物的累积稳定常数，即 $\beta_n = K_{f_1} K_{f_2} K_{f_3} \cdots K_{f_n}$。

附录5 氨羧配位剂类配合物的稳定常数（18～25℃，$I=0.1\text{mol}\cdot\text{L}^{-1}$）

金属离子	lgK					NTA	
	EDTA	DCyTA	DTPA	EGTA	HEDTA	$\lg\beta_1$	$\lg\beta_2$
Ag^+	7.32			6.88	6.71	5.16	
Al^{3+}	16.3	19.5	18.6	13.9	14.3	11.4	
Ba^{2+}	7.86	8.69	8.87	8.41	6.3	4.82	
Be^{2+}	9.2	11.51				7.11	
Bi^{3+}	27.94	32.3	35.6		22.3	17.5	
Ca^{2+}	10.69	13.20	10.83	10.97	8.3	6.41	
Cd^{2+}	16.46	19.93	19.2	16.7	13.3	9.83	14.61
Co^{2+}	16.31	19.62	19.27	12.39	14.6	10.38	14.39
Co^{3+}	36				37.4	6.84	
Cr^{3+}	23.4					6.23	
Cu^{2+}	18.80	22.00	21.55	17.71	17.6	12.96	
Fe^{2+}	14.32	19.0	16.5	11.87	12.3	8.33	
Fe^{3+}	25.1	30.1	28.0	20.5	19.8	15.9	
Ga^{3+}	20.3	23.2	25.54		16.9	13.6	
Hg^{2+}	21.7	25.00	26.70	23.2	20.30	14.6	
In^{3+}	25.0	28.8	29.0		20.2	16.9	
Li^+	2.79					2.51	
Mg^{2+}	8.7	11.02	9.30	5.21	7.0	5.41	
Mn^{2+}	13.87	17.48	15.60	12.28	10.9	7.44	
$Mo(V)$	约28						
Na^+	1.66					1.22	
Ni^{2+}	18.62	20.3	20.32	13.55	17.3	11.53	16.42
Pb^{2+}	18.04	20.38	18.80	14.71	15.7	11.39	
Pd^{2+}	18.5						
Sc^{3+}	23.1	26.1	24.5	18.2			24.1
Sn^{2+}	22.11						
Sr^{2+}	8.73	10.59	9.77	8.50	6.9	4.98	
Th^{4+}	23.2	25.6	28.78				
TiO^{2+}	17.3						
Tl^{3+}	37.8	38.3				20.9	32.5
U^{4+}	25.8	27.6	7.69				
VO^{2+}	18.8	20.1					
Y^{3+}	18.09	19.85	22.13	17.16	14.78	11.41	20.43
Zn^{2+}	16.50	19.37	18.40	12.7	14.7	10.67	14.29
Zr^{4+}	29.50		35.8			20.8	
稀土元素	16～20	17～22	19		13～16	10～12	

注：EDTA—乙二胺四乙酸；DCyTA（或DCTA、CyDTA）—1,2-二氨基环己烷四乙酸；DTPA—二乙基三胺五乙酸；EGTA—乙二醇二乙醚二胺四乙酸；HEDTA—N-β-羟乙基二胺三乙酸；NTA—氨三乙酸。

附录6 标准电极电位表（18～25℃）

半反应	$\varphi^{\ominus}/V$
$F_2(气) + 2H^+ + 2e^- == 2HF$	3.06
$O_3 + 2H^+ + 2e^- == O_2 + H_2O$	2.07
$S_2O_8^{2-} + 2e^- == 2SO_4^{2-}$	2.01
$H_2O_2 + 2H^+ + 2e^- == 2H_2O$	1.77
$MnO_4^- + 4H^+ + 3e^- == MnO_2(固) + 2H_2O$	1.695
$PbO_2(固) + SO_4^{2-} + 4H^+ + 2e^- == PbSO_4(固) + 2H_2O$	1.685
$HClO_2 + 2H^+ + 2e^- == HClO + H_2O$	1.64
$HClO + H^+ + e^- == \frac{1}{2}Cl_2 + H_2O$	1.63
$Ce^{4+} + e^- == Ce^{3+}$	1.61
$H_4IO_6 + 2H^+ + 2e^- == IO_3^- + 3H_2O$	1.60
$HBrO + H^+ + e^- == \frac{1}{2}Br_2 + H_2O$	1.59
$BrO_3^- + 6H^+ + 5e^- == \frac{1}{2}Br_2 + 3H_2O$	1.52
$MnO_4^- + 8H^+ + 5e^- == Mn^{2+} + 4H_2O$	1.51
$Au(III) + 3e^- == Au$	1.50
$HClO + H^+ + 2e^- == Cl^- + H_2O$	1.49
$ClO_3^- + 6H^+ + 5e^- == \frac{1}{2}Cl_2 + 3H_2O$	1.47
$PbO_2(固) + 4H^+ + 2e^- == Pb^{2+} + 2H_2O$	1.455
$HIO + H^+ + e^- == \frac{1}{2}I_2 + H_2O$	1.45
$ClO_3^- + 6H^+ + 6e^- == Cl^- + 3H_2O$	1.45
$BrO_3^- + 6H^+ + 6e^- == Br^- + 3H_2O$	1.44
$Au(I) + e^- == Au$	1.41
$Cl_2(气) + 2e^- == 2Cl^-$	1.3595
$ClO_4^- + 8H^+ + 7e^- == \frac{1}{2}Cl_2 + 4H_2O$	1.34
$Cr_2O_7^{2-} + 14H^+ + 6e^- == 2Cr^{3+} + 7H_2O$	1.33
$MnO_2(固) + 4H^+ + 2e^- == Mn^{2+} + 2H_2O$	1.23
$O_2(气) + 4H^+ + 4e^- == 2H_2O$	1.229
$IO_3^- + 6H^+ + 5e^- == \frac{1}{2}I_2 + 3H_2O$	1.20
$ClO_4^- + 6H^+ + 2e^- == ClO_3^- + H_2O$	1.19
$Br_2(水) + 2e^- == 2Br^-$	1.087
$NO_2 + H^+ + e^- == HNO_2$	1.07
$Br_3^- + 2e^- == 3Br^-$	1.05
$HNO_2 + H^+ + e^- == NO(气) + H_2O$	1.00
$VO_2^+ + 2H^+ + e^- == VO^{2+} + H_2O$	1.00
$HIO + H^+ + 2e^- == I^- + H_2O$	0.99
$NO_3^- + 3H^+ + 2e^- == HNO_2 + H_2O$	0.94

续表

半反应	$\varphi^{\ominus}/V$
$ClO^- + H_2O + 2e^- \rightleftharpoons Cl^- + 2OH^-$	0.89
$H_2O_2 + 2e^- \rightleftharpoons 2HO^-$	0.88
$Cu^{2+} + I^- + e^- \rightleftharpoons CuI(固)$	0.86
$Hg^{2+} + 2e^- \rightleftharpoons Hg$	0.845
$NO_3^- + 2H^+ + e^- \rightleftharpoons NO_2 + H_2O$	0.80
$Ag^+ + e^- \rightleftharpoons Ag$	0.7995
$Hg_2^{2+} + 2e^- \rightleftharpoons 2Hg$	0.793
$Fe^{3+} + e^- \rightleftharpoons Fe^{2+}$	0.771
$BrO^- + H_2O + 2e^- \rightleftharpoons Br^- + 2OH^-$	0.76
$O_2(气) + 2H^+ + 2e^- \rightleftharpoons H_2O_2$	0.682
$AsO_2^- + 2H_2O + 3e^- \rightleftharpoons As + 4OH^-$	0.68
$2HgCl_2 + 2e^- \rightleftharpoons Hg_2Cl_2(固) + 2Cl^-$	0.63
$Hg_2SO_4(固) + 2e^- \rightleftharpoons 2Hg + SO_4^{2-}$	0.6151
$MnO_4^- + 2H_2O + 3e^- \rightleftharpoons MnO_2(固) + 4OH^-$	0.588
$MnO_4^- + e^- \rightleftharpoons MnO_4^{2-}$	0.564
$H_3AsO_4 + 2H^+ + 2e^- \rightleftharpoons HAsO_2 + 2H_2O$	0.559
$I_3^- + 2e^- \rightleftharpoons 3I^-$	0.545
$I_2(固) + 2e^- \rightleftharpoons 2I^-$	0.5345
$Mo(VI) + e^- \rightleftharpoons Mo(V)$	0.53
$Cu^+ + e^- \rightleftharpoons Cu$	0.52
$4SO_2(水) + 4H^+ + 6e^- \rightleftharpoons S_4O_6^{2-} + 2H_2O$	0.51
$HgCl_4^{2-} + 2e^- \rightleftharpoons Hg + 4Cl^-$	0.48
$2SO_2(水) + 2H^+ + 4e^- \rightleftharpoons S_2O_3^{2-} + H_2O$	0.40
$Fe(CN)_6^{3-} + e^- \rightleftharpoons Fe(CN)_6^{4-}$	0.36
$Cu^{2+} + 2e^- \rightleftharpoons Cu$	0.337
$VO^{2+} + 2H^+ + e^- \rightleftharpoons V^{3+} + H_2O$	0.337
$BiO^+ + 2H^+ + 3e^- \rightleftharpoons Bi + H_2O$	0.32
$Hg_2Cl_2(固) + 2e^- \rightleftharpoons 2Hg + 2Cl^-$	0.2676
$HAsO_2 + 3H^+ + 3e^- \rightleftharpoons As + 2H_2O$	0.248
$AgCl(固) + e^- \rightleftharpoons Ag + Cl^-$	0.2223
$SbO^+ + 2H^+ + 3e^- \rightleftharpoons Sb + H_2O$	0.212
$SO_4^{2-} + 4H^+ + 2e^- \rightleftharpoons SO_2(水) + H_2O$	0.17
$Cu^{2+} + e^- \rightleftharpoons Cu^+$	0.159
$Sn^{4+} + 2e^- \rightleftharpoons Sn^{2+}$	0.154
$S + 2H^+ + 2e^- \rightleftharpoons H_2S(气)$	0.141
$Hg_2Br_2 + 2e^- \rightleftharpoons 2Hg + 2Br^-$	0.1395
$TiO^{2+} + 2H^+ + e^- \rightleftharpoons Ti^{3+} + H_2O$	0.1

续表

半反应	$\varphi^{\ominus}/\text{V}$
$S_4O_6^{2-} + 2e^- = 2S_2O_3^{2-}$	0.08
$AgBr(固) + e^- = Ag + Br^-$	0.071
$2H^+ + 2e^- = H_2$	0.000
$O_2 + H_2O + 2e^- = HO_2^- + OH^-$	−0.067
$TiOCl^+ + 2H^+ + 3Cl^- + e^- = TiCl_4^- + H_2O$	−0.09
$Pb^{2+} + 2e^- = Pb$	−0.126
$Sn^{2+} + 2e^- = Sn$	−0.136
$AgI(固) + e^- = Ag + I^-$	−0.152
$Ni^{2+} + 2e^- = Ni$	−0.246
$H_3PO_4 + 2H^+ + 2e^- = H_3PO_3 + H_2O$	−0.276
$Co^{2+} + 2e^- = Co$	−0.277
$Tl^+ + e^- = Tl$	−0.336
$In^{3+} + 3e^- = In$	−0.345
$PbSO_4(固) + 2e^- = Pb + SO_4^{2-}$	−0.3553
$SeO_3^{2-} + 3H_2O + 4e^- = Se + 6OH^-$	−0.366
$As + 3H^+ + 3e^- = AsH_3$	−0.38
$Se + 2H^+ + 2e^- = H_2Se$	−0.40
$Cd^{2+} + 2e^- = Cd$	−0.403
$Cr^{3+} + e^- = Cr^{2+}$	−0.41
$Fe^{2+} + 2e^- = Fe$	−0.440
$S + 2e^- = S^{2-}$	−0.48
$2CO_2 + 2H^+ + 2e^- = H_2C_2O_4$	−0.49
$H_3PO_3 + 2H^+ + 2e^- = H_3PO_2 + H_2O$	−0.50
$Sb + 3H^+ + 3e^- = SbH_3$	−0.51
$HPbO_2^- + H_2O + 2e^- = Pb + 3OH^-$	−0.54
$Ga^{3+} + 3e^- = Ga$	−0.56
$TeO_3^{2-} + 3H_2O + 4e^- = Te + 6OH^-$	−0.57
$2SO_3^{2-} + 3H_2O + 4e^- = S_2O_3^{2-} + 6OH^-$	−0.58
$SO_3^{2-} + 3H_2O + 4e^- = S + 6OH^-$	−0.66
$AsO_4^{3-} + 2H_2O + 2e^- = AsO_2^- + 4OH^-$	−0.67
$Ag_2S(固) + 2e^- = 2Ag + S^{2-}$	−0.69
$Zn^{2+} + 2e^- = Zn$	−0.763
$2H_2O + 2e^- = H_2 + 2OH^-$	−0.828
$Cr^{2+} + 2e^- = Cr$	−0.91
$HSnO_2^- + H_2O + 2e^- = Sn + 3OH^-$	−0.91
$Se + 2e^- = Se^{2-}$	−0.92
$Sn(OH)_6^{2-} + 2e^- = HSnO_2^- + H_2O + 3OH^-$	−0.93

续表

半反应	$\varphi^{\ominus}/V$
$CNO^- + H_2O + 2e^- \rightleftharpoons CN^- + 2OH^-$	-0.97
$Mn^{2+} + 2e^- \rightleftharpoons Mn$	-1.182
$ZnO_2^{2-} + 2H_2O + 2e^- \rightleftharpoons Zn + 4OH^-$	-1.216
$Al^{3+} + 3e^- \rightleftharpoons Al$	-1.66
$H_2AlO_3^- + H_2O + 3e^- \rightleftharpoons Al + 4OH^-$	-2.35
$Mg^{2+} + 2e^- \rightleftharpoons Mg$	-2.37
$Na^+ + e^- \rightleftharpoons Na$	-2.714
$Ca^{2+} + 2e^- \rightleftharpoons Ca$	-2.87
$Sr^{2+} + 2e^- \rightleftharpoons Sr$	-2.89
$Ba^{2+} + 2e^- \rightleftharpoons Ba$	-2.90
$K^+ + e^- \rightleftharpoons K$	-2.925
$Li^+ + e^- \rightleftharpoons Li$	-3.042

附录7 部分氧化还原电对的条件电极电位

半反应	条件电位 φ'/V	介质
$Ag(II) + e^- \rightleftharpoons Ag^+$	1.927	$4 mol \cdot L^{-1}$ HNO_3
$Ce(IV) + e^- \rightleftharpoons Ce(III)$	1.74	$1 mol \cdot L^{-1}$ $HClO_4$
	1.44	$0.5 mol \cdot L^{-1}$ H_2SO_4
	1.28	$1 mol \cdot L^{-1}$ HCl
$Co^{3+} + e^- \rightleftharpoons Co^{2+}$	1.84	$3 mol \cdot L^{-1}$ HNO_3
$Co(乙二胺)_3^{3+} + e^- \rightleftharpoons Co(乙二胺)_3^{2+}$	-0.2	$0.1 mol \cdot L^{-1}$ $KNO_3 + 0.1 mol \cdot L^{-1}$ 乙二胺
$Cr(III) + e^- \rightleftharpoons Cr(II)$	-0.40	$5 mol \cdot L^{-1}$ HCl
$Cr_2O_7^{2-} + 14H^+ + 6e^- \rightleftharpoons 2Cr^{3+} + 7H_2O$	1.08	$3 mol \cdot L^{-1}$ HCl
	1.15	$4 mol \cdot L^{-1}$ H_2SO_4
	1.025	$1 mol \cdot L^{-1}$ $HClO_4$
$CrO_4^{2-} + 2H_2O + 3e^- \rightleftharpoons CrO_2^- + 4OH^-$	-0.12	$1 mol \cdot L^{-1}$ $NaOH$
$Fe(III) + e^- \rightleftharpoons Fe^{2+}$	0.767	$1 mol \cdot L^{-1}$ $HClO_4$
	0.71	$0.5 mol \cdot L^{-1}$ HCl
	0.68	$1 mol \cdot L^{-1}$ H_2SO_4
	0.68	$1 mol \cdot L^{-1}$ HCl
	0.46	$2 mol \cdot L^{-1}$ H_3PO_4
	0.51	$1 mol \cdot L^{-1}$ $HCl + 0.25 mol \cdot L^{-1}$ H_3PO_4
$Fe(EDTA)^- + e^- \rightleftharpoons Fe(EDTA)^{2-}$	0.12	$0.1 mol \cdot L^{-1}$ EDTA pH=4~6
$Fe(CN)_6^{3-} + e^- \rightleftharpoons Fe(CN)_6^{4-}$	0.56	$0.1 mol \cdot L^{-1}$ HCl
$FeO_4^{2-} + 2H_2O + 3e^- \rightleftharpoons FeO_2^- + 4OH^-$	0.55	$10 mol \cdot L^{-1}$ $NaOH$
$I_3^- + 2e^- \rightleftharpoons 3I^-$	0.5446	$0.5 mol \cdot L^{-1}$ H_2SO_4
$I_2(水) + 2e^- \rightleftharpoons 2I^-$	0.6276	$0.5 mol \cdot L^{-1}$ H_2SO_4
$MnO_4^- + 8H^+ + 5e^- \rightleftharpoons Mn^{2+} + 4H_2O$	1.45	$1 mol \cdot L^{-1}$ $HClO_4$

半反应	条件电位 φ'/V	介质
$SnCl_6^{2-} + 2e^- \rightleftharpoons SnCl_4^{2-} + 2Cl^-$	0.14	$1mol \cdot L^{-1}$ HCl
$Sb(V) + 2e^- \rightleftharpoons Sb(III)$	0.75	$3.5mol \cdot L^{-1}$ HCl
$Sb(OH)_6^- + 2e^- \rightleftharpoons SbO_2^- + 2OH^- + 2H_2O$	−0.428	$3mol \cdot L^{-1}$ NaOH
$SbO_2^- + 2H_2O + 3e^- \rightleftharpoons Sb + 4OH^-$	−0.675	$10mol \cdot L^{-1}$ KOH
$Ti(IV) + e^- \rightleftharpoons Ti(III)$	−0.01	$0.2mol \cdot L^{-1}$ H_2SO_4
	0.12	$2mol \cdot L^{-1}$ H_2SO_4
	−0.04	$1mol \cdot L^{-1}$ HCl
	−0.05	$1mol \cdot L^{-1}$ H_3PO_4
$Pb(II) + 2e^- \rightleftharpoons Pb$	−0.32	$1mol \cdot L^{-1}$ NaAc

附录8 微溶化合物的溶度积（18～25℃，$I=0$）

微溶化合物	K_{sp}	pK_{sp}	微溶化合物	K_{sp}	pK_{sp}
AgAc	2×10^{-3}	2.7	BiOCl	1.8×10^{-31}	30.75
Ag_3AsO_4	1×10^{-22}	22.0	$BiPO_4$	1.3×10^{-23}	22.89
AgBr	5.0×10^{-13}	12.30	Bi_2S_3	1×10^{-97}	97.0
Ag_2CO_3	8.1×10^{-12}	11.09	$CaCO_3$	2.9×10^{-9}	8.54
AgCl	1.8×10^{-10}	9.75	CaF_2	2.7×10^{-11}	10.57
Ag_2CrO_4	2.0×10^{-12}	11.71	$CaC_2O_4 \cdot H_2O$	2.0×10^{-9}	8.70
AgCN	1.2×10^{-16}	15.92	$Ca_3(PO_4)_2$	2.0×10^{-29}	28.70
AgOH	2.0×10^{-8}	7.71	$CaSO_4$	9.1×10^{-6}	5.04
AgI	9.3×10^{-17}	16.03	$CaWO_4$	8.7×10^{-9}	8.06
$Ag_2C_2O_4$	3.5×10^{-11}	10.46	$CdCO_3$	5.2×10^{-12}	11.28
Ag_3PO_4	1.4×10^{-16}	15.84	$Cd_2[Fe(CN)_6]$	3.2×10^{-17}	16.49
Ag_2SO_4	1.4×10^{-5}	4.84	$Cd(OH)_2$（新析出）	2.5×10^{-14}	13.60
Ag_2S	2×10^{-49}	48.7	$CdC_2O_4 \cdot 3H_2O$	9.1×10^{-8}	7.04
AgSCN	1.0×10^{-12}	12.00	CdS	8×10^{-27}	26.1
$Al(OH)_3$（无定形）	1.3×10^{-33}	32.9	$CoCO_3$	1.4×10^{-13}	12.84
As_2S_3[①]	2.1×10^{-22}	21.68	$Co_2[Fe(CN)_6]$	1.8×10^{-15}	14.74
$BaCO_3$	5.1×10^{-9}	8.29	$Co(OH)_2$（新析出）	2×10^{-15}	14.7
$BaCrO_4$	1.2×10^{-10}	9.93	$Co(OH)_3$	2×10^{-44}	43.7
BaF_2	1×10^{-6}	6.0	$Co[Hg(SCN)_4]$	1.5×10^{-8}	5.82
$BaC_2O_4 \cdot H_2O$	2.3×10^{-8}	7.64	α-CoS	4×10^{-21}	20.4
$BaSO_4$	1.1×10^{-10}	9.96	β-CoS	2×10^{-25}	24.7
$Bi(OH)_3$	4×10^{-31}	30.4	$Co_3(PO_4)_2$	2×10^{-35}	34.7
BiOOH[②]	4×10^{-10}	9.4	$Cr(OH)_3$	6×10^{-31}	30.2
BiI_3	8.1×10^{-19}	18.09	CuBr	5.2×10^{-9}	8.28

微溶化合物	K_{sp}	pK_{sp}	微溶化合物	K_{sp}	pK_{sp}
CuCl	1.2×10^{-6}	5.92	α-NiS	3×10^{-19}	18.5
CuCN	3.2×10^{-20}	19.49	β-NiS	1×10^{-24}	24.0
CuI	1.1×10^{-12}	11.96	γ-NiS	2×10^{-26}	25.7
CuOH	1×10^{-14}	14.0	$PbCO_3$	7.4×10^{-14}	13.13
Cu_2S	2×10^{-48}	47.7	$PbCl_2$	1.6×10^{-5}	4.79
CuSCN	4.8×10^{-15}	14.32	PbClF	2.4×10^{-9}	8.62
$CuCO_3$	1.4×10^{-10}	9.86	$PbCrO_4$	2.8×10^{-13}	12.55
$Cu(OH)_2$	2.2×10^{-20}	19.66	PbF_2	2.7×10^{-8}	7.57
CuS	6×10^{-36}	35.2	$Pb(OH)_2$	1.2×10^{-15}	14.93
$FeCO_3$	3.2×10^{-11}	10.50	PbI_2	7.1×10^{-9}	8.15
$Fe(OH)_2$	8×10^{-16}	15.1	$PbMoO_4$	1×10^{-13}	13.0
FeS	6×10^{-18}	17.2	$Pb_3(PO_4)_2$	8.0×10^{-43}	42.10
$Fe(OH)_3$	4×10^{-38}	37.4	$PbSO_4$	1.6×10^{-8}	7.79
$FePO_4$	1.3×10^{-22}	21.89	PbS	8×10^{-28}	27.9
$Hg_2Br_2$③	5.8×10^{-23}	22.24	$Pb(OH)_4$	3×10^{-66}	65.5
Hg_2CO_3	8.9×10^{-17}	16.05	$Sb(OH)_3$	4×10^{-42}	41.4
Hg_2Cl_2	1.3×10^{-18}	17.88	Sb_2S_3	2×10^{-93}	92.8
$Hg_2(OH)_2$	2×10^{-24}	23.7	$Sn(OH)_2$	1.4×10^{-28}	27.85
Hg_2I_2	4.5×10^{-29}	28.35	SnS	1×10^{-25}	25.0
Hg_2SO_4	7.4×10^{-7}	6.13	SnS_2	2×10^{-27}	26.7
Hg_2S	1×10^{-47}	47.0	$SrCO_3$	1.1×10^{-10}	9.96
$Hg(OH)_2$	3.0×10^{-26}	25.52	$SrCrO_4$	2.2×10^{-5}	4.65
HgS 红色	4×10^{-53}	52.4	SrF_2	2.4×10^{-9}	8.61
黑色	2×10^{-52}	51.7	$SrC_2O_4 \cdot H_2O$	1.6×10^{-7}	6.80
$MgNH_4PO_4$	2×10^{-13}	12.7	$Sr_3(PO_4)_2$	4.1×10^{-28}	27.39
MgF_2	6.4×10^{-9}	8.19	$SrSO_4$	3.2×10^{-7}	6.49
$Mg(OH)_2$	1.8×10^{-11}	10.74	$Ti(OH)_3$	1×10^{-40}	40.0
$MnCO_3$	1.8×10^{-11}	10.74	$TiO(OH)_2$④	1×10^{-29}	29.0
$Mn(OH)_2$	1.9×10^{-13}	12.72	$ZnCO_3$	1.4×10^{-11}	10.84
MnS(无定形)	2×10^{-10}	9.7	$Zn_2[Fe(CN)_6]$	4.1×10^{-16}	15.39
MnS(晶形)	2×10^{-13}	12.7	$Zn(OH)_2$	1.2×10^{-17}	16.92
$NiCO_3$	6.6×10^{-9}	8.18	$Zn_3(PO_4)_2$	9.1×10^{-33}	32.04
$Ni(OH)_2$(新析出)	2×10^{-15}	14.7	ZnS	2×10^{-22}	21.7
$Ni_3(PO_4)_2$	5×10^{-31}	30.3	Zn-8-羟基喹啉	5×10^{-25}	24.3

① 为方程式 $As_2S_3 + H_2O \rightleftharpoons 2HAsO_2 + 3H_2S$ 的平衡常数。
② BiOOH,$K_{sp}=c(BiO^+)c(OH^-)$。
③ $(Hg_2)_mX_n$,$K_{sp}=c^m(Hg_2^{2+})c^n(X^{2m/n})$。
④ $TiO(OH)_2$,$K_{sp}=c(TiO^{2+})c^2(OH^-)$。

附录 9 常见化合物的分子量

化学式	分子量	化学式	分子量
Ag_3AsO_4	462.52	$CaSO_4$	136.14
$AgBr$	187.77	$CaSO_4 \cdot 2H_2O$	172.17
$AgCl$	143.32	$Cd(NO_3)_2 \cdot 4H_2O$	308.48
$AgCN$	133.89	CdO	128.41
$AgSCN$	165.95	$CdSO_4$	208.47
Ag_2CrO_4	331.73	CH_3COOH	60.05
AgI	234.77	CH_2O(甲醛)	30.03
$AgNO_3$	169.87	$C_4H_8N_2O_2$(丁二酮肟)	116.12
$AlCl_3$	133.34	$(CH_2)_6N_4$(六亚甲基四胺)	140.19
$AlCl_3 \cdot 6H_2O$	241.43	$C_7H_6O_6S \cdot 2H_2O$(磺基水杨酸)	254.22
$Al(NO_3)_3$	213.00	C_9H_7NO(8-羟基喹啉)	145.16
$Al(NO_3)_3 \cdot 9H_2O$	375.13	$C_{12}H_8N_2 \cdot H_2O$(邻二氮菲)	198.22
Al_2O_3	101.96	$C_2H_5NO_2$(氨基乙酸、甘氨酸)	75.07
$Al(OH)_3$	78.00	$C_6H_{12}N_2O_4S_2$(L-胱氨酸)	240.30
$Al_2(SO_4)_3$	342.14	$CoCl_2 \cdot 6H_2O$	237.93
$Al_2(SO_4)_3 \cdot 18H_2O$	666.41	CuI	190.45
As_2O_3	197.84	$Cu(NO_3)_2 \cdot 3H_2O$	241.60
As_2O_5	229.84	CuO	79.55
As_2S_3	246.02	$CuSCN$	121.62
$BaCO_3$	197.34	$CuSO_4 \cdot 5H_2O$	249.63
$BaCl_2 \cdot 2H_2O$	244.27	$FeCl_3 \cdot 6H_2O$	270.30
$BaCrO_4$	253.32	$Fe(NO_3)_3 \cdot 9H_2O$	404.00
BaO	153.33	FeO	71.85
$Ba(OH)_2$	171.34	Fe_2O_3	159.69
$BaSO_4$	233.39	Fe_3O_4	231.54
$BiCl_3$	315.34	$FeSO_4 \cdot 7H_2O$	278.01
$BiOCl$	260.43	Hg_2Cl_2	472.09
$Bi(NO_3)_3 \cdot 5H_2O$	485.07	$HgCl_2$	271.50
Bi_2O_3	465.96	$HCOOH$	46.03
CO_2	44.01	$H_2C_2O_4 \cdot 2H_2O$(草酸)	126.07
$CaCl_2$	110.99	$H_2C_4H_4O_4$(丁二酸、琥珀酸)	118.09
$CaCO_3$	100.09	$H_2C_4H_4O_6$(酒石酸)	150.09
CaC_2O_4	128.10	$H_3C_6H_5O_7 \cdot H_2O$(柠檬酸)	210.14
CaO	56.08	$H_2C_4H_4O_5$(DL-苹果酸)	134.09

续表

化学式	分子量	化学式	分子量
$HC_3H_6NO_2$（DL-α-丙氨酸）	89.10	$Mg_2P_2O_7$	222.55
HCl	36.16	$MgSO_4 \cdot 7H_2O$	246.47
$HClO_4$	100.46	MnO_2	86.94
HNO_3	63.01	$MnSO_4$	151.00
H_2O	18.02	$Na_2B_4O_7 \cdot 10H_2O$（硼砂）	381.37
H_2O_2	34.01	Na_2BiO_3	279.97
H_3PO_4	98.00	$NaC_2H_3O_2$（无水乙酸钠）	82.03
H_2S	34.08	$Na_3C_6H_5O_7$（柠檬酸钠）	258.07
H_2SO_3	82.07	$NaC_5H_8NO_4 \cdot H_2O$（L-谷氨酸钠）	187.13
H_2SO_4	98.08	$Na_2C_2O_4$（草酸钠）	134.00
KBr	119.00	Na_2CO_3	105.99
$KBrO_3$	167.00	$NaCl$	58.44
KCl	74.55	$NaClO_4$	122.44
$KClO_3$	122.55	NaF	41.99
K_2CrO_4	194.19	$NaHCO_3$	84.01
$K_2Cr_2O_7$	294.18	$Na_2H_2C_{10}H_{12}O_8N_2 \cdot 2H_2O$（乙二胺四乙酸二钠）	372.24
$K_3Fe(CN)_6$	329.25	Na_2HPO_4	141.96
$K_4Fe(CN)_6$	368.35	$Na_2HPO_4 \cdot 12H_2O$	358.14
$KHC_4H_4O_6$（酒石酸氢钾）	188.18	Na_3PO_4	163.94
$KHC_8H_4O_4$（邻苯二甲酸氢钾）	204.22	$NaHSO_4$	120.06
KH_2PO_4	136.09	$NaNO_2$	69.00
KI	166.00	Na_2O	61.98
KIO_3	214.00	$NaOH$	40.00
$KMnO_4$	158.03	Na_3PO_4	163.94
KNO_3	101.10	Na_2SO_3	126.04
KOH	56.11	Na_2SO_4	142.04
K_2PtCl_6	485.99	$Na_2S_2O_3 \cdot 5H_2O$	248.17
$KSCN$	97.18	NH_3	17.03
K_2SO_4	174.25	$NH_4C_2H_3O_2$（乙酸铵）	77.08
$K_2S_2O_7$	254.31	$(NH_4)_2C_2O_4 \cdot H_2O$	142.11
$KClO_4$	138.55	NH_4Cl	53.49
KCN	65.12	NH_4F	37.04
K_2CO_3	138.21	$NH_4Fe(SO_4)_2 \cdot 12H_2O$	482.18
$Mg(C_9H_6ON)_2$（8-羟基喹啉镁）	312.61	$(NH_4)_2Fe(SO_4)_2 \cdot 6H_2O$	392.13
$MgNH_4PO_4 \cdot 6H_2O$	245.41	NH_4HF_2	57.04
MgO	40.30	NH_4NO_3	80.04
		$(NH_4)_2S$	68.14

续表

化学式	分子量	化学式	分子量
$(NH_4)_2SO_4$	132.13	SO_3	80.06
$NH_2OH \cdot HCl$(盐酸羟胺)	69.49	SiF_4	104.08
$(NH)_3PO_4 \cdot 12MoO_3$	1876.34	SiO_2	60.08
NH_4SCN	76.12	$SnCl_2 \cdot 2H_2O$	225.63
$NiCl_2 \cdot 6H_2O$	237.96	$SnCl_4$	260.50
$NiSO_4 \cdot 7H_2O$	280.85	SnO	134.69
$Ni(C_4H_7N_2O_2)_2$(丁二酮肟镍)	288.91	SnO_2	150.71
P_2O_5	141.94	$SrCO_3$	147.63
PbO	223.2	$Sr(NO_3)_2$	211.63
PbO_2	239.2	$SrSO_4$	183.68
$Pb(C_2H_3O_2)_2 \cdot 3H_2O$	279.8	$TiCl_3$	154.24
$PbCl_2$	278.1	TiO_2	79.88
$PbCrO_4$	323.2	$Zn(NO_3)_2 \cdot 4H_2O$	261.46
$Pb(NO_3)_2$	331.2	$Zn(NO_3)_2 \cdot 6H_2O$	297.49
PbS	239.3	ZnO	81.39
$PbSO_4$	303.3	ZrO_2	123.22
SO_2	64.06		

附录10 元素的原子量

元素	符号	原子量	元素	符号	原子量	元素	符号	原子量
银	Ag	107.8682	铪	Hf	178.49	铷	Rb	85.4678
铝	Al	26.98154	汞	Hg	200.59	铼	Re	186.207
氩	Ar	39.948	钬	Ho	164.9303	铑	Rb	102.9055
砷	As	74.9216	碘	I	126.9045	钌	Ru	101.07
金	Au	196.9665	铟	In	114.82	硫	S	32.066
硼	B	10.81	铱	Ir	192.22	锑	Sb	121.76
钡	Ba	137.33	钾	K	39.0983	钪	Sc	44.9559
铍	Be	9.01218	氪	Kr	83.80	硒	Se	78.96
铋	Bi	208.9804	镧	La	138.9055	硅	Si	28.0855
溴	Br	79.904	锂	Li	6.941	钐	Sm	150.36
碳	C	12.011	镥	Lu	174.967	锡	Sn	118.71
钙	Ca	40.08	镁	Mg	24.305	锶	Sr	87.62
镉	Cd	112.41	锰	Mn	54.9380	钽	Ta	180.9479
铈	Ce	140.12	钼	Mo	95.94	铽	Tb	158.9253
氯	Cl	35.453	氮	N	14.0067	碲	Te	127.60
钴	Co	58.9332	钠	Na	22.98977	钍	Th	232.0381
铬	Cr	51.996	铌	Nb	92.9064	钛	Ti	47.87
铯	Cs	132.9054	钕	Nd	144.24	铊	Tl	204.383
铜	Cu	63.546	氖	Ne	20.179	铥	Tm	168.9342
镝	Dy	162.50	镍	Ni	58.69	铀	U	238.0289
铒	Er	167.26	镎	Np	237.0482	钒	V	50.9415
铕	Eu	151.96	氧	O	15.9994	钨	W	183.84
氟	F	18.998403	锇	Os	190.23	氙	Xe	131.29
铁	Fe	55.845	磷	P	30.97376	钇	Y	88.9059
镓	Ga	69.72	铅	Pb	207.2	镱	Yb	173.04
钆	Gd	157.25	钯	Pd	106.42	锌	Zn	65.39
锗	Ge	72.61	镨	Pr	140.9077	锆	Zr	91.22
氢	H	1.00794	铂	Pt	195.08			
氦	He	4.00260	镭	Ra	226.0254			

附录11 几种常用缓冲溶液的配制

缓冲溶液组成	pK_a	缓冲液 pH	缓冲溶液配制方法
氨基乙酸-HCl	2.35(pK_{a_1})	2.3	取氨基乙酸 150g 溶于 500mL 水中后,加浓 HCl 80mL,用水稀至 1L
H_3PO_4-柠檬酸盐		2.5	取 $Na_2HPO_4 \cdot 12H_2O$ 113g 溶于 200mL 水后,加柠檬酸 387g 溶解,过滤后,稀至 1L
一氯乙酸-NaOH	2.86	2.8	取 200g 一氯乙酸溶于 200mL 水中,加 NaOH 40g,溶解后,稀至 1L
邻苯二甲酸氢钾-HCl	2.95 (pK_{a_1})	2.9	取 500g 邻苯二甲酸氢钾溶于 500mL 水中,加浓 HCl 80mL,稀至 1L
甲酸-NaOH	3.76	3.7	取 95g 甲酸和 NaOH 40g 溶于 500mL 水中,溶解后,稀至 1L
NaAc-HAc	4.74	4.7	取无水 NaAc 83g 溶于水中,加冰 HAc 60mL,稀至 1L
六亚甲基四胺-HCl	5.15	5.4	取六亚甲基四胺 40g 溶于 200mL 水中,加浓 HCl 10mL,稀至 1L
Tris-HCl(三羟甲基氨甲烷)	8.21	8.2	取 25g Tris 试剂溶于水中,加浓 HCl 8mL,稀至 1L
NH_3-NH_4Cl	9.26	9.2	取 NH_4Cl 54g 溶于水中,加浓氨水 63mL,稀至 1L

注:1. 缓冲液配制后可用 pH 试纸检查。如 pH 值不对,可用共轭酸或碱调节。欲精确调节 pH 值时,可用 pH 计调节。

2. 若需增加或降低缓冲液的缓冲容量时,可相应增加或降低共轭酸碱对物质的量,再进行调节。

参考文献

[1] 朱明华，施文赵．近代分析化学．北京：高等教育出版社，1991.
[2] 汪尔康．21世纪分析化学．北京：科学出版社，1999.
[3] 华中师范大学，陕西师范大学，东北师范大学等编．分析化学：下册．第4版．北京：高等教育出版社，2018.
[4] 任健敏，白玲．定量分析化学．南昌：江西高校出版社，2001.
[5] 朱灵峰．分析化学．北京：中国农业出版社，2003.
[6] 任健敏．分析化学．北京：中国农业出版社，2004.
[7] 曲祥金．无机及分析化学．北京：中国农业出版社，2004.
[8] 吴性良，朱万森，马林．分析化学原理．北京：化学工业出版社，2004.
[9] 李克安．分析化学教程．北京：北京大学出版社，2005.
[10] 武汉大学主编．分析化学：下册．第5版．北京：高等教育出版社，2007.
[11] 徐宝荣，吕波．分析化学．北京：中国农业出版社，2009.
[12] 白玲，李铭芳．定量分析化学．天津：天津科学技术出版社，2011.
[13] 王芬，梁英．分析化学，北京：中国农业出版社，2012.
[14] 赵藻藩，周性尧，张悟铭等．仪器分析．北京：高等教育出版社，1990.
[15] 刘约权主编．现代仪器分析．第3版．北京：高等教育出版社，2015.
[16] 胡坪、王氢编．仪器分析．第5版．北京：高等教育出版社，2019.
[17] 张永忠．仪器分析．北京：中国农业出版社，2008.
[18] 武汉大学编．分析化学：下册．第6版．北京：高等教育出版社，2011.
[19] 白玲，郭会时，刘文杰．仪器分析．北京：化学工业出版社，2016.